이해하기 쉬운

식품재료학

Food Materials Science

머리말

최근 급속한 경제성장과 국민소득의 향상으로 식생활 양상은 더욱 서구화·고급화·다양화되고 있으며, 식품산업과 외식산업도 빠른 속도로 변화하며 발전하고 있다. 해외여행과 문화교류, 정보통신 등을 통해 전 세계의 먹을거리나 음식에 대해 접하게 되고 이국적인 음식의 맛과 정취도 즐기려는 사람들이 많아지고 있다.

그러나 특정 식품의 편중 또는 과다 섭취로 에너지, 지방, 나트륨은 과잉 공급되는 반면, 칼슘, 비타민 등의 영양소 부족에 의해 영양의 불균형이 심각해지고 있다. 이 때문에 비만 등 생활습관병이 증가하여 사회경제적 비용이 점점 증가하고 있는 실정이다. 또한, 식량자급률의 저하로 식량의 해외의존도가 높아져 수입식품이 범람하고 있으며, 이에 따른 식품안전문제로 우리의 식탁이 위협받고 있는 실정이다.

한편, 현대인들은 웰빙을 추구하면서 건강에 대한 관심이 높아져 보다 질 높은 식품에 대한 관심과 요구가 증가하고 있다. 우리 몸의 건강상태는 우리가 먹는 식품 속의 성분이 반영된 결과라고 해도 과언이 아니다. 따라서 적절한 식품을 선택하는 것이 중요하다고 할 수 있다.

좋은 식품이란 적절한 음식재료를 선택하여 가공한 것이므로 무엇보다 중요한 것이 식품재료에 관한 지식이다. 필자들은 오랫동안 식품에 관하여 연구하는 동안 식품재료의 중요성을 절감하고 이에 관한 연구를 꾸준히 해왔으며, 대학에서 수년 동안 해왔던 강의 자료와 연구 자료들을 정리하여 《이해하기 쉬운 식품재료학》을 집필하게 되었다.

이 책에서는 식품의 구성 원료인 음식재료를 농산물, 수산물, 축산물, 가공조미식품 등으로 분류하고 각각의 재료에 대한 전반적인 특성, 영양성분, 특수성분, 전처리, 용도, 저장, 품질판별 등에 대한 내용을 기술하였다. 이 책은 대학에서 식품영양, 식품가공, 식품유통, 조리, 외식산업, 학교급식, 호텔경영, 가정학, 실과 등을 전공하는 사람들이 식품재료에 대한 기본 지식을 이해하는 데 큰 도움이 될 것이다.

끝으로 이 책을 발간하는 데 많은 도움을 주신 분들과, 파워북 사장님을 비롯한 편집부 여러분의 노고에 깊은 감사를 드린다.

저자 일동

차 례

채소류 4

육류 7

알류 8

우유 및 유제품류 9

어패류 및 갑각류 10

기호식품 14

곡류

Chapter 1

곡류는 쌀, 보리, 밀, 호밀, 메밀, 옥수수, 조, 기장, 수수, 율무 등을 통틀어 이르는 말이다. 국내에서는 쌀 이외의 곡식은 모두 잡곡이라고 하는데 이를 더 세분하여 밀, 보리, 호밀, 귀리 등을 맥류라고 한다. 곡류는 주성분이 탄수화물로 체내에 에너지를 공급하는 주요 식량자원이 된다**표 1-1**. 동남아시아에서는 쌀을, 유럽 및 북아메리카에서는 밀을, 남아메리카에서는 옥수수를 주로 섭취한다.

곡류는 외피로 둘러싸여 있고 내부는 종피, 배아, 배유로 구성되어 있다. 곡류를 섭취하려면 외피를 제거해야 하는데 이 과정을 도정이라고 한다. 곡류의 외피에는 식이섬유, 무기질, 폴리페놀 등이 풍부하므로 도정률이 높을수록, 즉 외피를 많이 깎을수록 영양소가 많이 제거된다. 도정하지 않은 거친 통곡물에는 감마-아미노뷰티르산Gamma-AminoButyric Acid, GABA, 감마-오리자놀 등의 성분도 더 많이 보유하며,

통곡물(whole grain)
통곡물은 식용이 불가능한 왕겨만을 제거하고 외피, 배유, 배아를 모두 보유한 상태의 곡물로 통보리·통귀리·옥수수·현미·통밀을 말한다. 통곡물에는 단백질, 무기질, 비타민, 식이섬유 등이 그대로 남아 있고 특히 폴리페놀 등 항산화물질이 껍질 쪽에 몰려 있어 심장병, 뇌졸중, 고혈압, 동맥경화 등 심혈관 질환에 좋으며 식후에 혈당을 서서히 올려 당뇨병에 좋다. 식이섬유가 많아 변비, 대장암 등 암 예방에도 효과가 있는 것으로 알려져 있다.

표 1-1 곡류의 영양 성분

(기본 100 g)

종류	에너지 (kcal)	수분 (g)	단백질 (g)	지질 (g)	회분 (g)	탄수화물 (g)	당류 (g)	총 식이섬유 (g)	무기질					비타민						
									칼슘 (mg)	철 (mg)	마그네슘 (mg)	칼륨 (mg)	나트륨 (mg)	A (μg)	레티놀 (μg)	베타카로틴 (μg)	B_1 (mg)	B_2 (mg)	니아신 (mg)	C (mg)
쌀(백미)	366	13.0	6.81	1.05	0.40	78.74	0.50	1.9	7	0.24	30	88	2	0	0	0	0.099	0.028	1.059	0.00
쌀(현미)	357	13.3	7.33	2.23	1.25	75.92	1.18	3.9	14	1.05	123	248	3	0	0	2	0.286	0.025	1.501	0.00
쌀(흑미)	357	13.3	7.70	2.21	1.27	75.56	0.94	7.3	17	0.91	125	284	2	2	0	29	0.495	0.072	2.468	0.00
찹쌀(백미)	363	13.7	6.64	0.99	0.46	78.17	0.29	1.2	7	0.34	36	104	1	0	0	0	0.417	0.003	1.419	0.00
쌀보리	341	13.7	8.66	1.66	0.90	75.04	0.51	12.5	38	2.28	64	275	4	0	0	1	0.153	0.050	1.187	0.00
밀	333	10.6	10.6	1.0	2.0	75.8	–	–	52	4.7	–	538	17	0	0	0	0.43	0.12	2.40	0.00
메밀	363	13.1	13.64	3.38	2.04	67.84	0.30	6.3	21	2.78	244	444	1	1	0	7	0.458	0.255	5.189	0.00
율무	380	10.9	14.95	5.25	1.23	67.63	0.97	4.7	14	5.41	161	285	4	0	0	0	0.127	0.046	1.671	0.00
차조	370	11.9	10.95	3.85	1.65	71.69	0.89	4.9	23	3.68	140	335	4	1	0	16	0.896	0.098	0.921	0.00
찰기장	371	11.3	13.63	3.77	1.63	69.65	0.46	4.7	21	4.78	155	301	5	0	0	5	0.634	0.068	1.16	0.00
찰수수	368	11.8	10.94	3.17	1.53	72.54	0.75	6.3	8	2.28	139	399	3	1	0	7	0.444	0.032	2.047	0.00
찰옥수수	141	64.0	4.79	1.40	0.83	28.96	3.42	4.8	5	0.82	49	303	0	1	0	7	0.268	0.078	2.60	6.17
쌀귀리	388	11.6	11.14	8.90	1.70	66.66	0.91	8.1	61	4.31	138	405	1	0	0	2	0.467	0.054	1.19	0.00
퀴노아*	363	12.5	9.56	3.26	2.02	72.62	1.34	7.7	63	3.54	143	645	0	0	0	4	0.953	0.219	1.99	1.23
아마란스(노란색)	383	6.9	17.09	5.94	2.80	62.27	1.65	13.8	252	9.79	388	615	0	5	0	57	0.752	0.073	0.13	4.04

*퀴노아는 쪄서 말린 것
– 빈칸으로 표시된 것은 측정하지 않은 것을 의미함
출처 : 농촌진흥청 국립식량과학원. 국가표준식품성분 DB 10.3(2025)

항산화 활성도 높아 건강에 훨씬 유익하다.

벼는 수확할 때 수분함량이 22~25% 정도이므로 이를 15%까지 천연건조나 화력건조법으로 건조시켜야 한다. 곡류를 보관할 때 수분이 많으면 곰팡이가 번식하기 쉬우며 이로 인해 발생한 독소는 가열조리하더라도 없어지지 않아 인체에 해를 끼치게 된다. 보관 온도가 높으면 화랑곡나방이 생기기 쉬운데 흔히 쌀벌레로 불린다. 화랑곡나방은 주로 쌀, 콩 등 곡류에 번식하여 알맞은 온도가 되면 알을 낳고, 여기서 부화한 유충이 발달된 턱과 이로 포장비닐을 뚫고 나와 이동하면서 보관한 식품을 오염시킬 수 있다. 곡류는 밀폐용기에 담아 직사광선을 피해 서늘한 곳이나 냉장고에 보관하고, 개봉 후에는 가능한 빠르게 소비한다.

1. 쌀

1) 특징

쌀rice, *Oryza sativa* L.은 밀, 옥수수와 더불어 세계 3대 곡물에 속하며, 국내에서는 전라남도, 충청남도, 전라북도의 순으로 생산량이 많다. 쌀은 형태에 따라 자포니카Japonica, 인디카Indica, 자바니카Javanica의 3가지 형태로 분류하지만, 자바니카는 인디카와 비슷하기 때문에 자포니카와 인디카 2가지로 구분하기도 한다. 쌀알이 작고 둥근 자포니카는 중·단립형이며, 밥을 지었을 때 끈기가 강하고 부드러우며 점성이 느껴진다. 인디카와 자바니카는 장립형으로 길고 가늘며 끈기가 약하다표 1-2.

자포니카

인디카

쌀은 전분의 구성에 따라 멥쌀과 찹쌀로도 나눈다. 멥쌀은 배유가 투명하고 광택이 있는 일반적인 밥용이고, 찹쌀은 희고 불투명하며 찰기가 있어 인절미나 약식을 만드는 데 이용한다. 최근에는 쌀의 품질을 향상하기 위해 생산 및 유통 단계별 기술 체계에 의해 소포장으로 관리하며 지역성, 기능성, 처리기술, 유기농 등의 특징에 따라 브랜드화하고 있다. 지역 브랜드인 '임금님표 이천쌀', 전남 해남의 '한눈에 반한 쌀' 등으로 출시되어 판매되고 있다. 그 외 목적에 따른 기능성 쌀도 다양하게 개발되고 있다.

표 1-2 쌀의 종류

분류 기준	분류 특징	종류
형태	형태에 따른 분류	자포니카, 인디카, 자바니카
도정도	벼의 종피 제거 정도에 따른 분류	현미, 5분도미, 7분도미, 9분도미, 백미
전분 조성	아밀로스와 아밀로펙틴 함량에 따른 분류	멥쌀, 찹쌀
색	색에 따른 분류	흑미, 적미, 녹미
배양가공	버섯균 배양	상황버섯쌀, 동충하초쌀, 홍국쌀
첨가 및 코팅 가공	기능성 성분의 첨가 및 코팅	카로틴쌀, 칼슘쌀, 철분쌀, 인삼쌀, 한약재쌀, 녹차쌀, 홍화쌀, 강화미
인조미	곡물가루에 기능성 성분을 배합하여 쌀 모양으로 성형	다시마인조미, 강화미, 메밀쌀, 강황쌀
발아가공	싹을 틔워 발아시킨 쌀	발아현미
용도별	아밀로펙틴 함량을 높여 밥이 식어도 부드러운 김밥용	백진주
	아밀로스가 5~15%로 적어 찰기가 많은 떡 · 한과용	백옥찰
	아밀로스 함량이 높은 국수 · 빵용	고아미
	향기가 있는 밥용, 식혜용	향찰미, 향미
	하얀 멥쌀로 발효 적성이 좋은 술용	설갱
	고식이섬유 다이어트용	고아미2호
	고필수아미노산 함유 쌀	하이아미
	저항전분 함량이 높아 혈당을 낮추는 용도	도담쌀
	유아 · 이유식용(고라이신lysine 쌀)	영한벼
세척가공	도정한 후 이물질과 사미*, 병충해 입은 쌀 등을 제거하여 물로 씻지 않아도 되는 쌀	청결미

* 체적의 3/4 이상이 분상질 상태의 뿌연 낟알

쌀은 쌀겨층에 왕겨, 과피, 종피, 호분층이 있고 주요 식용 부분인 배유와 배아로 나눈다그림 1-1. 이 중 왕겨만 제거한 것을 현미라 하며, 쌀 겨층의 제일 안쪽인 호분층까지 100% 제거한 것을 백미라고 한다. 이렇게 벼를 현미, 5분도미, 백미 등으로 만드는 과정을 도정이라 한다. 도정을 많이 할수록 단백질, 무기질, 비타민, 식이섬유의 함량이 적어지며, 전분의 함량은 많아진다. 현미를 38℃에서 8~12시간 정도의 따뜻한 물에 담가두면 현미가 발아되며, 효소작용이 활발해져 GABA 등의 아미노산이 증가한다.

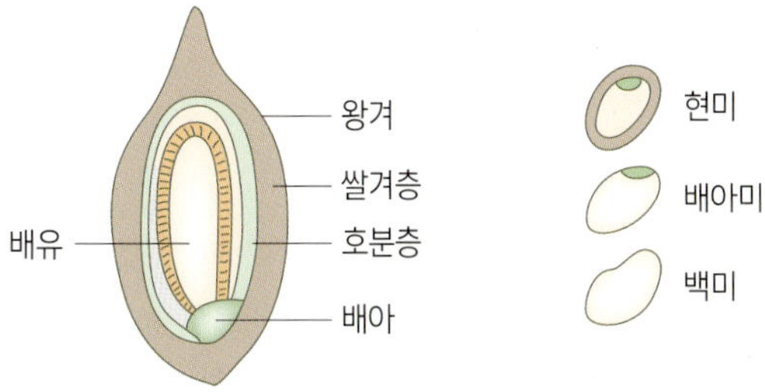

그림 1-1 쌀의 구조

표 1-3 쌀겨층의 도정도와 박리 정도

도정도	박리 정도
현미	벼에서 왕겨만 제거한 것
5분도미	현미의 쌀겨층을 50% 제거한 것으로 측면부의 겨층이 어느 정도 벗겨진 쌀
7분도미	쌀겨층의 70%를 제거한 것으로 배부 겨층이 완전히 벗겨진 쌀
9분도미	쌀겨층의 90%를 제거한 것으로 등부와 상단부의 겨층이 완전히 벗겨진 쌀
백미(10분도미)	쌀겨층의 100%를 제거한 백미로 고랑의 겨층까지 완전히 벗겨진 쌀

현미　　5분도미　　7분도미　　백미

그림 1-2 도정도에 따른 쌀의 형태

2) 성분 및 효능

쌀의 주성분은 탄수화물로 약 70~80%를 차지하며, 이 중 약 75%가 전분이고 나머지는 덱스트린이나 식이섬유로 구성되어 있다. 멥쌀의 전분은 아밀로스와 아밀로펙틴의 비율이 각각 20~25%와 75~80%이며 찹쌀은 거의 100%가 아밀로펙틴으로 이루어져 있다. 아밀로스 함량이 낮을수록 밥이 찰지다.

백미에는 단백질이 약 6~7% 함유되어 있다. 쌀의 주된 단백질은 오리제닌

더 알아보기

쌀 단백질과 밥맛

쌀에 함유된 단백질의 양은 쌀의 품질과 선택의 기준이 되기도 한다. 밥맛은 단백질 함량이 5~6%로 적을수록 맛있으며, 수확량을 높이기 위해 질소비료를 많이 준 쌀은 맛이 떨어진다. 쌀 단백질은 전분 입자를 둘러싸고 있어 단백질의 함량이 많으면 쌀의 수분 흡수를 방해하고 호화 팽창을 억제한다. 따라서 단백질 함량이 높으면 밥이 단단하게 느껴지고 탄력과 점성이 떨어지며 발효도 방해되어 술이나 식혜 제조용으로도 적합하지 않게 되므로 영양적으로는 좋으나 식미와는 상반 관계에 있다.

쌀 포장지 '품질표시사항'에서 단백질 함량에 따라 수, 우, 미로 나누어지는데 수는 6% 이하, 우는 6.1~7%, 미는 7.1% 이상의 기준으로 단백질 함량이 낮을수록 밥맛이 부드럽고 우수한 것으로 평가된다.

oryzenin이며, 라이신·히스티딘·트레오닌과 같은 필수아미노산이 부족하지만 단백가는 74로 곡류 중에서는 매우 우수한 편이다. 지질은 1% 미만으로 존재하는데 대부분 배아 중에 15~25%가 함유되어 있다. 배유 부분에 라이소레시틴lysolecithin이 함유되어 묵은 쌀 냄새를 풍기기도 한다. 무기질은 겨층이나 배아에 많이 함유되어 있으므로 도정률이 높아짐에 따라 함량이 감소된다. 특히 인P과 칼륨K이 많으며, 칼슘Ca과 철Fe은 거의 함유되어 있지 않다.

가루쌀
밀가루를 대체할 목적으로 농촌진흥청에서 2019년부터 출시된 벼 품종인 바로미2, 3은 가루쌀로, 전분구조가 밀처럼 둥글고 성글어 물에 불리지 않고 건식제분이 가능해 가공시간과 비용을 절감할 수 있다. 현재 가루쌀은 우리 쌀빵, 우리쌀 부침가루, 우리쌀 튀김가루 등 밀가루 대체제품으로 사용되고 있으며, 쌀 소비확대와 국내 가공식품 산업에서의 활용이 증가하면서 재배면적이 확대되는 추세이다.

흑미는 안토시아닌 색소와 감마오리자놀이 많이 함유되어 있어 항산화, 노화 방지의 효과가 있다. 쌀겨가 많이 함유된 현미는 식이섬유와 피틴산이 있어 밥을 했을 때 소화흡수율이 표 1-4와 같이 낮고, 특히 지질의 소화흡수율은 크게 떨어진다. 현미밥은 잘 씹어도 소화액이 겨층의 표피 부위에 침투·흡수되기 어렵기 때문이다. 또한 현미밥에 들어 있는 식이섬유는 장관 점막을 자극해서 연동운동을 자극하므로 장관 내부 통과시간이 빨라져 흡수율이 낮아진다.

표 1-4 도정도에 따른 쌀의 영양소별 소화흡수율

(단위 : %)

도정도	단백질	지질	탄수화물
백미밥	88.66	91.61	99.66
7분도미밥	80.54	84.97	99.21
5분도미밥	78.22	80.98	99.20
현미밥	69.19	74.09	97.09

출처:농식품수출정보 https://www.kati.net

3) 선택 및 이용

쌀을 구입할 때는 쌀 포장지의 '품질표시사항'에서 쌀의 품종과 등급 및 도정 날짜 등을 확인한다**표 1-5**. 품종은 일반계나 혼합 등 여러 품종이 섞인 것보다는 추청, 삼광, 오대미 등 단일 품종으로 선택하는 것이 좋다. 쌀의 품종은 찰지고 부드러운 골든퀸, 영호진미, 삼광, 참드림, 고슬고슬한 식감의 오대, 해들, 일품, 단단하면서도 고슬한 식감의 신동진, 새일미 등이 있다. 쌀의 등급은 '특', '상', '보통'이 있는데 수분함량과 분상질 낟알, 피해 낟알, 열손상 낟알, 싸라기, 기타 이물 함량의 혼입정도에 따라 나뉜다. 쌀알 상태가 온전한 완전 낟알의 함량이 94% 이상인 경우 특으로 분류된다. 싸라기 함량이 많으면 밥을 하는 과정에서 수분의 흡수가 빨라져 죽밥처럼 상태가 나빠진다. 완전 낟알이 96% 이상일 경우 '특' 경우와는 별도로 완전미head rice로 표시할 수 있다. 단백질 함량 표시는 '수', '우', '미'로 나뉘는데 임의사항이라 표기가 안 될 수도 있으나, 단백질 함량이 낮을수록 밥맛은 부드럽다.

표 1-5 쌀 포장지의 품질표시사항

품목	쌀	중량	10 kg
품종	○○	단백질함량(임의표시)	수, 우, 미
등급	특, 상, 보통		
생산연도	2025	도정 연월일	2026. 3. 25.
생산자 (가공자 또는 판매원)	주소	○○도 ○○군 ○○면 ○○	
	상호명	○○ 미곡종합처리장	
	전화번호	031) 000-0000	

쌀은 저장 중 호흡작용을 하므로 온도 10~15℃, 습도 70~80%를 유지할 수 있는 환경에서 저장해야 하며, 벼의 상태로 저장했다가 식용하기 전 도정하여 먹는 것이 병충해가 적고 질 좋은 상태로 이용할 수 있다. 저정기간이 길어지면 쌀은 지질분해효소인 라이페이스lipase에 의해 지질이 산패되어 불쾌한 냄새의 원인인 헥사날과 펜타날이 생성되어 묵은내가 난다. 분해된 지방산은 전분의 호화와 팽창을 방해하여 밥을 단단하게 만들고, 이로 인해 밥의 품질과 맛이 저하될 수 있다. 따라서 쌀은 밀폐된 상태로 저온보관하여 쌀의 산패와 호흡을 억제하는 것이 좋다.

쌀은 국내에서 주로 밥, 떡, 죽 등으로 조리하며, 식혜, 청주, 막걸리 등의 음료와 주류 제조에도 사용된다. 다른 나라의 대표적인 쌀 요리로는 인도네시아 볶음밥인 나시고렝nasi goreng, 이탈리아의 크리미한 쌀 요리인 리소토risotto, 스페인식 해산물 쌀 요리인 파에야paella, 중동 및 지중해식 향신료 쌀 요리인 필래프pilaf, 일본식 오븐 쌀 요리인 도리아doria, 돈부리donburi(일본식 덮밥), 초밥 등이 있다. 또한 쌀은 쌀과자, 쌀국수, 엿 등 다양한 가공품으로 활용되고 있으며, 조리시간을 단축하여 편리하게 즐길 수 있는 무균밥, 냉동밥, 즉석밥 같은 제품도 생산되고 있다.

2. 보리

보리

1) 특징

보리(대맥)大麥, barley, *Hordeum vulgare var.*는 재배 역사가 세계에서 가장 오래된 작물 중 하나로 쌀, 밀, 옥수수 다음으로 많이 생산되는 곡류이다. 중국 양쯔강 상류의 티베트 지역과 카스피해 남쪽의 튀르키예 및 인접지역이 원산지로 추측되고 있으며, 국내에서는 전라도에서 쌀보리의 65%, 경상북도에서 겉보리의 50%, 경상남도에서는 맥주보리를 주로 수확하고 있다. 제주도에서는 알곡이 청록색인 청보리를 생산한다. 보리는 겨울에 씨를 뿌려 초여름에 수확한다.

보리의 종류는 색상, 이삭 갯수, 피과성, 찰메성에 따라 분류한다. 색상에 따라 청보리, 흑보리, 자색보리, 황보리 등의 색깔보리가 있고, 한 이삭에 달리는 보리의 수에 따라 6개이면 여섯줄보리, 2개이면 두줄보리로 구분는데, 여섯줄보리는 주로 밥용으로, 두줄보리는 크기가 크기 때문에 대부분 할맥으로 가공하거나 맥주 제조용으로 이용된다. 두줄보리는 단백질이 적고 껍질이 얇으며 발아 시 효소활성도가 우수하여 맥주보리로 적합하다.

보리의 피과성은 보리가 성숙된 후 겉껍질이 보리알에 밀착되어 분리되지 않으면 겉보리, 껍질이 쉽게 분리되면 쌀보리로 구분하는 기준이 된다. 보리의 찰메성에 따라서는 찰보리와 메보리로 나뉘는데, 국내에서는 메보리에 함유되어 있는 20~25%의 아밀로스 함량을 5% 이하로 줄인 찰보리 품종이 개발·보급되고 있다. 메보리는 따로 삶은 후 밥을 지어야 하지만 찰보리는 쌀과 한번에 같이 밥을 할 수 있으므로 간편하며 찰기가 있어 밥이 식었을 때 덜 딱딱하고 부드러운 장점이 있다.

쌀보리, 늘보리, 찰보리 등은 밥용으로 사용할 수 있으며, 늘보리는 겉보리의 껍질을 제거한 것으로 여름철 꽁보리밥을 만든다. 보리는 고열 증기를 쐬고 기계로 눌러 소화율을 향상시킨 압맥, 또는 길이로 반을 갈라 사용하기 쉽게 만든 할맥 등 다양한 형태로 가공되기도 한다.

새싹보리(barley sprout)
새싹보리는 보리의 씨앗을 발아시킨 후 7~10일 정도 자란 어린 보리의 싹을 말하며, 10~15 cm 정도 자란 새싹보리는 성숙한 보리보다 비타민, 무기질, 식이섬유, 클로로필, 폴리페놀 등의 영양소가 풍부하며, 항암, 미백, 항산화 효과가 탁월한 루테올린, 사포나린, 루토나린 등 많은 기능성 물질을 함유하는 것으로 알려졌다. 특히 루테올린은 암세포의 성장을 억제하는 효과가 있고, 활성산소 제거 능력이 비타민 C보다 약 3배이상 높으며, 콩의 이소플라본인 제니스테인(genistein)과 비교해도 약 20배 정도 높다. 피부 노화방지 효과가 탁월한 항산화 효소인 슈퍼옥사이드 디스뮤테이즈(superoxide dismutase, SOD)도 많이 함유되어 있어 화장품 소재로 개발 가능성도 보여주고 있다.

표 1-6 보리의 종류

구분	종류(색상)	특징 및 용도
	청보리, 흑보리, 자색보리, 황보리	일반용, 밥용
이삭갯수	여섯줄보리	밥용
	두줄보리	할맥, 맥주
피과성	겉보리	보리차, 엿기름
	쌀보리	밥용
	늘보리	겉보리를 껍질제거 한 것
찰메성	찰보리	아밀로스 함량 5%
	메보리	아밀로스 함량 25%
가공	압맥	고열증기로 압착한 것
	할맥	길이로 분할한 것

2) 성분 및 효능

보리의 탄수화물은 약 72~77%로 쌀보다 함량이 낮으며, 그중 60%가 전분이다. 혈당지수Glycemic Index, GI가 25~50으로 주요 곡물 중 가장 낮은 편이다. 보리쌀 중앙에는 세로로 홈이 있어 도정에 의해서도 제거되지 않으며, 겨층이 남아 식이섬유의 함량이 많다. 따라서 보리의 효능은 베타글루칸을 비롯한 식이섬유가 12.5 g으로 다량 함유되어 혈중 콜레스테롤의 양을 낮추며 배변을 용이하게 하여 변비 해소나 대장암, 고혈압, 당뇨병에 좋은 것으로 알려져 있다. 무기질이나 비타민, 식이섬유 등의 영양소는 호분층과 배유에 특히 많다. 다만 탄닌계 성분이 들어 있어 쌉쌀한 맛이 나기도 하는데 다른 잡곡과 섞어서 밥을 지어주면 쓴맛이 감소한다.

색깔보리는 병해에 강하고 안토시아닌과 베타글루칸, 폴리페놀, 플라보노이드가 많으며, 특히 황보리 중 베타원은 베타글루칸 고함유 품종으로 일반 보리에 비해 식이섬유가 1.5배 많다.

3) 선택 및 이용

보리는 쌀과 섞어 밥을 짓기도 하나 요즘은 건강식품으로 재인식되고 있어 과자, 국수, 빵, 미숫가루 등으로 가공범위가 넓어지고 있다. 껍질이 분리되지 않은 겉보리는 고추장, 맥주 제조, 발아한 후 엿기름을 만들거나 볶아서 보리차, 커피대용차로 쓰기도 한다.

3. 밀

밀

1) 특징

밀(소맥)小麥, wheat, *Triticum aestivum*은 온대에서 한랭한 지역에 걸쳐 널리 분포되어 있으며, 종류로는 20여 종이 알려져 있다. 실제로 가장 많이 이용되는 품종은 보통밀로, 전체의 90% 이상을 차지하며, 듀럼밀durum wheat은 약 5.7% 정도이다.

파종 시기에 따라 겨울밀은 가을에 파종하여 이듬해 6~7월에 수확하고, 봄밀은 봄에 파종하여 같은 해 6~7월에 수확한다. 카로틴 색소 함량에 따라 소맥은 백소맥 white wheat과 적소맥red wheat으로 나뉜다. 백소맥은 백황색을 띠며, 적소맥은 황색, 적황색, 황금색, 황적색, 갈적색 등의 색상을 포함한다. 입자의 질감에 따라 소맥은 글루텐 함량이 낮고 전분 함량이 높은 연질소맥과 글루텐 함량이 높고 전분 함량이 낮은 경질소맥으로 구분된다. 보통밀 중 경질소맥은 캐나다와 미국에서 주로 재배되고 강력분 제조에 이용되며 제빵 적성이 뛰어나다.

반면, 연질소맥은 케이크, 쿠키, 크래커를 만들기 위한 박력분 제조에 사용되며, 호주와 미국에서 많이 재배된다. 한편, 듀럼밀은 주로 지중해 연안, 튀르키예, 중앙아시아, 러시아, 미국, 캐나다에서 재배되며, 입질이 매우 단단하다. 듀럼밀은 제분하여 세몰리나semolina 가루를 만들며, 단백질 함량이 높고 카로티노이드계 색소가 풍부하여 황금색을 띤다. 세몰리나 가루는 마카로니, 스파게티 등 파스타류 제조에 적합하다.

더 알아보기

엿기름과 식혜의 제조

- 엿기름 : 보리를 15~20℃에서 1~2일간 물에 담가 수분을 43% 정도로 흡수시킨 다음 15~20℃의 온도로 4~8일 정도 발아시켜 엿기름(맥아)을 만든다. 보리는 발아 과정에서 전분과 단백질을 분해하는 α-아밀레이스, β-아밀레이스, 프로테이스 등 다양한 효소를 생성하므로, 엿, 식혜, 고추장 등의 전통 식품 제조나 맥주, 소주, 위스키 등의 주류 양조에 활용된다.
- 식혜 제조 : 엿기름을 물에 담가 효소를 추출한 후, 맑은 물만 따라내어 찐 밥에 섞고 아밀레이스의 최적 온도인 60~65℃에서 보관한다. 이때 아밀레이스는 전분을 수용성인 덱스트린과 맥아당으로 분해하여 식혜물에 녹아들고, 밥알은 가벼워져 위로 뜨며 단맛이 증가한다. 이후, 식혜를 잠깐 끓여 효소 작용을 정지시켜야 쌀알이 뭉개지거나 쉬는 현상을 방지할 수 있다.

우리밀은 전남 구례를 중심으로 재배되며, 글루텐 함량이 낮고 식감과 풍미가 뛰어난 것이 특징이다. 그러나 우리밀의 자급률은 약 1%로 매우 낮은 수준이다. 국내에서 유통되는 밀가루의 약 95%는 호주, 미국, 캐나다에서 수입한 밀을 국내에서 가공한 '국내 가공 밀가루'로, 수입 원료에 의존하고 있다.

더 알아보기

밀의 제분공정

- 정선 : 이물질을 제거하는 과정
- 조질 : 밀의 껍질과 내배유가 쉽게 분리되도록 수분을 15~16.5% 정도 부여하는 과정
- 조쇄 : 브레이크 롤이라는 기계를 이용해 배유를 거친 가루로 만드는 과정
- 분쇄 : 거친 가루를 부드러운 가루로 만드는 과정
- 사별 : 가루를 체로 쳐서 더 고운 입자의 세밀한 가루로 만드는 공정

밀은 정선 → 조질 → 조쇄 → 분쇄 → 사별 → 포장의 제분 공정을 거쳐 밀가루로 만들어진다. 제분 직후의 밀가루는 세포조직이 계속 호흡하는 상태로 불안정하여, 2차 가공에 적합하지 않다. 이에 따라 제분공장에서는 일반적으로 2주에서 2개월간 저장하며, 가공 적성을 향상시키는데, 이를 숙성aging이라고 한다. 1970~1980년대까지는 자연숙성에 의한 표백 기술이 없어, '식품공전'에서 허가한 과산화벤조일을 표백제로 사용하였다. 그러나 제분 기술의 발달로, 1992년부터는 제분 자동화 공정을 통해 제분 후 포장, 출고까지 공기 중 산화 과정을 이용한 자연숙성 방식이 도입되었고, 현재는 표백제를 사용하지 않는다.

기본적으로 밀가루는 단백질 함량에 따라 강력분, 중력분, 박력분으로 구분된다 표 1-7. 케이크용 밀가루는 단백질 함량이 낮은 박력분, 국수용 밀가루는 그 중간 정도인 중력분을 사용한다. 이 외에도 영양강화밀가루와 통밀가루가 생산되고 있다. 영양강화밀가루는 비타민·무기질이 강화된 밀가루이며, 통밀가루는 밀을 통째로 분쇄해 식이섬유와 다양한 영양소가 풍부하여 건강식 제빵 및 제과용으로 이용된다.

글루텐 프리(gluten-free)
글루텐프리는 셀리악병, 밀 알레르기, 글루텐 민감증 등을 유발할 수 있는 글루텐의 함량을 낮추거나 제거한 식이 방식을 말한다. 셀리악병은 자가면역질환으로, 글루텐 섭취 시 소장의 융모가 손상될 수 있으며, 글루텐 민감증은 빵이나 국수 등 밀가루 음식 섭취 후 소화불량, 불쾌감, 피로감, 두통, 근육통 등의 증상을 유발할 수 있다.
셀리악병이나 밀 알레르기는 북유럽계 인구에서 자주 나타나는 반면, 곡류를 주식으로 하는 동아시아 지역에서는 발병률이 매우 낮다.

밀가루는 회분 함량과 색상에 따라 1등급, 2등급, 3등급으로 구분된다. 밀의 회분은 배유부에는 적고 껍질 부분에 많기 때문에, 제분율에 따라 밀가루의 회분 함량이 달라진다. 일반적으로 배유의 중심 부분이 많이 포함된 1등급 밀가루의 회분 함량은 0.4~0.5% 정도이며, 회분 함량이 1% 이상이면 겨층이 많이 혼입된 것으로 간주되어 3등급 밀가루로 분류된다.

표 1-7 밀가루의 종류

분류	종류	특징	등급/ 회분 함량(%)	용도
일반 밀가루	강력분	• 경질밀에서 얻는 밀가루로 글루텐 함량이 13% 이상 • 물에 반죽했을 때 탄성이 강해 주로 빵을 만드는 데 사용	1등급/ 0.6 이하 2등급/ 0.9 이하 3등급/ 1.6 이하	식빵, 피자, 베이글
	중력분	• 강력분과 박력분의 중간 정도, 글루텐 함량은 10~13% • 면 제조에 적합한 점탄성을 지니고 있음 • 수입밀로는 미국산 웨스턴화이트western white 소맥이나, 호주산 스탠다드화이트standard white 소맥으로부터 중력분을 얻을 수 있음		다목적용, 우동 · 수제비 · 칼국수 등 면용, 부침용
	박력분	• 글루텐이 10% 이하로 함량이 적은 밀가루 • 미국산 웨스턴화이트 소맥과 같은 연질밀로부터 제분함		케이크, 과자, 파이, 튀김
영양강화밀가루		• 밀가루에 영양을 강화한 것 • 비타민 B_1, B_2, 니아신, 엽산 등을 첨가 · 혼합한 것		제과, 제빵, 제면
기타	백밀가루	• 배유 만으로 제분한 것		제과, 제빵, 제면
	통밀가루	• 통밀 그대로를 제분하여 전립분이라고도 함 • 밀냄새가 강하고 거칠지만 식이섬유, 무기질, 비타민 등이 더 많음		제과, 제빵, 제면
	세몰리나	• 듀럼밀에서 가공된 입도가 거친 가루 • 단백질과 무기질 함량이 높은 것이 특징 • 카로티노이드계 색소를 함유하여 노란색을 띰		마카로니, 스파게티 등 파스타

2) 성분 및 효능

밀의 주요 성분은 탄수화물 약 75%, 단백질 약 10%이며, 칼슘Ca, 칼륨K, 철Fe, 인P 등 미량 원소는 다른 곡류에 비해 풍부한 편이다. 밀가루 성분도 밀과 유사하다. 비타민 B_1은 주로 밀의 배아에 많이 함유되어 있으며, 비타민 B_2는 전체 낟알에 고르게 분포되어 있다. 또한 밀기울에 풍부한 식이섬유는 수분을 흡수해 배변량을 늘리고 배변을 원활하게 하며, 대장암 예방에도 도움을 준다. 따라서 식이섬유가 풍부한 통밀을 활용하는 것이 더욱 바람직하다.

3) 선택 및 이용

밀은 외피를 제거하면 내부까지 쉽게 부서지며, 밀알의 홈이 깊어 도정만으로는 외피를 완전히 제거하기 어렵기 때문에, 일반적으로 도정보다는 제분처럼 가루로 만드는 방법이 더 적합하다. 또한 낟알보다 밀가루 형태가 소화율이 높으며, 밀가루에 포함된 단백질은 수분과 결합해 글루텐을 형성하므로, 점성과 탄성이 생겨 제빵·제과·제면 등에 다양하게 활용될 수 있다. 한편, 통밀은 겉껍질 일부를 제거한 뒤 낟알 상태로 '밀쌀'로 가공되어 밥을 지을 때 이용되며, 싹을 틔운 '밀싹'은 건강식으로 섭취되기도 한다.

4. 메밀

1) 특징

메밀

메밀buckwheat, *Fagopyrum esculentum*은 생육 기간이 60~80일로 짧고 서늘한 기후에 적합하며, 비료 흡수력이 강하고 병충해에도 강해 화학비료나 농약의 사용이 거의 없는 무공해 작물이다. 국내에서는 강원도 평창의 봉평 지역이 메밀 최대 생산지로, 메밀꽃의 개화기는 9~10월, 수확기는 10월 중순에서 11월 초까지이다. 메밀은 꽃은 희고, 줄기는 붉으며, 잎은 푸르고, 뿌리는 노랗고, 열매는 검은 오색의 조화를 이루는 식물로, 예로부터 귀한 곡물로 여겨져 왔다. 일반적으로 메밀 종실은 삼각뿔 모양이며, 과피 20%, 종피 12%, 배유 52%, 배아 16%로 구성되어 있다.

국내 메밀 품종에는 일반 메밀인 '양절메밀', '햇살미소'와 쓴메밀인 '황금미소'가 있다. 햇살미소는 연한 흑갈색을 띠며 국수나 묵 등의 가공에 적합하다. 쓴메밀은 여러 번 쪄서 면을 만들거나 볶아서 차로 활용되기도 한다. 메밀의 중심부만을 제분하면 색이 하얀 메밀가루가 되지만, 제분량이 많을수록 색은 어두워지고 메밀 특유의 풍미는 더욱 강해진다.

메밀은 제분 직후 풍미가 가장 뛰어나며, 효소 활성도가 높아 장기 보관이 어렵기 때문에 가급적 빠르게 섭취하는 것이 좋다.

2) 성분 및 효능

메밀에는 단백질이 13~14% 함유되어 있으며, 곡류에 부족하기 쉬운 라이신, 트립토판과 같은 필수아미노산이 포함된 우수한 식품이다. 탄수화물은 주로 전분으로 구성되어 있으며, 이 중 아밀로스가 약 25%를 차지한다. 메밀에는 무기질 중에서는 칼슘Ca과 철Fe, 망간Mn이 풍부하고, 비타민은 B_1과 B_2가 다량 함유되어 있다. 특히 영양 성분이 메밀 전체에 고르게 분포되어 있어 제분 시 손실이 적은 것이 특징이다. 또한 식이섬유가 풍부하여 변비 예방과 치료에 효과적이며 대장암 예방에도 도움을 준다.

메밀에 함유된 루틴rutin은 일반 메밀에는 21 mg, 쓴메밀에는 1,586 mg이나 들어 있으며 혈관벽을 강화하는 데 효과가 있어 고혈압이나 동맥경화 등 혈관질환 환자에게 적합한 식품이다.

메밀싹
메밀을 싹 틔워 콩나물이나 숙주나물처럼 재배한 메밀싹은 길이 15~16 cm, 두께 1 mm로 가늘고 여리다. 메밀싹에는 혈관계 질환에 효과적인 루틴이 일반 메밀보다 27배 더 함유되어 있으며, 총 아미노산 함량도 높다. 특히 라이신은 3~4배 많고, 아스파트산과 글루탐산도 풍부하다. 식이섬유와 칼슘Ca, 칼륨K, 마그네슘Mg 함량이 높아 알칼리성 식품으로 분류되며, 동맥경화와 고혈압 예방에 도움이 된다.
메밀싹은 담백하고 식감은 아삭아삭하며, 특유의 비린내가 없어 나물이나 무침은 물론, 고기나 생선회와 곁들여 생식으로도 섭취할 수 있다.

3) 선택 및 이용

메밀은 주로 가루로 만들어 메밀국수, 냉면, 빵, 메밀묵, 수제비, 부침개, 전병, 떡 등에 활용되며, 볶아서 차로 마시기도 한다. 메밀가루는 글루텐이 없어 반죽이 어려우므로, 밀가루나 감자전분을 혼합하여 반죽의 점성과 탄력을 보완하기도 한다. 국내에서는 메밀 종실의 껍질을 베갯속 재료로 활용하고 있으며, 흰 메밀꽃은 관광 자원으로 유명하다. 또한 메밀꽃에서 채취한 꿀은 감미료나 건강식품으로 이용된다.

5. 율무

1) 특징

율무adlay millet, Job's tears, *Coix lacryma-jobi*는 '의이인薏苡仁'이라고도 하며, 가운데 홈이 있고 연한 갈색을 띤다. 동남아시아가 원산지로, 4월에 파종하여 9~10월 중순에 수확한다.

율무

2) 성분 및 효능

율무는 단백질이 약 15%, 지질은 약 5% 정도 함유되어 있어 다른 곡류에 비해 단백질과 지질 함량이 높은 편이다. 탄수화물은 약 67%를 차지하며, 아밀로펙틴 함량이 높아 찰기가 있다. 또한 식이섬유가 풍부하여 변비 예방에 효과적이다. 플라보노이드와 폴리페놀류를 다량 함유하고 있어 염증 억제, 돌연변이 억제, 항산화 효과 등이 있는 것으로 알려져 있다.

한방에서는 율무가 진통, 진정, 강장 작용이 있어 신경통, 류머티즘, 방광 결석, 기관지 천식 등의 염증 치료와 혈압 강하에 효과가 있어 약재로 사용된다. 또한 이뇨 작용이 있어 부기 제거와 식욕 억제에도 효과적이다.

3) 선택 및 이용

율무는 밥에 넣어 먹거나 죽, 떡, 차, 미숫가루 등으로 활용된다.

6. 조

청차조

황차조

1) 특징

조foxtail millet, *Setaria italica*는 토양이 척박하고 가물어 다른 곡류가 재배되지 않는 지역에서도 잘 자라며, 과거에는 보리 다음으로 많이 재배된 밭작물이다. 병충해가 적어 농약 사용이 적고, 무공해 작물로 분류된다.

조는 동양에서 오랜 재배 역사를 지닌 곡물로, 만주와 한국에서는 예로부터 중요한 곡식 중 하나로 여겨졌다. 파종 시기에 따라 봄에 파종하여 9월에 수확하는 봄 품종과 여름에 파종하여 10월에 수확하는 여름 품종으로 나뉘며, 전분의 조성에 따라 차조와 메조로 구분된다. 차조는 색상에 따라 녹색을 띠는 청차조와 노란색을 띠는 황차조가 있다.

2) 성분 및 효능

조는 길이 23 mm, 폭 12 mm의 둥글고 작은 입자로, 배아가 배유와 함께 이용되기 때문에 지질, 단백질, 무기질, 식이섬유를 풍부하게 함유하고 있다. 단백질은 약 11~13%로, 주된 단백질은 프롤라민prolamin과 글루텔린glutelin이다. 필수아미노산 중 라이신은 부족하지만, 류신은 풍부하게 들어 있다. 탄수화물은 약 72%를 차지하며, 소화율이 맥류보다 뛰어나 과거에는 이유식 재료로도 사용되었다.

조의 무기질로는 인P, 칼륨K, 칼슘Ca, 철Fe이 풍부하며, 비타민 B_1과 B_2도 많이 함유되어 있다. 차조는 식이섬유 함량이 4.9 g으로 비교적 높아 변비 예방에도 효과적이다.

3) 선택 및 이용

조는 밥에 혼식용으로 활용되며, 정월대보름에 먹는 오곡밥에도 포함된다. 엿, 떡, 죽, 소주의 원료로도 사용되며, 소화가 잘되고 칼슘Ca 함량이 높아 우유 생산이 적은 지역이나 이유기 유아, 임산부에게 권장되는 식품이다. 또한 조는 저장성이 우수해 장기간 보관해도 맛의 변화가 적고, 병충해에도 강한 편이다.

7. 수수

1) 특징

수수sorghum, *Sorghum bicolor*는 '고량高粱' 또는 '촉서'라고도 불리며, 주요 생산국은 나이지리아를 비롯해 인도, 멕시코, 미국 등이다. 아열대 기후의 척박하고 건조한 토양에서도 잘 자라기 때문에 재배가 용이하다.

수수

전분의 조성에 따라 찰수수와 메수수로 구분되며, 찰수수는 붉은색을 띠고 탄닌 함량이 더 높은 편이다. 파종 시기는 5월이며, 수확은 9월 중순에서 10월 사이로, 파종 후 약 80일이면 수확이 가능하다.

2) 성분 및 효능

수수의 주성분은 탄수화물로 약 73%를 차지하며, 다른 곡류에 비해 소화율이 낮고 비타민 함량도 적은 편이다. 배아에는 아미그달린 성분이 함유되어 있어, 날것으로 과량 섭취할 경우 중독 증상을 일으킬 수 있다. 찰수수 배유의 전분은 거의 100%가 아밀로펙틴이며, 메수수의 배유는 22~24%의 아밀로스를 포함하고 있다. 수수에 함유된 프로안토시아닌은 면역 기능을 강화하고 세포 산화를 줄여 염증을 완화하는 데 효과적이다. 또한 폴리페놀과 탄닌 등 항산화 성분이 풍부하여 세포 재생과 활성산소 제거에 도움을 준다.

3) 선택 및 이용

찰수수는 주로 식용으로 이용되며, 메수수는 사료용으로 사용된다. 수수는 탄닌 성분으로 인해 붉은 갈색을 띠며 떫은맛이 나기 때문에, 이 맛을 줄이기 위해 물을 여러 번 갈아가며 세척한다. 다른 잡곡과 함께 밥을 지으면 떫은맛이 완화된다. 수수는 주로 밥에 섞어 혼식하거나 떡, 엿, 죽, 과자, 술, 맥주 등의 제조에 활용된다. 특히 붉은 찰수수로 만든 수수팥경단은 백일, 돌, 어린이 생일 등에 만들어 나쁜 기운을 막는 상징적인 의미가 있다. 중국에서는 수수가 고량주의 원료로도 쓰인다.

8. 옥수수

옥수수

찰옥수수

1) 특징

옥수수corn, *Zea mays*는 쌀, 밀과 함께 세계 3대 작물 중 하나로, 원산지는 멕시코로 추정되며, 주요 생산국은 미국, 중국, 브라질 순이다. 국내에서는 강원도 홍천, 영월, 평창, 충북 괴산, 전남 등지에서 주로 재배되고 있다.

옥수수는 전분의 조성에 따라 찰옥수수와 메옥수수로 구분되며, 색상은 자색, 황색, 백색 등 다양하다. 국내에서 재배되는 옥수수는 일반 옥수수인 마치종, 경립종과 식용 옥수수인 감미종(단옥수수), 초당옥수수, 나종(찰옥수수), 폭렬종(팝콘용) 등으로 크게 나뉜다.

옥수수는 주로 여름철에 수확되며, 고소하고 쫄깃한 식감 덕분에 간식으로도 널리 소비된다.

표 1-8 옥수수의 종류와 특징

분류	종류	특징
일반 옥수수	마치종 dent corn	마치종은 수분이 증발하면 옥수수 배유의 윗부분이 움푹 들어가 말의 '이(dent)' 모양을 형성하는 특징이 있으며, 알껍질이 두꺼워 사료용 및 산업적 용도로 사용된다.
	경립종 flint corn	옥수수 알의 윗부분이 둥글며 마치종 다음으로 알이 굵고 알껍질은 다소 얇지만 사료용 및 산업적 용도로 사용된다.
식용 옥수수	감미종 sweet corn	감미종(단옥수수)는 옥수수 알의 대부분이 당질로 구성되어 있어, 성숙하면 알이 쭈글쭈글해지고 단맛과 부드러운 식감을 가지며, 주로 간식이나 통조림용으로 이용된다.
	초당옥수수 super sweet corn	초당옥수수는 당 함량이 약 28%로 높고 찰기가 많으며, 과피가 얇고 길이는 약 20cm로 비교적 큰 편이다.
	나종 waxy corn	나종은 찰옥수수로, 전분이 대부분 아밀로펙틴으로 구성되어 있어 찰기가 있으며, 주로 찌거나 구워 간식으로 먹거나 떡을 만들어 활용한다.
	폭렬종 pop corn	폭렬종은 튀김용 옥수수로, 알의 크기가 매우 작고 열을 가하면 잘 튀겨지기 때문에 주로 팝콘으로 이용된다.

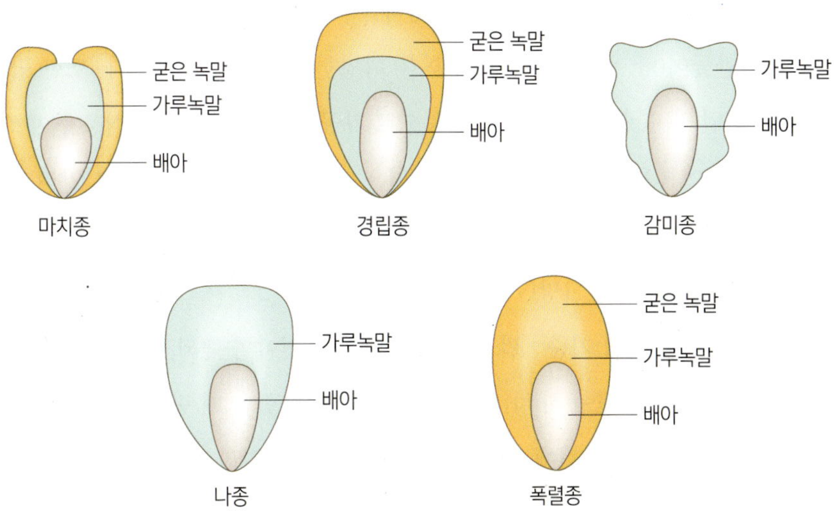

그림 1-3 옥수수의 종류별 구조

출처 : 농촌진흥청 국립식량과학원

2) 성분 및 효능

옥수수는 단백질이 약 4~5%를 차지하며, 주요 단백질인 제인zein은 라이신과 트립토판이 거의 함유되지 않은 불완전 단백질이다. 따라서 우유나 달걀 등 라이신이 풍부한 식품과 함께 섭취하면 아미노산의 상호 보완 효과를 얻을 수 있다. 옥수수의 지질은 주로 배아에 존재하며, 배아에서 리놀레산 함량이 높은 옥수수기름을 얻을 수 있다. 비타민 E가 풍부하지만, 식품의 산화 방지와 흡수에 필요한 니아신의 함량이 적어 장기간 옥수수만 섭취할 경우 펠라그라pellagra라는 피부병이 유발될 수 있다. 또한 옥수수에는 프로테이스 저해물질protease inhibitor이 함유되어 있어 대장암, 유방암, 전립선암 등의 예방에 긍정적인 효과가 있다는 연구 결과도 있다. 과거에는 구황식품으로 활용되었으나, 최근에는 건강식으로 각광받고 있다. 특히 옥수수수염은 이뇨작용이 있어 부기 제거는 물론 방광염, 신장염, 결석 완화 등에 효과가 있는 것으로 알려져 있다.

3) 선택 및 이용

옥수수는 복잡한 가공 과정을 거치지 않아 수확 후 바로 삶거나 구워 먹을 수 있으며, 경우에 따라 생으로도 섭취가 가능하다. 이처럼 자체 식재료로서 활용도가 높고, 가루로 만들어 빵, 죽, 과자, 수프, 술 등 다양한 식품으로 이용된다. 또한 팝콘, 통조림, 시리얼, 옥수수전분, 액상과당 등으로 가공되며, 배아에서는 식용유 제조에 쓰이는 옥수수기름을 추출한다. 옥수수수염은 이뇨작용이 있는 것으로 알려져 차로 즐겨 마시며, 잇몸 질환 치료나 신장병의 약용 원료로도 활용된다.

- 판매 단위 : 낱개 또는 1망(5개, 20개) 단위로 판매
- 간식용 옥수수 선택 기준 : 껍질이 얇고 알의 표면이 수축되지 않은 것, 단맛이 나는 것, 알맹이가 촘촘히 차 있고, 중간 부분을 눌렀을 때 탄력이 있는 것
- 피해야 할 옥수수 : 껍질에 수분이 적고 가장자리가 말라 알이 딱딱해진 것
- 잘 익은 옥수수 특징 : 수염이 갈색을 띠는 것

더 알아보기

옥수수 조리와 보관

옥수수는 수확 후 뿌리, 줄기, 잎을 잃은 상태에서 생존을 위해 영양소를 하루 만에도 70%를 소모하므로 시간이 지날수록 당 성분이 급속도로 전분으로 바뀌게 되어 맛과 당도가 현저하게 떨어진다. 간혹 옥수수 알갱이 중앙이 바람 빠진 것처럼 오목하게 들어가 있는 것이 있는데 영양소 소모로 수축된 것이다.

옥수수는 20~30℃의 실온에 저장하면 60%의 당분이 손실되어 단맛이 감소하며 5℃에서 일반 옥수수는 3일, 초당옥수수는 7일까지 당도 변화가 크지 않지만 그 이후 급격히 당도가 저하된다. 따라서 소비자는 구입 시점까지 유통된 시간을 고려하여 빨리 섭취하는 것이 좋고 남은 것은 며칠 정도 냉장 보관이 가능하지만 삶아서 냉동 보관하거나 진공 포장하는 것이 좋다.

9. 귀리

1) 특징

귀리

귀리oat, *Avena sativa*는 연맥 혹은 작맥이라고도 하며, 보리나 밀보다 약간 갸름한 모양을 하고 있으며, 복부에 세로 홈이 나 있다.

주요 생산지는 유럽, 미국, 캐나다, 호주 등이며, 국내에서는 전남 강진에서 국내 생산량의 40%를 차지한다. 또한 쌀귀리가 주로 생산되고, 경기 안성과 연천, 강원 인제, 전북 정읍 등에서도 점차 재배 면적이 증가하고 있다.

귀리는 가을에 파종하여 이듬해 봄에 수확하며, 벼와 이모작이 가능하다. 귀리는 겉껍질에 따라 겨가 두꺼운 겉귀리와 겨와 알곡이 쉽게 떨어지는 쌀귀리로 나뉘며, 주로 사료용과 식용으로 사용된다.

또한 귀리는 색상에 따라 백색, 황색, 회색, 흑색 등이 있다.

2) 성분 및 효능

쌀귀리는 단백질이 약 11~12% 함유되어 있어 다른 곡류에 비하여 높으며, 특히 라이신 등 필수아미노산이 많다. 귀리의 지방산은 팔미트산, 올레산, 리놀레산 등이 약 95%를 차지하며, 전체 지질의 20%는 포화지방산이고, 약 80%는 인체에 유익한 불포화지방산이다. 또한 단백질과 지질뿐만 아니라 비타민 B군도 풍부하며, 칼슘Ca과 칼륨K 등의 함량도 높은 우수한 곡물이다.

귀리는 식이섬유를 다량 함유하고 있으며, 특히 식이섬유의 일종인 베타글루칸β-glucan이 많아 혈중 콜레스테롤을 낮추는 데 도움을 주어 심장병 및 당뇨병 환자에게 유익하다. 이로 인해 선진국에서는 귀리에 대한 의학적인 관심이 높아지고 있다. 그 외에도 귀리에 포함된 여러 종류의 식이섬유가 암세포의 증식을 억제한다는 연구 결과도 있다.

3) 선택 및 이용

귀리는 증기로 가열한 후 압착하여 오트밀oatmeal과 아침식사용 플레이크flake로 가공하여 이용된다. 귀리는 단백질과 지질이 풍부할 뿐만 아니라 소화가 잘 되어, 유럽에서는 유아용, 환자용, 노인용으로 많이 이용된다. 그 외에도 알코올, 종국, 장류 가공에 활용되며, 귀리가루는 다른 곡류와 혼합하여 제과 및 제빵용으로 사용된다.

귀리는 지질을 많이 함유하고 있어 공기에 노출되면 빠르게 산패되므로 밀폐용기에 담아 서늘한 곳에 보관해야 한다. 소량씩 구입해 냉장고에 보관하는 것이 좋다.

10. 퀴노아

퀴노아

1) 특징

퀴노아quinoa, *Chenopodium quino*는 '모든 곡식의 어머니'라는 의미에서 유래되었으며, 약 4,000년 전부터 안데스 산맥 주위의 칠레, 볼리비아, 페루, 에콰도르 등의 고산지대에서 재배되어 왔다. 퀴노아는 쌀의 1/3 크기로 좁쌀 정도의 원형을 가지고 있으며, 흰색, 붉은색, 갈색, 검은색 등 다양한 색상을 나타낸다. 수천 년 동안 잉카제국의 주요 곡물이었으나, 오랫동안 명맥만 유지되다가 1980년 이후 영양가와 효능이 인정되면서 글로벌 식품기업과 남미 민간단체의 품종 개발 및 보급 노력에 힘입어 전 세계적으로 이용이 확산되었다.

2) 성분 및 효능

퀴노아는 단백질과 필수 아미노산인 라이신, 메티오닌, 아르기닌의 함량이 우수하며, 쌀에 비해 단백질, 칼슘Ca, 철Fe의 함량이 매우 높다. 칼슘은 백미의 9배, 비타민 B_1은 백미의 10배, 비타민 B_2는 백미의 8배나 많이 함유되어 있다. 또한 칼슘Ca, 철Fe, 망간Mn, 아연Zn, 셀레늄Se 등의 무기질과 식이섬유가 다량 함유되어 있다. 특히 붉은색인 레드 퀴노아는 다른 품종에 비해 단백질과 칼슘Ca이 많은 편이다.

퀴노아의 혈당지수Glycemic Index, GI는 53으로 낮아 당뇨병과 고혈압에 좋으며, 최근에는 아토피와 소화불량에 유익한 식품으로 각광받고 있다. 또한 껍질에는 다량의 사포닌saponin이 함유되어 있어 쓴맛이 나며, 항암 및 면역력 강화 작용도 있다고 알려져 있다.

3) 선택 및 이용

퀴노아는 서너 번 충분히 씻은 후, 냄비에 퀴노아 부피의 약 2배 정도 되는 물과 약간의 소금을 넣고 뚜껑을 덮은 채 끓인다. 물이 끓기 시작하면 약불로 줄여 15분 정도 익힌다. 익힌 퀴노아는 채소와 함께 샐러드에 넣거나 밥에 섞어 활용하며, 가루로 만들어 빵, 과자, 음료 등에 이용하기도 한다.

11. 아마란스

1) 특징

아마란스

아마란스amaranth, *Amaranthus* spp.는 남아메리카 안데스 산맥에서 생산되는 작물로, '신이 내린 곡물'이라 불릴 만큼 높은 영양 가치를 지닌다. 고산지대에서 자라는 식물이지만, 국내에서도 품종 육성과 재배 기술의 연구·개발이 이루어지면서 2012년부터 대량 재배되고 있다.

아마란스는 좁쌀이나 퀴노아보다 더 작은 원형의 씨앗으로, 씨앗의 색에 따라 잎과 꽃의 색도 달라지며 노란색, 주황색, 자주색, 보라색, 녹색, 검은색 등 다양한 색상을 가진다.

2) 성분 및 효능

아마란스는 단백질 함량이 17%로 쌀의 약 2.5배에 달하며, 탄수화물 함량은 약 67%로 비교적 낮은 편이다. 또한 칼슘Ca, 철Fe, 인P 등의 무기질이 풍부하다. 곡류에서는 드물게 타우린taurine이 검출되었고, 아스파트산aspartic acid은 쌀의 3배, 아르기닌arginine은 2.3배 이상 함유되어 있다. 특히 쌀, 밀, 옥수수 등에 거의 없는 라이신lysine이 풍부하여 성장기 어린이나 회복기 환자에게 유익하다.

또한 아마란스에는 폴리페놀polyphenol, 토코트리에놀tocotrienol, 스쿠알렌squalene 등 항암 및 항산화 성분이 함유되어 있어 체내 활성산소를 제거하고 면역력 증강과 노화 방지에 효과가 있다. 혈중 콜레스테롤 수치와 혈당지수GI가 낮아 당뇨, 고혈압, 동맥경화 예방에도 도움을 준다.

3) 선택 및 이용

아마란스는 크기가 작아 물에 씻을 때 떠내려가지 않도록 주의해야 하며, 깨끗이 씻은 후 냄비에 아마란스 부피의 약 3배 정도 되는 물을 넣고 뚜껑을 닫아 중약불에서 20~25분 정도 끓인다. 또한 기름을 두르지 않은 팬에서 볶아 사용하는 방법도 있다.

아마란스는 시리얼이나 샐러드에 넣어 먹거나 쌀과 함께 밥을 지을 수 있으며, 팝콘이나 튀김으로도 이용할 수 있다. 가루로 만들어 빵, 과자, 음료로 이용할 수도 있다. 아마란스는 주로 종자를 곡물로 이용하지만, 싹을 틔워 잎을 새싹채소나 나물로 음식에 사용하기도 하고, 꽃은 식용색소로 활용되며, 잎과 꽃은 말려서 차로도 즐길 수 있다.

두류

Chapter 2

콩과 꼬투리

두류는 콩과 식물의 종자로 긴 꼬투리에 1~7개의 종자가 들어 있다. 종자가 완전히 익으면 꼬투리가 터지면서 종자가 흩어진다. 종자는 품종에 따라 둥근 모양과 판판한 모양 등 크기와 모양이 매우 다양하다.

종피의 색상은 크게 단일색과 얼룩색으로 구분할 수 있다. 단일색은 황색, 검은색, 밤색, 푸른색 등이 있는데 이 중 황색이 가장 많으며 동부콩, 노란콩, 밤콩, 완두콩, 흰콩(백대두), 강낭콩, 푸른콩(청태), 검은콩(흑태, 서리태, 서목태), 작두콩 등이 있다. 또한 서양종인 잠두콩, 병아리콩, 리마콩, 렌틸콩 등도 단일색 계통의 두류에 속한다.

얼룩색 종자는 종피에 줄무늬나 반점이 있는 것이 특징이다. 대표적인 품종으로는 검은빛의 둥근 무늬가 있는 우렁콩, 녹색 바탕에 검은빛의 점무늬가 나타나는 매눈이콩, 그리고 녹색이나 황색, 담갈색 바탕에 배꼽을 중심으로 자줏빛 또는 검은빛의 무늬가 말안장 모양을 이루는 선비재비콩이 있다. 아주까리콩은 종피 표면에 흰빛의 그물 모양 선이 나타나 독특한 외형을 보인다. 그 외에 팥과 녹두도 두류에 속한다.

두류는 영양 성분에 따라 몇 가지로 분류할 수 있다표 2-1. 단백질(30~40%)과 지질(12~16%)이 풍부한 대두, 서리태, 서목태(쥐눈이콩), 당질과 단백질이 주성분인 팥, 녹두, 동부, 강낭콩, 그리고 비타민 C가 풍부한 완두와 풋완두로 나눌 수 있다.

마른 콩에는 단백질이 34~42% 정도 함유되어 있으며, 이 중 대부분은 글로불린 계열의 글리시닌glycinin이 70~80%이며, 그 외에 알부민 계열의 레구멜린legumelin이 약 5% 정도 들어있다. 두류의 아미노산 조성은 전체적으로 우수하며, 특히 라이신lysine과 이소류신isoleucine 함량은 높은 반면에 메티오닌methionine과 시스틴cystine 같은 함황아미노산은 다소 부족한 편이다.

지질은 국내산이 평균 12~15%, 미국산이 약 16% 수준이며, 특히 자엽이 황색인 노란콩이 가장 높은 지질 함량을 가진다. 주요 지방산 구성은 리놀레산linoleic acid 50%, 올레산oleic acid 25%, 리놀렌산linolenic acid 7%, 레시틴lecithin 0.1~0.2%로, 대부분이 불포화지방산이다.

콩의 레시틴은 소야레시틴soyalecithin으로 불리우며 콜레스테롤을 낮추는 효능이 있어 약의 원료로도 사용되고, 뇌 속 아세틸콜린acetylcholine의 감소를 억제하여 치매 예방과 뇌 기능 향상에도 도움이 되는 것으로 알려져 있다. 콩은 지질 함량이 높아 식용유 원료로 사용하지만 콩가루나 콩을 원료로 한 제품은 공기 중 산소와 접촉 시 산패되기 쉬우므로 보관에 주의가 필요하다.

또한 콩에는 이소플라본이 100~300 mg%나 들어 있는데, 에스트로겐과 유사한 구조를 가져 식물성 에스트로겐phytoestrogen으로 불리며, 에스트로겐 수용체와 결합하여 작용을 활성화시킬 수 있다. 이로 인해 에스트로겐 대체물질로 주목받고 있으며, 현재까지 밝혀진 이소플라본의 종류는 12종으로, 대표적으로 다이드제인daidzein, 제니스테인genistein, 글리시테인glycitein 등이 있다. 이 성분들은 사포닌과 함께 콩 특유의 씁쓸하고 비린맛을 유발하기도 하지만, 동시에 항산화·항균·항암 작용을 통해 심혈관질환, 갱년기 증상, 생활습관병, 유방암, 전립선암 예방에 긍정적인 영향을 미치는 것으로 보고되고 있다.

콩에는 식이섬유가 다량 함유되어 장운동을 촉진하고 변비 예방에 도움이 된다. 다만, 콩 속 당분인 알파갈락토시드α-galactoside는 소화효소인 알파갈락토시데이스α-galactosidase가 부족한 사람에게서 장내 가스를 유발할 수 있다.

표 2-1 두류의 영양 성분

(기본 100 g)

종류	에너지 (kcal)	수분 (g)	단백질 (g)	지질 (g)	회분 (g)	탄수화물 (g)	당류 (g)	총식이섬유 (g)	무기질					비타민						
									칼슘 (mg)	철 (mg)	마그네슘 (mg)	칼륨 (mg)	나트륨 (mg)	A (μg)	레티놀(μg)	베타카로틴 (μg)	B_1 (mg)	B_2 (mg)	니아신 (mg)	C (mg)
대두, 노란색	409	11.2	36.21	14.71	4.89	32.99	6.64	25.6	260	6.66	256	1,838	2	1	0	11	0.553	0.384	1.640	3.27
대두, 서리태	401	10.5	38.02	13.35	4.73	33.43	3.28	21.3	191	7.74	233	1,885	1	4	0	50	0.161	202	1.441	6.72
대두, 흑태	406	11.7	35.82	15.37	4.57	32.58	3.24	21.4	174	7.67	221	1,850	2	4	0	49	0.184	0.234	1.404	4.57
쥐눈이콩	403	12.6	37.32	14.61	4.88	30.59	5.58	22.2	212	8.14	211	1,888	2	7	0	82	0.164	0.682	1.527	2.29
강낭콩	348	12.1	21.01	1.41	3.58	61.89	3.32	25.6	99	6.22	178	1,462	1	9	0	105	0.329	0.124	3.770	0.24
동부	343	14.4	19.61	2.10	3.37	60.56	0.44	21	56	5.15	168	1,181	4	2	0	21	0.282	0.085	3.071	0.56
녹두	352	9.4	24.51	1.52	4.42	60.15	0	22.4	100	4.11	174	1,420	1	20	0	243	0.156	0.358	1.634	5.29
완두(생것)	115	71.0	7.92	0.44	1.13	19.54	1.72	8.4	36	2.08	45	356	0	32	0	383	0.186	0.141	2.946	11.9
팥, 적색	337	14.2	21.59	1.10	3.77	59.29	0.47	16.9	71	5.49	138	1,333	6	0	0	4	0.660	0.166	1.698	4.36
렌틸콩, 갈색	365	9.2	22.64	1.52	2.35	64.30	1.56	14.9	72	7.17	106	943	6	2	0	22	0.306	0.165	1.174	2.19
병아리콩	377	10.3	17.78	5.67	2.92	63.30	2.55	14.5	130	5.54	143	1,112	3	4	0	54	0.049	0.123	1.423	0
작두콩	344	12.0	26.3	1.0	3.3	57.4	–	–	84	3.7	–	1,296	5	0	0	–	0.54	0.25	2.0	0

- 빈칸으로 표시된 것은 측정하지 않은 것을 의미함

출처 : 농촌진흥청 국립식량과학원. 국가표준식품성분 DB 10.3(2025)

1. 대두

황대두

1) 특징

콩은 만주 지역을 중심으로 한반도 북부의 두만강 유역과 현재의 중국 화북 지방에 이르는 지역에서 기원한 것으로 추정된다. 국내에서는 충청남도(서천, 예산, 부여), 강원도, 경기도 등지에서 대두가 주로 재배되고 있다. 대두soybean, *Glycine max*는 일반적으로 노란콩을 지칭하지만, 종자의 크기에 따라 대립종, 중립종, 소립종으로 나뉘며, 껍질의 색상에 따라 노란콩, 검은콩, 푸른콩, 밤색콩, 흰콩 등이 있다. 검은콩은 다시 크기와 색상에 따라 흑태, 서리태, 서목태로 나뉜다.

(1) 노란콩

노란콩은 메주콩, 황대두, 백태라고도 불리며, 일반적으로 '대두'라 하면 이 노란콩을 가리킨다. 이 중 백태는 '백白'이라는 글자가 들어 있어서 흰콩처럼 느껴질 수 있지만, 실제로는 껍질과 자엽 모두 노란색을 띠는 대두를 말한다. 노란콩은 껍질과 자엽 모두 노란색을 띠고 있으며, 이소플라본isoflavone계 색소가 풍부하고 단백질과 지질 함량이 높아 영양 가치가 뛰어나다. 알이 크고 둥글며, 메주를 만들어 된장과 간장으로 가공하는 데 사용되며, 두부, 콩가루, 과자, 콩기름 등 다양한 식품의 원료로 활용되는 가공성이 높은 식품이다.

(2) 검은콩

흑대두

서리태

검은콩은 껍질이 검은색이며, 안토시아닌anthocyanin 색소를 함유하고 있어 항산화 성분이 풍부하다. 이들은 크기(소립, 대립)와 자엽 색상(녹색, 황색)에 따라 흑태, 서리태, 서목태(쥐눈이콩) 등으로 구분된다.

- 흑태(흑대두) : 노란콩과 같은 속에 속해 영양 성분이나 맛이 비슷하다. 밥에 넣어 먹거나 크기가 커서 콩조림으로 많이 이용한다.
- 서리태(속청태) : 겉모양은 검지만 껍질을 벗기면 자엽 부분이 파랗다. 또한 생육 기간이 길어 서리가 내리는 10월 무렵에 수확이 되어 '서리霜'와 '큰 콩太'

이라는 뜻에서 '서리태'라는 이름이 유래되었다. 겉껍질은 검지만 자엽은 녹색인 대립종 검은콩으로, 속이 푸르다 하여 '속청태'라고도 불린다. 고소하고 진한 풍미에 쫀득한 식감을 지녀 밥용 콩으로 가장 선호한다.

- 서목태(쥐눈이콩) : 서리태는 검은콩 가운데 콩알이 작고 둥근 품종으로 그 모양이 쥐의 눈을 닮았다 하여 '쥐눈이콩'이라 불리며, 약용으로 많이 사용된다고 해서 '약콩'이라는 이름으로도 알려져 있다.

서목태

(3) 푸른콩

푸른콩은 청태, 푸르대콩, 청대콩 등으로도 불리며, 껍질과 자엽이 모두 푸른색을 띤다. 성분은 노란콩과 유사하지만 색상의 차이가 있다. 주로 떡의 속재료인 떡소로 사용되며, 볶아서 가루를 내면 색이 파랗고 고와서 인절미의 콩고물이나 다식 재료로 사용한다.

푸른콩

(4) 밤색콩

밤콩 또는 붉은콩이라고도 불리며, 알이 크고 껍질이 밤색인 콩이다. 가열 시 구수한 향이 나고 밤처럼 부드러운 식감으로 '밤콩'이라는 이름이 붙었다. 고소하고 파삭한 질감이 특징으로, 밥에 넣어 먹는 용도로 선호된다.

밤색콩

(5) 콩나물콩

콩나물 재배에 주로 사용하는 콩은 100개 중량이 8~12 g인 극소립종이 많이 쓰인다. 종피색은 황색, 녹색, 검은색 등 다양하지만, 일반적으로는 황색종이 주로 이용된다. 최근에는 검은콩(서리태)도 선호되는데, 이는 저장성이 우수하고 콩나물로 재배했을 때 자엽이 짙은 황색을 띠기 때문이다.

콩나물콩

2) 성분 및 효능

생대두에는 트립신 억제제trypsin inhibitor와 혈액응고물질인 헤마글루티닌hemagglutinin

등이 있어 약간의 독성이 있고 단백질의 소화를 방해하여 설사를 유발할 수 있으나 가열 시 대부분 파괴되어 안전하게 섭취할 수 있다. 트립신 억제제의 활성도는 10분 정도 끓이면 11%로, 20분 끓이면 5%로 감소한다. 이 외에도 콩에는 칼슘Ca, 철Fe, 칼륨K 등의 무기질과 비타민 B군도 풍부하게 들어 있다.

3) 선택 및 이용

콩을 둘러싸고 있는 껍질은 단단하고 내부의 자엽부도 조밀하여 조리 전 최소 6~7시간 물에 충분히 불려야 한다. 콩 단백질의 주성분인 글리시닌glycinin은 염용성이기 때문에 약 1%의 소금을 첨가한 물에 담그면 더 잘 불려지고 삶는 과정에서도 조직이 연해진다.

콩은 조직이 단단하여 조리 후에도 소화율이 70% 이하로 낮은 편이므로, 액체 상태로 만들어 두유나 콩국수 국물로 이용되기도 하며, 가공하여 두부, 된장, 간장, 콩가루, 과자, 콩기름 등을 만든다. 또한 미숫가루로 이용하기도 하고 생콩가루로 국수나 빵에 첨가하면 영양가를 보완할 수 있다. 전분 함량이 많은 팥, 녹두, 동부는 주로 떡고물이나 소로 사용된다.

콩은 가공 과정을 거치면 소화율이 현저히 증가한다. 볶은 콩은 60%, 삶은 콩은 70%, 콩가루는 83%, 그리고 대두 단백질을 응고시킨 두부는 95%의 소화율을 나타낸다. 최근에는 콩 단백질을 원료로 한 인조육(대체육)이 개발되어 육류를 대체하는 식품으로 이용률이 증가하고 있는 추세이다.

2. 팥

팥

1) 특징

팥adzuki bean, *Vigna angularis*은 '소두小豆'라고도 불리며, 중국, 한국, 일본 등 동아시아의 온대 지역에서 주로 재배되어 온 동양이 원산지인 두류이다. 국내에서는 전라남도 나주와 장흥, 경상북도 경주, 강원도 횡성과 홍천 등지에서 주로 생산되며, 콩 다음으로 수요가 많은 두류이다. 일반적으로 적갈색 껍질을 가진 품종이 많지만,

회백색, 담황색, 갈색, 흑색, 얼룩색 등 다양한 색상을 지닌 품종도 존재한다. 또한 종자의 크기에 따라 대립종, 중립종, 소립종으로 구분할 수 있다. 팥은 겉보기에는 콩보다 작지만 구조는 유사하며, 종피(껍질)가 전체의 약 7~8%, 자엽부는 약 92%를 차지한다.

검은팥

붉은팥(적두)

2) 성분 및 효능

팥은 건조 시 탄수화물 함량이 약 60%로 높으며, 대부분은 전분 형태로 존재한다. 또한 단백질 함량도 약 21%로 비교적 높은 편이다. 아미노산 조성 측면에서는 메티오닌과 시스틴 같은 함황아미노산sulfur-containing amino acids의 함량은 낮지만, 라이신과 트립토판tryptophan은 풍부하다. 지질 함량은 낮은 편이며, 무기질 중에서는 칼륨K과 인P이 많고, 칼슘Ca과 철Fe은 상대적으로 부족하다. 특히 팥은 비타민 B_1thiamine의 좋은 급원으로, 각기병 예방과 치료에 효과적이며, 만성 신장질환이나 비만으로 인한 혈액순환 저하에도 도움이 될 수 있다.

팥은 껍질이 단단하고 두꺼워 수분을 흡수하는 시간이 길기 때문에 조리 시 식소다(베이킹소다)를 첨가하여 조리시간을 단축하기도 한다. 그러나 이 과정에서 비타민 B_1이나 비타민 C 등의 수용성 비타민이 손실될 수 있다. 또한 팥에는 사포닌saponin이 함유되어 있으며, 황화합물로 인해 특유의 냄새가 난다. 사포닌은 식이섬유와 함께 장 기능을 도와 배변을 원활하게 한다.

3) 선택 및 이용

팥은 고유의 색이 선명하고 흰색 띠가 뚜렷하며 껍질이 얇으면서 손상된 낱알이 없고 입자가 고른 팥이 좋다. 보관 시에는 습기가 없고 통풍이 잘되는 서늘한 곳에 두는 것이 좋으며, 여름철에는 밀폐 용기에 담아 냉장고에 보관하면 신선도를 오래 유지할 수 있다.

국내에서 붉은색 팥은 나쁜 액을 물리치는 상서로운 식품으로 생각하여 동짓날 절식節食으로 팥죽을 쑤어 먹었다. 그 외에 팥밥, 팥빵, 떡고물, 양갱, 빙과, 제과용으로 많이 사용된다.

3. 녹두

녹두

1) 특징

녹색을 띤 콩이라는 뜻으로 녹두綠豆, mung bean, *Vigna radiata*라 불리며, 종실의 형태는 팥과 비슷하지만 크기가 더 작다. 일반적으로 종실은 녹색이 많지만, 황색, 녹갈색, 흑갈색인 것도 있다. 자엽은 황색인 경우가 많으며, 종실의 광택 여부는 품종에 따라 다르다.

2) 성분 및 효능

녹두는 말렸을 때 탄수화물 함량이 약 60%로 높고, 이 중에는 헤미셀룰로스hemi-cellulose가 약 3.5% 포함되어 있다. 또한 펜토산pentosan, 덱스트린dextrin, 갈락탄galactan 등 다양한 다당류 성분이 포함되며, 특히 갈락탄은 점성을 지닌 성분으로 팥과는 다른 특징이 있고 함량이 더 많다. 단백질은 약 25%를 차지하며, 메티오닌, 트립토판, 시스틴 같은 함황아미노산은 다소 부족하지만, 류신, 라이신, 발린valine 등의 함량은 높아 아미노산 조성이 우수하다. 녹두에는 아밀레이스amylase, 인버테이스invertase, 우레이스urease 등의 다양한 소화효소가 들어있어 소화를 촉진하는 데 도움을 준다. 또한 혈압 강하, 소염, 해열, 조혈 작용 등이 있어 기능성 식품 소재로도 주목받고 있다.

한방에서는 녹두가 오장육부의 기운을 조화롭게 하여 환자의 원기를 돋우고 입맛을 되찾는 데 이용하였다. 특히 녹두 삶은 물을 종기가 난 부위에 바르면 염증을 완화하는 데 도움이 되며, 체내 열과 독소를 해소하는 작용이 있어, 열로 인한 설사 증상에 녹두를 갈아 마시면 증상이 완화된다고 전해진다. 다만 녹두는 성질이 차기 때문에, 저혈압이 있거나 냉증이 심한 체질을 가진 사람은 많은 양을 먹지 않는 것이 좋다.

녹두를 싹을 틔워 만든 숙주나물은 영양학적으로도 매우 우수한 식재료로, 발아 과정에서 단백질, 무기질, 비타민 등의 함량이 전반적으로 증가한다.

3) 선택 및 이용

녹두는 싹을 틔워 숙주나물로 재배되며, 국내에서는 청포묵, 빈대떡, 떡소, 떡고물, 녹두죽 등 다양한 요리에 활용된다. 녹두는 전분 외에도 헤미셀룰로스, 펜토산, 갈락탄 등 점성을 지닌 다당류를 함유하고 있어, 이를 녹두가루 형태로 가공하면 점성물질이 있어 녹두가루로 당면을 만들 수 있다. 숙주나물은 보통 익혀서 먹지만 베트남, 태국 등 동남아시아 국가에서는 쌀국수처럼 생으로 넣어 먹기도 한다.

4. 완두

1) 특징

완두pea, *Pisum sativum*는 중앙아시아에서 지중해 연안에 이르는 지역을 원산지로 하며, 현재는 중국과 미국에서 주로 재배된다. 두류 중에서도 서늘한 기후를 선호하고 추위에 강하기 때문에 국내 중부 지방에서는 월동 재배가 가능하다. 수분만 충분하다면 비교적 다양한 토양에서도 잘 자라는 작물이다.

완두

완두의 품종은 먹는 방법에 따라 품종을 분류하는데, 꼬투리째 먹을 수 있는 것은 연협종으로 대표적인 스노 피snow pea, 슈거 스냅 피sugar snap pea 등이 있다. 반면, 꼬투리 안의 콩만 먹을 수 있는 것을 경협종, 꼬투리와 콩을 모두 먹을 수 있는 것은 겸용종으로 구분된다.

꼬투리는 일반 콩과 유사하나 조금 더 크고 표면이 매끄러운 편이다. 종자의 색상은 백색, 녹색, 황색으로 다양하며, 껍질 표면이 팽팽한 것도 있고 주름이 잡혀 있는 것도 있다. 국내에서는 보통 완두는 보통 10~11월 중순 사이에 파종하며, 이듬해 4~6월에 수확한다.

2) 성분 및 효능

말린 완두콩은 단백질 함량이 약 25%로, 주로 글로불린으로 이루어져 있다. 구성 아미노산은 라이신과 트립토판이 다량 함유되어 곡류와 혼식을 할 경우 아미노산을 보완할 수 있다. 지질 함량은 낮지만 레시틴이 많이 함유되어 있으며, 탄수화물은 주로 팥과 유사한 전분의 형태로 존재한다. 무기질은 칼슘Ca과 인P이 많고, 비타민 B_1, B_2, 비오틴biotin, 비타민 C, 콜린choline이 풍부하다. 특히 콩 꼬투리째로 먹는 깍지완두는 비타민 C가 30~55 mg 함유되어 있으며 카로틴carotene 함량도 풍부하다. 다른 두류와 마찬가지로 이소플라본isoflavone이 함유되어 있어, 여성호르몬과 유사한 작용을 하며 골다공증 예방, 위장관 보호, 이뇨 작용 등에 도움이 되는 것으로 알려져 있다.

한편, 완두에는 퓨린purine, 렉틴lectin, 사포닌saponin 등의 성분도 포함되어 있어 통풍 환자의 경우 하루 40 g 이상의 과량 섭취는 주의해야 한다. 그러나 완전히 익혀 조리하면 이러한 성분들이 대부분 제거되거나 불활성화되므로 안전하게 섭취할 수 있다.

3) 선택 및 이용

완두는 한방에서 오장육부의 기능을 돕고 신체의 균형을 조절하는 데 효과가 있다고 여겨져 보양식 재료로 활용되기도 한다. 또한 수용성 식이섬유가 풍부해 장 기능 개선과 배변 활동을 원활하게 하는 데 도움이 된다. 완두는 곡류와 함께 혼식용으로 사용되며, 죽이나 수프, 일부 된장이나 간장 등의 발효식품 원료, 그리고 떡, 빵, 과자 등 다양한 가공식품의 재료로도 활용된다. 어린 꼬투리(깍지완두)는 껍질째 샐러드나 채소 반찬으로 조리해 먹으며, 어린 완두콩은 통조림 형태로 가공되어 음식에 영양과 색감을 부여하기 위한 식품재료로 이용된다.

완두콩은 오래 삶으면 색이 어두워지고 비타민이 손실되며 고소한 맛이 감소하므로 풋내가 없어질 정도로만 살짝 데쳐야 완두 고유의 색과 식감을 살릴 수 있다.

완두는 꼬투리째 냉장 보관하는 것이 좋지만 오래 저장할 때는 완두를 까서 살짝 데쳐 냉동실에 보관하면 필요할 때 바로 사용할 수 있다.

5. 강낭콩

1) 특징

강낭콩kidney bean, *Phaseolus vulgaris*은 콩의 모양이 사람의 콩팥kidney을 닮았다 하여 '키드니 빈kidney bean'이라고 불린다. 중남미 지역이 원산지이며, 국내에서는 충청북도의 괴산과 청원, 충청남도의 논산, 금산, 홍성, 전라남도의 나주 등지에서 주로 재배된다.

강낭콩

콩과 식물에 속하는 강낭콩은 생육 기간이 짧아 연 3회 이상 수확이 가능한 작물로, 흰색, 붉은색, 얼룩색 등 다양한 색상의 품종이 있다. 특히 덜 익은 연한 꼬투리를 그대로 먹는 품종은 '그린빈green bean' 또는 '스트링빈string bean'이라고 하며, 채소처럼 조리하여 섭취한다.

그린빈

2) 성분 및 효능

강낭콩은 탄수화물 함량이 약 62%, 단백질 함량이 21%로, 주요 단백질은 글로불린이다. 라이신, 류신, 트립토판 등 필수아미노산이 풍부하며, 비타민 B_1과 B_2 함량도 높아 쌀밥과 혼식하면 탄수화물 대사에 도움을 줄 수 있다.

한방에서는 강낭콩이 이뇨작용과 자양강장 효과가 있다고 하여 몸이 부었을 때 민간요법으로 사용되기도 한다. 또한 식이섬유가 풍부하여 변비 예방 및 개선에도 효과적이다. 다만, 강낭콩에는 렉틴과 트립신 억제제 등의 항영양소가 있어 영양소 흡수를 방해하거나 소화를 어렵게 만들 수 있으므로 충분히 익혀 섭취해야 한다.

3) 선택 및 이용

강낭콩에는 미량의 청산배당체가 들어 있을 수 있으며, 특히 생 붉은 강낭콩에는 파세올루나틴phaseolunatin이라는 독성 화합물이 포함되어 있다. 이 물질은 체내에서 분해될 때 시안화물cyanide을 방출하므로 반드시 물에 오래 불렸다가 고온에서 10분 정도 조리한 뒤 섭취해야 한다. 하지만 일반적인 조리 과정에서 이 성분들은 대부분 제거되기 때문에 안전하게 섭취할 수 있다.

국내에서는 강낭콩을 밥에 넣어 먹거나, 떡고물이나 떡소, 제과·제빵 재료로도 활용한다. 서양에서는 주로 통조림 형태로 가공되어 샐러드에 넣거나, 햄이나 베이컨과 함께 조리해 아침식사로 즐겨 먹는다.

또한 덜 익은 푸른 꼬투리를 그대로 먹는 그린빈이나 스트링빈은 단백질과 비타민 A, B_1, B_2, C가 풍부하고, 아삭한 식감을 지녀 샐러드 채소나 메인 요리에 곁들이는 가니시로도 자주 이용된다.

6. 동부

1) 특징

동부

동부cowpea, *Vigna unguiculata*는 '강두江豆' 또는 '광저기'라고도 불리며, 외형은 팥과 비슷하지만 약간 더 길고, 대두보다는 작아 보통 6~9 mm 정도의 크기를 가진다. 황색 종피에 검은색 배꼽이 약 3 mm로 길고 뚜렷하게 나타나 다른 콩류와 쉽게 구별할 수 있다. 토양을 특별히 가리지 않고, 가뭄에도 강한 생육 특성을 지녀, 아프리카와 아시아 지역에서 중요한 식량자원으로 활용된다. 국내에서도 전국적으로 비교적 고루 재배되며, 특히 경기도, 전라남도, 경상북도 지역에서 생산량이 많다.

더 알아보기

장두(長豆, 지엔두, Chinese long bean)

동부의 한 품종으로, 30~50 cm 길이의 유연하고 질기지 않은 꼬투리를 지녀 중국과 동남아시아에서 볶음이나 찜 요리에 활용되며, 채소용 콩으로 널리 쓰인다.

2) 성분 및 효능

동부는 전분이 주성분이며, 단백질 함량도 높은 편이다. 또한 비타민 B군이 풍부하게 함유되어 있다. 한방에서는 신장을 보호하고 혈액순환을 촉진하며 설사, 구토,

빈뇨 증상을 완화하는 데 효과가 있다고 하여 약용으로도 활용된다.

3) 선택 및 이용

잘 익은 동부콩은 밥이나 수프에 넣거나 앙금으로 만들어 떡과 제과류에 쓰이며, 청포묵을 만들 때 원래 사용하던 비싼 녹두 대신 사용되기도 한다.

7. 기타 콩류

1) 렌틸콩

렌틸콩

렌틸콩lentil, *Lens culinaris*은 유럽 남부의 지중해 지역이 원산지이며, 양면이 볼록한 렌즈 모양의 종자를 가져 '렌즈콩'이라고도 불린다. 단백질 함량이 약 23%로 높아, 채식주의자들에게 중요한 식물성 단백질 공급원으로 활용되고 있다. 렌틸콩은 노란색, 갈색, 붉은색, 검은색 등 다양한 품종이 있으며, 단맛은 적고 고소한 풍미가 특징이다. 주로 죽, 수프, 카레, 밥, 샐러드 등에 활용되며, 최근에는 햄버거 패티, 볶음요리, 과자, 빵, 시리얼 등 점차 다양한 용도로 사용되고 있다. 인도에서는 '달dal'이라고 불리며, 주로 카레나 스튜에 사용되거나, 다른 채소와 함께 샐러드에 활용된다.

2) 병아리콩

병아리콩

병아리콩chickpea, *Cicer arietinum*은 중동이 원산지이며, 현재는 인도, 중앙아시아, 지중해 지역 등에서 주로 생산된다. 콩알의 모양이 병아리의 얼굴을 닮았다 하여 '병아리콩'이라 불리며, 치크콩chickpea 또는 이집트콩Egyptian pea이라는 이름으로도 알려져 있다. 병아리콩은 땅콩이나 밤처럼 고소한 맛과 식감을 지니며, 콩 특유의 비린내가 적고 포만감이 높아 슈퍼푸드로 주목받으며 다양한 요리에 활용되고 있다. 후무스hummus, 수프, 카레, 패티, 볶음, 샐러드 등에 두루 사용되며, 볶거나 삶은 콩, 발효식품의 원료, 그리고 미숙 종자나 어린잎은 채소용으로도 활용된다. 영양적으로는 100 g당 칼슘Ca이 130 mg으로 풍부하고, 비타민 C, 철Fe, 마그네슘Mg도 많이 함유되어 빈혈 예방과 면역력 증진에 도움이 된다.

또한 병아리콩에는 몰리브덴molybdenum, Mo이라는 미량 원소가 들어 있어, 가공식품에 방부제로 많이 사용되는 아황산염을 황산염으로 전환해 체내 축적을 방지한다. 이로 인해 일부 사람에게 나타날 수 있는 두통, 불안, 심장 두근거림 등의 증상을 완화하는 데 도움이 될 수 있다.

작두콩

3) 작두콩

작두콩sword bean, *Canavalia gladiata*은 도두刀豆라고도 하며, 꼬투리 끝이 굽어 작두 모양을 닮았다 하여 '작두콩'이라는 이름이 붙었다. 꼬투리 길이는 20~30 cm로 매우 크며, 그 안에 약 10개의 크고 두툼한 콩이 들어 있다. 콩 한 알의 길이도 약 3 cm로 일반 콩에 비해 크며, 색상은 붉은색 또는 흰색이지만, 흰색 품종이 식용으로 주로 이용된다. 작두콩은 항염 작용과 면역력 증진에 효과가 있는 것으로 알려져 있으며, 치질, 비염, 축농증, 중이염, 위염, 대장염, 피부질환 등 다양한 염증성 질환의 완화에 도움을 줄 수 있다. 일반 콩처럼 밥이나 요리에 활용할 수 있으며, 꼬투리째 말려 차로 끓여 마시기도 한다. 다만, 작두콩은 가열하지 않고 생으로 먹으면 독성 위험이 있어 반드시 조리하여 섭취해야 한다.

파바빈

4) 파바빈

파바빈fava bean, *Vicia faba*은 잠두蠶豆 또는 누에콩이라고도 불리며, 15 cm 내외의 긴 콩깍지 안에 대추알 크기의 납작하고 넓은 종실이 들어 있다. 주로 수프, 스튜, 샐러드, 퓨레, 콩자반 등에 활용되며, 가공하여 마른안주로도 먹는다. 영양적으로는 철Fe, 마그네슘Mg, 칼륨K, 아연Zn 등의 무기질과 비타민이 풍부하며, 비염, 편도선염, 중이염 등 염증성 질환에 도움이 되는 식품으로 알려져 있다. 다만, 일부 사람들은 유전적으로 G6PD 효소가 결핍되어 파바빈 섭취 시 용혈성 빈혈이 발생할 수 있으므로 섭취하지 않는 것이 좋다. 일반인도 안전한 섭취를 위해 반드시 물에 충분히 불린 후 끓는 물에 삶아 조리해야 한다.

5) 리마콩

리마콩lima bean, *Phaseolus lunatus*은 지름이 1.5~2 cm 정도로 납작하고, 색상은 흰색, 검은색, 붉은색, 얼룩색 등 다양하다. 식감이 부드럽고 크리미하며, 어린 꼬투리를 삶으면 단맛과 향미가 뛰어나 두류 중에서도 가장 맛이 있다고 하여 슈가빈sugar bean 혹은 버터빈butter bean이라는 별칭으로도 불린다. 다만, 리마콩에는 시안배당체인 리나마린linamarin과 로타우스트랄린lotaustralin이 포함되어 있으며, 이들은 체내 또는 조리 과정 중 효소에 의해 분해되면 독성이 강한 시안화물로 전환될 수 있다. 특히 야생 리마콩은 이 성분의 함량이 높아 섭취 시 위험할 수 있으나, 현재 재배되는 품종에서는 함량이 매우 낮아 일반적인 조리 과정을 거치면 안전하게 섭취할 수 있다.

리마콩

라마콩은 섭취 전에 물에 충분히 불린 뒤 끓는 물에서 10분 이상 삶아야 하며, 삶은 물은 재사용하지 않는다.

더 알아보기

두류의 구입 방법

- 껍질이 얇고 낟알이 고른 것을 골라야 한다.
- 콩알이 윤기가 있고 모양이 일정하며, 품종 고유의 선명한 색을 띠는 것을 고른다.
- 상처가 없고 이물질이 없는 것일수록 좋다.
- 콩 옆부분의 씨눈인 배꼽이 약간 튀어나와 있으면서, 배꼽 속에 반점이 뚜렷한 것이 좋다.

두류의 보관방법

- 통풍이 잘되는 서늘한 상온에 보관한다.
- 밀봉한 병에 넣은 후 서늘한 곳에 보관하면 벌레가 생기지 않고, 장기 보관이 가능하다.

감자류

Chapter 3

감자류는 감자나 고구마 같은 덩이줄기나 덩이뿌리를 식용으로 하는 작물을 말한다. 탄수화물 함량이 높고 척박한 땅에서도 잘 자라는 특성이 있어 단위면적당 생산량이 많아 인류의 중요한 에너지원으로 사용되어 왔다. 감자류는 식이섬유와 칼슘Ca과 칼륨K 등의 무기질이 풍부하여 알칼리성 식품에 속하며, 비타민 C 함량도 높은 편이다표 3-1. 특히 전분이 비타민 C를 감싸는 구조를 이루고 있어, 조리과정 중에도 손실이 비교적 적은 편이다.

표 3-1 감자류의 영양 성분

(기본 100 g)

종류	에너지 (kcal)	수분 (g)	단백질 (g)	지질 (g)	회분 (g)	탄수화물 (g)	당류 (g)	총 식이섬유 (g)	무기질					비타민						
									칼슘 (mg)	철 (mg)	마그네슘 (mg)	칼륨 (mg)	나트륨 (mg)	A (μg)	레티놀 (μg)	베타카로틴 (μg)	B_1 (mg)	B_2 (mg)	니아신 (mg)	C (mg)
고구마, 분질	154	60.6	1.01	0.11	1.09	37.22	9.83	2.7	15	0.45	22	370	7	3	0	32	0.065	0.027	0.591	7.12
고구마, 점질	141	63.9	1.17	0.20	0.96	33.81	9.83	2.0	21	0.52	27	379	8	75	0	896	0.086	0.034	0.756	14.49
감자, 대지	67	81.9	2.01	0.04	0.97	15.08	0	2.7	9	0.58	25	412	1	0	0	0	0.060	0.027	0.314	10.51
돼지감자	35	81.4	2.18	0.09	1.41	14.92	6.37	1.8	17	0.53	14	561	2	0	0	0	0.044	0.088	0.472	1.34
토란	71	80.8	2.08	0.14	1.21	15.77	0	2.8	11	0.59	18	520	2	1	0	10	0.081	0.022	0.630	1.21
마, 단마	63	83.1	1.84	0.12	0.89	14.05	1.00	2.4	9	0.44	17	417	4	0	0	0	0.119	0.053	0.677	3.84
야콘	52	86.3	0.6	0.3	0.4	12.4	0.5	1.1	11	0.2	8	240	0	2	(0)	22	0.04	0.01	1.0	3
곤약가루	194	6.0	3.0	0.1	5.6	85.3	–	79.9	57	2.1	70	3,000	18	(0)	(0)	–	(0)	(0)	(0)	(0)

- 빈칸으로 표시된 것은 측정하지 않은 것을 의미함

출처 : 농촌진흥청 국립식량과학원. 국가표준식품성분 DB 10.3(2025)

1. 고구마

고구마

1) 특징

고구마sweet potato, *Ipomoea batatas*는 1763년 조선 영조 때 예조참의 조엄이 통신정사로 일본을 다녀오던 중 대마도에서 구황식량으로 들여온 것으로 전해지며, 당시에는 감저甘藷, 효자마, 효자토란 등으로 불렀다. 우리나라에서는 6월부터 출하가 시작되며, 10~11월에 가장 많은 생산량을 보인다.

고구마는 품종이 매우 다양하지만 크게 점질고구마와 분질고구마로 나뉜다. 점질고구마는 일반적으로 물고구마라고도 불리며, 전분 함량이 낮고 수분과 당분이 많아 촉촉하고 단맛이 강한 것이 특징이다. 반면 분질고구마는 밤고구마라고도 하며 전분 함량이 높고 수분이 적어 퍽퍽한 식감을 가지며, 단맛은 다소 약하지만 고소한 맛이 난다. 외피는 주로 적색 계통이며 모양이 고르고 표면이 매끄러운 편이다. '호박처럼 노랗다'고 이름 붙여진 호박고구마는 생것일 때는 주황색이나 익히면 진한 노란색으로 변한다. 수분과 당분이 풍부하여 물고구마처럼 찐득하고 부드러운 식감을 가지며, 단맛이 강하고 촉촉한 질감이 특징이다. 생식용으로도 적합하게 육성되어 과일처럼 생으로 섭취할 수 있으며, 샐러드로 이용 또는 찌거나 굽기, 고구마 말랭이 등의 다양한 조리 방법에 활용된다.

밤고구마

호박고구마

자색고구마

최근에는 기능성 성분이 강조된 품종도 개발되고 있다. 특히 자색고구마는 안토시아닌anthocyanin을, 황색고구마는 베타카로틴β-carotene을 다량 함유하고 있어 항산화 작용, 항암 효과, 간 기능 개선, 혈압 상승 억제 등의 생리적 기능이 보고되어 건강식품으로 주목받고 있다. 꿀고구마는 호박고구마와 밤고구마를 교배시킨 베니하루카 품종으로 구웠을 때 표면이 끈적일 정도로 단맛이 30°Bx 이상으로 높고 조직이 단단하여 저장성이 뛰어나다. 그러나 크기가 작고 섬유소 심이 많은 편이다.

고구마의 줄기와 잎자루도 식용으로 이용된다. 일반적인 고구마 줄기는 껍질을 벗겨 나물이나 김치로 조리하며, 잎자루용으로 육성된 '통채루' 품종은 고구마 줄기 껍질이 연해 벗기지 않고도 조리할 수 있어 편리하게 활용된다.

2) 성분 및 효능

고구마의 주성분은 탄수화물로 전체 함량의 약 33~37%를 차지하며, 이 중 대부분이 전분이다. 그 외에도 덱스트린, 포도당, 과당, 자당(설탕) 등의 당류를 함유하고 있어 단맛이 있으며 식이섬유가 풍부하여 변비 예방에 좋다. 점질고구마는 비타민 A의 전구체인 베타카로틴을 896 μg이나 함유하고 있어 육질이 노랗고, 시력 보호, 면역력 강화, 항산화 작용 등에 효과가 있다.

고구마 단백질은 글로불린globulin의 일종인 이포메인ipomein이 전체 단백질 함량의 70%를 차지하며, 산화되면 갈색으로 변한다. 무기질은 칼슘Ca과 칼륨K 함량이 높아 알칼리성 식품에 해당된다. 고구마를 자르면 나오는 흰 유액은 수지배당체인 얄라

핀jalapin으로, 공기 중에 산화되어 검게 변하며, 장운동을 촉진해 변비 개선에 도움을 주는 것으로 알려져 있다.

고구마는 비타민 C 함량도 높으며, 전분이 이를 보호하는 구조로 되어 있어 조리 시 손실이 적은 편이다. 특히 겨울철처럼 신선한 과일 섭취가 어려운 시기에 비타민 C 공급원으로 유용한 간식거리가 될 수 있다.

고구마순과 잎

고구마에는 항산화 효과가 뛰어난 클로로젠산chlorogenic acid, 카페산caffeic acid, 이소클로로젠산isochlorogenic acid이 총 18.7 mg 함유되어 있으며, 고구마 줄기에는 5.1 mg, 끝순에는 56.1 mg, 잎에는 93 mg가 들어 있어, 잎과 순 부분에 항산화물질과 무기질이 더욱 풍부하게 존재하는 것으로 알려져 있다.

3) 선택 및 이용

고구마는 일반적으로 밥에 넣거나 끓는 물의 증기로 찐 찐고구마, 불에 구워 군고구마로 섭취하며, 채 썰어서 튀기거나 시럽을 묻혀 맛탕으로 만들어 먹는다. 또한 샐러드에 생으로 넣거나 파이, 케이크, 과자, 떡 등 주식과 간식으로 다양하게 이용한다. 고구마를 절단하여 건조한 후 주정발효의 원료로 사용하거나 가루를 내어 전분의 원료로도 다양하게 사용한다.

고구마에는 베타-아밀레이스β-amylase라는 당화효소가 풍부하게 함유되어 있어, 약한 불에서 서서히 가열하면 전분이 맥아당으로 분해되어 단맛이 증가한다. 이 때문에 공기의 대류를 이용해 천천히 익히는 화덕이나 오븐 조리 방식이 고구마의 단맛과 풍미를 더욱 높이는 효과를 가져온다. 고구마는 껍질을 벗기면 색이 쉽게 검게 변하는 갈변 현상이 나타나므로, 껍질을 제거한 후에는 빠르게 섭취하거나 조리하는 것이 바람직하다.

일반적으로 고구마는 주로 지하의 괴근을 식용하지만, 지상부의 줄기와 잎 부분도 식용이 가능하다. 동남아시아 등 일부 국가에서는 잎을 포함한 상부 끝단 15 cm 정도를 식용으로 사용하지만, 우리나라나 일본에서는 잎보다는 줄기를 주로 식용하고 있다.

고구마는 수분함량이 높고 표피가 연약하여 손상되기 쉬우므로 모양이 고르고 단단하며 표면에 상처나 병충해 흔적이 없고, 자색을 띠는 밝고 선명한 색상을 가진 것이 좋다. 수확 직후 호흡열이 많아 고구마를 쌓아두면 쉽게 부패할 수 있으므로, 통풍이 잘되는 장소에서 넓게 펼쳐 열을 식힌 뒤 저장하는 것이 바람직하다. 고구마는 수확이나 운반 중에 생긴 상처 부위로 병균이 침입하면 쉽게 부패하기 때문에 30~33℃, 90~95%의 조건에서 4일 정도 보관하여 상처가 잘 아물도록 큐어링curing 과정을 거치는 것이 효과적이다.

고구마는 냉장보관을 하면 냉해를 입기 쉬우며, 이로 인해 조직이 손상되어 질감이 단단하고 푸석해지는 품질 저하가 발생할 수 있다. 따라서 12~15℃의 서늘하고 통풍이 잘되는 장소에 종이 상자나 천 소재의 주머니에 넣어 보관하고, 습기와 직사광선을 피하는 것이 좋다.

2. 감자

1) 특징

감자

감자potato, *Solanum tuberosum*는 남아메리카 안데스산맥 지역이 원산지로 알려져 있으며, 이후 유럽을 거쳐 전 세계로 전파되었다. 우리나라에는 1824년(순조 24)에 만주의 간도 지방을 통해 도입된 것으로 기록되어 있다. 감자는 척박한 땅에서도 잘 자라고 저장성이 우수하며, 포만감을 주어 밥이나 빵과 더불어 세계적으로 중요한 주식의 역할을 하고 있다. 6월 말부터 7월 중순까지가 일반적인 수확기이며, 고랭지에서는 7월 중순부터 8월 중순까지 수확이 이루어진다.

감자는 말방울을 뜻하는 '마령서馬鈴薯'로도 불리며, '북방에서 온 고구마'라는 의미의 '북방감저北方甘藷'에서 '감자'라는 명칭이 유래된 것으로 알려져 있다. 현재 우리나라에서는 남작, 대지, 수미, 조풍, 세풍, 대서, 남서 등 16종의 품종이 재배되고 있다. 최근에는 생물학적 인공교배를 통해 붉은색, 자주색, 보라색, 노란색 등 다양한 색상의 '밸리감자'가 개발되었으며, 샐러드나 생주스용으로 먹을 수 있는 '생식용 자주감자' 등도 개발되었다.

표 3-2 감자의 종류와 특성

종류	점질감자waxy potato	분질감자starchy potato
비중	1.07~1.08	1.09~1.12
전분 특성	전분 함량이 낮고 단백질 함량이 높으며 육색이 황색이다.	전분 함량이 높고 단백질 함량은 낮으며 내부 육색이 백색이다.
조리 특성	가열해도 잘 부서지지 않으며 찰진 질감이 있다.	가열 시 잘 부서지고 세포가 분리되는 것같이 포실포실한 분이 난다.
품종	대서, 수미, 알감자, 레드포테이토, 유콘골드	러셋, 남작
이용	볶음, 조림, 샐러드, 스튜, 감자전	오븐구이, 매시드포테이토, 찐 감자, 프렌치프라이

표 3-2와 같이 감자는 점질감자와 분질감자로 나뉜다. 점질감자는 육색이 노랗고 전분 함량이 낮으며 단백질 함량이 높은 편이다. 점질감자는 익히면 잘 부서지지 않고 찰진 질감을 유지한다. 대부분 알감자처럼 껍질이 얇고 크기가 작은 종류가 많다. 반면, 분질감자는 육색이 희며 전분 함량이 높아 조리 시 쉽게 부서지고 보슬보슬한 질감을 보인다.

2) 성분 및 효능

감자는 칼륨K과 칼슘Ca이 풍부하여 알칼리성 식품에 속하며, 비타민 B_1, B_2, C 등의 수용성 비타민도 많이 함유하고 있다. 특히 곡류나 두류에는 거의 존재하지 않는 비타민 C가 감자에 많이 들어 있어, 생채소 섭취가 어려운 지역이나 계절에 중요한 비타민 공급원 역할을 한다.

한방에서는 감자 생즙이 위궤양에 효과가 있으며, 동맥경화, 고혈압, 심장질환 예방에도 도움이 된다고 전해진다.

한편, 감자의 싹에는 솔라닌solanine이라는 알칼로이드계 물질이 있다. 솔라닌은 항염증작용과 조혈작용 등 유익한 생리활성도 있으나, 과량 섭취 시 설사, 복통, 어지럼증 등의 증상이 발생할 수 있으며, 심한 경우 신경마비로 이어질 수 있어 주의가 요구된다. 솔라닌은 감자의 싹과 껍질 주변에 주로 존재하므로 껍질을 벗기면 약 70% 이상 제거되며, 가열이나 산 처리로도 독성은 일부 줄일 수 있다. 단, 싹과 녹색 부위는 반드시 제거한 후 섭취해야 한다.

밸리감자와 생식용 자주감자와 같은 기능성 감자는 기존의 일반 감자보다 비타민 C와 단백질 함량이 높으며, 감자 껍질 부위에 항산화물질인 클로로젠산chlorogenic acid, 카페산caffeic acid 등의 함량이 높은 편이다.

자주감자

감자에는 티로신tyrosin, 클로로젠산 등의 페놀성 화합물을 함유하고 있으며, 절단하거나 상처를 입으면 티로신이 세포 내 효소인 티로시네이스tyrosinase에 의해 산화되면서 갈변 현상이 나타난다.

3) 선택 및 이용

감자는 찌거나 구워서 주식 또는 간식으로 활용되며, 감자밥, 감자죽, 감자국수, 감자수제비 등과 같은 주식류와 조림, 볶음, 국, 찌개 등 다양한 밥반찬으로도 폭넓게 이용된다. 감자를 활용한 요리는 전 세계적으로 다양하게 발달해 있으며 특히 북유럽에서는 중요한 식량자원으로 활용된다. 감자는 수분함량이 높아 별도의 물 없이도 자체 수분만으로도 조리가 된다. 또한 감자의 주성분인 전분은 식품 외에도 전분 및 전분당 공업에 활용되며, 물엿이나 포도당 제조 원료로도 이용된다. 이 외에도 포테이토칩, 프렌치프라이 등 가공된 기호식품의 형태로 전 세계적으로 소비되고 있다.

감자는 저온저장 시에는 전분이 환원당으로 전환되어 조직이 물러지고 조리 시 갈변도 쉽게 일어난다. 이러한 품질 저하를 방지하기 위해, 수확 직후에는 13~21℃의 온도에서 5~20일간 보관하여 감자의 호흡작용을 활성화하고, 그 과정에서 축적된 환원당이 소비되도록 한다. 이후에는 온도 0~8℃, 습도 85~95% 조건에서 저장하는 것이 좋다. 감자의 껍질이 녹색을 띠는 것은 햇빛에 노출된 부위에서 엽록소가 합성되기 때문이다. 이와 함께 유해 성분인 솔라닌도 함께 증가할 수 있으므로, 감자는 햇빛을 완전히 차단할 수 있는 검은 봉지나 상자에 넣어 어두운 곳에 보관하는 것이 바람직하다.

더 알아보기

돼지감자(Jerusalem artichoke, *Helianthus tuberosus*)

돼지감자는 뿌리가 길쭉하거나 생강처럼 울퉁불퉁한 형태를 가진 국화과 작물로, 번식력과 생명력이 매우 강해 키우던 밭을 갈아엎고 다른 작물로 바꿔 경작했어도 생각지도 않게 계속 나와 '뚱딴지'라고도 불린다. 감자나 고구마에 많이 함유된 전분은 상대적으로 적고, 대신 식이섬유와 이눌린inulin이 풍부하다. 이눌린은 체내에서 소화되지 않는 프리바이오틱스 성분으로, 혈당을 급격히 높이지 않아 당뇨병 환자에게 도움이 되는 식품으로 알려져 있다. 또한 장내 유익균의 증식을 돕는 작용도 한다. 돼지감자는 약간의 단맛과 아삭한 질감을 갖고 있다. 생으로 먹거나 즙을 내어 먹고 찜, 조림, 튀김, 무침, 장아찌, 차 등 다양한 조리법으로 활용된다.

3. 토란

1) 특징

토란

토란taro, *Colocasia esculenta*은 인도, 인도네시아 등 열대 아시아가 원산지이며, 현재는 나이지리아, 중국, 카메룬 등지에서 많이 재배되고 있다. 우리나라는 전라남도 곡성 지역이 최대 생산지로 알려져 있다. '흙 속의 알'이라 하여 토란土卵이라 하고, 잎이 연잎처럼 퍼져 있는 모양에서 유래하여 토련土蓮이라고도 한다. 수확은 땅이 얼기 전인 9~10월경에 이루어지며, 저장 시에는 5~8℃의 서늘한 온도를 유지해야 품질을 오래 보존할 수 있다.

2) 성분 및 효능

토란의 주성분은 전분이지만 다른 감자류에 비해서 칼륨K 함량이 높은 것이 특징이다. 토란 표면의 미끈거리는 점질 성분은 갈락탄galactan과 뮤신mucin으로 구성되어 있다. 갈락탄은 면역 기능을 활성화하고, 혈중 콜레스테롤 수치와 혈압을 낮추는 데 기여하여 동맥경화 예방에 도움이 될 수 있다. 뮤신은 단백질과 점액질의 복합체로, 위장 점막을 보호하고 소화를 돕는 역할을 한다. 토란 특유의 아린 맛은 호모젠티스산homogentisic acid에 의한 것으로 수산칼슘calcium oxalate이 함유되어 있어 손질할 때 피부에 닿으면 가려움증이나 따가움을 유발할 수 있으므로 주의가 필요하다. 또한 토란에는 수면을 유도하는 멜라토닌melatonin 성분이 함유되어 있어 불면증이나 스트레스 완화에 도움을 줄 수 있다는 보고도 있다. 이 외에도 염증 완화, 해열 작용, 위장 보호 등의 효능이 있는 식품으로 알려져 있다.

3) 선택 및 이용

토란은 부드럽고 소화가 잘되는 식재료이지만 점질 성분인 갈락탄은 가열 시 거품을 일으켜 끓어 넘치게 하거나, 양념이 재료 내부로 침투하는 것을 방해할 수 있다. 이때 1%의 소금물이나 쌀뜨물에 데치면 갈락탄이 거품 형태로 응고되어 쉽게 제거할 수 있다. 또한 토란에 함유된 수산칼슘과 호모젠티스산은 손에 닿을 경우 가려움증을 유발하거나 아린 맛을 내기도 하는데, 이 역시 쌀뜨물이나 소금물에 데치면 감소한다.

한편, 토란의 껍질을 벗긴 후 장시간 물에 담가두면 조직이 경화되어 조리 시 식감이 나빠질 수 있으므로 주의가 필요하다. 토란은 추석에 먹는 대표적인 명절 음식인 토란국을 비롯해, 떡, 조림, 찜 등 다양한 조리에 사용된다. 또한 토란의 줄기 부분인 '토란대'는 말려서 보관한 후 나물이나 육개장 등의 재료로도 활용된다.

말린 토란대

토란을 고를 때는 껍질이 촉촉하고 마르지 않았으며, 머리 쪽이 청색으로 변하지 않은 것을 선택하는 것이 좋다. 형태가 둥글고 고르며, 껍질을 벗겼을 때 속살이 흰색을 띠는 것이 신선한 토란의 특징이다. 토란은 냉해와 습기에 약하기 때문에, 흙이 묻은 상태로 신문지 등에 싸서 서늘하고 통풍이 잘 되는 곳에 보관하는 것이 좋다. 껍질을 벗긴 토란은 쌀뜨물이나 소금물에 살짝 데친 후 건져내어 냉동보관하면, 필요할 때 간편하게 활용할 수 있다.

마

4. 마

1) 특징

마Chinese yam, *Dioscorea japonica*는 10~11월 사이가 제철이며, 전통적으로 산약山藥, 산우, 서여 등의 이름으로 불려 왔다. 덩굴성의 자웅이주 개체로 자연 교잡이 쉽게 일어나 유전적 변이가 다양해, 그 종류가 600여 종이나 된다. 우리나라의 최대 생산지는 경상북도 안동으로 전국 마 생산량의 70%를 차지한다. 국내에는 산에서 자생하는 산마, 참마, 식용으로 재배하는 장마, 단마, 둥근마 등이 있다.

2) 성분 및 효능

마는 전분이 주성분이며 비타민 B군과 비타민 C, 사포닌 성분과 페놀성 항산화 물질이 풍부하게 함유되어 있다. 특히 마에 함유된 점액질 성분인 뮤신은 음주 전에 먹으면 위벽을 보호하는 효과가 있고 알파-아밀레이스α-amylase 등의 소화효소가 많아 소화를 돕는다.

『동의보감』에서는 마의 효능을 "따뜻하고 맛이 달며 허약한 몸을 보하고, 오장을 채워주며, 근골을 강하게 하고, 위장을 잘 다스려 설사를 멎게 하며, 정신을 편안하게 한다"고 설명하고 있다.

한편, 천마天麻, *Gastrodia elata*는 "하늘에서 떨어져 마비 증세를 풀어주었다"는 전설에서 유래된 이름을 갖고 있으며, 마와는 전혀 다른 난초과 식물로, 주로 약용으로 사용된다. 말린 천마는 한방에서 뇌졸중, 중풍, 고혈압, 신경쇠약, 두통 등의 증상 완화에 효능이 있는 약재로 널리 쓰인다.

3) 선택 및 이용

마는 품종에 따라 조리 활용법이 달라진다. 장마는 수분함량이 많아 부드럽고 점성이 강해 생으로 갈아 먹는 데 적합하며, 단마는 수분이 적고 단단하여 얇게 썰어 말린 후 한약재로 주로 사용된다. 마에 들어 있는 알파-아밀레이스와 같은 전분분해효소는 열에 약하므로, 영양 성분을 온전히 섭취하기 위해서는 생으로 섭취하거나 갈아서 생즙 형태로 먹는 것이 좋다.

조리 시에는 구이, 찜, 튀김, 전, 샐러드, 무침, 죽, 떡 등 다양한 요리에 활용되며, 말린 마는 분말 형태로 만들어 차나 죽에 타서 섭취하기도 한다.

5. 야콘

1) 특징

야콘

야콘yacon, *Smallanthus sonchifolius*은 남아메리카 안데스 지역의 볼리비아와 페루가 원산지로, 우리나라에는 1985년에 처음 도입되어 강화도, 상주, 괴산 등지에서 주로 재배되고 있다. 야콘의 겉모양은 고구마와 비슷하며, 서리가 내리기 전인 10월부터 늦가을까지가 수확기로 제철이다. 수확 직후의 야콘은 속이 흰색이고 단맛이 거의 없지만, 실온에서 약 2주간 숙성시키면 당도가 높아져 단맛이 증가한다. 이 때문에 숙성과정을 거친 후 섭취하는 것이 일반적이다. 야콘은 수분함량이 많아 시원하고 아삭한 식감을 가지고 있으며, 배 맛과 비슷한 단맛이 나기 때문에 흔히 '땅속의 배'라고도 불린다. 또한 속살의 색이 흰색보다는 노란색에 가까울수록 단맛이 더 강한 특징을 보인다.

2) 성분 및 효능

야콘은 수분함량이 약 86%에 달하는 저칼로리 식품으로, 식이섬유와 칼슘Ca, 칼륨K, 마그네슘Mg 등 다양한 무기질과 니아신niacin이 풍부한 알칼리성 식물이다. 특히 이눌린inulin, 폴리페놀polyphenol, 프럭토올리고당fructooligosaccharide, FOS 등 기능성 성분이 풍부하고 항산화 활성이 뛰어난 것이 특징이다.

야콘은 일반 고구마류와 달리 전분 함량이 거의 없는 저칼로리 식품으로 혈당을 급격히 상승시키지 않아 당뇨병 환자에게도 적합한 식품으로 여겨진다. 야콘에 함유된 올리고당은 주로 β-프럭토올리고당이며, 수확 직후에는 전체 고형분의 약

67%를 차지하지만, 수확 후 100일 정도 지나면 약 20% 수준으로 감소한다. 이 성분은 장내 유익균 증식을 도와 장 건강에 도움을 줄 수 있다. 남아메리카 지역에서는 야콘의 뿌리와 잎을 약용으로 활용하며, 당뇨병, 소화장애, 신부전 환자들의 약용식으로 사용되어 왔다. 또한 피부 노화 방지, 혈당 강하에도 효과가 있다고 하여 야콘 뿌리와 야콘 잎으로 차를 만들어 이용한다.

3) 선택 및 이용

야콘은 수분과 당 함량이 높고 아삭한 식감을 지녀서 껍질을 벗겨 즙을 내거나 샐러드, 생채 형태로 섭취하는 것이 일반적이다. 또한 튀김, 전, 삶은 요리 등으로도 활용할 수 있다. 야콘의 어린순은 샐러드나 차로 마시기도 하며, 데쳐서 나물로도 먹는다. 최근에는 야콘을 활용한 냉면, 국수, 호떡 등 가공식품도 개발되고 있어 활용 범위가 점차 넓어지고 있다.

6. 카사바

1) 특징

카사바

카사바cassava, *Manihot esculenta*는 남아메리카 열대 지역이 원산지인 덩이뿌리 작물로, 남태평양과 아프리카 지역에서 많이 재배하고 있다. 덩이뿌리는 고구마처럼 굵고 길게 자라며, 보통 길이가 30~50 cm, 지름이 20 cm 정도에 이른다. 껍질은 갈색이며, 속살은 노란빛이 도는 흰색이다. 카사바에는 청산 배당체cyanogenic glycoside인 리나마린linamarin이 들어 있는데, 분포 위치와 함량에 따라 두 가지 품종으로 나뉜다. 감미종甘味種은 리나마린이 주로 껍질 부위에만 소량 존재하며, 독성 수준이 낮아 비교적 안전하게 섭취할 수 있는 품종이다. 그러나 감미종 역시 익히지 않고 생으로 섭취할 경우 독성이 있을 수 있으므로 반드시 조리 후 섭취해야 한다. 반면, 고미종苦味種은 리나마린이 덩이뿌리 전체에 널리 분포되어 있어 독성이 강한 품종이다. 이로 인해 고미종은 반드시 충분한 물에 담가 독성 성분을 제거한 후, 가열 조리 과정을 거쳐야만 섭취가 가능하다.

카사바에서 추출한 전분은 타피오카tapioca라고 하며, 펄pearl, 분말, 플레이크flake, 칩chips 등의 다양한 형태로 가공되어 디저트, 음료, 베이킹, 간편식 재료 등 다양한 용도로 사용되고 있다.

2) 성분 및 효능

카사바는 다른 감자류에 비해 단백질 함량이 낮고 전분 함량이 높은 식물성 뿌리작물이다. 전분은 20~30%를 함유하고 있는데, 이를 추출하여 건조시켜 만든 것이 바로 타피오카이다. 카사바는 칼로리는 비교적 높은 편이지만, 지질과 단백질, 콜레스테롤 함량은 매우 낮은 저지방 식품이다. 반면, 칼슘Ca, 비타민 C, 식이섬유가 풍부하며, 체내 염증을 완화하는 데 도움을 줄 수 있는 사포닌saponin 성분도 함유하고 있다.

3) 선택 및 이용

감미종 카사바는 고구마처럼 삶아서 식용하는 경우가 많다. 그러나 카사바에는 청산배당체인 리나마린이 포함되어 있으며, 이는 리나마린 가수분해효소linamarase의 작용을 받아 유해한 시안산cyanic acid을 생성할 수 있다. 따라서 생으로 섭취하지 않고 반드시 가열하여 익힌 후 먹는 것이 안전하다. 리나마린으로부터 생성되는 시안산은 충분한 가열 또는 물에 담가두는 과정을 통해 대부분 제거되므로, 전통적으로는 카사바를 삶거나 물에 담가 두었다가 건조하여 분말화한 뒤 사용한다. 이렇게 얻어진 타피오카 가루는 글루텐 프리 식품으로, 제과제빵, 깨찰빵, 죽, 떡, 국수, 푸딩, 소스, 버블티 등 다양한 요리에 활용된다.

고미종 카사바는 리나마린이 더 많이 함유되어 있어 주로 전분을 추출하여 가공용으로 사용되며, 이 전분은 과자, 소주용 알코올, 풀, 각종 음식 재료 등 다양한 산업 분야에서 쓰인다. 카사바 전분은 전 세계적으로 점차 중요한 식품 및 산업용 전분 자원으로 주목받고 있다.

타피오카 펄(tapioca pearl)
타피오카 펄은 타피오카 전분을 이용해 만든 둥근 알갱이 형태의 가공식재료로, 전분 가루가 마르기 전 원형의 작은 구슬 형태(지름 약 3~5 mm)로 성형한 뒤, 가열된 철판 위에서 표면을 익혀 반투명한 진주처럼 만드는 방식으로 제조된다. 전통적으로는 베주머니에 담아 흔들어 성형하기도 했으며, 현대에는 공정화된 기계 성형 과정을 통해 제조된다. 타피오카 펄에는 화이트 펄, 블랙 펄, 미니 펄 등 다양한 크기와 색상의 제품이 있다. 블랙 펄은 흑설탕이나 캐러멜 색소로 착색된 제품으로 버블티(밀크티)에 주로 사용된다. 타피오카 펄은 끓는 물에 20~30분 정도 삶은 후 찬물에 헹구고, 시럽과 섞어 버블티, 스무디, 셰이크 등의 음료에 넣어 사용한다. 타피오카 전분 자체는 특별한 맛은 거의 없지만, 쫄깃하고 탱글탱글한 식감과 반투명한 비주얼로 인해 청량감과 씹는 재미를 제공하는 재료로 인기를 끌고 있다.

7. 곤약

곤약

1) 특징

곤약konjac, *Amorphophallus konjac*은 토란과에 속하는 다년생 초본식물로, '구약초', '구약나물' 등의 이름으로도 불린다. 이 식물의 땅속줄기인 구경을 이용하여 식품 원료로 활용한다. 곤약은 구경을 얇게 썰어 말린 후 분쇄하여 분말 형태로 가공한 뒤, 식용 곤약의 원료로 사용된다. 이 분말에는 글루코만난glucomannan이라는 수용성 식이섬유가 다량 함유되어 있으며, 물과 만나면 최대 50배 이상 팽창하여 점성이 높은 콜로이드 상태를 형성한다. 이렇게 팽창한 글루코만난 콜로이드액에 알칼리성 응고제를 첨가하고 가열한 후 냉각하면, 반투명한 묵 형태의 곤약이 완성된다. 완성된 곤약은 블록 형태, 국수 형태(곤약면) 등으로 다양하게 가공되어 식품으로 이용된다.

2) 성분 및 효능

곤약은 2~3%의 불용성 식이섬유인 글루코만난과 약 97%의 수분으로 구성된 100g당 6 kcal인 저칼로리 식품으로 아무리 많이 먹어도 살이 찌지 않을 뿐 아니라 위장에 체류하는 시간이 길어 포만감을 주어 과식을 억제해 주기 때문에 다이어트에 좋다.

곤약의 글루코만난은 장내에서 소화되지 않고 대장으로 이동하여 유익균의 먹이 역할을 하며, 배변 활동과 대장 운동을 원활하게 도와준다. 또한 장내 콜레스테롤 흡수를 억제하는 효과도 보고된 바 있다. 곤약에 함유된 글루코만난은 혈당 상승을 억제하고 인슐린 분비 조절에 도움을 줄 수 있어, 당뇨병 예방에도 긍정적인 영향을 줄 수 있는 식이섬유로 알려져 있다. 이는 글루코만난이 소장에서 포도당의 급격한 흡수를 억제하고, 곤약 자체가 낮은 칼로리로 포만감을 주어 당뇨병의 원인이 되는 과식과 비만을 예방하는 데 도움이 되기 때문이다. 또한 곤약에는 세라미드ceramide가 다량 함유되어 있어, 피부 보습 유지와 피부 장벽 강화 등 피부 건강에도 효과가 있다.

3) 선택 및 이용

곤약은 수분함량이 많아 냉동보관하지 않고 밀폐용기에 담아 냉장보관하는 것이 좋다. 약간의 떫은맛과 특유의 냄새가 있을 수 있으므로, 조리 전에 끓는 물에 살짝 데친 후 사용한다.

곤약은 질감이 쫄깃하고 탄력 있는 식감을 지니고 있어, 어묵과 함께 탕을 끓이거나 조림 요리에 넣는 재료로 자주 활용된다. 또한 곤약면은 샐러드, 볶음 요리, 국수 대체 식재료로 다양하게 이용되며, 곤약쌀은 잡곡이나 밥에 혼합하거나 다이어트용 대체 곡류로 인기를 끌고 있다. 최근에는 곤약을 파우더 형태로 가공한 곤약파우더 제품이 출시되어, 스무디나 요거트에 첨가하거나, 젤리, 무스 등 저칼로리 디저트의 재료로도 활용되고 있다.

채소류

Chapter 4

채소는 식용으로 재배되는 초본식물의 총칭으로 잎, 줄기, 뿌리, 과실, 꽃 등을 이용한다. 우리나라에서 재배되고 있는 채소의 종류는 60여 종에 이르며, 대부분이 외국에서 전래되었다. 마늘·순무·무·배추 등은 중국을 통해 전해졌고, 셀러리·결구상추·꽃양배추·피망 등은 조선 후기에 서양인에 의해 도입되었다.

현대인에게 부족한 비타민과 무기질의 공급원이며 식이섬유가 풍부하여 배변활동을 원활히 해준다. 또한 아름다운 색과 특유의 향미로 오감을 만족시키는 식재료이다. 피토케미컬phytochemical도 풍부하여 항산화, 항암, 항염증, 비만 예방 등 각종 생활습관병 예방에 탁월한 효과가 있어 점점 관심이 높아지고 있다.

채소의 식품영양학적 특성

- 수분함량이 90% 이상으로 칼로리가 낮아 다이어트나 체중 조절에 적합하다.
- 비타민 A·B군과 비타민 C가 풍부하여 면역력 향상, 피부건강, 피로회복 등에 효과적이다.
- 알칼리성 식품으로 칼륨K, 칼슘Ca, 철Fe 등 무기질이 풍부하여 체내 산·염기 균형 유지에 도움을 준다.
- 다양한 색과 독특한 향, 신선한 즙은 식욕을 자극하고 식사의 만족도를 높인다.
- 식이섬유가 풍부하여 배변활동을 원활하게 하고, 정장작용을 통해 장 건강에 기여한다.
- 페놀화합물phenolic compound 등 피토케미컬이 풍부하여 항산화작용, 생활습관병 예방(예: 암, 심혈관질환, 비만 등)에 효과가 있다.

분류

채소는 이용 부위에 따라 잎줄기채소류(엽경채류leaf and stem vegetables), 뿌리채소류(근채류root vegetables), 열매채소류(과채류fruit vegetables), 꽃채소류(화채류flower vegetables)로 분류한다. 잎줄기채소류는 잎채소(엽채류leaf vegetables)와 줄기채소(경채류stem (stalk) vegetables)로 나누기도 한다표 4-1.

표 4-1 이용 부위에 따른 채소의 분류

분류		가식부위	종류
잎줄기 채소류	잎채소류 leaf vegetables	지상부 줄기, 잎	배추, 양배추, 상추, 시금치, 미나리, 쑥갓, 갓, 셀러리, 파슬리
	줄기채소류 stem(stalk) vegetables	지하 줄기에서 나온 싹 또는 잎	파, 부추, 죽순, 아스파라거스
뿌리채소류root vegetables		지하에 양분을 저장한 뿌리	무, 당근, 순무, 마늘, 양파, 생강, 도라지, 더덕, 우엉, 연근, 비트
열매채소류fruit vegetables		열매	고추, 오이, 가지, 호박, 토마토, 참외, 딸기, 수박
꽃채소류flower vegetables		꽃봉오리, 꽃잎, 꽃받침	브로콜리, 콜리플라워, 아티초크

이용 및 보관

채소는 수확 후 저장하는 동안 증산작용과 호흡작용이 활발하게 일어나 수분 손실, 성분 변화, 조직의 연화 또는 경화 등 여러 가지 변화로 인해 품질이 저하된다. 채소마다 적정 저장온도는 다소 차이가 있으며, 일반적으로 저장온도를 낮추면 대사와 호흡작용이 지연되어 품질 유지에 도움이 되지만 0℃ 이하에서는 냉해를 입을 수 있다표 4-2.

채소의 저장방법으로는 공기 중 산소와 탄산가스의 농도를 조절하는 CA 저장법controlled atmosphere storage, 땅속에 묻거나 움을 파서 10℃ 내외로 유지하는 움저장법, 0~4℃로 유지하는 냉장저장법이 있다.

표 4-2 채소류의 최적 저장온도와 습도

채소류	온도(℃)	습도(%)
잎채소류(시금치, 상추, 쑥갓 등) 꽃채소류(콜리플라워) 줄기채소류(아스파라거스)	0~5	90~95
뿌리채소류(당근, 무 등)	0~5	80~90
열매채소류(토마토, 피망)	7~10	85~90
열매채소류(호박)	10~13	70~75
뿌리채소류(양파)	0~5	70~75

잎줄기채소류

잎줄기채소류는 잎과 줄기를 모두 식용하는 채소를 말한다.

표 4-3 잎줄기채소류의 영양 성분

(가식부 100 g 기준, 생것)

종류	에너지 (kcal)	수분 (g)	단백질 (g)	지질 (g)	회분 (g)	탄수화물 (g)	당류 (g)	총 식이 섬유 (g)	무기질					비타민						
									칼슘 (mg)	철 (mg)	마그네슘 (mg)	칼륨 (mg)	나트륨 (mg)	A (μg)	레티놀 (μg)	베타카로틴 (μg)	B_1 (mg)	B_2 (mg)	니아신 (mg)	C (mg)
배추	15	94.7	1.25	0.06	0.66	3.32	1.71	1.3	52	0.36	13	262	8	14	0	145	0.022	0.052	0.405	15.13
양배추	29	91.0	1.36	0.12	0.58	6.98	4.40	2.5	45	0.22	14	252	9	2	0	25	0.035	0.028	0.573	28.79
시금치	29	89.6	3.35	0.39	1.79	4.86	0.40	3.1	66	2.49	77	691	23	430	0	5,164	0.125	0.191	0.707	51.12
상추(적상추)	19	93.6	1.42	0.28	1.01	3.69	1.17	2.7	77	1.59	19	488	6	162	0	1,938	0.027	0.073	0.584	0.17
쑥갓	15	94.6	1.93	0.17	0.95	2.35	0	2.4	91	0.79	18	239	145	206	0	2,472	0.029	0.088	0.155	10.40
들깻잎	47	84.3	4.46	0.50	1.875	8.89	0	5.7	296	1.91	151	421	1	630	0	7,565	0.329	0.508	0.300	2.73
청경채	10	95.9	1.41	0.09	0.96	1.64	0	1.2	87	0.38	23	366	17	63	0	753	0.068	0.043	0.193	18.51
아스파라거스	17	94.5	2.02	0.34	0.61	2.53	1.35	1.7	11	0.417	13	293	3	17	0	207	0.073	0.0974	0.083	14.00
미나리	16	94.2	1.90	0.16	0.96	2.74	0.85	1.3	52	0.87	14	379	4	138	0	1,662	0.035	0.105	0.131	11.51
아욱	37	87.4	3.08	0.31	1.57	7.64	0	4.5	267	0.57	68	426	37	325	0	3,900	0.171	0.488	0.632	41.21
부추(재래종)	22	93.0	1.8	0.3	0.8	4.1	–	–	28	3.4	–	–	3	7	0	87	0.16	0.08	0.6	5
대파	23	92.8	1.78	0.15	0.47	4.80	2.63	1.6	24	0.82	10	181	0	23	0	277	0.066	0.094	0.143	3.55

- 빈칸으로 표시된 것은 측정하지 않은 것을 의미함

출처 : 농촌진흥청 국립식량과학원, 국가표준식품성분 DB 10.3(2025)

1. 배추

배추(결구배추)

1) 특징

배추Chinese cabbage, *Brassica campestris* ssp. *pekinensis*는 십자화과 채소로 원산지는 중국이다. 한자명은 송채宋菜 또는 백채白菜이며 7세기경 화북 지방에서 주로 재배되기 시작하였다. 중국에서는 배추를 5대 채소 중 하나로 꼽으며, "백 가지 채소가 배추만 못하다"는 속담이 있을 정도로 중요하게 여긴다. 우리나라에서 배추에 관한 기록은 고려 때 『향약구급방』에 처음 등장하며, 당시에는 화상이나 옻독 같은 피부병 치료에 데친 배추를 붙이거나 즙을 바르는 등 주로 약용으로 사용되었다.

1770년경 중국에서 전래된 결구배추는 오늘날 중요하게 쓰이는 채소 중 하나로 주로 김치를 담그는 데 이용된다. 잎의 결구 형태에 따라 결구종과 반결구종으로 분류하며 통배추, 얼갈이배추, 쌈배추, 봄동 등이 있다. 여름에는 강원도·무주 등 고랭지에서 재배되며, 김장용 배추는 전국 각지에서 재배되어 11월경에 수확한다. 봄배추는 경상도 지역, 특히 해남과 김해 지역에서 재배된다.

얼갈이배추
(반결구배추)

2) 성분 및 효능

배추는 수분함량이 약 95%로 매우 높으며, 비타민 C는 100 g당 약 15 mg 정도 함유되어 있다. 이 외에도 칼슘Ca, 칼륨K, 철Fe, 카로틴 등이 풍부하다. 녹색 잎과 노란색 속잎에는 비타민 A의 전구체인 카로틴이 많다. 노란색 속잎에는 포도당, 과당, 자당(설탕) 등의 당질이 포함되어 단맛이 나고 비타민 C와 K가 풍부하게 함유되어 있다. 또한 아밀레이스amylase, 옥시데이스oxidase 등의 효소가 함유되어 있다.

배추는 데칠 경우 비타민 C가 약 절반 정도 손실되나, 김치로 담그면 비타민 C를 어느 정도 보존할 수 있으며 유산균까지 증식하여 정장 효과가 높아진다. 부드러운 식이섬유가 풍부하여 장운동을 촉진함으로써 배변활동을 돕는다. 황화합물의 일종인 시니그린sinigrin을 함유하고 있어 암 예방에도 효과가 있는 것으로 알려져 있다.

3) 선택 및 이용

통배추는 결구형으로 겉잎은 진한 녹색, 속잎은 노란색이며 고소하고 단맛이 있다. 잎이 두껍지 않고 매끄러워야 식감이 부드럽고 질기지 않다. 중간 크기로 손에 들었을 때 묵직한 것이 좋은 배추의 기준이며, 심이 상하지 않고 뿌리 부분이 싱싱한지를 확인하는 것도 신선도를 판단하는 중요한 요소이다.

배춧속

통배추는 진한 녹색의 겉잎을 2~3장 떼어 내고 신문지로 싸서 서늘한 곳에 세워 보관한다. 통배추의 저장 환경은 온도 0~3℃, 습도 95%가 적당하다.

통배추는 주로 김치에 사용되며, 얼갈이배추는 겉절이·나물·국에 적합하다. 쌈배추는 쌈에 자주 사용되며, 봄동은 겉절이에 이용된다. 배추를 이용한 음식으로는 배추김치, 배추겉절이, 배추된장무침, 얼갈이배추나물, 배추된장국, 배추사골국, 배추장국, 보쌈, 배추전, 배추찜, 배추전골 등이 있다.

2. 상추

1) 특징

적상추

청상추

코스상추(로메인)

상추lettuce, *Lactuca sativa*는 국화과 채소로 원산지는 유럽과 아시아이다. 우리나라에는 삼국시대에 무와 함께 전해졌으며, 『해동역사』에는 "고구려의 사신이 수나라에서 비싸게 상추종자를 구입했다"고 기록되어 있어 상추를 '천금채'라고 불렀다고 한다. 상추는 손바닥 크기로 펼친 위에 밥, 고추장 또는 된장, 고기 등을 올려 함께 싸서 주로 쌈으로 먹는다. 최남선이 쓴 『고사통』에 따르면, 원나라 때 몽골 사람들이 주식을 채소로 쌈을 싸서 먹는 방법을 고려로부터 배웠다고 한다. 예로부터 우리나라에서는 들깻잎, 찐 콩잎, 찐 호박잎 등 잎이 넓은 채소를 쌈으로 즐기는 풍습이 있었던 것과 관련이 있다.

또한 상추는 전 세계에서 재배되며 국내에서도 연중 전국적으로 생산된다. 상추는 샐러드용 채소로 인기가 있으며, 종류로는 잎상추, 포기상추, 적상추, 청상추, 코스상추(로메인상추), 오크상추 등 다양한 종류가 있다.

2) 성분 및 효능

상추는 베타카로틴β-carotene, 비타민 E, 철Fe이 풍부하며, 아미노산 중에서는 류신과 발린의 함량이 높으며, 비타민 C와 나트륨Na 함량은 낮은 편이다. 상추에는 사과산과 구연산이 들어 있어 상큼한 맛을 내며, 포도당, 자당, 과당 등 당류가 포함되어 단맛이 느껴진다. 또한 1 mg%의 아데닐산adenylic acid이 함유되어 있어 감칠맛을 더해준다. 식이섬유가 풍부하여 변비 예방에 도움이 된다. 상추 줄기를 자르면 쓴맛을 내는 우윳빛 유액이 나오는데, 이는 알칼로이드alkaloid 성분인 락투신lactucin으로 신경안정작용을 하며 불면증 완화에 효과가 있는 것으로 알려져 있다. 최근에는 항암효과도 보고되었다. 상추는 퀘세틴quercetin, 루테올린luteolin 등 다양한 폴리페놀 성분을 풍부하게 함유하고 있어 항산화작용도 뛰어나다.

3) 선택 및 이용

상추 잎은 고유의 색에 윤기가 있고 싱싱해야 한다. 손바닥만 한 중간 크기로, 잎이 두껍고 연하며 고소한 맛이 나는 것이 좋은 상추로 여겨진다.

상추는 물러지기 쉬우므로 물기를 제거한 후, 구멍이 뚫린 비닐봉지에 담아 냉장 온도의 습도가 높은 곳에 보관하는 것이 좋다.

상추는 쌈, 겉절이, 샐러드, 도토리무침, 생선회무침, 샌드위치의 재료로 활용되며 장식용으로도 이용한다. 그 밖에 상추시루떡, 물김치, 상추불뚝전 등 다양한 요리에 활용된다. 상추는 생으로 먹을 때 상추 특유의 쌉쌀한 맛과 사각사각 씹히는 조직감을 느낄 수 있다. 시든 상추는 찬물에 4~5시간 담가 두면 신선함을 되찾을 수 있다.

상추의 효능

- 변비 예방 : 식이섬유
- 불면증, 신경과민, 숙취 해소 : 락투신lactucin
- 치아 미백 : 폴리페놀polyphenol
- 항산화, 항동맥경화, 혈액순환 촉진
- 빈혈 예방, 모유 분비

3. 양상추

1) 특징

양상추(크리스프형)

양상추head lettuce, *Lactuca sativa var. capitata*는 국화과에 속하는 채소로 원산지는 지중해 연안과 서아시아이다. 결구형과 반결구형이 있는데, 우리나라에서 주로 재배되는 품종은 결구형인 크리스프형crisp head으로 아삭한 조직감 때문에 이 같은 이름이

양상추(버터형)

붙었다. 해방 이후 미국의 군납용으로 도입되어 재배되기 시작하였다. 반결구형인 버터형butter head은 주로 유럽에서 재배된다. 양상추는 서늘한 기후에서 잘 자란다.

2) 성분 및 효능

양상추는 수분함량이 92~95%로 매우 높고, 식이섬유가 풍부하며 에너지가 낮다. 그러나 잎상추에 비해 영양 성분은 상대적으로 적다. 락투세린lactucerin과 락투신lactucin이 함유되어 쓴맛이 나며 최면과 진통 효과가 있다.

3) 선택 및 이용

양상추의 모양은 구형으로 속이 꽉 차 묵직하며, 연녹색의 윤기 있고 탄력 있는 잎이 좋다. 밑동은 갈색을 띠지 않아야 좋다. 양상추는 건조되지 않도록 랩이나 비닐로 싸서 냉장보관한다. 손으로 뜯어 사용하고, 얼음물에 담그면 조직에 수분이 침투하여 팽압이 높아져 아삭아삭한 식감을 느낄 수 있다. 주로 생으로 샐러드나 샌드위치에 사용하며, 기름에 살짝 튀겨서 활용하는 요리도 있다.

4. 시금치

1) 특징

시금치

시금치spinach, *Spinacia oleracea*는 명아줏과에 속하는 채소로 원산지는 페르시아이다. 속명 *Spinacia*는 라틴어 *spina*(가시)에서 유래되었으며, 시금치 씨에는 가시가 있다. 종명 *oleracea*는 식용 채소를 의미한다. 시금치라는 이름은 중국식 발음인 '홍근채紅根菜'에서 유래한 것으로 알려져 있다. 시금치는 채소의 임금이라고 불릴 만큼 다양한 약효를 가지고 있다.

우리나라에서는 사계절 내내 재배되며 주산지는 경기도 성남, 남양주 일대와 경남 포항 및 전남 무안, 해남 등지이다. 가을 또는 겨울 시금치는 뿌리가 진한 적색을 띠고 줄기가 짧고 굵다. 잎의 수가 많고 두꺼운 시금치가 씹을 때 달고 고소한 맛을 낸다. 봄이나 여름에 자란 시금치는 잎이 크고 뿌리 색이 상대적으로 연하다. 포항에서 재배되는 노지 시금치도 있으며, 재래종은 잎끝이 뾰족하고 심하게 울퉁불퉁한 것이 좋다. 시금치는 저온에서 물기 없이 포장하면 2주 정도 보관이 가능하다.

2) 성분 및 효능

시금치는 라이신과 트립토판이 풍부한 양질의 단백질을 약 3% 함유하고 있으며, 카로틴 함량은 채소 중 가장 높은 편이다. 비타민 $B_1 \cdot B_2 \cdot C$, 엽산이 풍부하고 철Fe, 칼슘Ca, 마그네슘Mg, 칼륨K 등의 무기질 함량이 높다. 뿌리에는 구리Cu, 망간Mn, 단백질이 풍부하여 빈혈 예방에 좋다. 또한 식이섬유가 풍부하여 변비 개선에 도움이 되며, 루테인이 다량 함유되어 황반노화를 지연시킨다. 다량 섭취 시 수산이 많아 칼슘Ca과 결합하여 결석을 만들 수 있으나 일상적인 식사 수준에서는 큰 문제가 되지 않는다.

3) 선택 및 이용

시금치는 나물, 잡채, 샐러드, 피자, 생선요리 등의 곁들임 채소로 많이 사용되며 버터볶음요리에도 잘 어울린다. 시금치는 생으로 먹으면 수산이 많아 떫은맛이 나므로 데쳐서 나물이나 국에 사용하는 것이 일반적이다. 시금치 잎은 부드러워 5배 정도 되는 양의 물에 소금을 소량 넣고 살짝 데치는 것이 좋다. 이때 뚜껑을 열어두면 엽록소의 녹색이 유지된다. 풋내를 줄이기 위해 데치는 물 5컵에 설탕을 1티스푼을 넣으면 도움이 된다. 데침 과정을 거치면 수산이 상당 부분 제거되어 더욱 안전하게 섭취할 수 있다.

시금치의 효능

- 빈혈 예방 : 철Fe, 엽산folic acid, 비타민 C 등 조혈인자
- 항산화, 암 예방, 니트로소아민nitrosamine 생성 억제 : 베타카로틴
- 변비 예방 : 식이섬유
- 혈액순환 촉진 : 다양한 무기질과 항산화 성분

5. 양배추

양배추

자색양배추

브뤼셀 스프라우트

1) 특징

양배추cabbage, *Brassica oleracea* var. *capitata*는 십자화과 채소로 원산지는 서유럽과 지중해 연안이다. 고대 그리스의 철학자이자 수학자였던 피타고라스는 양배추에 대해 원기를 보충하고 기분을 안정시키는 채소라 했으며, 고대 로마에서는 건강 유지를 위해 양배추를 모든 병에 사용했다고 한다. 고대 러시아의 의학 책에는 양배추 즙을 술과 함께 마시면 황달에 좋고 뿌리를 태워서 마시면 결석에 효력이 있다는 기록이 있다.

우리나라에서는 전국적으로 생산되나 봄에는 부산, 여름에는 평창, 겨울에는 북제주에서 주로 재배된다. 잎의 색에 따라 녹색과 자색 양배추가 있으며, 방울토마토 크기의 브뤼셀 스프라우트Brussels sprouts도 있다.

2) 성분 및 효능

당류는 4.4%로 포도당이 가장 많고, 단백질은 1.36%로 필수아미노산인 라이신이 많은 편이다. 비타민 C와 U가 풍부하며 녹색 부분에는 베타카로틴, 흰색 부분에는 비타민 B와 C가 많다. 비타민 U는 손상된 조직을 회복시키는 효과가 있어 위궤양과 십이지장궤양에 좋다. 채소류에 함유된 수산이 양배추에는 없어 칼슘Ca (45 mg%) 급원으로서도 가치가 있다. 식이섬유가 풍부하며 장의 연 동운동을 도와 배변을 원활하게 한다.

녹색 양배추에는 클로로필 색소가, 자색 양배추에는 안토시아닌 색소가 들어 있다. 함황 성분인 이소티오시아네이트isothiocyanate, 인돌카비놀indole carbinol이 위암 예방 등 항암작용을 한다. 십자화과 채소는 갑상선호르몬 형성을 저해하는 고이트린goitrin을 함유하여 갑상선 비대를 야기하므로 갑상선 치료제를 복용하는 사람은 섭취를 제한해야 한다.

3) 선택 및 이용

속이 꽉 차 무겁고 단단하여 손으로 눌러도 잘 들어가지 않고, 잎과 줄기가 시들지 않아 탄력이 있으며, 절단 부위가 변색되지 않은 것이 좋다.

통양배추는 신문지로 싸서 서늘한 곳에 보관하고 2등분 또는 4등분한 것은 랩으로 싸서 냉장보관한다.

샐러드, 피클, 초절임, 사우어크라우트, 김치, 찜, 전골, 국 등에 이용한다. 겨울 양배추는 육류와 함께 오래 삶거나 서양식 해장국에 넣어도 좋다. 열을 가하면 불쾌한 냄새의 함황화합물이 생기므로 오래 가열하지 말고 뚜껑을 연 채로 조리하여 휘발되도록 한다.

양배추의 효능

- 위궤양 예방 및 치유 : 비타민 U
- 암 예방 : 이소티오시아네이트, 인돌 카비놀, 카로티노이드
- 빈혈, 당뇨 예방
- 면역 증진

6. 미나리

1) 특징

미나리

미나리water dropwort, *Oenanthe stolonifera*는 미나리과(산형과) 채소로 원산지는 아시아이다. 중국에서는 근채芹菜, 수채水菜, 수영水英, 수근水靳으로 불리며 『본초강목』에는 "수영이라 하여 생채生菜로 쓴다"는 기록이 있다. 우리나라에서는 『고려사』에 근전芹田이라는 기록이 있어 고려시대에 식용한 것으로 추정된다.

우리나라 전 지역의 습지와 물가에서 재배되며 주산지는 경기도 남양주, 경북 경산, 대구, 경남 김해, 전남 광주 지방이다. 논미나리와 밭미나리가 있으며, 밭미나리에 속하는 돌미나리의 약효가 뛰어나다. 독미나리는 땅 밑에 굵은 줄기를 가지고 있어 식용 미나리와 구별되며, 시큐톡신cicutoxin이라는 독성분이 있어 구토·경련·현기증을 유발한다.

2) 성분 및 효능

비타민 A의 전구체인 베타카로틴, 비타민 $B_1 \cdot B_2 \cdot C$, 칼슘Ca, 칼륨K, 철Fe이 풍부하다. 미나리의 독특한 향은 정유 성분인 이소람네틴isorhamnetin, 알파-피넨α-pinene, 미르센myrcene에 의한 것으로 식욕을 돋우고 비린내를 제거하며 정혈작용, 해독작용, 숙취 해소에 좋다. 미나리는 중금속을 흡수하는 성질이 있어 생활 폐수가 유입되는 곳에서 자란 미나리는 해롭다.

3) 선택 및 이용

논미나리는 잎이 선명한 녹색에 광택이 있고, 줄기는 길고 굵으며 연해야 한다. 잎의 수가 적고 단이 흐트러지지 않은 것이 좋다. 뿌리 부분을 젖은 종이로 감싸서 랩으로 밀봉하여 냉장보관한다.

즙을 내거나 생으로도 먹으며, 데쳐서 무침, 샐러드, 매운탕, 해장국, 미나리강회, 미나리회, 미나리적, 미나리볶음, 미나리죽, 생선매운탕, 탕평채, 국, 복어요리 등에 이용한다. 김치의 양념에 곁들이면 미나리 특유의 향이 좋다. 돌미나리는 주로 생즙이나 무침 등에 잎과 줄기를 모두 이용한다. 논미나리는 줄기만 강회, 적, 매운탕 등에 넣어 먹는다. 미나리꽝에서 자란 논미나리에는 거머리가 있을 수 있으므로 식초물에 담갔다가 흐르는 물에 씻는다. 무칠 때 참깨를 넣으면 미나리의 산뜻한 향이 한층 살아난다.

미나리의 효능

- 정혈작용, 해독작용, 숙취 예방 및 해소
- 혈압 강하, 동맥경화 예방, 혈액순환 촉진
- 해열작용, 진정작용
- 관절염, 비만, 변비 완화

7. 파

1) 특징

파welsh onion, *Allium fistulosum*는 백합과 채소로 원산지는 중국이며 3천 년 전부터 재배된 것으로 알려져 있다. 우리나라에서는 삼국시대 이전부터 재배했다는 기록이 있다. 대파, 쪽파, 실파 등이 있다.

대파

쪽파

2) 성분 및 효능

탄수화물은 6.7%이며 비타민과 칼슘Ca, 인P, 철Fe 등 무기질이 풍부하지만 유황이 많아 다른 채소와는 달리 산성 식품이다. 파의 녹색 잎 부분에는 베타카로틴과 비타민 B_1·C·K가 많으며, 흰 줄기 부분에는 비타민 C가 많다. 파의 매운 성분은 알린alliin이 효소 알리네이스alliinase에 의해 분해되어 생성된 알리신allicin 때문이다. 알리신은 체내에 흡수되어 비타민 B_1의 이용률을 높인다.

파는 나쁜 냄새를 없앨 뿐만 아니라 가열에 의해 자극성이 없어지고 단맛으로 변해 음식 맛을 더 좋게 한다. 가열에 의해 감미가 증가하는 것은 자극성의 매운맛 성분이 프로필메캅탄propylmercaptan(자당의 50배)으로 바뀌기 때문이다.

3) 선택 및 이용

대파의 경우 흰색의 줄기가 길고 굵으며 촉촉하고 윤기와 탄력이 있어야 좋다. 줄기가 너무 단단한 것은 질기다. 잎의 뾰족한 끝 부위까지 진한 녹색으로 부드러우면서도 탄력이 있어야 한다. 하얀 줄이 있는 것은 병충해를 입은 것으로 역시 질기다. 골파는 밑동의 알이 충실하면서 서로 붙어 있어 잘 떨어지지 않고 줄기는 곧으며 진한 녹색의 잎이 탄력이 있어야 좋다.

파를 다듬어 씻은 후 물기를 빼서 세워 두면 좀 더 오래 보관할 수 있다. 뿌리에 흙이 묻은 채로 구입한 대파는 화분에 심어서 필요할 때마다 뽑아 쓰면 유용하다.

파는 향신료로서 우리나라는 물론 중국과 일본에서도 음식에 빼놓을 수 없는 양념으로 쓰이며, 국·찌개·무침·볶음·꼬치구이·김치·산적·전 등에 이용한다. 대파는 익히면 단맛이 증가하며 찌개, 탕, 조림의 경우 음식 맛을 더 살리고 육류의 누린내나 생선의 비린내를 없앤다. 흰 줄기 부위는 다지거나 채를 쳐서 사용하고, 점질물질이 많은 녹색 부위는 어슷하게 썰어 찌개나 탕에 사용한다. 쪽파는 강회, 김치, 산적, 나물에 넣거나 송송 썰어서 국의 장식에도 쓰인다.

파의 효능

- 혈액순환 촉진
- 살균
- 피로 회복

8. 깻잎

깻잎

1) 특징

깻잎perilla, *Perilla frurescens*의 원산지는 동남아시아, 인도, 중국으로 우리나라는 삼한시대 이전부터 재배하였으며 현재는 전국에서 연중 생산된다. 국내에서는 종자인 들깨의 잎을 다양하게 이용한다. 들깻잎은 연하고 부드러우며 크기는 10 cm 정도로 진한 녹색을 띠고 향이 강한 것이 좋다. 쉽게 건조되므로 밀봉하여 냉장보관한다.

2) 성분 및 효능

깻잎은 칼슘Ca, 인P, 철Fe 등의 무기질, 비타민 B군·A·C 등을 다량 함유하고 있다. 특히 철Fe은 시금치의 약 2배이며, 폴리페놀도 풍부하다. 페릴라 알데하이드perilla aldehyde, 리모넨limonene, 페릴라 케톤perilla ketone 등에 의해 독특한 향을 낸다.

육류에 많이 곁들여 먹는 깻잎은 암을 예방하고 조혈작용을 한다. 들깻잎은 칼슘Ca, 비타민 A·C가 모두 풍부하여 고기를 구울 때 생긴 위해물질에 의한 암 발생을 예방하는 데 도움을 준다.

3) 선택 및 이용

잎과 어린순은 쌈, 샐러드, 무침, 나물, 매운탕, 장아찌, 부각 등에 다양하 게 사용한다. 깻잎은 한 장씩 깨끗이 씻어 이물질을 제거해야 한다.

깻잎의 효능
- 암 예방
- 조혈작용

9. 쑥갓

1) 특징

쑥갓

쑥갓crown daisy, *Chrysanthemum coronarium var. spatiosum*은 국화과 채소로 원산지는 지중해 연안이다. 노란색 꽃이 아름답고 향기가 강해 유럽에서는 주로 관상용이다. 조선 초기에 중국에서 들어왔으며, 동양에서는 우리나라와 일본에서 식용한다. 윤기 있는 진한 녹색의 잎 수가 많고, 줄기는 가늘어 연하면서 탄력이 있고 길이가 5 cm 정도인 것이 좋다. 꽃대가 있거나 줄기가 굵은 것은 억세다.

2) 성분 및 효능

진한 녹색으로 베타카로틴이 풍부하고 비타민 $B_1 \cdot B_2 \cdot C$의 함량이 높다. 칼슘Ca (91 mg%), 칼륨K, 인P, 철Fe이 많아 뼈에 좋으며, 식이섬유는 변비에 효과가 있다. 특유의 방향성 정유 성분이 식욕을 증진하고 위와 장을 따뜻하게 하며 소화기관을 튼튼하게 한다. 비타민 C를 파괴하는 효소인 아스코비네이스ascorbinase가 있어 조리 초기에 비타민 C가 많이 파괴된다.

3) 선택 및 이용

연한 것은 상추쌈에 곁들이면 향긋하다. 향을 즐기는 채소이므로 생으로 먹거나 샐러드에 넣는다. 생으로는 밥을 싸 먹는 쑥갓쌈에 좋고, 데친 것은 나물이나 쑥갓

강회에 이용한다. 쑥갓은 식이섬유가 부드러워 데칠 때 많이 삶지 않아야 한다. 줄기부터 넣은 후 잎을 넣고 살짝 데쳐 낸다. 맑은 탕이나 매운 탕에는 불에서 내리기 직전에 넣어 숨이 죽을 정도로만 익힌다. 향을 싫어하는 경우에는 튀김으로 이용하면 좋다.

10. 아욱

아욱

1) 특징

아욱whorled mallow, *Malva verticillata*은 아욱과 채소로 원산지는 유럽 북부이다. 여름에 백색 또는 담홍색의 꽃이 피고 씨는 메밀처럼 모가 나 있다. 중국에서는 동규라고 부르며 약용으로는 주로 아욱씨(동규자)를 많이 쓴다. 채소의 왕이자 5채의 으뜸으로 여겼다. 파루초破樓草라고도 하는데, 임산부가 있는 집에서는 아욱을 더 많이 심기 위해 누를 헐고 심었다고 하여 붙은 이름이다. 싱싱한 아욱은 잎이 녹색으로 넓고 부드러우며 대가 통통하고 연하다.

2) 성분 및 효능

비타민 A·B_1·B_2·B_6·C, 칼슘Ca, 단백질(3.08%), 지질, 식이섬유가 풍부하다. 씨(동규자)는 이뇨작용, 신장결석, 비만에 좋다. 아욱은 모유 분비를 촉진하고 부기를 없앤다. 단백질과 칼슘Ca으로 인해 골다공증과 성장 발육에 좋다.

아욱은 새우와 잘 어울려 함께 먹으면 좋다. 새우에는 아욱에 부족한 메티오닌, 라이신을 비롯한 필수아미노산과 비타민 B_{12} 등이 풍부하다. 반대로 아욱은 새우에 거의 없는 비타민 C와 식이섬유가 풍부한 알칼리성 식품으로 영양 면에서 서로 균형을 이루며 맛도 조화를 이룬다.

3) 선택 및 이용

연한 잎과 줄기를 국이나 죽에 주로 이용하며 삶은 잎은 쌈으로 먹는다. 쌀뜨물을 넣고 치대면 풋내가 없어진다.

아욱의 효능

- 이뇨작용
- 모유 분비

11. 부추

1) 특징

부추

부추Chinese chive, *Allium tuberosum*는 백합과 채소로 원산지는 중국 서북부이며 우리나라에는 삼국시대에 들어왔다. 정구지, 부초, 부채, 솔, 졸이라고도 부른다. 국내의 주산지는 광주, 김해, 남제주, 대구, 영일, 포항 및 도시 근교 등이다. 잎이 크고 납작한 대엽부추, 잎이 가늘고 작으며 둥근 편인 소엽부추가 있다.

싱싱한 부추는 향이 짙고 광택이 있는 진한 녹색의 잎이 곧게 뻗어 있으며, 흰 줄기 부분이 길고 탄력이 있다. 보관 시에는 잎이 눌리지 않도록 종이에 펴서 냉장보관한다.

2) 성분 및 효능

베타카로틴, 비타민 C(5 mg%), 비타민 B_1(0.16 mg%)이 다른 채소에 비해 많고 칼슘Ca과 철Fe도 풍부하다. 부추의 향은 마늘과 같이 유황 성분인 설파이드sulfide로, 비타민 B_1의 흡수 이용률을 높여 신진대사 촉진, 피로 회복, 항균·항암·항콜레스테롤 작용을 한다. 부추는 기양초 또는 장양초라고 불릴 정도로 강장 효과가 높은 채소이다.

3) 선택 및 이용

김치, 만두소, 전, 나물, 잡채 등에 많이 쓰인다. 봄과 여름철의 부추는 고기요리와 잘 어울려 젓국, 무침, 샐러드에 이용한다.

12. 근대

근대

1) 특징

근대chard, *Beta vulgaris var. cicla*는 명아줏과 채소로 원산지는 유럽 남부의 지중해 연안이다. 중국에는 6세기 초의 『본초서』에 기록이 있으며, 일본에는 17세기 말에 중국으로부터 전래되었다. 우리나라에서는 조선시대의 『동의보감』에 언급되었으며, 『증보산림경제』에 "뿌리와 줄기로 국을 끓여 먹는다"고 하였다.

전국적으로 재배되고 있는 근대는 잎이 녹색이고 줄기는 흰색이나 녹색 잎에 적색 또는 노란색 줄기인 것도 있다. 잎은 윤기 있는 녹색으로 부드럽고, 줄기는 짧고 연하면서 탄력이 있어야 좋은 근대이다.

2) 성분 및 효능

당질과 식이섬유가 함유되어 있으며, 단백질의 양은 적으나 필수아미노산이 많고, 칼슘Ca · 철Fe · 베타카로틴 함량이 높아 어린이의 성장 발육에 특히 좋다. 수산이 많아 데쳐서 이용한다. 소화기능이 약하거나 설사가 잦은 사람에게 좋다.

3) 선택 및 이용

연한 것은 쌈으로 먹거나 데쳐서 무침, 국, 죽에 이용한다. 데치면 풋내가 제거된다. 줄기는 억세므로 껍질을 벗겨 쓰거나 잎만 사용한다. 근댓국은 위와 장이 나쁜 사람에게 식이요법용으로 사용된다.

13. 케일

케일

1) 특징

케일kale, *Brassica oleracea var. acephala*은 십자화과 채소로 지중해가 원산지인 양배추, 브로콜리, 콜리플라워 등은 모두 케일을 품종개량한 것이다. 잎 가장자리가

오글거리는 곱슬케일, 쌈채소로 이용되는 쌈케일, 흰색과 자색의 꽃케일 등이 있다. 우리나라에서 흔히 먹는 케일은 콜라드라고도 부르는 쌈케일이다.

2) 성분 및 효능

단백질, 당질, 칼슘Ca, 인P, 나트륨Na, 칼륨K, 철Fe, 비타민 $B_1 \cdot B_2 \cdot C$가 많으며, 녹황색 채소 중 베타카로틴의 함량이 가장 높다. 매운맛은 이소티오시아네이트에 의한 것이다. 위궤양 치료 효과가 있는 비타민 U와 암을 유발하는 물질을 해독하는 인돌화합물도 함유되어 있다. 식이섬유가 많아 배변에 도움이 된다. 신경통에 효과가 있으며 장을 깨끗하게 하는 정장작용도 한다. 혈중 콜레스테롤 수치를 낮추고 혈당치를 정상으로 회복시키는 기능도 있다.

3) 선택 및 이용

대가 굵은 잎은 녹즙용으로, 부드럽고 신선한 어린잎은 쌈이나 샐러드로 이용한다. 녹즙으로 마실 때는 식초나 신맛이 나는 과일을 섞어 산성으로 만들면 비타민 C의 손실을 막을 수 있다.

14. 청경채

1) 특징

청경채pak choi, *Brassica campestris var. chinensis*는 십자화과 채소로 원산지는 중국 화중 지방이다. 중국 배추의 일종으로 잎과 줄기가 녹색이며, 줄기가 백색이면 백경채라 부른다. 시원한 맛에 즙이 많다. 봄에서 여름까지가 제철이지만 1년 내내 재배된다. 공기가 잘 통하도록 신문지로 말아서 냉장고에 보관한다. 잎은 진한 녹색으로 탄력 있는 것이 싱싱하고 좋다.

청경채

2) 성분 및 효능

칼슘Ca·나트륨Na 등 각종 무기질, 비타민 C, 베타카로틴이 풍부하다. 자주 먹으면 피부 미용에 좋으며 치아와 골격 발육을 돕는다. 신진대사를 촉진하고 세포조직을 튼튼하게 한다.

3) 선택 및 이용

샐러드, 겉절이, 쌈, 국, 볶음, 녹즙으로 이용한다. 떫은맛이 거의 없어서 소량의 끓는 물에 소금과 기름을 넣고 뚜껑을 덮어 데치면 맛이 좋다.

15. 셀러리

셀러리

1) 특징

셀러리celery, *Apium graveolens*는 산형과(미나리과) 채소로 남아시아, 남부 유럽, 북아메리카가 원산지이다. 유럽에서는 잎, 줄기, 씨를 요리와 의약품으로 이용하였다. 고대 그리스에서는 모든 요리에 양념으로 쓰였고, 고대 로마에서는 디저트에 셀러리의 향을 첨가하였다. 식물체 전체에 향기가 있어 연한 잎과 줄기를 식용하며 서양요리에서 없어서는 안 될 중요한 재료이다.

셀러리의 잎은 광택이 있는 진한 녹색, 줄기는 튼튼하면서 굵고 첫째 마디까지 20~25 cm가 적당하다. 줄기의 단면은 오목한 모양이 뚜렷한 것이 좋다.

2) 성분 및 효능

비타민 B_1·B_2가 다른 채소보다 약 10배 이상 많으며, 비타민 C, 칼슘Ca, 철Fe, 칼륨K도 풍부하다. 정유 성분이 0.1% 정도로 많아 식욕과 소화를 촉진한다. 세다놀리드sedanolide와 세다놀sedanol은 쌉쌀한 맛을 내며 생선이나 육류의 비린내를 없앤다. 아피인apiin은 혈액순환 개선과 고혈압에 효과가 있다. 리그닌, 셀룰로스 같은 식이섬유가 많아 씹을 때 아삭아삭한 느낌을 준다.

3) 선택 및 이용

주로 줄기를 사용하며 억센 실 같은 섬유질을 벗겨 샐러드, 전채, 주스, 피클, 튀김, 볶음, 무침, 수프, 스튜에 쓴다. 잎은 고기나 뼈의 누린내를 제거하는 데 사용한다. 잎은 쌈채소로 먹고 줄기는 마요네즈에 찍어 먹기도 한다. 토마토, 파인애플, 레몬 등을 혼합하여 주스로도 마신다.

셀러리의 효능

- 혈압 강하
- 변비 예방
- 피부건조 예방
- 불안감 해소

16. 치커리

1) 특징

치커리chicory, *Cichorium intybus*는 국화과 채소로 원산지는 지중해 연안, 유럽, 러시아이다. 우리나라에서는 주로 중부 지방과 강원도 대관령에서 연중 재배되고 있다. 레드치커리, 라디치오, 트레비소, 적채, 프라스타, 슈가로프, 구루모, 위트루프, 엔다이브 등이 있다. 결구시켜 포기로 수확한 것을 라디치오radicchio, 잎을 하나씩 뜯어내 수확한 것을 레드 치커리red chicory라고 부른다. 구형인 것이 트레비소Treviso라는 이름으로 유통되는데 이는 이탈리아의 산지명이다. 봄과 가을에 재배되며 쓴맛이 강하다.

치커리

라디치오

2) 성분 및 효능

칼슘Ca, 철Fe, 비타민 C가 들어 있다. 이눌린, 고미질, 탄닌, 알칼로이드 등을 함유하여 담즙 분비를 증가시키고 담석에 효과적이며 간질환에도 좋다. 쓴맛은 인터빈intybin 성분으로 소화를 촉진하고 혈관을 튼튼하게 한다. 항균과 세정 효과가 있어 요산과 오염물을 제거하며 위산 과다에 좋다. 위장 내 가스 배출과 경련 진정 효과가 있으며, 세포조직을 회복시키는 규소도 풍부하다.

3) 선택 및 이용

쌉쌀하고 달콤한 맛과 향이 뛰어나 쌈과 샐러드에 잘 어울리며 주름진 잎사귀는 모양이 좋아 장식용으로 많이 사용한다. 서양에서는 리크leek, 토마토, 치즈와 함께 넣어 만든 라디치오 피자가 유명하다. 뿌리는 카페인이 없으면서 쓴맛이나 커피 대용물로 이용되어 왔다.

17. 갓

갓

1) 특징

갓mustard leaf, *Brassica juncea var. integritolia*은 십자화과 채소로 원산지는 중앙아시아이다. 호냉성으로 김장철에는 전국에서 재배된다. 잎의 색에 따라 적갓과 청갓으로 구분하며, 여수 지역 특산물로 돌산갓이 있다. 돌산갓은 연녹색으로 잎살이 많고 잎줄기가 넓고 두꺼우며 식이섬유가 적어 부드러우면서 매운맛이 약하다. 잎이 윤기 있는 진한 녹색에 줄기는 가늘고 연한 것이 좋다.

2) 성분 및 효능

단백질(3.5%), 당질, 베타카로틴과 비타민 B_1·B_2·C의 함량이 높다. 갓의 매운맛 성분은 이소티오시아네이트로 항균, 항암, 호흡기질환, 가래에 좋다. 적갓에는 안토시안 색소가 풍부하다.

3) 선택 및 이용

김치, 절임, 나물, 볶음, 찌개, 국 등에 이용한다.

18. 겨자잎

1) 특징

겨자잎mustard leaf, *Brassica juncea*은 십자화과 채소로 청고채라고도 한다. 겨자 열매가 열리기 전에 나는 곱슬곱슬한 장타원형의 잎으로 톡 쏘는 매운맛과 향이 특징이다. 푸른색의 잎은 청겨자, 붉은색의 잎은 적겨자라고 부른다.

겨자잎

2) 성분 및 효능

비타민 C, 베타카로틴, 칼슘Ca, 철Fe이 풍부하다. 매운맛 성분은 겨자유로 알릴 이소티오시아네이트allyl isothiocyanate이다. 항균작용을 하며, 어독을 풀어 준다고 하여 회를 먹을 때 필수적이다.

3) 선택 및 이용

쌈, 겉절이, 샐러드에 이용한다. 일본 서부 지역의 대표적인 절임용 채소이다. 볶음밥이나 라면에 넣거나 고기와 볶으면 특유의 풍미로 음식 맛이 좋아진다. 매운 향이 비린 맛을 없애 고기요리나 생선요리에도 잘 어울린다.

19. 죽순

1) 특징

죽순bamboo shoot, *Phyllostachys* spp.은 대나무의 지하 줄기에서 갈라져 나온 담갈색의 포탄형인 어린순을 식용한다. 중국, 일본, 한국에서 많이 쓰인다. 국내에서는 담양산이 좋으며, 맹종죽의 죽순이 크기로 유명하다. 자른 부분이 윤기 있는 순백색이어야 좋은 죽순이다. 죽순은 수확 후 섬유소화하여 질겨지므로 밀봉하여 단기간 저온저장한다.

죽순

2) 성분 및 효능

식이섬유가 풍부하고 단백질, 비타민 B군과 C도 함유되어 있다. 티로신tyrosine, 베타인betaine, 콜린choline, 아스파라진asparagine이 많다. 호모젠티스산과 수산이 들어 있어 아린맛이 난다. 수산은 앞쪽 끝과 밑 부분에 많으며, 하루 방치하면 2~3배로 늘어나 아린맛이 강해진다. 죽순 통조림의 흰색 결정체는 회분, 탄수화물, 단백질로 구성되어 있으며 수산, 칼슘Ca, 티로신의 함량이 높다.

3) 선택 및 이용

죽순채 나물, 죽순찜, 잡채, 죽순밥으로 다양하게 이용한다. 쌀뜨물에 죽순을 삶으면 수산과 잡맛이 제거되고 조직이 부드러워진다. 통조림에 생긴 흰 앙금은 깨끗이 헹구어 제거한 후 조리한다.

20. 아스파라거스

1) 특징

아스파라거스

아스파라거스asparagus, *Asparagus officinalis*는 백합과 채소로 원산지는 동부 지중해와 소아시아 지방이다. 우리나라에서는 김해, 보령 등지에서 주로 재배된다. 어린줄기를 식용하며, 녹색과 흰색 아스파라거스가 있다. 녹색 아스파라거스는 줄기가 굵고 부드러우며, 진한 녹색 잎이 겹쳐서 벌어지지 않고 팽팽해야 좋다. 수확 후 빨리 상하므로 젖은 종이로 말아 얼음을 채워 유통하고 가급적 빨리 소비하는 것이 좋다.

2) 성분 및 효능

아스파라진asparagine 함량이 높아 원활한 신진대사와 피로 회복을 돕는다. 엽산이 풍부하고 비타민 A·C와 셀레늄이 많아 암 예방에 좋다. 식이섬유는 변비 예방에, 루틴은 혈압과 동맥경화 예방에 효과가 있다. 아스파라거스 싹에는 아스파라진산과 비타민 E가 풍부하며, 흰색 아스파라거스에는 사포닌이 함유되어 쓴맛이 난다.

3) 선택 및 이용

녹색 아스파라거스는 가용 성분이 많고 조직이 연하여 조리하기가 쉬우며, 흰색 아스파라거스는 주로 통조림용으로 쓰인다. 생식, 수프, 샐러드, 무침에 이용한다. 데칠 때는 줄기 끝 쪽 1/3 정도를 먼저 물에 넣고 부드러워졌을 때 끝까지 데쳐 내면 전체적으로 부드러워진다.

더 알아보기

고수

고수는 미나리과의 한해살이 식물로 향신채소 중 재배역사가 상당히 오래된 것으로 어린잎은 넓고 둥글지만 나중에 세 갈래로 갈라져 자란다. 고기의 누린내를 없애는데 많이 사용하며, 특히 중식요리에는 향신채소로 많이 사용하며 유럽에서는 소스를 만드는 데 사용한다. 동남아시아나 중국에서는 대중적인 향신채소인데 특유의 향과 맛이 있어서 우리나라에서는 대중적인 재료는 아니지만 식생활이 서구화되고 세계화됨에 따라 최근에는 소비량이 늘고 있다.

뿌리채소류

뿌리채소류는 뿌리 부분을 식용하는 채소를 말한다.

표 4-4 뿌리채소류의 영양 성분

(가식부 100 g 기준, 생것)

종류	에너지 (kcal)	수분 (g)	단백질 (g)	지질 (g)	회분 (g)	탄수화물 (g)	당류 (g)	총식이섬유 (g)	무기질					비타민						
									칼슘 (mg)	철 (mg)	마그네슘 (mg)	칼륨 (mg)	나트륨 (mg)	A (μg)	레티놀 (μg)	베타카로틴 (μg)	B_1 (mg)	B_2 (mg)	니아신 (mg)	C (mg)
무(조선무)	21	93.8	0.77	0.15	0.55	4.72	2.96	1.1	22	0.16	8	279	13	0	0	2	0.059	0.023	0.295	11.89
당근	31	91.9	1.02	0.13	0.72	7.03	6.23	3.1	24	0.28	14	299	23	460	0	5,516	0.037	0.062	0.882	3.02
우엉	69	81.0	2.61	0.06	1.04	15.29	2.87	4.6	46	0.80	43	406	6	0	0	0	0.019	0.110	0.108	0.61
양파	29	92.0	0.96	0.17	0.33	6.52	4.71	1.6	16	0.20	9	148	2	0	0	1	0.024	0.020	0.099	4.93
마늘	128	64.8	7.45	0.16	1.21	26.42	0.23	3.8	12	0.78	24	531	3	0	0	0	0.145	0.161	0.498	8.45
생강	42	88.2	0.97	0.15	0.86	9.82	0.45	2.6	18	0.95	37	337	4	2	0	19	0	0.052	0.497	1.50
더덕	80	78.7	2.28	0.76	0.69	17.58	4.86	3.7	30	0.74	28	226	0	0	0	4	0.049	0.018	0.189	4.72
도라지	65	82.0	2.01	0.15	0.74	15.15	1.14	4.2	40	0.32	22	231	3	1	0	6	0.086	0.032	0.571	7.58
연근	75	80.0	1.63	0.07	1.02	17.28	1.81	3.3	28	0.80	23	478	21	0	0	0	0.087	0.124	0.136	28.35

- 빈칸으로 표시된 것은 측정하지 않은 것을 의미함
출처 : 농촌진흥청 국립식량과학원, 국가표준식품성분 DB 10.3(2025)

1. 무

무

무순

1) 특징

무radish, *Raphanus sativus*는 십자화과 채소로 원산지는 중국이다. 무에 대한 최초의 기록은 중국 문헌인『서경』「하서우공편」에 나오는 "만청으로 저를 담가 먹는다"라는 내용으로, '만청'은 무의 한문 표기이며 '저'는 소금에 절인 채소를 뜻한다. 고대 이집트에서 피라미드의 건설 노동자에게 공급했다는 기록도 있다. 우리나라에는 배추보다 먼저 삼국시대에 전래되어 소금에 절여 겨울을 대비하였다는 기록(삼국사기)이 있다. 호냉성 채소로 여름에는 강원도, 무주 등의 고랭지에서 재배된다.

무는 배추와 함께 김치의 중요한 재료이다. 품종은 수확 시기에 따라 봄무·여름무·가을무로, 용도에 따라 총각무·김장무(깍두기용)·단무지용으로 구분한다. 김장무는 육질이 단단하면서 단맛이 있고 저장성이 좋다. 봄무는 즙이 많아 싱거우면서 매운맛이 강하다. 단무지용은 길이가 길고 육질이 연하며 매운맛이 약하다. 무의 잎과 줄기를 무청이라 하며 어린 무의 줄기를 열무라고 하였는데, 요즘은 개량종을 말한다. 무청을 말린 시래기는 과거 가난했던 시절에 식량을 대신했던 구황식품이었으나 최근에는 웰빙 식재료로 인기가 높다. 우거지는 배춧잎을 말린 것을 말한다.

2) 성분 및 효능

당질, 식이섬유, 비타민 B_1·B_2·C, 포도당이 풍부하다. 소화효소인 디아스테이스diastase와 프로테이스protease가 많아 소화를 촉진한다. 무의 매운맛 성분은 글루코시놀레이트glucosinolate의 분해로 생성된 이소티오시아네이트의 유도체4-methylthio-3-butenyl isothiocyanate이며, 가열 시 나는 냄새는 메틸 메르캅탄methyl mercaptan 등 황화합물 때문이다. 매운맛 성분과 비타민 C는 껍질에 2배 이상 더 많다. 무의 함황 성분은 항균·항암·항염·기침·감기에 효과가 있으며, 니코틴 독을 제거하고 담을 삭이는 작용을 한다. 잎은 녹황색 채소로 베타카로틴, 비타민 C, 칼슘Ca, 철Fe, 식이섬유가 많다. 단백질은 라이신 함량이 높다.

3) 선택 및 이용

좋은 무는 모양이 좌우 대칭으로 매끈하고 윤택이 있으며 잔뿌리가 적고 묵직해야 한다. 윤기와 탄력이 있는 진한 녹색의 무청이 달려 있는 것이 싱싱하다. 잘랐을 때 검은 힘줄이 없고 바람이 들지 않아야 한다. 육질은 단단하면서 수분이 많고 아삭아삭하며 연하고 달아야 맛있다. 무청을 자른 무는 싹이 나지 않아야 한다. 황토에서 재배한 것이 육질과 맛이 뛰어나다.

저장은 바람이 들지 않도록 비닐로 싸서 냉장보관한다. 움저장 시에는 이듬해 봄까지 보관이 가능하다. 싹이 나지 않도록 유의한다.

무는 김치, 생채, 국, 무, 볶음, 나물, 조림, 찜, 장아찌, 무말랭이, 깍두기, 단무지 등에 다양하게 이용되며 잎은 열무김치, 국, 나물에 주로 쓰인다. 육류나 생선으로 만드는 찜, 찌개, 조림에도 많이 이용한다.

무의 효능

- 소화 촉진
- 해독
- 항암
- 숙취 해소
- 기침 완화

2. 양파

1) 특징

양파onion, *Allium cepa*는 백합과 채소로 원산지는 중앙아시아이다. 우리나라에서는 경남 창녕, 경북 영천, 전남 무안, 제주에서 재배된다. 색에 따라 황색, 백색, 자색종이 있다. 자색종은 맵지 않고 단맛이 많다.

양파(흰색)

양파(자색)

2) 성분 및 효능

탄수화물이 약 6.5%로 풍부하며 주로 갈락탄galactan과 자일란xylan이 많다. 단백질은 0.96%이며 비타민 B_1, 칼슘Ca, 인P, 철Fe이 함유되어 있다. 양파는 성숙함에 따라 포도당과 자당의 양이 증가하여 단맛이 더욱 많아진다. 특유의 자극성 냄새는 마늘과 유사하며 최루 성분은 사이오프로판알thiopropanal로 수용성이므로 물로 씻으면 제거된다. 흰색 양파에 비해 자색 양파는 매운맛이 없고 단맛이 강하다. 양파를 가열하면 함황 성분 중 일부가 프로필 메르캅탄으로 전환되어 단맛을 낸다.

플라보노이드flavonoid의 일종인 퀘세틴의 황색 색소가 껍질 부위에 더 많으며 항산화, 항염, 고혈압 예방에 좋다. 알릴티아민이 비타민 B_1의 효과를 높여 신진대사를 촉진하고 피로 회복을 돕는다. 알리신이 함유되어 있으며 혈전과 고혈압 예방, 콜레스테롤 저하 등 심장병 예방에도 좋다.

3) 선택 및 이용

뿌리와 싹이 없고 단단하면서 묵직하며, 건조가 잘되어 껍질에 윤기가 있고 잘 벗겨지지 않는 것이 좋다. 뿌리 밑 부분이 납작한 것보다는 볼록한 것이 저장성이 좋다.

초절임, 장아찌, 샐러드, 전골, 튀김, 전, 볶음, 탕, 찌개, 수프, 스튜, 소스, 케첩, 양념 등에 사용된다. 육류의 누린내를 제거하므로 육가공품, 수프, 소스, 양념 등에 많이 쓰인다. 서양, 특히 미국에서는 햄버거, 브라트부르스트 핫도그, 샌드위치, 그린샐러드에 양파가 반드시 들어간다.

양파의 약효

- 고혈압, 동맥경화, 당뇨 예방
- 신진대사 원활
- 불면증 완화

3. 당근

1) 특징

당근

당근carrot, *Daucus carota var. sativa*은 미나리과(산형과) 채소로 원산지는 중앙아시아이다. 우리나라에서는 강원 및 전남, 경남, 제주 지방에서 주로 생산된다. 검은색 흙이 묻어 있는 제주산은 외형이 매끈하고 연하며 단맛이 강하고 저장성이 높다. 좋은 당근은 크기와 모양이 균일하고 매끈하며 광택이 있다. 속까지 주황색이고 조직은 연하면서 단단하며 심이 없어야 한다.

2) 성분 및 효능

탄수화물이 많으며 그중 자당(설탕)에 의해 단맛이 난다. 칼슘Ca, 베타카로틴이 풍부하며 철Fe, 칼륨K, 식이섬유가 들어 있다. 주황색은 베타카로틴에 의한 것으로, 체내에서 비타민 A로 전환되므로 프로비타민 Aprovitamin A라고 한다. 베타카로틴은 지용성으로 기름과 함께 조리하면 체내에서 흡수율이 높아진다. 비타민 C 산화효소인 아스코브산 옥시데이스ascorbic acid oxidase가 있어 비타민 C가 많은 무, 오이와 섞어서 즙을 내면 비타민 C가 파괴된다. 이때 식초를 첨가하면 비타민 C의 파괴를 방지할 수 있다.

당근은 야맹증과 암을 예방하고 노화를 방지하는 효과가 있다.

3) 선택 및 이용

죽, 샐러드, 주스, 수프, 비빔밥, 나물, 전골, 볶음 등에 이용한다. 천연 색소로도 쓰인다.

당근의 약효

- 야맹증, 암 예방
- 노화 방지

4. 마늘

1) 특징

마늘garlic, *Allium sativum*은 백합과 인경(비늘줄기)채소로 원산지는 중앙아시아이다. 한자명은 대산大蒜 또는 호葫이다. *Allium*의 어원은 '냄새나다olere', '강한 냄새가 나는 것halium', 켈트어의 올all(불에 태우다, 맵다)에서 유래되었다. 기원전 2500년경 이집트 피라미드의 벽화와 『구약성경』을 보면 건설 노동자나 병사들의 힘을 돋우는 데 효험이 있었으며, 고대 그리스와 로마 시대에는 술과 코리앤더 등을 혼합하여 정력제와 강장제로 사용했다고 한다. 중국에는 기원전 2세기경에 전해졌으며 우리나라에는 『삼국사기』에 기록이 있다.

마늘

2000년「타임지」는 수많은 연구 결과를 토대로 마늘을 최고의 암 예방 식품으로 추천하였다. 현재 우리나라는 지구상에서 국민 1인당 마늘을 가장 많이 먹는 나라로 기록되어 있다. 품종 가운데 난지형은 무안·남해·제주 지역에서, 한지형은 서산·의성·단양·삼척에서 재배되는 것이 유명하다. 마늘은 잎, 줄기, 뿌리를 모두 먹을 수 있다.

2) 성분 및 효능

당질(26.4%), 단백질(7.4%), 무기질, 비타민 B_1·B_2·C를 함유하고 있으며 무기질로는 칼륨K, 칼슘Ca, 인P이 많다. 셀레늄, 아연, 게르마늄, 사포닌, 폴리페놀도 풍부하다. 알리티아민allithiamine은 알리신에 비타민 B_1이 결합된 활성비타민 B_1으로, 비타민 B_1의 체내 흡수와 이용률을 높여 신진대사를 촉진하고 활력을 증진하며 피로회복에 좋다. 마늘은 프락탄과 이눌린이 많아 정장작용을 하며, 파나 양파에 비해 열량이 높다.

마늘을 다질 때 나는 매운맛과 냄새는 황을 함유한 알리신 때문이며 무미 무취의 알린에 효소 알리네이스가 작용하여 생성된다. 알리신은 불안정하여 설파이드, 디티인, 아조엔 등으로 전환되며, 가열 조리 시에는 이러한 현상이 더욱 빨리 진행된다. 숙성시킨 마늘에는 무미 무취의 수용성 *S*-알릴시스테인이 많다. 스코르디닌scordinin과 셀레늄은 항암 및 강장 작용을 한다. 마늘은 뛰어난 항균력 외에도 항산화, 항동맥경화, 항혈전, 항당뇨, 혈액 순환 촉진, 해독, 면역 증진 등 다양한 효능이 있다.

3) 선택 및 이용

난지형 마늘은 논마늘로 5월 말에서 6월 초에 생산되며, 10~12쪽에 매운맛이 적고 저장성이 낮다. 한지형 마늘은 밭마늘로 하지를 지나 출하되며 충남 서산, 단양, 경북 의성 등지가 주요 재배지이다. 6쪽 내외로 알이 크고 속껍질이 적색을 띠며 마늘쪽의 외피가 자줏빛인 한지형 마늘은 매운맛이 강하고 단단하며 수분이 적어 저장성이 좋다. 중국산 통마늘은 수염뿌리가 거의 없고 속껍질이 잘 벗겨지며 크고 통통하다.

통마늘은 황토에서 재배한 것으로 들어 보았을 때 묵직한 것, 모나지 않은 둥근 모양에 골이 분명하고 단단한 것, 매운맛과 냄새가 강한 것, 쪽수가 적은 것, 연한 적갈색의 겉껍질이 단단히 붙어 있고 주대가 말라 있는 것이 좋다. 깐 마늘은 싹이 나지 않은 것으로 윤기 있고 색이 연하고 맑으며, 각이 뚜렷한 삼면이고 강한 매운맛이 나는 것을 고른다. 중국산 깐 마늘은 각이 없고 불투명한 유백색이다. 장아찌는 덜 여물고 쪽수가 많은 6월 초순경에 나오는 햇마늘로 담그는 것이 좋다.

통마늘은 온도 0~2℃, 습도 65~70%를 유지하면 6~8개월 정도 저장할 수 있다. 깐 마늘은 냉장보관 시에도 상하므로 빨리 사용한다. 뜨거운 물에 살짝 익혀 냉장고에 두면 1개월 정도 보관할 수 있으며, 다진 마늘은 깐 마늘보다 오래 저장할 수 있다. 우리나라 요리에는 주로 다진 마늘을 넣으므로 밀폐용기에 담아 냉장고에 보관하면서 조리 시 꺼내 쓰면 편리할 뿐만 아니라 알리신에 의한 항균작용으로 저장성이 높아지고 다양한 유황화합물이 생성되어 각종 효능도 상승한다. 다진 마늘의 신선한 향을 유지하려면 1회 분량(2쪽)씩 랩에 싸거나 얼음틀에 넣어 냉동하여 필요시 사용한다. 다진 마늘이 남은 경 우에는 마늘유로 만들어 볶음과 드레싱에 사용한다.

마늘은 한국 음식에서는 빼놓을 수 없는 향신료로 각종 요리에 쓰이며 김치, 탕, 찌개, 볶음, 나물, 장아찌, 빵, 피자, 드레싱 등에 사용된다. 줄기는 마늘종장아찌와 마늘종볶음으로, 푸른 잎은 무침으로 만들어 먹는다. 마늘을 먹고 난 후 냄새를 없애는 데는 신맛이 강한 과일이나 식초, 우유, 김 등이 효과가 있다.

마늘의 효능

- 항균, 항산화, 항암, 항혈전, 항당뇨
- 콜레스테롤 저하, 피로 회복
- 해독, 간 보호, 강장

5. 생강

생강

1) 특징

생강ginger, *Zingiber officinale*은 생강과 채소로 원산지는 말레이시아, 인도 등 아시아이다. 우리나라에는 고려시대 이전에 전래되었으며 주산지는 전북 완주·익산, 경남 산청, 충남 서산·당진 등이다.

2) 성분 및 효능

당질과 식이섬유가 많으며 당질의 40~60%는 전분이다. 비타민과 무기질이 소량 들어 있다. 생강의 매운맛 성분은 진저론zingerone, 진저롤gingerol, 쇼가올shogaol이며, 향 성분은 시트랄citral과 리날로올linalool이다. 이들 성분은 위점막을 자극하여 위액 분비를 증가시키고 소화를 촉진하여 건위제로 사용된다.

매운맛 성분은 육류의 누린내와 생선의 비린내를 제거하고 항균·항산화·항염 효과가 있으며 혈전 예방작용을 한다. 그 밖에 강한 발한작용으로 감기에 효과적이며 기침, 냉증, 요통 등에도 효능이 있다. 멀미가 날 때 생강을 씹으면 증상이 완화되고 음식과 약의 흡수를 돕는다.

3) 선택 및 이용

저장온도를 10~13℃로 유지하는 것이 좋다. 생강을 고를 때는 크기와 모양이 일정하고 육질이 단단하면서 식이섬유가 적고 싱싱한 것으로 발이 넓고 굵은 것이 좋다. 주로 향신료, 향료, 카레가루, 소스, 생강주 등의 원료가 되며 얇게 저며서 꿀이나 설탕에 재운 편강이나 생강차, 생강엿에 사용한다. 건위제 등의 약용으로 쓰이기도 한다. 양념에는 즙을 내고 백김치, 생선구이, 생강단자 등에는 채를 쳐서 넣는다.

생강의 효능

- 발한, 거담
- 살균 및 항균
- 멀미 진정

6. 도라지

1) 특징

도라지

도라지Chinese bellflower, *Platycodon grandiflorum*는 초롱꽃과 채소로 원산지는 한국, 중국, 일본이며 고경, 길경, 백약이라고도 부른다. 도라지 뿌리는 큰 것은 인삼 뿌리와 비슷하며 주로 산야에서 자생했으나 현재는 직접 재배한다. 일반적으로 도라지는 뿌리만 먹을 수 있는 것으로 알고 있으나 어린잎과 줄기도 데쳐서 먹을 수 있다.

2) 성분 및 효능

단백질, 당질, 식이섬유, 회분이 함유되어 있다. 도라지는 식이섬유·철Fe·칼슘Ca이 풍부하며, 비타민과 무기질이 많은 알칼리성 식품이다. 도라지에는 알칼로이드 성분과 사포닌이 들어 있어 쓴맛이 난다. 사포닌은 가래를 삭이는 거담 효과가 있어 호흡기 계통의 질환에 좋고 기관지의 분비기능을 항진시키며 진통, 항소염, 해열작용을 한다.

3) 선택 및 이용

통도라지는 속살이 촉촉하면서 윤기 있는 연노란색으로 특유의 강한 향이 있으며, 2~3개의 잔뿌리가 있고 탄력이 있어 억세지 않은 것이 좋다. 깐 도라지는 윤기와 탄력이 있고 연노란색으로 끝이 말리지 않아야 한다. 햇볕에 건조시켜 보관하거나 냉장보관한다.

도라지의 쓴맛은 물에 담가 두었다가 잘 주물러서 씻으면 제거된다. 나물, 생채, 죽, 전, 정과, 자반, 장아찌, 술 등에 이용한다. 어린잎은 나물에 쓰고 줄기와 뿌리는 된장이나 고추장 속에 넣어 장아찌로 만들기도 한다.

7. 우엉

우엉

1) 특징

우엉burdock, *Arctium lappa*은 국화과 채소로 원산지는 지중해 연안에서 서아시아 일대이다. 우리나라의 주산지는 나주, 진주, 여주, 충남 대덕 등이다. 우엉은 뿌리만 먹는 것과, 잎과 줄기를 먹는 것의 2가지가 있다.

2) 성분 및 효능

수분이 비교적 적으며, 당질은 약 15%로 많고 주성분은 이눌린이다. 식이섬유가 풍부하며 비타민 $B_1 \cdot B_2$ 등이 함유되어 있다. 자른 우엉의 흑변은 폴리페놀의 산화에 의한 갈변현상으로 식초에 담그면 방지된다. 우엉을 삶을 때 발생하는 청변은 칼륨K, 칼슘Ca 등 알칼리성 무기질이 용출되어 안토시안계 색소와 결합하기 때문이다. 당뇨를 예방하며 이뇨작용과 정장작용을 한다.

3) 선택 및 이용

매끈하고 굵은 긴 원통 막대형으로, 흠집이 없고 탄력이 있으면서 단단한 것이 좋다. 억세지 않고 바람이 들지 않은 것으로 마르지 않아야 한다. 마르지 않도록 랩으로 잘 싸서 냉장보관한다.

데칠 때 식초를 넣으면 하얗고 아삭아삭하다. 연필을 깎듯이 썰어서 조리면 연해진다. 김밥용은 길게 채로 썬다. 정과, 조림, 튀김, 장아찌, 김치 등에 이용한다.

8. 더덕

더덕

1) 특징

더덕bonnet bellflower, *Codonopsis lanceolata*은 초롱꽃과 채소로 한국, 중국, 일본의 숲에서 자생하며 여름에 초롱 모양의 꽃이 핀다. 뿌리의 모양이 인삼과 비슷하여 사삼이라고도 한다. 주로 2~8월에 채취한 것은 약용한다.

2) 성분 및 효능

칼슘Ca이 풍부하며 당질, 단백질, 식이섬유, 인P, 철Fe, 비타민 B_1·B_2가 함유되어 있다. 사포닌이 들어 있어 기침, 기관지염, 해열, 해독에 좋으며 폐, 장, 신장을 튼튼하게 한다. 건위제로 물을 먹고 체했을 때 효과가 있으며, 부스럼도 완화한다. 콜레스테롤을 낮춰 혈압을 내리고 피로 회복과 갈증에 좋으며 모유 분비를 촉진한다.

3) 선택 및 이용

저온창고, 왕겨, 모래상자에 보관하며 햇볕에 말려 약재로 사용한다. 향이 강하고 내부에 심이 없고 부드러우며 흰 유액이 많이 나오는 것이 좋은 더덕이다.

더덕은 구이, 찜, 장아찌, 무침, 정과, 적, 자반, 수프, 차, 술 등 용도가 다양하다. 5~6월의 어린잎과 덩굴줄기의 끝 부분은 나물과 무침으로 조리한다. 어린잎은 비빔밥, 채소무침, 볶음밥, 부침개 등에 넣어도 좋다.

더덕의 효능

- 부종
- 모유 분비
- 진해, 거담

9. 연근

1) 특징

연근

연근lotus root, *Nelumbo nucifera*은 수련과 채소로 원산지는 열대 아시아, 인도, 중국이다. 연못이나 저수지에서 자라며 여름에 흰색과 분홍색의 아름다운 꽃이 핀다. 연의 뿌리를 연근이라 하며 흰 꽃의 연근이 맛이 좋다. 꽃이 진 열매에 연밥이 달리며 속의 씨앗을 연자육이라 한다. 우리나라의 주산지는 경남 김해, 경북 경산, 전남 송정·함평, 전북 익산, 충남 부여 등이다.

2) 성분 및 효능

탄수화물이 약 17%로 많으며 대부분 전분이다. 단백질이 많은 편이고 아스파라진산, 아르기닌, 티로신 등의 아미노산과 레시틴 같은 인지질이 함유되어 있다. 비타민 B_{12}와 철Fe이 들어 있어 조혈작용을 하며, 비타민 C도 약 28 mg%로 비교적 많다. 열매에는 라피노스가 들어 있다. 폴리페놀인 탄닌과 다당류가 많아 위궤양, 출혈, 염증에 효과가 있다. 연잎의 루시페린은 진통 작용을 하며 고지혈증을 예방한다.

3) 선택 및 이용

껍질을 벗기고 잘라서 파는 연근은 표백 처리한 것이 많으므로 가능하면 뿌리째 사는 것이 좋다. 몸통이 굵직하며 잘랐을 때 흰 속살이 탄력 있고 심이 없으며 연하고 구멍의 크기가 일정한 것을 고른다. 사용하지 않은 연근은 통째로 젖은 신문지에 싸서 비닐봉지에 넣어 냉장고에 보관한다. 껍질을 벗긴 것은 폴리페놀에 의해 갈변 현상이 나타나므로 연한 식초물에 담가 두는 것이 좋다. 손질한 연근은 랩으로 싸서 냉장고에 두었다가 가급적 빨리 먹도록 한다.

연근은 조림, 정과, 찜, 튀김, 설탕절임, 초절임, 밥 등에 이용하며, 최근에는 연잎 영양밥이 간편하고 저장이 편리하면서 건강에도 좋아 각광받고 있다.

연근의 효능

- 위궤양, 출혈 시 지혈 : 탄닌, 철
- 진통 진정, 고지혈증 예방 : 연잎의 루시페린

10. 순무

순무

1) 특징

순무turnip, *Brassica rapa*는 십자화가 채소로 원산지는 유럽이며 우리나라에서는 강화도가 산지로 유명하다. 중국의 의서인 『본초』에 "순무는 황달을 치료하고 오장에 이로우며 맛이 달고 이뇨와 소화에 좋다"라는 내용이 전한다. 순무의 맛은 배추

뿌리와 유사하며 단맛이 난다. 모양은 구형과 편구형(팽이형)이 있으며 색은 흰색, 초록색, 홍색, 적자색이 있다. 국내에서 재배되는 순무는 적자색의 편구형이다.

2) 성분 및 효능

무의 성분과 비슷하나 수분함량이 적다. 포도당, 펙틴pectin, 비타민 C, 칼륨K, 칼슘Ca, 인P이 함유되어 있다. 잎에는 비타민 A·C와 무기질 중 칼슘Ca, 철Fe이 많다. 순무의 색은 안토시안계의 펠라르고니딘pelargonidin이며, 적자색은 시아니딘cyanidin이다. 자색 순무가 비타민 C 함량이 높다. 함황 성분인 벤질 이소티오시아네이트 benzyl isothiocyanate는 해독, 항암, 항균작용을 한다. 순무의 잎도 비타민 A·C와 칼슘Ca 함량이 높다.

3) 선택 및 이용

윤기 있는 표면에 조직이 치밀하고 단단하며, 잎은 싱싱하고 녹색이 진한 것이 좋다. 무와 마찬가지로 바람이 들지 않도록 보관한다. 샐러드, 김치, 피클, 무말랭이, 조림, 찌개에 이용하며 삶거나 데쳐서 조리하기도 한다.

11. 비트

1) 특징

비트beet, *Beta vulgaris*는 명아줏과 채소로 원산지는 유럽과 북부 아프리카이며 구미 지역에서 주로 이용된다. 빨간색이 특징이다.

비트

2) 성분 및 효능

당류, 식이섬유, 칼슘Ca·인P·철Fe 등의 무기질, 비타민 C가 함유되어 있으며, 잎에는 사포닌이 있다. 비트의 빨간 색소는 베타시아닌betacyanine으로 이를 추출하여 식용색소로 사용하는데 고대에는 주로 약으로 쓰였다고 한다. 베타인이라는 알칼로이드가 들어 있어 이뇨작용을 한다. 철Fe이 많아 적혈구를 생성하여 빈혈, 월경장애, 폐경기에 효력이 있다. 칼슘Ca은 골격을 형성하고 치아를 튼튼하게 할 뿐만 아니라 모발 건강에도 좋다.

3) 선택 및 이용

삶아서 즙을 내어 국수, 만두, 송편의 반죽에 넣는다. 뿌리는 샐러드·깍두기·녹즙에, 잎은 단맛과 특유의 향이 있어 쌈이나 샐러드에 이용한다.

12. 콜라비

콜라비

1) 특징

콜라비kohlrabi, *Brassica oleracea var. gongylodes*는 십자화과 채소로 원산지는 유럽이다. 영어 명칭인 콜라비는 독일어 kohl(양배추)과 rabic(순무)의 합성어로 순무양배추 또는 구경양 배추라고도 한다. 품종은 아시아종과 서유럽종이 있다. 아시아종은 잎이 회색을 띤 녹색이며, 뿌리는 녹색이고 거칠다. 서유럽종은 뿌리가 녹색 또는 자주색이고 표면이 매끄러우며 흰 납질로 덮여 있다. 우리나라에서는 19세기 초에 시험재배가 이루어진 것으로 추정된다.

2) 성분 및 효능

당질, 칼슘Ca(42 mg%), 철Fe(0.27 mg%)이 풍부하며, 단백질(1.16%)도 함유하고 있다. 비타민 C 함량은 상추나 치커리 등의 엽채류에 비해 4~5배 높다.

3) 선택 및 이용

주로 샐러드에 이용하며, 맛은 배추 뿌리와 비슷하지만 매운맛은 덜하다. 케일과 비슷하게 생긴 잎은 쌈채소나 녹즙으로 이용한다.

13. 염교

1) 특징

염교rakkyo, *Allium bakeri*는 백합과 채소로 원산지는 중국 남부이다. 열대 아시아에 야생하며 한국과 일본에서도 재배된다. 파의 일종으로 인경 부분을 식용하며, 알이 적은 것일수록 맛이 좋다.

염교

2) 성분 및 효능

주성분으로 당질이 비교적 많으며 대부분은 자당sucrose(설탕)이라는 성분을 함유하고 있다. 비타민 C의 함량은 23 mg%이며, 마늘에 비해 비타민의 함량이 적다.

3) 선택 및 이용

초절임, 설탕절임, 간장절임, 소금절임, 피클에 이용한다. 일본요리에 주로 초절임으로 곁들인다.

열매채소류

열매채소류는 한해살이 또는 두해살이 초본식물의 열매를 식용하는 채소이다.

표 4-5 열매채소류의 영양 성분

(가식부 100 g 기준, 생것)

종류	에너지 (kcal)	수분 (g)	단백질 (g)	지질 (g)	회분 (g)	탄수화물 (g)	당류 (g)	총 식이섬유 (g)	무기질					비타민						
									칼슘 (mg)	철 (mg)	마그네슘 (mg)	칼륨 (mg)	나트륨 (mg)	A (μg)	레티놀 (μg)	베타카로틴 (μg)	B_1 (mg)	B_2 (mg)	니아신 (mg)	C (mg)
호박(애호박)	22	93.1	1.07	0.09	0.60	5.14	2.43	2.2	15	0.23	13	224	0	23	0	270	0.038	0.080	0.348	3.11
오이(다다기)	13	95.7	1.06	0.05	0.43	2.79	1.51	0.6	18	0.20	14	196	3	5	0	61	0.021	0.034	0.091	11.25
토마토	19	93.9	1.03	0.18	0.63	4.26	2.37	2.6	9	0.19	10	250	2	32	0	380	0.013	0.037	0.311	14.16
가지	19	93.9	1.13	0.03	0.58	4.36	2.32	2.7	16	0.26	15	232	0	4	0	52	0.035	0.163	0.366	0
피망(초록색)	22	93.2	0.90	0.04	0.50	5.36	1.35	2.7	14	0.50	12	187	1	17	0	198	0.013	0.040	0.922	21.52
붉은 고추	85	77.4	3.12	2.73	1.41	15.34	5.48	10.2	14	0.75	43	575	1	295	0	3,537	0.390	0.383	2.539	122.74
풋고추	29	91.9	1.71	0.19	0.58	6.42	1.80	4.4	15	0.50	19	270	1	38	0	458	0.008	0.076	0.558	43.95

- 빈칸으로 표시된 것은 측정하지 않은 것을 의미함

출처 : 농촌진흥청 국립식량과학원. 국가표준식품성분 DB 10.3(2025)

1. 토마토

토마토

대추토마토

쿠마토(흑토마토)

1) 특징

토마토tomato, *Lycopersicon esculentum*는 가짓과 채소로 원산지는 남아메리카 안데스 지방이며, 지중해 연안과 남미에서 많이 소비한다. 우리나라의 주산지는 부산 강서, 춘천, 충남 부여, 경기도 퇴촌 등이며 주로 시설재배로 생산된다. 일반 토마토, 방울토마토(체리토마토), 대추토마토, 흑토마토(쿠마토), 대저토마토, 스테비아 토마토 등이 있다. 대저토마토는 산지인 부산 대저동의 이름에서 유래되었고 일반 토마토에 비해 과육이 단단하다. 스테비아 농법 등을 활용하여 재배한 스테비아 토마토는 단맛이 강한 반면 칼로리는 낮아 최근 소비가 증가하고 있다.

2) 성분 및 효능

당질로 포도당과 자당이 함유되어 있으며 펙틴, 베타카로틴, 비타민 B_1·C가 들어 있다. 칼슘Ca을 비롯한 무기질도 비교적 풍부하다. 토마토의 적색은 라이코펜lycopene으로 강력한 항산화작용이 있어 동맥경화 예방, 면역 증진, 암, 특히 전립선암 예방에 좋다. 토마토의 루틴rutin은 비타민 P의 일종으로 혈관을 튼튼하게 하여 고혈압을 개선한다. 젖산의 생성을 막는 글루탐산염glutamate이 풍부하여 피로 회복에 효과가 있으며, 펙틴 함량이 3% 정도로 높아 배변활동에도 도움이 된다.

토마토 퓌레
토마토 고형분 8~24% 첨가

토마토 페이스트
토마토 고형분 24% 이상 첨가

다양한 토마토

3) 선택 및 이용

완숙 토마토가 맛과 영양이 좋다. 모양이 좌우 대칭으로 매끈하고 탄력이 있으며 광택이 나는 빨간색으로 중간 크기가 좋다. 잘 익은 토마토는 냉장고에 보관하고, 초록색이 도는 덜 익은 것은 상온에서 익힌다. 주로 생으로 먹으며 토마토 페이스트, 주스, 퓌레, 케첩 등에 이용한다. 미숙과는 절임용pickle으로 쓰인다. 껍질을 제거하려면 끓는 물에 살짝 데친 후 냉수에 담근다.

더 알아보기

대저토마토

대저토마토는 짭짤이토마토라고도 부른다. 이 토마토가 자라는 부산 대저동은 낙동강 하류 지역으로 토양에 염류와 유기물이 많고, 토마토의 성숙기인 2~5월 사이에 일조량이 풍부하여 단단하고 당도 높은 토마토가 생산된다. 대저토마토는 겨울철에 생장하여 크기가 작고 과육이 단단하다. 개당 80~100 g 정도로 일반 토마토보다 작은 크기의 대저토마토가 가장 맛이 좋다.

보통의 토마토가 빨간색의 완숙 상태에서 섭취하는 것에 비해 대저 토마토는 단단한 과육이 특징이므로 초록색과 빨간색을 함께 띠고 있는 반 정도만 숙성된 상태에서 섭취하는 것이 좋다. 일반 토마토보다 생과일로 먹었을 때의 맛이 좋아 스튜, 소스, 수프 등으로 활용하기보다 주스, 과일샐러드 등에 첨가하여 먹는 것이 일반적이다.

스테비아 토마토

스테비아 토마토는 천연 감미료인 스테비아 농축액을 잎이나 뿌리 또는 토양에 뿌려서 토마토가 흡수하도록 하거나 원물을 수확한 뒤 스테비아를 투입시켜 단맛을 증가시킨 토마토이다. 후자는 '과채 가공품'으로 분류된다.

2. 호박

1) 특징

호박pumpkin, squash, *Cucurbita* spp.은 박과 채소로 원산지는 중앙아메리카이다. 동양계 호박, 라틴아메리카 원산의 서양계 호박, 멕시코 북부와 북아메리카 원산의 페포계 호박으로 3개 품종이 있다. 동양계 호박은 과육이 황색이고 육질은 점성을 띠며, 애호박과 청둥호박(늙은 호박)이 있다. 서양계 호박으로는 단호박이 있으며, 분질형으로 방추형이 많고, 페루·볼리비아·칠레 북부에서 주로 재배된다. 페포계 호박은 멕시코 북부와 북아메리카가 주산지로 주키니가 있다. 호박오가리는 늙은 호박을 건조시킨 것이며, 호박고지는 애호박을 건조시킨 것이다.

애호박

주키니

2) 성분 및 효능

호박은 품종과 성숙도에 따라 영양 성분이 다르다. 수분이 약 90%를 차지하고, 잘 익을수록 단맛이 증가하여 당질이 5.14%이며 채소 중 전분의 양이 많다. 단백질, 지질, 식이섬유, 무기질, 베타카로틴, 잔토필xanthophyll, 비타민 B_1·C, 시트룰린citrulline이 함유되어 있다. 베타카로틴이 많아 항산화, 항암 작용을 하며 기름과 함께 조리하면 흡수율이 높아진다.

호박씨에는 양질의 단백질과 불포화지방산이 풍부하며, 리놀레산은 혈중 콜레스테롤 수치를 낮춰 고혈압과 동맥경화를 예방하고 노화를 방지한다. 메티오닌 같은 필수아미노산이 함유되어 간장을 보호하며 술안주로도 좋다. 레시틴lecithin이 있어 뇌건강에 좋으며 혈액 순환을 촉진한다. 호박을 달여서 상식하면 임신부종, 전신부종, 천식에 의한 부종을 가라앉히며 이뇨 효과가 높다. 호박에는 비타민 C를 파괴하는 아스코비네이스가 있어 가열조리하는 것이 좋다.

3) 선택 및 이용

애호박은 원통형에 표면은 광택이 있는 연록색이고 연하면서 조직은 단단해야 한다. 만져 보았을 때 물렁하면 오래된 것이다.

주키니는 광택이 있는 진한 녹색으로 처음과 끝의 굵기가 거의 비슷하고 구부러진 정도가 2 cm 이내인 것이 좋다. 이것도 역시 연하면서 조직이 단단해야 한다.

청둥호박

청둥호박은 연한 황갈색에 하얀 가루분이 뽀얗고 골이 뚜렷하게 나 있으며 속살은 진한 주황색에 여문 씨가 많아야 좋다.

단호박은 진한 녹색에 골이 선명하고 단단하며 속살은 진한 노란색에 여문 씨가 많아야 좋다.

단호박

애호박과 주키니는 냉장저장하고, 청둥호박은 상온에 저장한다. 호박오가리와 호박고지는 저장성을 높이기 위해 건조시킨 것이다.

애호박은 나물·전·호박고지에, 청둥호박은 엿·떡·죽·부침·볶음·찜 등에 이용한다. 가는체에 걸러 수프나 파이요리에 쓰기도 한다. 단호박은 수프, 찜, 죽,

떡, 케이크 등에 다양하게 쓰인다.

호박의 효능

- 이뇨작용
- 부종 완화
- 항산화작용

3. 오이

1) 특징

오이cucumber, *Cucumis sativus*는 박과 채소로 원산지는 인도이다. 우리나라의 주산지는 경기도 광주·화성·안성, 충남 서산, 경남 김해·진주, 전남 구례·여천 등이다. 오이는 표면에 가시돌기가 있으며 다다기오이, 취청오이, 가시오이, 피클오이가 있다. 늙은 오이는 노각이라고 한다.

백다다기오이

가시오이, 조선오이, 취청오이, 노각

2) 성분 및 효능

알칼리성 식품으로 수분은 많고 당질·단백질·지질의 함량이 적어 칼로리가 매우 낮으며, 비타민 A와 C를 함유하고 있다. 싱그러운 향은 오이알코올cucumber alcohol, 꼭지 부분의 쓴맛은 테르펜terpene배당체의 일종인 쿠쿠비타신cucurbitacin에 의한 것으로, 열에 안정하여 익혀도 쓴맛을 낸다.

비타민 C를 파괴하는 효소가 있어 오이즙을 다른 비타민 C가 많은 것과 혼합하면 비타민 C의 손실을 초래한다. 칼륨K 함량이 높아 이뇨작용을 촉진하여 고혈압 환자나 몸이 붓는 사람에게 좋다. 오이는 보습 및 미백과 열을 진정시키는 효과가 있어 피부미용에 이용되며, 갈증과 숙취 해소에도 좋다.

3) 선택 및 이용

백다다기오이는 광택이 있는 연녹색으로 모양이 곧고 탄력이 있어야 한다. 연녹색이 엷어져 흰빛을 띠고 단단하면 오래된 것이다. 취청오이의 경우 오래된 것은 몸체가 힘이 없고 시들시들하다. 색이나 광택이 보기 좋고 부분적으로 굵거나 노란 빛이 없는 것으로 고른다.

굵기가 같고 모양이 반듯하여 휘지 않은 것이 좋으며, 선명한 색에 오이꽃이 붙어 있고 가시가 돋아 있는 것이 육질이 탄력 있고 싱싱하다. 씨가 적고 연한 것이 수분을 많이 함유하고 있다.

수분 증발로 시들기 쉬우므로 랩으로 싸서 냉장보관한다. 저온에서 오래 저장하면 품질이 떨어진다. 가시가 있는 부위는 골이 있어 잘 씻기지 않으므로 가시를 친 후 소금으로 비벼 흐르는 물에 씻는다.

오이소박이, 오이지, 피클, 샐러드, 냉채, 무침 등에 이용하는데 다다기오이는 아삭아삭 씹히는 맛이 있어 오이지나 오이소박이를 담글 때 주로 쓰인다. 취청오이는 생으로 썰어 먹거나 채를 쳐서 냉국에 넣으면 좋고, 볶아서 오이나물로 요리하거나 중국식 오이절임으로 만들어 먹는다.

오이의 효능

- 이뇨작용
- 부종 완화
- 숙취 해소
- 피부미용

4. 가지

1) 특징

가지

가지eggplant, *Solanum melongena*는 가짓과 채소로 원산지는 인도 동남부이다. 우리나라에는 오래전에 도입되어 경북 경산, 대구, 경남 김해, 경기도 광주·남양주·평택 등지에서 많이 재배된다. 6~9월의 여름철 채소로 열매는 달걀형, 구형, 장형이 있으며 색은 흑자색과 크림색이 있다.

2) 성분 및 효능

가지는 당질 4.3%, 단백질 1.1%를 함유하며, 비타민과 무기질은 적은 편이다. 색소는 안토시아닌계에 속하는 나수닌nasunin(자색)과 히아신hyacin(황갈색)이 있다. 잘 익은 가지김치의 색은 산에 의해 붉은색으로 변한다. 백반이나 녹슨 쇠붙이를 넣으면 청자색이 된다.

가지는 경련 시 진정효과가 있으며, 동맥경화를 예방하고 항균 및 항암 작용을 한다.

3) 선택 및 이용

색은 광택이 있는 진한 자주색, 모양은 갸름하면서 매끈하고 통통한 것이 좋다. 껍질은 연하고 몸체는 탄력이 있으며 꼭지에는 날카로운 가시가 있어야 신선하다.

찬바람이 없는 상온에 저장한다. 가지에는 떫고 아린 맛이 있는데, 잘라서 물에 담그거나 100°C 이상으로 가열하면 아린맛이 단맛으로 변한다. 가정에서는 끓는 물에 데치거나 전자레인지에 익힌 후 가늘게 찢어서 사용한다. 쪄서 무침과 나물로 만들어 먹거나 절임, 볶음, 튀김이 좋다. 퓌레를 만들어 생선요리나 양고기요리에도 사용된다.

가지의 약효

- 경련 진정 효과
- 동맥경화 예방
- 항균 · 항암 작용

5. 고추

1) 특징

고추

고추red pepper, *Capsicum annuum*는 가짓과 채소로 원산지는 남아메리카이다. 조선 중기 임진왜란 때 일본에서 전래된 이후 우리 고유의 음식문화에 고추가 접목되어 오늘날 김치, 고추장과 같은 세계적인 발효식품으로 발전되었다. 우리나라는 고추 소비가 많은 나라로 주산지는 청양, 영양, 보은, 음성이 유명하다.

고추의 매운맛 성분은 캡사이신capsaicin으로 함량에 따라 매운고추hot pepper와 단고추(피망sweet pepper)로 구분한다. 일반적으로 과실의 크기는 1~30 cm로 차이가 많으며 형태와 크기에 따라서도 수백 종류에 달한다. 우리 나라에서는 크게 붉은고추와 풋고추의 2가지로 나뉜다. 종류로는 꽈리고추, 청양고추, 오이맛고추, 아삭이고추가 있으며 모양이 길쭉하다. 오이맛고추를 제외하고 모두 매운맛이 나는 공통점이 있다. 붉은 고추는 과피가 두꺼울수록 씨가 적고 가루가 많이 나오며, 매운맛이 적고 단맛이 있다.

2) 성분 및 효능

비타민 A·B_1·B_2·C·E가 풍부하다. 특히 마른고추 100 g의 비타민 C 함량은 사과의 50배, 귤의 2~3배에 해당된다. 칼륨K, 칼슘Ca, 인P도 함유되어 있다. 매운맛 성분은 캡사이신, 빨간색은 캡산틴capsanthin과 카로틴carotene에 의한 것이다. 감칠맛 성분은 베타인과 아데닌adenine이다.

열매 속 태좌 부분에 많은 캡사이신은 항산화, 염증 억제, 암 예방, 마취, 진정 효과가 있다. 혈전 용해력이 있어 혈관을 확장시키며 혈중 콜레스테롤 수치를 감소시키고 체지방을 연소하여 비만 예방에도 효과적이다. 이 밖에도 식욕 증진, 소화 촉진, 혈액 순환 촉진, 만성기관지염 예방, 거담에 효능이 있다. 음식에서는 생선의 비린내와 육류의 누린내 제거, 지질 산패 억제, 방부 효과, 젖산균 발육 증진 등 다양한 작용을 한다.

3) 선택 및 이용

풋고추는 크기와 모양이 균일하고 매끈하며 윤택한 것으로 두꺼우면서도 연하고 짙은 녹색을 띤 것이 좋다. 1~7월 출하품은 매운맛이 강하고, 8~12월 출하품은 매운맛이 약하다.

붉은고추는 표면이 매끈하고 색은 윤기 있는 선명한 붉은색으로 검은빛이 없어야 좋다. 껍질이 두껍고 꼭지의 색은 선명한 녹색에 씨가 적어야 가루가 많이 나고 달면서 매운맛을 낸다. 붉은고추는 가루를 내어 냉동실에 보관하며, 김치, 고추장, 탕, 찌개, 볶음 등의 다양한 요리에 이용한다.

풋고추는 생식, 볶음, 전, 찌개, 탕 등에 이용한다. 풋고추를 소금물에 삭히거나 고추장 또는 된장에 박아 장아찌로 만든다.

- 꽈리고추 : 꽈리처럼 표면이 쭈글쭈글하다. 매운맛이 적은 편이며 조림이나 볶음 등의 요리에 이용한다.
- 청양고추 : 입안이 얼얼할 정도로 맵다. 조금만 썰어 넣어도 칼칼하고 개운한 맛을 내므로 각종 요리나 찌개에 빠지지 않는다.
- 오이맛고추 : 풋고추와 피망을 접붙인 것으로 일반 풋고추에 비해 2배 이상 크고 두꺼우며 수분이 많고 맵지 않은 것이 특징이다. 신선한 오이 향과 맛이 느껴지며, 씹을수록 아삭거려 생으로 먹기에 가장 좋다. 생채 또는 겉절이로 무쳐 먹어도 좋다.
- 아삭이고추 : 일반 고추에 비해 길이가 짧고 동글동글하다. 육질이 치밀하고 단단하여 씹을 때 아삭아삭 소리가 난다. 은근히 맵지만 당도가 웬만한 과일 정도로 높아 생으로도 먹는다. 여물 무렵 껍질에 금이 생기는 데 이때가 가장 맵기 때문에 생식용으로는 여물기 전에 먹고 여문 이후에는 절임용으로 사용한다.
- 당조고추 : 혈당 조절용으로 개발되었으며, 연두색을 띠고 맵지 않으며 아삭거린다.

홍 · 청고추와 꽈리고추

오이맛고추와 당조고추

더 알아보기

세계의 매운 고추

전 세계적으로 가장 매운 고추는 멕시코의 하바네로이다. 우리나라에서는 청양고추가 가장 맵다.

- 할라피뇨jalapeno : 멕시코가 원산지인 노란색과 초록색 고추로 노란색이 더 맵다. 씹을 때는 덜 맵지만 입안에서 서서히 매운맛을 내는 것이 특징이다. 주로 초절임으로 먹는다. 이탈리안 레스토랑에서 피클과 함께 쉽게 접할 수 있다. 2,500~5,000스코빌Scoville Heat Unit, SHU(매운맛 단위)이다.
- 쥐똥고추thai bird chili : 태국산 고추이며 5만~7만 스코빌로 청양고추보다 5배 이상 맵다. 태국에서는 썰어서 각종 요리에 넣는다.
- 타바스코tabasco : 타바스코 소스의 원료가 되는 고추로 3만~5만 스코빌이다. 서양인에게는 참을 수 없을 정도의 매운맛이지만 타바스코 소스는 여러 가지 향신료를 첨가하여 먹기 좋게 만들었다.
- 하바네로habanero : 10만 스코빌 이상으로 청양고추보다 50배 이상 매우며, 기네스북에도 가장 매운 고추로 기록되어 있다. 작은 피망처럼 생겨서 맵지 않아 보이지만 생것을 그대로 먹으면 고통이 심하므로 잘게 썰어서 매운맛을 내고자 하는 요리에 사용한다.

6. 피망

피망

1) 특징

피망sweet pepper, *Capsicum annuum var. angulosum*은 가짓과 채소로 원산지는 중앙아메리카이다. 서양고추를 뜻하는 피망piment은 프랑스어로 고추를 의미하며 매운맛이 없어 sweet pepper(단 고추) 또는 bell pepper라고 하는데, 일본을 거쳐 우리나라에 수입되면서 피망으로 불리게 되었다. 우리나라의 주산지는 영남, 호남, 강원도 등이다. 짧은 타원형의 열매로 매운맛이 없고 단맛이 난다.

더 알아보기

파프리카paprika

파프리카는 피망을 뜻하는 네덜란드 말이다. 우리나라에서는 피망과 파프리카가 다른 것으로 알고 있지만 파프리카는 피망을 개량한 서양고추로 12가지 색깔이 있다. 유럽에서는 모든 고추를 파프리카라고 부른다. 서양식 고추인 피망과 파프리카는 같은 것이다.

일반적으로 매운맛이 나고 육질이 질긴 것을 피망, 단맛이 많고 아삭아삭 씹히는 것을 파프리카라고 한다. 영어로 파프리카는 단 고추를 포함한 여러 가지 고추를 말린 후 가루를 낸 양념을 말한다.

2) 성분 및 효능

단백질과 당질을 함유한 알칼리성 식품이며, 청피망은 비타민 A · B_1 · C가 풍부하다. 익을수록 비타민 C의 함량은 감소하고 비타민 A는 증가한다. 피망은 신진대사를 촉진하고 정혈작용을 하며 저항력을 향상시키고 혈관 내 지방이 침착되는 것을 방지하여 고혈압이나 동맥경화에 도움이 된다.

3) 선택 및 이용

꼭지가 신선하고 모양이 기형이 아닌 것이 좋다. 표피는 단단하고 두꺼우면서 깨지거나 흠집이 없고 무르지 않으며, 윤기가 흐르고 짙은 색을 띤 것으로 고른다. 저장성이 좋으므로 비닐팩에 담아 냉장보관하며 생식, 샐러드, 볶음, 꼬치, 바비큐, 전, 조림 등에 이용한다.

꽃채소류

꽃채소류는 꽃잎, 꽃봉오리, 꽃받침을 식용하는 채소를 말한다.

표 4-6 꽃채소류의 영양 성분

(가식부 100 g 기준, 생것)

종류	에너지 (kcal)	수분 (g)	단백질 (g)	지질 (g)	회분 (g)	탄수화물 (g)	당류 (g)	총식이섬유 (g)	무기질					비타민						
									칼슘 (mg)	철 (mg)	마그네슘 (mg)	칼륨 (mg)	나트륨 (mg)	A (μg)	레티놀 (μg)	베타카로틴 (μg)	B_1 (mg)	B_2 (mg)	니아신 (mg)	C (mg)
브로콜리	32	89.4	3.08	0.20	1.00	6.32	0.79	3.1	39	0.80	23	365	3	22	0	264	0.033	0.143	1.024	29.17
콜리플라워 (꽃양배추)	27	91.4	2.17	0.48	1.09	4.84	2.28	4.6	14	0.33	23	403	13	1	0	9	0.212	0.101	0.278	33.44
아티초크[1]	47	84.94	3.27	0.15	1.13	10.51	0.99	5.4	44	1.28	60	370	94	1	0	8	0.072	0.066	1.046	11.7

[1] USDA

- 빈칸으로 표시된 것은 측정하지 않은 것을 의미함

출처 : 농촌진흥청 국립식량과학원. 국가표준식품성분 DB 10.3(2025)

1. 브로콜리

1) 특징

브로콜리broccoli, *Brassica oleracea var. italica*는 십자화과 채소로 원산지는 지중해 연안이며 이탈리아에서 개량되어 유럽으로 전파되었다. 우리나라는 태백, 평창, 남제주 등에서 재배한다.

브로콜리(청색 · 자색)

브로콜리는 꽃봉오리와 줄기를 식용한다. 꽃봉오리의 모양이 탐스럽고 진한 녹색으로 깨알처럼 작은 꽃들이 피지 않은 채 조밀하고 단단하게 뭉쳐 있어 손으로 만져 보았을 때 단단하며 줄기는 짧고 연한 것이 좋다.

2) 성분 및 효능

카로틴, 비타민 B_1·B_2·C, 칼슘Ca, 철Fe, 칼륨K, 식이섬유가 풍부하다. 유황을 함유한 이소시아네이트isocyanate의 일종인 설포라판sulforaphane이 있어 해독, 항산화, 항염, 항암 작용이 뛰어나다. 특히 새싹에는 설포라판이 50~100배 정도 더 많다.

3) 선택 및 이용

상온에서 쉽게 개화하고 황변하므로 구입 후 빨리 이용해야 한다. 약한 소금물에서 단시간에 데쳐야 뭉그러지지 않는다. 샐러드, 수프, 그라탱, 스튜, 튀김 등 용도가 다양하다. 남은 브로콜리는 랩이나 비닐로 밀봉한 후 냉장고에 세워서 보관한다.

브로콜리의 효능

- 비만 및 각종 암 예방
- 항산화, 항염증, 해독 작용
- 피부 미용 : 자외선에 의한 피부 손상 방지

2. 콜리플라워

콜리플라워

1) 특징

콜리플라워cauliflower, *Brassica oleracea* L. var. *acephla*는 십자화과 채소로 원산지는 지중해 연안이다. 이곳에서 야생하는 크레티카 양배추로부터 변이되었으며 꽃양배추라고도 한다. 우리나라는 남제주, 김해, 평창, 울산, 충북, 용인 등지에서 주로 재배한다. 주로 10월에서 12월 사이 서리를 맞은 것이 맛이 좋다. 꽃봉오리는 연한 크림색으로 봉오리 사이에 틈이 없고 뭉쳐서 단단하며, 들어 보았을 때 묵직하고 진한 녹색의 겉잎이 있는 것이 싱싱하다.

2) 성분 및 효능

비타민 B·C, 칼슘Ca, 철Fe이 풍부하며, 식이섬유가 적어 부드럽다. 비타민 C는 열에 의해 잘 파괴되지 않아서 가열해도 괜찮다. 브로콜리보다 쓴맛이 적고 단맛이 강하며, 이소시아네이트에 의해 독특한 향이 난다. 발암물질을 해독하는 인돌과 이소티오시아네이트가 함유되어 있다.

3) 선택 및 이용

냉장에서는 2주 정도 저장이 가능하며, 과일과 함께 두면 표면이 누렇게 변한다. 데칠 때는 끓는 물에 소금을 넣고 꽃봉오리가 밑으로 향하게 한다. 너무 오래 데치면 형태가 뭉그러지고 씹는 맛이 없어진다. 샐러드, 초절임, 그라탱, 볶음, 스튜, 장식 등에 이용한다.

3. 아티초크

1) 특징

아티초크artichoke, *Cynara scolymus*는 국화과 채소로 원산지는 지중해 연안이다. 우리나라의 엉겅퀴와 비슷하다. 이란 서북부, 이라크 북부, 튀르키예 남동부의 산악 고원지대에 자생하며, 우리나라는 남해와 제주도에서 재배한다. 유럽이나 미국에서는 익숙한 채소로 고급요리에 사용하며, 개화 직전의 꽃봉오리를 식용한다.

아티초크

아티초크는 겉으로 보았을 때 선명한 녹색을 띠고 봉오리 형태로 잎이 벌어지지 않고 모여 있으며, 속이 꽉 차고 묵직한 것이 좋다. 저장 중에 모양이 거의 변하지 않으나 맛과 향은 크게 떨어진다. 랩이나 비닐로 싸서 냉장보관한다.

2) 성분 및 효능

꽃봉오리의 육질이 연하고 맛이 담백할 뿐만 아니라 영양가도 높다. 단백질, 비타민 A·C, 칼슘Ca, 철Fe, 인P, 당류, 이눌린 식이섬유가 함유되어 있으며 약용하기도 한다.

잎이나 뿌리에 있는 시나린cynarin이 담즙 분비를 촉진하며, 간기능과 소화기능을 높인다. 이뇨와 항산화 작용을 하며 혈중 콜레스테롤 수치를 낮추는 효능이 있다.

3) 선택 및 이용

생으로 먹을 때는 겉의 질긴 껍질을 떼고 속잎 끝의 가시를 제거한다. 손질한 것은 식초물에 담가 갈변을 방지하고 쌉쌀한 맛을 우려낸다. 대체로 끓는 소금물에 살짝 삶아 요리한다. 생선, 육류, 채소류와 잘 어울리며 전채, 샐러드, 수프, 스튜, 볶음에 쓰인다. 아티초크 통조림은 물에 하루 정도 담가 식초 향을 희석한 후 물기를 빼고 사용한다.

더 알아보기

새싹채소

새싹채소란 씨앗에서 싹이 튼 후 1주일 정도 자란 어린 채소를 말한다. 새싹채소에는 생명 유지에 필요한 각종 영양소가 함유되어 있는데, 성숙한 채소에 비해 비타민과 무기질 함량이 3배 이상 많다. 1997년 미국의 존스홉킨스대학교에서 항암물질인 설포라판이 성숙한 브로콜리보다 브로콜리의 새싹에 40배 이상 많다는 것을 발견한 후 새싹이 주목 받기 시작하였다.

표 4-7 새싹채소의 종류별 영양소 및 특성

종류	효능	영양소	특성	이용법
무싹	• 해열, 부기 해소 • 기침, 가래 해소 • 소화 촉진 • 피로 회복 • 간암 억제 • 강장 및 해독기능 • 고기와 어독 해소	• 베타카로틴 • 비타민 C • 칼륨 • 나트륨 • 식이섬유 • 철분	• 무순에는 무에 함유된 영양소보다 약 2~10배 정도 더 함유되어 있어 새싹은 '영양의 보고'이다. • 디아스타제라는 소화효소가 풍부하다. • 비타민 A는 우유의 4배, 비타민 C는 우유의 29배, 칼슘Ca은 감자의 10배이다.	• 돼지고기요리와 궁합이 잘 맞는다. • 무침요리에 좋다. • 스테이크 등에 곁들이면 좋다. • 매운맛으로 다른 채소와 혼합해서 먹는 것이 더 좋다. • 메밀싹과 혼합하면 매운맛과 인삼 맛이 어우러져 맛이 좋다.

종류	효능	영양소	특성	이용법
브로콜리싹	• 항암 • 야맹증 예방 • 노화 방지 • 위궤양 • 피로 회복 • 피부미용 • 혈당 조절 • 빈혈 예방 • 위암, 전립선암, 대장암, 유방암 예방 • 간장 해독	• 설포라판 • 비타민 C • 비타민 B • 베타카로틴 • 요오드 • 엽산 • 식이섬유 • 철분	• 대표적인 항암식품이다. • 성채보다 설포라판을 20~50배 더 함유하고 있다. • 비타민 C는 레몬의 2배이다. • 일주일에 50 g 새싹을 먹으면 암 예방에 탁월하다.	• 육류요리 • 샐러드 • 햄버거 • 샌드위치
알팔파싹	• 변비 개선 • 피부미용 • 갱년기 여성 • 백혈병 • 모발 형성 • 골다공증 • 항산화 • 콜레스테롤 개선 • 당뇨병 • 관절염 • 대장암, 결장암 예방	• 비타민 A·B·C·D·K·U • 사포닌 • 베타카로틴 • 마그네슘 • 식이섬유 • 아르기닌 • 리신 • 파이토에스트로젠 • 칼슘 • 철	• 콩과 다년생 초본이다.	• 육류요리 • 샐러드 • 된장국 • 수프
양배추싹	• 노화 방지 • 피부미용 • 항암 효과 • 정력 강화 • 위와 창자 청소 • 항산화	• 비타민 A·B·C·K • 칼슘 • 황 • 셀레늄 • 설포라판	• 3대 장수식품 중 하나이다.	
적양배추싹	• 해독 • 노화 방지 • 피부건강 • 정력 강화 • 항암 • 항산화	• 비타민 A·B·C·K • 칼슘 • 황 • 셀레늄 • 설포라판 • 베타카로틴 • 각종 무기질 풍부	• 자줏빛을 띠고 여러 음식에 고명으로 많이 이용되며, 메밀싹과 함께 음식의 조화를 잘 이룬다.	• 생식하거나 샐러드, 국수 등 각종 음식의 고명으로 쓰인다. • 간장에 마요네즈와 함께 먹어도 좋다.

산채류

산채류는 산이나 들에서 자생하는 식용 가능한 나물을 말한다. 무공해 식품으로 일반 채소류에 비해 영양가가 높을 뿐만 아니라 무기질, 비타민, 식이섬유가 풍부하며 아미노산 조성도 우수하다. 또 각종 피토케미컬이 풍부하여 항암, 항노화, 항염, 면역 조절 등 다양한 효능이 있어 오래전부터 민간에서 질병의 치료와 예방에 이용해 왔다.

산채는 식이섬유가 많기 때문에 성숙하기 전에 채취해야 한다. 잔대나 참나물류는 생으로 먹기도 하나 삶은 후 물에 우려서 쓴맛이나 잡맛을 제거하는 것이 좋다. 특히 고사리같이 다소 독성이 있는 것은 삶아서 물에 오랫동안 담갔다가 건조시켜 이용한다.

표 4-8 산채소류의 영양 성분

(가식부 100 g 기준, 생것)

종류	에너지 (kcal)	수분 (g)	단백질 (g)	지질 (g)	회분 (g)	탄수화물 (g)	당류 (g)	총식이섬유 (g)	무기질					비타민						
									칼슘 (mg)	철 (mg)	마그네슘 (mg)	칼륨 (mg)	나트륨 (mg)	A (μg)	레티놀 (μg)	베타카로틴 (μg)	B_1 (mg)	B_2 (mg)	니아신 (mg)	C (mg)
냉이	37	87.7	3.81	0.42	1.37	6.74	0.77	4.5	322	9.49	58	332	8	124	0	1,486	0.162	0.281	0.535	21.00
두릅(참두릅)	33	88.2	4.13	0.22	1.56	5.89	0	2.3	48	1.68	52	547	1	185	0	2,222	0.263	0.358	1.789	23.74
고사리	22	92.3	2.90	0.17	0.83	3.80	0.20	3.4	9	0.88	23	305	0	25	0	299	0.011	0.137	0.578	2.58
취나물(참취)	51	83.9	2.61	0.38	1.45	11.66	2.55	4.8	134	5.99	19	556	5	192	0	2,302	0.057	0.497	0.951	12.86
참나물(재배)	20	92.8	1.58	0.19	1.34	4.09	0	2.6	57	1.38	27	582	18	136	0	1,626	0.003	0.096	0.513	3.81
달래	56	83.0	2.35	0.31	0.94	13.41	2.83	2.9	83	1.78	18	316	4	85	0	1,019	0.290	0.192	0.465	35.25
쑥	37	87.3	3.40	0.38	1.88	7.04	0	5.9	109	8.14	32	652	3	346	0	4,153	0.028	0.378	0.604	6.57

- 빈칸으로 표시된 것은 측정하지 않은 것을 의미함

출처 : 농촌진흥청 국립식량과학원. 국가표준식품성분 DB 10.3(2025)

1. 냉이

냉이

1) 특징

냉이Shepherd's purse, *Capsella bursa-pastoris*는 십자화과의 두해살이풀로 우리나라 전 지역의 논밭, 들, 산에서 자란다. 내한성이 강해 월동 후 봄에 수확하여 잎, 줄기,

뿌리를 식용한다. 겨울에는 잎이 자색이고 봄에는 녹색이다.

2) 성분 및 효능

단백질이 3.8%로 다른 나물에 비해 많으며 비타민 A · B_1 · C, 칼슘Ca, 철Fe, 식이섬유도 풍부하다. 춘곤증을 없애고 입맛을 돋우는 나물로 생리불순이나 출혈 환자에게 좋으며, 소화기관을 강화하고 이뇨작용을 한다. 콜린 성분은 간장활동을 촉진하고 장운동을 도와준다. 간염, 간경화, 간장쇠약 등의 간질환이 있을 때 냉이를 뿌리째 씻어 말린 것을 가루로 만들어 사용한다.

3) 선택 및 이용

진한 녹색의 잎으로, 뿌리는 연하며 독특한 향이 나는 것이 좋다. 나물, 무침, 국, 죽, 된장찌개 등에 이용한다.

냉이의 효능

- 지혈작용 : 월경 과다, 자궁출혈, 폐출혈, 코피
- 혈압 강하, 중풍, 간장 해독
- 시력 보호, 녹내장 예방

2. 쑥

1) 특징

쑥mugwort, *Artemisia princceps var. orientalis*은 국화과의 여러해살이풀로 우리나라의 봄철에 산야에서 많이 자라며 식용과 약용으로 이용되어 왔다. 약쑥, 사재발쑥, 모기태쑥이라고도 한다. 아르테미시아*Artemisia*속에 속한 식물 중 쑥과 겉모습이 비슷한 것은 모두 쑥이라고 한다. 잎 표면은 푸르고 뒷면은 흰색의 솜털로 덮여 있다.

쑥

2) 성분 및 효능

비타민 A·B군, 칼슘Ca, 철Fe이 많이 함유되어 있다. 독특한 쑥 향기는 주로 시네올cineol 성분이며 봄철에 입맛이 없을 때 식욕을 돋운다. 약재로 쓰는 것은 예로부터 5월 단오에 채취하여 말린 것이 가장 효과가 크다고 알려져 있다.

쑥은 여성의 냉증, 자궁출혈 등 부인병에 효과가 높으며 변비와 피부 미용에 좋다. 특히 쑥의 향기 성분은 중추신경을 자극하여 장기를 정상화하고, 쑥뜸의 재료로 사용되어 약효를 낸다. 쑥즙은 해열, 진통, 해독, 구충, 소염작용을 한다. 여름에 모깃불을 피워 모기를 쫓는 재료로도 사용하였다.

3) 선택 및 이용

어린순은 국(애탕국·된장국), 튀김, 즙, 엿, 술에 이용하며 쑥개떡, 쑥편, 쑥절편, 쑥송편처럼 각종 떡의 색과 향을 내는 데 빠지지 않고 사용된다. 줄기와 잎은 약용으로 사용하기도 한다. 어린잎일수록 맛과 향이 좋다. 잎이 연하며 줄기가 가늘고 짧은 것, 향이 강한 것이 좋다.

쑥의 효능

- 항균작용, 복통 완화
- 자궁출혈, 생리불순, 생리통, 대하증 치료

3. 고사리

1) 특징

고사리

고사리bracken, *Pteridium aquilinum var. latiusculum*는 양치식물 고사릿과의 여러해살이풀로 열대 지방부터 온대 지방에 이르기까지 전 세계적으로 분포하며 우리나라에서는 구황식량으로 이용해 왔다. 한자명은 궐채, 궐기근, 고사리근이다. 이른 봄 뿌리에서 싹이 돋으면 끝이 말리고 솜털이 덮여 있는데, 이것을 채취하여 나물로 이용한다. 더 성장하여 말려 있던 잎이 펴지면 잎줄기가 질겨져서 나물로 쓸 수 없다.

2) 성분 및 효능

아미노산 중에서 아스파라진과 글루탐산glutaminic acid이 많고 플라보노이드의 일종인 아스트라갈린astragalin이 함유되어 있다. 생고사리에는 비타민 B_1을 분해하는 티아민가수분해효소thiaminase가 존재하므로 충분히 삶아서 먹어야 한다. 발암성 물질도 있으나 삶으면 대부분 제거된다. 아린 맛의 주성분 으로 프타퀼로사이드ptaquiloside도 물에 담가 두고 삶는 과정에서 제거된다.

비타민 B_2 함량이 0.13 mg%로 높으며, 칼슘Ca, 칼륨K, 철Fe 등 무기질과 식이섬유가 풍부하여 머리와 피를 맑게 하고 변비에 좋다. 뿌리줄기에는 전분이 많다. 한방에서는 어린순을 위장의 열독 제거용과 이뇨제로 사용한다. 설사에는 고사리가루를 물에 타서 먹기도 한다.

3) 선택 및 이용

봄에 어린잎과 줄기를 채취하여 삶아서 찬물에 담가 독성분을 제거하고 쓴맛과 떫은맛을 빼낸 후 그늘에 말리면 장기간 보관할 수 있다. 나물, 찌개, 국, 빈대떡 등에 이용하며 특히 비빔밥과 육개장에 필수 재료이다. 고사리 뿌리에서 얻은 전분은 칡전분보다 더 찰기가 있어 전, 떡, 과자의 원료로 사 용된다. 생것은 대가 통통하며 연하고 부드러운 것, 마른 것은 진한 밤색을 띤 것, 삶은 것은 밝은 갈색인 것이 좋다.

4. 두릅

1) 특징

두릅

두릅Japanese angelica tree, *Aralia elata*은 두릅나뭇과의 낙엽 활엽 관목으로 목말채 또는 모두채라고도 하며 중국, 일본, 러시아와 우리나라의 전 지역에 분포한다. 땅두릅과 참두릅(나무두릅)이 있는데, 땅두릅은 4~5월에 땅속에서 돋아나는 새순을 잘라낸 것이고, 참두릅은 나무에 달리는 새순을 말한다. 땅두릅은 강원도와 충북에서, 참두릅은 강원도에서 많이 재배된다. 일반적으로는 참두릅이 많이 알려져 있으며, 자연산 두릅은 4월 초순부터 5월 초순경에 어린순을 채취한다.

2) 성분 및 효능

단백질 4.1%로 아미노산 조성이 우수하며 무기질 중 칼륨K이 많다. 당질, 식이섬유, 비타민 $B_1 \cdot B_2 \cdot C$도 함유되어 있다.

두릅은 당뇨병, 건위, 정신적 스트레스, 신경쇠약에 효과가 있다. 나무껍질은 총목피라고 하는데 진통, 신장병, 당뇨병의 약재로 쓰인다.

3) 선택 및 이용

데쳐서 무치거나 두릅강회를 만들어 초고추장에 찍어 먹기도 하고, 두릅적, 두릅물김치, 두릅튀김, 두릅전골, 두릅밀전병과 약술로 이용하기도 한다. 두릅을 손질할 때는 겉껍질을 벗기고 줄기의 딱딱한 부분을 떼어 낸 후 밑동에 십자 모양의 칼집을 내서 끓는 물에 소금을 넣고 데친다.

땅두릅은 무겁고 통통하며 굵은 것, 잎이 쭉 뻗고 연한 분홍색을 띤 백색으로 광택이 있는 것, 겹질의 가시가 손에 닿으면 아플 정도로 단단한 것이 좋 다. 갈색이나 흑색으로 변하고 줄기가 녹색으로 변한 것은 오래된 것이다.

참두릅은 절단 부위가 목질부를 포함하며 잎끝이 퇴색되지 않고 녹색을 유지한 것, 잎이 완전히 피지 않은 것, 향이 강하고 겹질이 마르지 않은 것이 좋다. 잎줄기에 붙은 가시가 만져서 아플 정도이면 좋다.

5. 씀바귀

1) 특징

씀바귀

씀바귀sowthistle, *Ixeris dentata*는 국화과의 여러해살이풀로 우리나라의 산기슭, 밭둑 등에 널리 퍼져서 자생한다. 줄기나 잎을 잘랐을 때 쓴맛이 매우 강한 흰 액이 나온다. 봄부터 가을까지 채취할 수 있으며, 흔히 이른 봄에 뿌리째 뽑아서 사용한다. 약용으로도 이용해 왔다. 맛이 써서 쓴나물이라고도 하며 고채, 싸랑부리, 씀배나물, 쓴귀물이라고도 한다.

2) 성분 및 효능

무기질 중 철Fe이 많으며, 비타민은 A와 B_1이 풍부하다. 그 밖에 비타민 B_2도 함유되어 있으며 비타민 C는 적다. 주성분은 다당류의 이눌린이며 칼슘Ca, 철Fe, 비타민 등이 시금치보다 월등히 많다.

씀바귀는 식욕을 증진시키는 산채로 봄에 씀바귀를 먹으면 여름에 더위를 타지 않는다고 하며, 열병·황달·건위·진정·간염에 효과가 있다. 최근에는 항암과 콜레스테롤 저하 효능도 밝혀졌다.

3) 선택 및 이용

씀바귀는 쓴맛이 있으며 나물, 볶음, 부침으로 이용한다. 강한 쓴맛을 제거하기 위해 끓는 물에 데쳐서 찬물에 오랫동안 우려낸 다음 조리하는 것이 좋다. 그 밖에 씀바귀김치는 씀바귀를 쌀뜨물이나 약한 소금물에 담가 쓴맛을 제거한 후 갖은 양념을 넣어 담근다. 잎이 너무 거칠지 않고 크지 않은 것으로 짙은 녹색에 싱싱한 것이 좋다.

6. 참나물

1) 특징

참나물chamnamul, *Pimpinella brachycarpa*은 미나리과(산형과)의 여러해살이풀로 한국, 일본, 만주 일대, 유럽에 분포한다. 셀러리와 미나리의 향을 합친 듯한 냄새가 나며, 유사종으로 파드득나물과 일본에서 많이 이용하는 미쓰바 등이 있다.

참나물

2) 성분 및 효능

비타민 A의 함량이 매우 높으며 무기질 중에는 칼슘Ca과 칼륨K이 다량 함유되어 있다. 참나물은 지혈과 해열에 효과가 있을 뿐만 아니라 고혈압과 중풍을 예방하고 신경통과 대하증에도 좋다.

3) 선택 및 이용

잎이 선명하고 진한 녹색인 것, 줄기가 연하고 부드러운 것, 향이 강한 것이 좋다. 나물로는 어린순을 채취하여 이용하며, 생채를 고추장에 찍어 먹거나 무침·볶음·튀김·김치 등으로 조리한다.

7. 돌나물

돌나물

1) 특징

돌나물stonecrop, *Sedum sarmentosum*은 돌나물과의 여러해살이풀로 돈나물이라고도 한다. 한자명은 불갑초, 별명은 석채로 전국의 양지바른 돌에서 많이 자라 돌나물이라는 이름이 붙었다.

2) 성분 및 효능

칼슘Ca이 190 mg%로 풍부하며 비타민 C도 비교적 많다. 한방에서는 불갑초라고 하여 해열, 해독, 타박상, 간경변증과 뱀에 물린 데 사용하였다. 돌나물은 식이섬유가 적고 비타민 C와 인산이 풍부한데다 새콤한 신맛까지 있어 식욕을 촉진하며, 콜레스테롤 수치를 낮춰 생활습관병을 예방한다.

3) 선택 및 이용

어린줄기와 잎을 물김치, 겉절이, 무침, 나물 등으로 이용한다. 잎이 무르지 않고 형태가 뾰족하며 통통한 것이 좋다. 돌나물은 풋내가 많이 나므로 싱싱한 것을 골라 깨끗하게 다듬은 후 으깨지지 않게 살살 다루어야 한다. 줄기에서 잎만 떼어 내고 이물질을 제거한 후 소금물에 씻어 풋내를 없앤다.

8. 달래

1) 특징

달래wild onion, wild garlic, *Allium monanthum*는 백합과의 여러해살이풀로 한국, 일본, 중국 동북부 지역에 분포하며 산과 들에서 자란다. 마늘과 비슷한 냄새와 매운맛이 있어 작은 마늘(소산)이라고 한다. 잎과 작은 알뿌리를 식용한다. 이른 봄 가장 일찍 돋아나는 봄나물로 요즘은 연중 재배한다.

달래

2) 성분 및 효능

달래는 파보다 철Fe, 칼슘Ca, 비타민 A·B_2·C가 많다. 마늘과 파는 산성식품인데 비해 달래는 인P보다 칼슘Ca과 철Fe이 많아 알칼리성 식품이다. 비타민 C가 풍부하여 상처 회복과 스트레스 해소에 좋으며 부신피질 기능을 원활하게 한다. 매운맛은 알리신 성분 때문이다. 빈혈과 심혈관질환 예방, 강장, 건위에 도움이 되며 한방에서는 수채엽이라 하여 불면증 치료에 이용되어 왔다.

3) 선택 및 이용

생으로 무쳐 먹거나 쌈, 된장국, 달래전, 달래간장, 달래장아찌 등으로 이용한다. 잎이 신선하고 짙은 녹색이며, 뿌리는 마르지 않고 윤기가 나며 매끄러운 것이 좋다.

달래의 효능

- 자궁출혈, 월경불순 예방
- 신경안정
- 불면증 예방

9. 머위

1) 특징

머위butterbur, *Petasites japonicus*는 국화과의 여러해살이풀로 원산지는 유럽, 아시아, 북아메리카이다. 15~20종이 자생하고 있으며, 한국과 일본 등지에도 분포한다.

머위

속명인 *Petasites*는 '챙이 넓은 모자'라는 뜻의 그리스어로 머위의 큰 잎 때문에 유래되었다. 한자명은 곡동, 관동, 봉두채이며 우리나라에서는 머우 또는 머구라고도 한다.

전국의 논둑, 밭둑, 습지 등 수분이 많은 곳에서 자라며 민가의 장독대나 울타리 밑에 심어 재배한다. 일본에서는 산채 중 제일이라고 할 정도로 애용하며, 중국에서도 봉두채 또는 사두채라고 불리며 나물로 이용된다. 유사종으로 개머위와 털머위가 있다.

2) 성분 및 효능

비타민 A, 칼슘Ca, 철Fe이 많은 알칼리성 식품이다. 머위는 잎과 잎줄기, 꽃봉오리의 맛이 매우 쓴데, 이 쓴맛을 내는 페타시틴, 이소페타시틴, 쿼세틴, 캠페롤 등과 플라보노이드, 트라이터펜, 사포닌 등 특수 성분이 많다.

예로부터 관동이라고 하여 현기증, 기관지천식, 인후염, 편도선염, 축농증, 진통, 벌레나 뱀에 물렸을 때, 다래끼 등의 치료제로 한방에서 널리 쓰인 약재이기도 한다. 페타시틴 성분은 뇌졸중에 효과가 있다. 꽃 이삭은 식용하거나 진해제로 사용한다.

3) 선택 및 이용

줄기는 살짝 데친 후 무침으로, 어린 꽃은 튀김으로, 잎은 삶아서 쓴맛을 제거한 후 쌈으로 이용한다. 나물로 무칠 때 들깻가루나 들기름을 넣으면 더욱 맛있다. 그 밖에 녹즙과 샐러드로도 쓰인다.

머윗대

머위는 봄철 새잎이 자란 것으로 줄기 한가운데가 연하고 단맛이 있어야 좋다. 잎은 힘이 있어야 하며, 녹색이 진하고 황갈색으로 변색되지 않은 것이 신선하다. 뿌리 쪽을 쥐고 수평으로 들어 보았을 때 휘는 정도로 잎의 힘을 판단한다. 줄기가 너무 굵으면 심줄이 많고 구멍이 있으며 너무 가는 것도 좋지 않다.

10. 질경이

1) 특징

질경이Asian plantain, *Plantago asiatica*는 질경잇과의 여러해살이풀로, 주로 인가의 주변이나 길가, 들에서 잘 자란다.

질경이

2) 성분 및 효능

비타민 A, B_1, B_2가 풍부하며 무기질은 칼슘Ca, 나트륨Na, 칼륨K의 함량이 높다. 어린잎을 식용하며 한방에서는 잎을 차전, 종자를 차전자라는 약재로 쓴다.

질경이는 호흡중추신경에 작용하여 기침을 멎게 하며 기관이나 기관지의 점액, 소화액의 분비를 촉진한다. 배변과 이뇨에 좋으며, 특히 간의 회복능력이 탁월하다. 질경이씨는 물에 불리면 부피가 팽창하면서 끈끈해져 변비 치료에 쓰인다.

3) 선택 및 이용

나물, 볶음, 튀김, 쌈, 국, 죽 등으로 조리하며 어린잎은 차로도 이용된다. 잎이 너무 억세지 않고 어린순으로 짙은 녹색을 띠며 싱싱한 것이 좋다.

11. 고비

1) 특징

고비royal fern, *Osmunda japonica*는 고빗과의 여러해살이풀로 전국의 습한 들판이나 산기슭에서 자생한다. 한자명은 자기 또는 구척이다. 고사리와 비슷하나 잎이 동그랗게 돌돌 말려 있고 연갈색의 솜털을 뒤집어쓴 듯 새순이 돋아나 있다. 고사리보다 통통하고 부드럽다.

고비

고비는 떫고 쓴맛이 강하여 생으로 먹지는 못하므로 삶아서 여러 번 우려낸 후 말려 두고 사용한다.

2) 성분 및 효능

양질의 단백질과 비타민 A·B_2·C, 무기질, 니코틴산, 베타카로틴 등을 함유하여 영양가가 높고 맛있다. 고사리와 마찬가지로 비타민 B_1을 가수분해하는 티아미네이즈가 함유되어 있는데 가열하면 50% 이상 잔존하나 건조시키면 제거되므로 우리나라의 전통 저장법이 매우 과학적인 것이라 할 수 있다.

뿌리와 줄기는 감기에 의한 발열과 피부발진, 지혈에 효과가 있다. 말린 줄기와 잎은 인후통에 좋고 뿌리는 이뇨제로 사용한다.

3) 선택 및 이용

고비는 고사리와 함께 대표적인 식용 산채로서 봄철 어린순을 삶아서 말렸다가 나물, 강회, 국, 찌개, 육개장, 비빔밥, 튀김 등에 사용한다. 생것은 끝이 펴지지 않고 돌돌 말린 어린순으로 줄기는 짧고 굵으면서 부드러워야 좋다.

12. 취

1) 특징

참취

취aster scaber, *Aster scaber*는 국화과의 여러해살이풀로 일본과 중국에 분포한다. 한자명은 동풍채근, 산백채, 백지초이다. 우리나라에서는 전국의 산야에 자생하며 어린잎을 식용한다. 채취 시기는 울릉도가 5월 말~6월 초순, 강원도 7~8월경, 전라도 9월경, 하우스 재배는 11~12월경이다.

나물에 쓸 때는 잎을, 약용으로는 뿌리를 이용한다. 옛날에는 구황식량으로 먹었다. 종류로는 참취, 곰취, 개미취, 미역취, 수리취 등이 있다. 그중 많이 알려진 것이 참취와 곰취이다.

2) 성분 및 효능

무기질 중 칼슘Ca·칼륨K·인P·철Fe, 비타민 B_1·B_2, 니아신 등이 함유되어 있으며, 단백질은 아미노산 조성이 우수하다. 플라보노이드 함량이 높으며 항산화력이 뛰어나다. 감기, 두통, 근육통, 진통, 관절염, 장염, 가래와 기침 해소에 효과가 있으며, 고혈압, 신장병, 동맥경화에도 좋다.

3) 선택 및 이용

생것은 특유의 녹색으로 부드러우면서 연한 것, 삶은 것은 짙은 갈색으로 질기지 않고 짓무르지 않은 것이 좋다. 예부터 취나물은 김과 함께 정월 대보름날 아침에 오곡밥을 싸 먹는 복쌈 재료 중 하나로 이용되었다. 잎과 줄기는 생채, 나물, 쌈, 튀김, 볶음에 쓰인다.

13. 곰취

1) 특징

곰취Fischer's ragwort, *Ligularia fischeri*는 국화과의 여러해살이풀로 한국, 일본, 중국, 사할린, 동시베리아 등에 분포한다. 7~9월에 황색의 꽃이 피며, 독특한 향미가 있다. 곰취와 유사한 종류로 곤달비, 긴잎곰취, 어린 곰취, 화살곰취, 갯곰취 등이 있다.

곰취

2) 성분 및 효능

비타민 A의 전구체인 베타카로틴과 비타민 C의 함량이 많다. 『전원사시가』에 나오는 곰취에 대한 기록으로 미루어 일찍부터 산나물로 애용되어 왔음을 알 수 있다. 『시의전서』와 『고사십이집』에도 곰취쌈에 대한 내용이 나온다. 한방에서는 가을에 뿌리줄기를 캐서 말린 것을 호로칠이라 하여 기침, 백일해, 천식, 요통, 관절통, 타박상에 사용한다. 최근에는 항암 효과가 있는 것으로 밝혀졌다.

3) 선택 및 이용

어린잎을 쌈, 무침, 나물로 이용한다.

14. 산마늘

산나물

1) 특징

산마늘Siberian onion, *Allium microdictyon*은 백합과의 여러해살이풀로 한자명은 산총이며, 맹이(명이)나물 또는 신선초라는 별명으로도 불린다. 파와 비슷한 인경이 있으며 식물체 전체에서 마늘 냄새가 난다. 우리나라에서는 지리산, 오대산, 설악산의 높은 지대와 울릉도에 자생하며 일본, 중국, 시베리아 등에도 분포한다. 이른 봄에 새순이 돋아나며 꽃이 피기 전에 식용하는데 인경, 잎, 줄기를 이용한다.

2) 성분 및 효능

칼륨K, 칼슘Ca, 아연Zn 등의 무기질, 비타민 B군·C, 엽산이 풍부하다. 독특한 향이 있어 입맛을 자극하고 자양강장 효과가 높다. 중국에서는 각총이라 하여 자양강장제 중 제일로 치고 있다. 최근에는 몇몇 식중독균에 대한 항균 효과, 인체 내 비타민 B의 흡수 촉진, 항노화·항혈전 작용이 있다고 보고되었다.

명이장아찌

3) 선택 및 이용

생으로 먹거나 무침, 초절임, 튀김, 볶음 등으로 다양하게 쓰인다. 염장이나 장아찌, 묵나물 등 저장식품으로 이용하기도 한다. 겉껍질이 단단하고 무게감이 있으며 하얗게 부풀어 있는 것이 좋다. 잎과 줄기는 쌈, 김치, 장아찌로 이용된다.

15. 원추리

원추리

1) 특징

원추리day lily, *Hemerocallis fulva*는 백합과의 여러해살이풀로 넘나물이라 하며 중국, 동인도, 일본, 유럽 등과 우리나라 전 지역의 산이나 들의 습한 초원에서 자생한다.

2) 성분 및 효능

무기질 인P, 칼륨K과 비타민 A·C의 함량이 상당히 높다. 원추리는 뿌리에 전분이 많으며 빈혈, 황달, 변비, 폐결핵에 좋은 자양강장제로서 그 효능이 뛰어나다.

3) 선택 및 이용

원추리는 정월 대보름날에 국으로 끓여 먹는 귀한 음식이다. 어린순은 약간 두껍고 흰빛을 띤 녹색으로 맛이 달고 연하며 매끄럽고 감칠맛이 나서 고깃국에 넣어 먹으며, 나물과 볶음요리에 사용된다. 뿌리는 쌀이나 보리와 섞어 떡을 만들어 먹는다. 잎과 어린순은 연하고 가는 것이 좋다.

16. 신선초

1) 특징

신선초angelica, *Angelica keiskei*는 미나리과(산형과)의 여러해살이풀로 원산지는 아열대 지방이다. 신립초라고도 하며 아침에 잎을 자르면 다음 날 새잎이 나올 정도로 생명력이 왕성하여 명일엽이라 부른다. 한자명은 함초이다.

신선초

2) 성분 및 효능

비타민 B군이 풍부하며, 특히 비타민 B_{12}와 철Fe이 많아 빈혈에 좋고, 칼슘Ca이 많아 고혈압, 신장병 등에 좋다. 게르마늄을 다량 함유하고 있다. 특수 성분으로는 플라보노이드의 루테올린과 이소엘치트린이 들어 있는데, 자를 때 나오는 노란 즙이 플라보노이드이며 이뇨작용을 한다. 루테올린은 강심·이뇨 효과가 있다. 건조 중량으로 1% 이상의 사포닌이 들어 있다. 고혈압, 저혈압, 동맥경화, 어깨통, 빈혈 등에 효능이 있으며 강장작용도 한다.

3) 선택 및 이용

미나리 잎과 유사한 향기와 맛이 있고 약간 쓴맛이 난다. 어린잎은 쌈과 나물로 먹으며, 조려서 반찬으로 한다. 식물체 전체를 즙을 내어 먹거나 뿌리는 주스 제조에, 지상부는 녹즙용으로 쓴다. 데쳐서 이용하는 경우가 많으며, 주로 나물이나 샐러드, 국, 즙, 버터볶음, 소금절임 등에 쓰인다. 튀김이나 볶음으로도 이용한다.

17. 민들레

민들레

1) 특징

민들레dandelion, *Taraxacum platycarpum*는 국화과의 여러해살이풀로 한국, 중국, 일본에 분포한다. 야산이나 들의 양지바른 곳에서 자라며 생명력이 매우 강하다. 한자명은 금잠초, 지정, 포공초이며 재래종과 개량 서양종이 있다.

2) 성분 및 효능

비타민 B_1·B_2·니아신, 엽산, 비타민 C·E, 베타카로틴이 풍부하다. 마그네슘Mg, 칼륨K, 철Fe, 아연Zn 등의 무기질과 유기산, 과당, 자당, 이노시톨, 이눌린, 콜린이 함유되어 있다. 쓴맛 물질인 락투스피크린, 카페산, 베타-시토스테롤, 루테인 등이 들어 있다.

혈액 순환 개선, 담즙 생성 증가, 항산화·항염·이뇨 효과가 있으며 위염, 인후염, 빈혈, 통풍, 류머티즘, 간질환, 변비, 암에 좋다. 민간에서는 모유 분비를 촉진하는 약재로도 사용한다.

3) 선택 및 이용

봄에 어린잎을 식용하며 주로 된장국, 나물, 김치, 술로 이용한다. 개량 서양종은 쓴맛이 적어 샐러드로 먹는다.

18. 순채

1) 특징

순채water shield, *Brasenia schreberi*는 수련과의 여러해살이 수초로 원산지는 중국이며 동아시아, 인도, 오스트레일리아, 서아프리카, 북아메리카 등에 분포한다. 부규 또는 순나물이라고도 하며 연못에서 자란다. 잎이 자랄 때는 어린줄기와 더불어 우무 같은 점질로 둘러싸여 있다. 열매는 달걀 모양이다.

순채

2) 성분 및 효능

칼슘Ca과 비타민 A · B_1 · B_2 · C가 풍부하다. 어린잎을 지혈, 건위, 이뇨에 사용하였다.

3) 선택 및 이용

우무 같은 점질로 둘러싸인 어린순을 식용한다. 순챗국, 순채차(순채잎을 오미자 국물에 넣고 꿀을 탄 것) 등으로 이용한다.

버섯류

Chapter 5

버섯은 고대 시대부터 산야에서 자생하는 것을 채취해 식용하였다. 초기에는 영양이나 효능보다는 채취 가능한 기호식품으로 여겨졌으나, 최근에는 버섯의 항암, 항바이러스, 콜레스테롤 및 고혈압 저하, 면역력 증진, 혈중 지질 농도 감소, 자율신경 안정, 적혈구 생성 촉진 등의 생리활성 기능이 밝혀지면서 건강식품으로서 관심이 높아지고 있다. 이에 따라 병 재배, 비닐봉지 재배, 원목 재배 등 다양한 방식의 인공 재배가 활발히 이루어지고 있다.

버섯은 갓과 자루로 구성되어 있으며, 갓의 안쪽에는 주름이 있고 포자가 포함되어 있다. 이 포자가 옮겨져 발아되면 균사를 형성하고, 균사가 퍼져 균사체를 이루면 자실체가 형성되는데, 이 자실체를 식용으로 이용한다.

버섯은 식이섬유가 풍부하고 비타민 D의 좋은 공급원이며, 에너지가 낮아 건강

표 5–1 버섯류의 영양 성분

(가식부 100 g 기준)

종류	에너지 (kcal)	수분 (g)	단백질 (g)	지질 (g)	회분 (g)	탄수화물 (g)	당류 (g)	총 식이섬유 (g)	무기질					비타민					
									칼슘 (mg)	철 (mg)	마그네슘 (mg)	칼륨 (mg)	나트륨 (mg)	A (μg)	B_1 (mg)	B_2 (mg)	니아신 (mg)	C (mg)	D (μg)
노루궁뎅이버섯, 생것	13	93.3	2.57	0.41	0.79	2.89	0.54	2.5	1	0.76	8	362	2	0	0.242	0.257	0.486	0	1.14
느타리버섯, 생것	15	91.9	2.60	0.14	0.67	4.70	0.74	2.9	0	0.78	14	256	2	0	0.134	0.150	5.127	0.21	0
능이버섯(향버섯), 생것	17	91.0	2.2	0.1	0.8	5.9	–	7.0	2	2.1	–	334	12	2	0.36	0.24	0.7	–	–
동충하초, 누에동충하초, 생것	27	86.3	5.56	0.38	0.74	7.07	0.33	–	2	0.12	20	230	23	0	0.233	0.288	1.261	0	0
만가닥버섯, 생것	19	89.9	2.50	0.34	0.94	6.34	0.37	3.4	1	0.51	10	348	2	0	0.165	0.138	4.131	0.36	0
목이버섯, 말린것	169	12.9	11.88	1.26	4.35	69.66	1.57	43.5	694	5.10	216	1,085	108	0	0.147	0.897	2.047	0	4.04
상황버섯, 말린것	179	9.4	4.40	0.27	1.35	84.58	0	74.4	173	1.74	120	304	33	3	0.052	0.176	–	1.32	0
석이버섯, 말린것	165	12.9	11.75	0.96	5.92	68.47	0.33	60.9	47	54.60	85	403	6	99	0	0.284	2.277	0	0
송이버섯, 생것	21	89.0	2.05	0.15	0.68	8.12	0.31	4.6	1	1.85	6	317	1	0	0.016	0.402	3.758	1.18	0
싸리버섯, 생것	20	90.1	2.8	0.6	0.8	5.7	–	–	41	6.2	–	–	–	0	0.09	0.43	46.3	3	–
양송이버섯, 생것	15	91.9	3.12	0.23	0.88	3.89	0.10	2.1	2	0.62	11	382	5	0	0.057	0.349	3.404	0	0
영지버섯, 말린것	187	7.1	9.41	1.40	1.06	81.03	0	77.9	128	2.19	39	263	2	2	0	2.610	–	0	0
큰느타리버섯(새송이버섯), 생것	20	89.6	2.91	0.19	0.70	6.56	0.33	3.2	1	0.35	14	299	5	0	0.048	0.222	5.261	0	0
팽이버섯, 생것	21	89.0	2.48	0.52	0.92	7.08	0.37	3.8	1	1.10	12	364	3	0	0.220	0.237	1.277	0	0
표고버섯, 참나무재배, 생것	18	90.8	2.0	0.3	0.8	6.1	–	–	6	0.6	–	180	5	0	0.08	0.23	4.0	–	–
표고버섯, 참나무재배, 말린것	178	10.6	18.1	3.1	4.5	63.7	–	–	19	3.3	–	2,140	25	0	0.48	1.57	19.0	0	–

– 빈칸으로 표시된 것은 측정하지 않은 것을 의미함

출처 : 농촌진흥청 국립식량과학원. 국가표준식품성분 DB 10.3(2025)

에 유익한 식품으로 알려져 있다표 5-1. 또한 버섯은 면역체계를 자극하여 바이러스 감염으로부터 신체를 보호하고, 암의 발생을 억제하는 데에도 효과가 있다.

버섯은 생으로 혹은 건조 형태로 유통되며, 건조 시 저장성이 향상될 뿐 아니라 특유의 향미가 강화되고 식감이 쫄깃해지는 장점이 있다. 또한 자외선에 노출되면 비타민 D_2ergocalciferol의 함량이 증가하는 효과도 있다. 버섯은 고유의 향과 풍미를 살리기 위해 간단하고 담백한 조리에 적합한 식재료이다.

1. 목이버섯

1) 특징

목이버섯wood ear mushroom, *Auricularia auricula-judae*은 담자균강 목이목에 속하는 식용버섯으로, 여름에서 가을 사이 활엽수의 고목나무에 군생하며, 지역에 따라 '흐르레기'라는 이름으로도 불린다. 목이버섯은 나무에 달린 귀와 유사한 형태 때문에 '목이木耳'라는 이름이 붙었으며, 흰색, 회색, 갈색 등 다양한 색상을 띤다. 갓의 지름은 약 3~12 cm 정도로, 겉면은 젤라틴질로 되어 있어 부드럽고 탄력있는 오돌오돌한 질감이 특징이다. 목이버섯은 불규칙한 모양으로 여러 개가 붙어 자라며, 비를 맞으면 흐물흐물해졌다가 마르면 수축하고 단단해진다. 대표적인 품종으로는 털목이버섯, 백목이버섯 등이 있다.

목이버섯

2) 성분 및 효능

목이버섯은 식용버섯 중 식이섬유 함량이 가장 높으며, 무기질 중에서는 칼슘Ca이 특히 풍부하다. 또한 자양강장 작용이 있으며, 폐를 윤택하게 하여 기침을 완화하고, 혈압을 낮추며, 항암·보혈 작용에도 효과가 있다. 아울러 면역력 증진, 노화 예방 등 다양한 생리활성 기능을 갖추고 있다.

3) 선택 및 이용

목이버섯은 대부분 건조된 형태로 유통되지만, 생버섯으로도 시판되고 있다. 건조 제품은 색이 짙고 두꺼우며 갈라지지 않은 것이 좋으며, 찬물에 불려 사용하는 것이 좋다. 사용 전에 잎과 기둥을 제거하며, 주로 잡채, 무침, 볶음, 마라탕 등 다양한 중식 요리에 활용된다.

더 알아보기

백목이버섯銀耳

백목이버섯은 흰색을 띠는 목이버섯으로, 중국에서는 불로장수의 식품으로 여겨 왔으며, 부드럽고 쫄깃한 식감을 살려 죽, 전골, 냉채 등 고급 약선 요리나 디저트에 활용한다. 백목이버섯은 위를 보호하고 진액 생성을 돕는 식재료로 알려져 있으며, 식이섬유와 비타민 D_2가 풍부하여 장 건강 개선과 골다공증 예방에 효과적이며, 다당체 성분은 면역력 증진과 항산화 작용을 통해 노화 예방에도 도움을 준다. 또한 칼슘, 칼륨, 철 등 무기질이 풍부해 혈압 조절과 빈혈 예방에도 유익하다.

2. 송이버섯

1) 특징

송이버섯

송이버섯pine mushroom, *Tricholoma matsutake*은 소나무 숲에서 자연적으로 자라며, 우리나라·중국·일본 등 동아시아 지역에서만 야생하는 고급 식용버섯이다. 국내에서는 경북 울진, 봉화, 강원도 양양 지역이 대표적인 산지이며, 주로 9월부터 10월 중순 사이에 소량 수확된다. 인공재배가 어려워 희소성이 높고, 특유의 향기와 식감으로 인해 매우 고가이다. 송이버섯은 생장 과정에서 갓이 열리며, 버섯의 품질과 상품가치를 결정짓는 핵심 성분 중 하나인 메틸시나메이트methyl cinnamate와 옥테날octenal이 발생하여 깊고 진한 향을 낸다. 송이버섯은 보관 시 솔잎과 함께 두면 향의 손실을 줄일 수 있다.

2) 성분 및 효능

송이버섯에는 비타민 $B_1 \cdot B_2 \cdot D_2$ 등이 풍부하여 비타민의 급원식품으로 좋다. 한방에서는 편도선염이나 유선염이 심할 때 송이버섯을 말려 곱게 가루 낸 후 염증 부위에 뿌려 증상을 완화시켰으며, 혈압을 내리고 종양을 억제하는 데 이용했다.

더 알아보기

포르토벨로버섯

크레미니버섯이 크게 자란 버전은 포르토벨로버섯portobello mushroom으로, 유럽과 서양에서 인기가 많다. 포르토벨로버섯은 지름이 15 cm에 달하는 대형 갈색 양송이버섯으로 '큰 양송이'라는 이름으로 불리며, 향과 식감이 일반 송이버섯보다 우수하다. 갓 안쪽의 주름이 외부로 많이 노출되어 있어 버섯의 수분이 지속적으로 증발하여 맛이 농축되어 풍부한 맛을 낼 수 있으며, 고기와 비슷한 질감을 가진다. 국내에서는 주로 원주에서 재배하며, 표고버섯처럼 특이한 향이 진해 그릴에 굽거나 소스의 재료로 사용된다.

3) 선택 및 이용

송이버섯은 갓이 피지 않아 갓 둘레가 자루보다 약간 굵고 갓이 두꺼우며, 자루가 짧고 향이 진한 것이 좋다. 송이버섯은 한지 등에 싸서 냉장 보관하면 좋고, 손질할 때에는 얇은 갈색 막을 칼로 살살 긁어낸 후 젖은 수건이나 솔잎으로 조심스럽게 닦아 조리하고, 물에 씻을 때에는 오래 씻지 않도록 한다.

송이버섯은 향기가 좋기 때문에 양념을 거의 사용하지 않고 살짝만 익히는 것이 좋다. 주로 구이, 산적, 솥밥, 죽 등 담백한 요리에 적합하다.

송이버섯의 선택법

- 버섯 갓과 대 사이의 피막이 떨어지지 않은 것
- 육질이 단단하고 탄력이 있으며, 갓에 상처나 벌레의 충해가 없는 것
- 대의 길이가 5~9 cm 이내로 두툼하며, 밑동이 단단하고 표피가 잘 붙어 있는 것

3. 양송이버섯

양송이버섯

1) 특징

양송이버섯white button mushroom, *Agaricus bisporus* Lge. Sing은 1965년부터 국내에서 재배하였으며, 서양 요리에서 가장 많이 사용되는 버섯이다. 양송이버섯은 둥글고 단추처럼 생겼으며, 갓이 연하고 줄기가 매우 짧다. 양송이버섯의 색상은 백색 또는 크림색을 띤다. 양송이버섯의 어두운 갈색 변종은 크레미니버섯cremini mushroom이라 하며, 양송이버섯보다 맛과 향이 더 풍부하다.

2) 성분 및 효능

양송이버섯에는 단백질이 많고, 비타민 B_1·B_2·니아신·D_2 등이 함유되어 있다. 또한 티로시네이스tyrosinase, 아밀레이스amylase, 말테이스maltase, 프로테이스protease 등의 소화효소가 풍부하여 다른 음식물의 소화와 흡수를 돕는다. 특히 티로시네이스는 혈압을 낮추는 작용을 할 뿐만 아니라 빈혈 치료에도 효과가 있으며, 칼로리가 낮아 다이어트에 적합하다.

3) 선택 및 이용

양송이버섯은 보관 중 갓이 피거나 갈변을 일으키기 쉬우므로 주의한다. 양송이버섯은 생장 단계에 따라 핀헤드pinhead, 버튼button, 컵cup, 플랫flat으로 분류하며표 5-2, 갓이 피지 않은 버튼일 때 수확한다. 양송이버섯은 부위에 따라 전체whole, 슬라이스slice, 이등분piece, 줄기stem로 구분하여 통조림 제조용으로 쓰인다. 양송이버섯은 갓의 아래쪽에서 위쪽으로 껍질을 잡아당겨 얇게 벗겨서 사용하며, 육류와 잘 어울려 육류구이와 볶음에 사용하고, 수프와 샐러드 등에도 이용한다.

표 5-2 양송이버섯의 생장단계에 따른 분류

등급	특성
핀헤드pinhead	버섯 발생 초기의 형태로 갓과 대가 구분되지 않음
버튼button	갓이 피기 전 단계로 갓과 대의 구분이 뚜렷해지고 포자가 형성되지 않아 주름살이 담홍색을 띰
컵cup	갓과 대의 부분이 분리되거나 갓이 반쯤 피어 있는 상태로 갓의 가장자리가 아래를 향함
플랫flat	버섯의 갓이 활짝 피어 갓과 대가 T자 모양 또는 갓이 위로 구부러진 모양이며, 주름살은 갈색 내지 암갈색을 띰

양송이버섯의 선택법

- 갓이 변색되거나 이물질이 없는 것을 선택함
- 갓과 대 사이의 피막이 떨어지지 않은 것을 선택함
- 육질이 단단하고 탄력이 있으며, 품종 고유색이 선명한 것을 선택함
- 갓 안쪽의 주름이 짙은 갈색으로 변하지 않고, 갓이 얇지 않은 것을 선택함

4. 새송이버섯

1) 특징

새송이버섯king oyster mushroom, *Pleurotus eryngii*은 송이버섯을 대용하여 재배된 버섯이다. 처음에는 송이과로 분류되었지만, 1986년 느타리버섯과로 재분류되어 '큰느타리버섯', '진미버섯'으로 불리다가 이름 공모에 의해 새송이버섯으로 최종 확정되었다. 송이처럼 향이 진하지는 않으나 송이버섯과 질감이 유사하며, 수분함량이 적어 저장기간이 길다. 새송이버섯은 대와 갓의 구분이 확실하고, 송이버섯에 비해 대가 15 cm로 길며, 갓의 크기는 상대적으로 작다. 자실체의 균사조직이 치밀하여 육질이 단단하고 쫄깃하며, 맛도 뛰어나다.

새송이버섯

2) 성분 및 효능

새송이버섯은 비타민 C 함량이 다른 버섯보다 10배 이상 많다. 또한 비타민 B_6·

B_{12}, 칼슘Ca, 철Fe 등의 무기질이 풍부하다. 새송이버섯은 장을 다스리며 미용에도 효과가 탁월한 것으로 알려져 있어 '느타리의 왕'으로 불린다. 새송이버섯은 요통 치료, 항종양, 적혈구 용혈 억제, 항바이러스, 저혈압 개선, 알레르기 억제 등에 효과가 있다.

3) 선택 및 이용

새송이버섯은 갓 모양이 두툼하고 형태가 고르며, 크기가 작을수록 조직이 치밀하고 단단하여 조리 후에도 식감이 쫄깃하다. 새송이버섯은 구입 즉시 냉장보관하며, 장기간 보관 시에는 2등분하여 용도별로 자르고 하루 정도 건조시켜 표면의 습기를 제거한 후 비닐팩에 담아 냉동보관하면 좋다. 새송이버섯은 3~4 cm 길이의 작은 튀김용으로도 재배되고 있으며, 주로 구이, 볶음, 튀김 등에 이용된다.

새송이버섯의 선택법

- 대의 색택이 맑고 탄력이 있는 것
- 버섯에 갈색 점이나 미끈거림이 없는 것
- 갓과 대에 흰색 가루 형태의 포자가 묻어 있지 않은 것
- 갓 모양이 고르고 두툼하며, 갓 주름이 촘촘하여 형태가 일정한 것

5. 팽이버섯

1) 특징

팽이버섯

팽이버섯winter mushroom, *Flammulina velutipes* Sing.은 송이과의 버섯으로 '팽나무버섯'이라고도 한다. 팽이버섯은 늦가을에서 겨울까지 감나무, 팽나무, 느티나무, 뽕나무 등의 활엽수에서 야생하는 자연산이 있지만, 대량생산을 위해 주로 톱밥과 비료를 이용하여 인공재배를 하고 있다. 팽이버섯의 갓은 초기에는 반구형이지만, 성장하면서 편평하게 퍼진다. 팽이버섯은 흰색 또는 크림색을 띠며, 줄기가 길고 콩나물처럼 긴 모양이다. 팽이버섯은 살이 두꺼운 것일수록 품질이 좋으며, 갓과 줄기가 누

런 황금팽이버섯, 노란팽이버섯 등이 팽이버섯과 유사한 품종이다. 팽이버섯에 습기가 있으면 표면에 끈끈한 점성이 생긴다.

2) 성분 및 효능

팽이버섯에는 강력한 항암물질이 있다는 의학계 연구 결과가 나옴에 따라, 암환자 또는 암 발병 가능자에게 좋은 음식으로 알려지게 되었다. 또한 두뇌 개발에 좋은 성분을 함유하고 있어 치매 환자에게도 유익한 것으로 알려져 있다. 팽이버섯은 식이섬유가 풍부하며, 소화율이 높고 위궤양 예방, 고혈압 방지, 피부 미용 등에 효과가 있다. 팽이버섯에는 피로 회복 및 스트레스 해소에 좋은 비타민 B군이 다량 함유되어 있으며, 단백질, 당질, 칼슘Ca, 인P, 철Fe, 칼륨K 등도 함유되어 있다.

3) 선택 및 이용

팽이버섯은 갓의 크기가 작고 가지런한 것이 좋으며, 줄기가 가늘어지거나 미끈거리고 밑동이 갈색으로 변한 것은 신선도가 떨어진 것이다. 팽이버섯은 줄기 밑동의 톱밥 부분을 먼저 잘라내고, 결대로 떼어 흐르는 물에 씻어 사용한다. 팽이버섯은 씹을 때 쫄깃한 질감이 있으며, 가늘고 길어 주로 국이나 찌개, 전골 등에 넣어 먹거나 구이, 볶음, 전 등에 이용된다. 진공 포장보다는 무진공 포장이나 반 진공 포장된 것이 조리 시 모양이 좋고 쫄깃하다.

팽이버섯의 선택법

- 다발성이므로 버섯 밑동이 붙어있고 치밀한 것
- 대의 형태가 짓눌리지 않고 버섯 밑동에 흰곰팡이가 없는 것
- 갓이 우산형으로 형태가 고르며 수분이 적고 미끈거림이 없는 것

6. 석이버섯

1) 특징

석이버섯

석이버섯rock ear mushroom, *Umbilicaria esculenta*은 석이과에 속하며, 험준한 암벽의 바위에 붙어 자생하는 버섯으로 연중 채취가 가능하다. 석이버섯의 표면은 검은색이며, 안쪽은 회색이다. 석이버섯은 습할 때 부드럽지만, 마르면 부서지기 쉬우며, 담백하고 씹히는 맛이 특징이다.

2) 성분 및 효능

석이버섯은 식이섬유와 무기질이 풍부하며, 지로포릭산gyrophoric acid 성분을 함유하고 있어 한방에서는 각혈, 하혈 등의 지혈제로 이용된다.

3) 선택 및 이용

석이버섯은 검은색이 진하고 크고 두꺼운 것이 좋다. 석이버섯은 미지근한 물에 불려 손으로 비벼 이끼나 불순물을 씻어내고, 안쪽이 하얗게 되도록 깨끗이 씻은 후 꼭지를 떼고 곱게 채 썰어 말리거나 가루 내어 음식의 고명, 떡의 재료로 사용한다.

7. 표고버섯

1) 특징

표고버섯

표고버섯oak mushroom, *Lentinus edodes* (Berk.) Sing.은 주름버섯목 느타리과에 속하며, '향담' 또는 '마고'라고도 하며, 국내에서 생산량이 가장 많은 대표적인 버섯이다. 표고버섯은 3~11월에 걸쳐 밤나무·떡갈나무·참나무 등의 죽은 나무에서 자라며, 10℃에서 1~2주면 성장한다. 표고버섯은 갓이 완전히 피지 않고, 갓 표면이 거북이 등처럼 갈라진 화문 사이로 흰색의 속살이 보인다. 표고버섯은 화문이 많을수록 고급에 속한다. 수분이 적은 환경에서 오랜 기간 자란 표고버섯은 건조하여 등이 갈라지고 갓이 두꺼워지며, 조직이 단단하여 질감이 쫄깃하다. 표고버섯은 향이 좋고, 건조시켜도 크기가 많이 줄어들지 않는다.

2) 성분 및 효능

표고버섯은 다른 버섯과 같이 저칼로리·고단백 식품이며, 생표고버섯은 수분함량이 80~90%로 쉽게 변하므로 수분함량을 10% 이하로 건조시키면 저장성이 좋아지고, 효소작용에 의해 렌티오닌lenthionine이라는 성분이 많이 생겨 향과 질감이 더 좋아진다. 표고버섯을 넣은 음식이 더욱 풍미가 좋은 것은 정미 성분인 구아닐산guanylic acid에 의한 것이며, 이 밖에 글루탐산glutamic acid, 티로신tyrosine, 아스파라진asparagine, 알라닌alanine 등의 아미노산에 의한 맛의 상승작용에도 영향을 미친다.

표고버섯에는 비타민 A·C는 전혀 함유되어 있지 않으나 비타민 B_1·B_2·니아신 등이 풍부하며, 비타민 D_2의 전구체인 프로비타민 D가 다량 함유되어 있다. 표고버섯에는 칼슘Ca, 인P, 철Fe, 아연Zn 등의 함유량도 많아 무기질 급원으로 매우 뛰어나다.

표고버섯은 목이버섯 다음으로 식이섬유가 많아 허혈성 심질환, 대장암, 고지혈증, 당뇨병, 담석증 등의 성인병을 예방할 수 있다. 또한 혈압 강하, 빈혈 치료, 바이러스 감염 억제, 암 저항력 및 면역력 향상 등의 효과가 있다.

3) 선택 및 이용

표고버섯은 채취할 때 70% 정도의 수분을 함유하고 있으나, 건표고에는 약 6~10%의 수분이 있다. 건표고버섯을 이용할 때는 미지근한 물에 1시간 정도 담가두어야 하는데, 너무 오래 담가두면 고유의 향과 맛이 없어지므로 주의해야 한다. 표고버섯을 빠른 시간 내에 불려야 할 때는 뜨거운 물에 설탕을 약간 넣고 불리는 방법도 있으나 너무 뜨거운 물에 담그면 표고버섯 특유의 향이 없어지므로 주의한다. 표고버섯은 전골, 볶음, 튀김, 조림, 육수 등에 이용한다. 한국요리에서는 건표고버섯을, 일본요리에서는 생표고버섯을 많이 이용한다.

백화고

흑화고

표 5-3 표고버섯의 품질

등급	품종	특성
특상품	백화고	갓이 피지 않은 상태로 고유의 모양을 갖추고, 연갈색 바탕에 거북이 등처럼 갈라진 틈 사이로 하얀 속살 무늬가 많음. 살이 두껍고 향과 맛이 가장 뛰어남
특품	흑화고	갓이 피지 않았고, 표면이 백화고처럼 갈라져 속살 무늬가 많으나, 바탕색이 흑갈색임
1등품	동고	가을에 주로 수확되며, 여름에 자란 것은 습기를 흡수해 짙은 흑갈색을 띰. 갓이 피지 않고 두꺼운 것이 좋으며, 중국산 동고가 시중에 많이 유통됨
2등품	향고	기온이 높고 습한 환경에서 발생해 갓이 얇고 갈색을 띰. 갓이 약간 핀 상태로 고유의 형태를 갖추지 못해 동고보다 크기가 다소 큼
3등품	향신	향고가 크게 자라 갓이 벌어진 형태로, 여름철 습한 환경에서 주로 생산됨. 갓이 90% 이상 핀 상태로 모양이 넓고 크며, 두께는 얇고 색은 바랜 갈색을 띰
4등품	등외	갓이 활짝 피어 옆으로 퍼진 형태로 일정한 모양이 없으며, 두께가 가장 얇은 편임

표고버섯의 선택법

- 갓에 탄력이 있으며, 표면에 습기가 적은 것
- 두께가 두툼하고 탄력이 좋으며, 표면에 이물질이 없는 것
- 크기가 균일하고, 갓의 끝이 피지 않고 약간 오므라든 것
- 갓의 안쪽이 갈색으로 변하지 않고, 표면이 쭈글쭈글하지 않은 것

8. 느타리버섯

1) 특징

느타리버섯

느타리버섯oyster mushroom, *Pleurotus ostreatus* (Jacq.) Quél.은 주름버섯목 느타리버섯과 맛과 향이 동양인의 기호에 잘 맞아 우리나라와 중국, 일본이 전 세계 생산량의 80%를 차지하고 있다. 느타리버섯은 가을에 참나무, 오리나무, 미루나무 등의 야생 활엽수에서 자라지만, 1917년 독일에서 인공재배가 시작된 이후 국내에서는 1970년에 원목재배 방법으로 처음 생산되었고, 1992년부터 자동화 병 재배 시설이 보급되면서 생산량이 크게 증가했다. 현재는 국내에서 가장 많이 재배되고 소비되는 버섯이다.

느타리버섯은 2~5월, 9~12월 두 차례에 걸쳐 재배되며, 갓의 지름이 7~9 cm인 것이 가장 좋다. 갓의 모양은 초기에는 반구형이나 성장함에 따라 조개형, 부채형 또는 깔때기형으로 변하며, 겉면은 밋밋하고 흑갈색에서 회청색, 백색으로 변한다. 느타리버섯 중 갓이 더 작고 대가 얇은 참맛타리버섯, 애느타리버섯도 유사한 품종이다.

2) 성분 및 효능

느타리버섯은 육질이 연하고 맛이 좋으며 당질과 단백질이 풍부하다. 특히 철Fe의 함량이 많으며, 비타민 C도 풍부하다. 또한 에르고스테롤이 많이 포함되어 있어 고혈압, 동맥경화 예방 및 치료, 요통 예방, 손발 마비 억제, 항종양 및 적혈구 용혈 작용, 알레르기 반응 억제 등에 효과가 있다. 느타리버섯은 베타글루칸β-glucan 함량이 많아 면역력 강화에도 도움이 된다.

3) 선택 및 이용

신선한 느타리버섯은 살짝 씻어 그대로 국, 튀김, 찌개, 전골 등에 사용하고 볶거나 데쳐서 나물로 이용할 수 있다.

느타리버섯의 선택법

- 대의 색택이 맑고 탄력이 있는 것
- 갓 주변에 흰색 가루의 포자가 묻지 않은 것
- 조직이 단단하고, 버섯에 갈색 점이나 미끈거림이 없는 것
- 갓 두께가 두툼하며 표면에 윤기가 나고 색택이 짙은 것

9. 송로버섯

1) 특징

송로버섯truffle, *Tuber melanosporum*은 푸아그라foie gras(거위간), 캐비어caviar(철갑상

송로버섯

어알)와 함께 세계 3대 진미로 꼽히는 고급 식재료로, 주로 유럽, 특히 프랑스, 이탈리아, 스페인 등에서 자생한다. 송로버섯은 떡갈나무와 같은 나무 주변의 깊은 땅속에서 자라며 그 크기는 대개 8~20 cm이다. 송로버섯은 돼지나 개의 예민한 후각을 이용하여 찾아내며, 채취된 송로버섯은 '지하의 다이아몬드'라고 불릴 정도로 그 가치가 매우 높다. 이 버섯은 요리에 풍미를 더하는 중요한 역할을 하며, 특히 프랑스 페르고르산 흑송로와 이탈리아 피에몬테산 백송로가 최상품으로 평가된다.

송로버섯은 고유의 강하고 독특한 향을 가지며, 종종 견과류, 가죽, 차콜과 같은 향이 나는 것으로 알려져 있다. 송로버섯의 외관은 불규칙적이고 둥근 형태를 가지며, 표면은 검은색 또는 갈색으로, 거칠고 울퉁불퉁한 돌기들이 있다.

2) 성분 및 효능

송로버섯은 식이섬유와 비타민 B_2·니아신이 풍부하며, 손발이 저리고 소화기 장애가 있는 사람에게 좋으며, 항산화 작용으로 면역력을 강화해 준다.

3) 선택 및 이용

송로버섯은 갓이 깨끗하고 줄기가 단단한 것이 좋으며, 마른 행주로 표면을 닦아 이물질만 제거한 후 사용한다. 송로버섯은 흙냄새와 함께 마늘, 꿀, 계피, 마른 풀 등 여러 향이 혼합된 독특한 향을 지니며, 그 맛은 오묘하고 일품이나 향이 강해 다른 재료와 섞이면 다른 재료의 맛을 약화시킬 수 있으므로 소량만 요리에 사용하는 것이 좋다. 흑송로는 껍질을 벗겨 오믈렛, 리소토 소스 등 다양한 요리에 활용하며, 부드러운 향미가 특징인 백송로는 껍질을 벗기지 않고 신선한 상태로 갈아서 파스타나 치즈 요리에 뿌린다.

10. 초고버섯

1) 특징

초고버섯straw mushroom, *Volvariella volvacea* Sing은 볏짚 위에서 자라는 특징을 가지며, 주로 열대 및 아열대 지역에서 재배된다. 초고버섯은 둥근 주머니에 싸여 있는 듯한 독특한 형태를 하고 있어 일명 '총각버섯', '풀버섯', '짚버섯', '볏짚버섯'이라고도 한다. 초고버섯은 갓과 주머니의 색이 흑갈색을 띠며, 보관 중 쉽게 물러지므로 단단한 것을 고르는 것이 좋다.

초고버섯

2) 성분 및 효능

초고버섯은 단백질과 식이섬유, 비타민 B_1·B_2·니아신이 풍부하다. 초고버섯은 버섯 중에서 유일하게 비타민 C가 20 mg이나 들어 있으며, 무기질 중에서는 철Fe 함량이 특히 풍부하다. 또한 초고버섯은 종양 억제율이 높아 항암 효과가 있다.

3) 선택 및 이용

초고버섯은 중국, 태국, 베트남 요리에 많이 사용되며, 국내에서는 염장 상태나 통조림 형태로 시판되다가 최근에는 국내 생산도 이루어지고 있다. 초고버섯은 갓이 완전히 피기 전인 알 형태(버섯알)로 수확할 때 가장 부드럽고 맛이 좋으며, 은은한 향과 연한 식감으로 각종 볶음 요리, 수프, 탕 등에 활용된다. 초고버섯은 세로로 잘라 청경채와 함께 볶음이나 전골에 사용하면 부드럽고 감칠맛이 좋다.

11. 능이버섯

1) 특징

능이버섯

능이버섯sarcoden mushroom, *Sarcodon aspratus* (Berk.) S. Ito은 가을에 소나무 숲에서 자라는 외생균근성 버섯으로, 여름에서 가을 사이인 7~10월에 채취되며, 특히 비온 뒤 숲에서 자주 발견된다. 능이버섯은 향이 진해 '향이', '향버섯'이라고도 하며, 버섯 모양은 나팔꽃처럼 펴진 깔때기 형태를 하고 있다. 능이버섯의 갓은 지름이 10~20 cm에 달해 큰 편이며, 갓 중심은 자루 끝까지 우묵하게 구멍이 뚫려 있고, 표면에는 크고 거친 비늘 조각이 거꾸로 달려 있다. 능이버섯은 담홍색에서 홍갈색을 거쳐 점차 흑갈색으로 변한다.

2) 성분 및 효능

능이버섯은 저칼로리·고영양 식품으로 단백질과 식이섬유가 풍부하며, 칼륨K, 칼슘Ca, 철Fe, 마그네슘Mg 등의 무기질이 많이 함유되어 있다. 능이버섯에는 베타글루칸β-glucan 및 헤리세논hericenone과 같은 유사 성분이 포함되어 있어 면역력 증강, 항암·항산화·항염증·항세균·균 보호 작용이 있으며, 전통적으로는 위장 보호, 기력 회복, 중풍 예방에 사용되어 왔다.

3) 선택 및 이용

생능이버섯은 보관이 어려울 뿐만 아니라 미량의 독성이 있어 반드시 건조하여 유통되며, 사용 전에는 미지근한 물에 1~2시간 정도 불려 조리해야 한다. 건조된 능이버섯은 향이 더욱 진해지고 저장성도 뛰어나 사계절 내내 활용이 가능하다.

능이버섯은 특유의 강한 향과 쫄깃한 질감으로 인해 고급 식재료로 여겨지며, 능이버섯백숙, 능이버섯전골, 죽, 찜, 구이 등 다양한 요리에 널리 사용된다. 능이버섯을 육류 요리에 함께 넣으면 잡내를 줄이고 감칠맛을 더해준다.

12. 노루궁뎅이버섯

노루궁뎅이버섯

1) 특징

노루궁뎅이버섯lion's mane mushroom, *Hericium erinaceus* (Bull. ex Fr.) Pers.은 '원숭이머리'라고도 불리며, 분류학상 민주름버섯목 턱수염버섯과 산호침버섯속에 속한다. 산호침버섯속에는 노루궁뎅이, 산호침버섯, 실노루궁뎅이 등이 포함되며, 국내에서는 노루궁뎅이가 시험적으로 재배되고 있다. 버섯의 색깔은 초기에는 엷은 분홍색이었다가 성장하면서 점차 유백색으로 변하고, 일정 시간이 지나면 엷은 황색을 띠게 된다. 수확의 최적 시기는 버섯이 유백색이 되었을 때이다. 노루궁뎅이버섯의 자실체 크기는 5~10 cm이며, 모양은 계란형이나 반구형이고, 조직은 유백색으로 스펀지처럼 유연하다.

2) 성분 및 효능

노루궁뎅이버섯에는 다량의 식이섬유, 단백질, 비타민 B군, 무기질이 풍부하게 함유되어 있어, 특히 면역력을 높이는 효과가 있다. 예로부터 노루궁뎅이버섯은 위궤양, 소화불량, 위암, 식도암 등 다양한 질환에 효과가 있어 약용으로도 사용되었다. 또한 노루궁뎅이버섯은 뇌 기능 향상에 도움을 주고 신경 재생을 촉진하는 성분이 포함되어 있어, 알츠하이머와 치매 예방에 효과가 있음이 밝혀졌다.

3) 선택 및 이용

노루궁뎅이버섯은 바닷가재 향을 지니고 있어 요리할 때 식욕을 돋우는 고급 식용버섯으로 유명하다. 노루궁뎅이버섯은 약간 쓴맛이 있으나 수용성의 쓴맛을 제거하기 위해 물에 오래 담가두거나 장시간 데치는 것은 좋지 않다.

13. 기타 버섯류

기타 버섯인 아가리쿠스, 영지버섯, 상황버섯, 동충하초 등은 희소가치가 높고 가격이 비싸다. 이들 버섯은 주로 음식으로 이용되기보다는 약용으로 사용되며, 오랜 시간 동안 달여 차로 섭취하는 경우가 많다.

아가리쿠스버섯

1) 아가리쿠스버섯

아가리쿠스버섯Agaricus blazei mushroom, *Agaricus blazei* Murill은 신령버섯, 흰들버섯이라고도 한다. 아가리쿠스버섯의 대 높이는 5~10 cm, 갓 크기는 6~12 cm이다. 아가리쿠스버섯은 양송이버섯과 비슷하게 생겼지만, 양송이버섯보다 더 두껍고 길며, 수확 직후에는 빠르게 썩기 시작하므로 건조하여 보관하는 것이 좋다. 건조된 아가리쿠스버섯은 그대로 씹어 먹거나 달여서 차로 마시며, 다른 재료와 함께 볶아 음식으로도 활용한다.

영지버섯

2) 영지버섯

영지버섯Lingzhi mushroom, *Ganoderma lucidum*은 '불로초'라고도 하며, 홍지紅芝, 영지초靈芝草, 만년버섯 등으로 불린다. 영지버섯의 갓은 편평한 반원 모양이나 부채 모양을 하고 있으며, 갓의 표면에는 반원의 형태를 따라 홈이 파여 있다. 갓의 표면은 갈색 또는 붉은 갈색을 띠며, 갓의 안쪽은 누런 황색이다. 영지버섯대는 단단하고 코르크층으로 되어 있어 음식으로 이용하기보다는 차로 달여 이용한다. 영지버섯에서 분리한 헤테로갈락탄-단백질 복합체heterogalactan-protein는 항염증 및 항알레르기 작용을 하며, 한방에서는 진해 및 소염 효능이 있어 신경쇠약과 고혈압에 사용된다.

영지버섯의 선택법

- 표면의 색이 연갈색이거나 황갈색인 것
- 버섯 뒷면이 노란색을 띠며, 수분함량이 15% 이하인 것
- 표면에 포자가 많이 묻어 있고, 표면에 주름살이 많은 것
- 버섯 크기가 균일하며, 두툼하고 육질이 단단한 것

상황버섯

3) 상황버섯

상황버섯Sanghwang Mushroom, *Phellinus linteus* (Berk. & M.A. Curtis)은 '진흙버섯'이라고도 하며, 나무에 혓바닥을 내민 모습이어서 '수설樹舌'이라고도 불린다. 특히 소화

기 계통의 암에 대해 항암효과가 뛰어난 것으로 알려져 있으며, 약용으로 사용하기 위해 끓이면 노란색을 띠고 맛과 향이 없으며 순하고 담백하다.

상황버섯의 선택법

- 버섯에 흰 곰팡이나 충해의 흔적이 없고, 수분함량이 13% 이하인 것
- 갓 윗면에 모래 등 이물질이 없으며, 버섯이 두툼하고 육질이 단단한 것
- 버섯의 색택이 짙은 갈색일수록 성장기간이 길고, 밝은 노란색은 성장 중인 버섯을 수확한 것

4) 동충하초

동충하초

동충하초Cordyceps, Cordyceps militaris, vegetable worms는 '하초동충'이라고도 하며, 곤충에 기생하여 곤봉 모양 또는 원기둥 모양의 자실체를 내어 누에와도 비슷하다. 동충하초의 숙주가 되는 벌레는 나비, 벌, 딱정벌레, 메뚜기 등이다. 겨울에는 벌레였던 것이 여름에는 버섯으로 변한다는 뜻에서 동충하초冬蟲夏草라는 이름이 붙었다. 동충하초는 만니톨D-mannitol과 스테롤이 함유되어 있으며, 중추신경 진정, 면역기능 항진, 항암, 심장 혈류량 증가, 기관지 확장 등의 효능이 있는 것으로 알려졌다. 또한 동충하초는 항피로 · 항노화 · 항염증 · 항미생물 작용을 하는 것으로 보고되었다.

동충하초의 선택법

- 버섯의 고유 색이 짙고 부서지지 않은 것
- 버섯 밑동의 균막이 밝고 얼룩이 없는 것
- 밝은 색일수록 저장 기간이 길거나 보관 상태가 불량한 것

5) 차가버섯

차가버섯

차가버섯Chaga Mushroom, *Inonotus obliquus*은 시베리아와 북아메리카, 북유럽 등 북위 45° 이상 지역의 자작나무에 기생하는 버섯으로, 바이러스가 착생하여 수액을 먹고 자라며, 대개 15~20년 동안 성장한다. 러시아에서는 1500년경부터 불치병

을 치료하는 약으로 전해져 왔으며, 1951년부터 소련에서 본격적으로 연구하기 시작하여 현재 러시아에서는 공식적인 암 치료제로 인정받고 있다. 차가버섯의 주요 성분으로는 베타글루칸beta-glucan, 트리테르페노이드triterpenoid, 폴리페놀polyphenol 등이 있으며, 이들은 강력한 항암·항바이러스·항염증 효과를 가지고 있다.

차가버섯은 수령 15년 이상에서 자라며, 가운데 두께가 10 cm 이상으로 두껍고 크기가 크지 않으며 무거운 것이 좋다. 마른 면포로 표면을 깨끗이 닦은 후 주로 차로 끓여 이용한다.

과일류

Chapter 6

과일은 독특한 향과 맛을 지닌 식품으로, 음식의 맛과 색에 조화를 이루며 풍부한 영양소를 함유하고 있다. 대표적인 알칼리성 식품인 과일은 비타민과 무기질이 풍부하고, 채소류에 비해 포도당, 과당, 자당(설탕) 등 당질 함량이 높은 것이 특징이다. 또한 유기산이 풍부하여 상쾌한 맛과 달콤한 풍미를 더해주며, 수분함량도 높아 갈증 해소와 수분 섭취에 도움이 된다.

과일은 숙성이 진행되면서 엽록소가 카로티노이드carotenoid나 플라보노이드flavonoid 색소로 변해 다양한 색깔을 띠게 되며, 이는 시각적인 식욕을 자극한다. 또한 과일에 함유된 식이섬유는 배변 활동을 촉진하고, 성인병 예방에 기여하는 생리적 기능을 한다. 과일의 펙틴pectin은 잼, 젤리, 음료 등 다양한 가공식품에 필수적인 성분으로 활용되며, 최근에는 과일에 함유된 폴리페놀polyphenol 등 생리활성 물질의 건강 효능이 주목받고 있다. 이에 따라 다양한 색의 과일을 골고루 섭취하는 것이 건강에 유익한 식생활로 권장되고 있다.

과일은 인과류, 핵과류, 장과류, 과채류, 열대과일류, 견과류 등으로 구분되며, 그 특징은 표 6-1, 그림 6-1과 같다.

표 6-1 과일의 분류와 특징

분류	종류	특징
인과류	사과, 배, 감 등	꽃받침이 성장 발육한 것으로 씨방 안에 종자가 있는 과일류
핵과류	복숭아, 자두, 살구, 대추, 매실 등	중과피가 과육을 이루고 내과피가 단단한 핵을 이루어 그 속에 종자가 있는 과일류
장과류	포도, 무화과 등	꽃받침이 주머니 모양이며, 과즙이 많은 과일류
과채류	딸기, 수박 등	일년생 채소에서 씨방이 발달하여 열매를 맺는 것으로 과일과 채소의 중간 형태의 과일류
열대과일류	바나나, 파인애플, 키위, 망고 등	아열대, 열대 지방에서 생육하는 과일로 실온에 보관해야 하는 과일류
견과류	밤, 땅콩, 잣, 호두 등	겉껍질이 단단하고 속에 종실이 있어 영양분이 종실 내에 저장되는 과일류

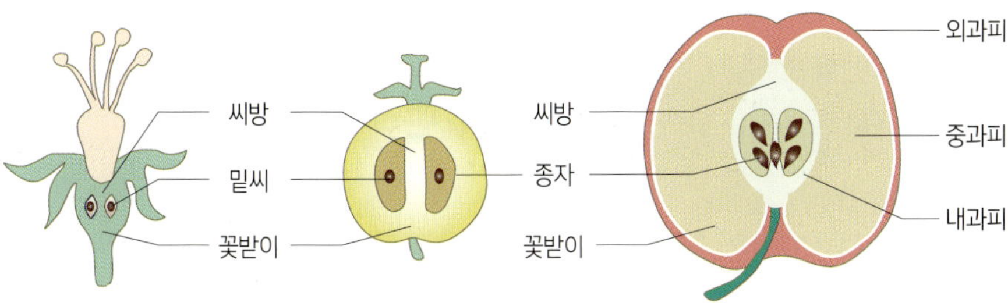

그림 6-1 과일의 내부 구조

더 알아보기

과일음료의 유형별 분류

종류	특징	당도	농도	물/얼음 포함 여부
천연과즙 natural fresh juice	• 과일을 직접 짜서 얻은 순수한 즙으로 첨가물 없음 • 투명 과즙(사과, 복숭아)과 불투명 과즙(감귤, 토마토)으로 나눔 • 산도가 높아 기호성을 위해 설탕을 첨가하기도 함	낮음	높음	없음
스쿼시 squash	• 미세한 과육조각이 포함된 과즙 • 마시기 전 흔들어 먹음	높음	낮음	있음
시럽 syrup	• 과즙 농축액 또는 과즙에 당액과 향료를 혼합한 형태 • 음료 제조 시 베이스로 사용	매우 높음	매우 높음	없음
넥타 nectar	• 퓌레puree를 당액에 희석하여 만든 과즙(보통 25~50%)	중간	중간	있음
스무디 smooth	• 신선한(얼린) 과일, 얼음 우유 또는 요거트를 갈아 만든 음료 • 밀크셰이크와 비슷하지만 아이스크림이 들어가지 않음	중간~ 높음	높음	얼음 포함
에이드 ade	• 과즙을 기본으로 물, 탄산수, 시럽 등의 첨가물을 넣어 변형한 음료	중간	낮음	있음

출처 : 농림축산식품부, 과일류의 가공현황, 2010

표 6-2 과일류의 영양 성분

(가식부 100 g 기준)

종류	에너지 (kcal)	수분 (g)	단백질 (g)	지질 (g)	회분 (g)	탄수화물 (g)	당류 (g)	총 식이섬유 (g)	무기질					비타민				
									칼슘 (mg)	철 (mg)	마그네슘 (mg)	칼륨 (mg)	나트륨 (mg)	A (μg)	B_1 (mg)	B_2 (mg)	니아신 (mg)	C (mg)
감, 단감, 생것	57	84.1	0.38	0.12	0.32	15.13	11.42	1.9	8	0.08	6	157	1	6	0.058	0.030	0.188	28.84
감, 떫은감, 연시, 생것	69	80.6	0.54	0.08	0.37	18.41	13.44	2.8	6	0.13	7	178	1	24	0.080	0.023	0.215	17.52
감, 떫은감, 곶감, 반건시	219	38.1	1.76	0.07	1.17	58.93	27.00	9.7	18	0.68	19	567	1	19	0.009	0.073	0.438	2.52
귤, 만감류, 레드향, 생것	48	86.7	0.59	0.12	0.20	12.39	10.44	1.3	11	0.06	7	134	1	2	0.217	0.026	0.752	47.89
귤, 만감류, 천혜향, 생것	41	88.3	0.82	0.08	0.29	10.56	8.37	1.1	13	0.13	10	149	1	17	0.172	0.033	0.394	59.91
귤, 만감류, 한라봉, 생것	50	85.9	0.99	0.11	0.23	12.80	10.17	1.5	11	0.11	9	154	1	3	0.127	0.029	0.611	52.94
귤, 온주밀감, 생것	39	89.1	0.53	0.10	0.19	10.04	7.99	1.6	13	0.12	9	101	2	4	0.175	0.023	0.372	30.69
금귤, 생것	73	79.4	1.19	0.13	0.51	18.77	11.77	3.2	37	0.33	21	226	5	3	0.002	0.085	0.518	28.89
다래, 생것	67	81.1	1.6	0.4	0.7	16.2	–	–	57	0.5	–	307	2	1	0.05	0.04	0.7	35
대추, 생것	105	70.2	1.45	0.10	0.69	27.56	24.34	3.0	14	0.28	14	310	1	2	0.018	0.231	0.427	85.99
대추, 말린것	276	20.9	3.73	0.25	2.55	72.57	59.09	9.5	39	0.75	35	805	2	4	0.140	0.815	1.027	18.79
두리안, 생것	140	66.4	2.3	3.3	0.9	27.1	–	2.1	5	0.3	27	510	Tr	3	0.33	0.20	1.4	31
딸기, 생것	33	90.6	0.75	0.14	0.40	8.15	6.14	1.5	12	0.23	12	179	1	1	0.080	0.041	0.266	62.95
딸기, 설향, 생것	34	90.4	0.74	0.14	0.36	8.33	6.61	1.5	14	0.25	13	164	1	1	0.081	0.044	0.269	65.74
라임, 생것	30	88.26	0.70	0.20	0.30	10.54	1.69	2.8	33	0.60	6	102	2	3	0.030	0.020	0.200	29.1
레몬, 생것	36	89.6	0.71	0.08	0.31	9.27	2.25	1.1	32	0.10	8	122	2	0	0.058	0.064	0.544	52.07
리치, 생것	61	82.1	1.0	0.1	0.4	16.4	(14.9)	0.9	2	0.2	13	170	Tr	(0)	0.02	0.06	1.0	36
망고, 생것	59	83.5	0.73	0.12	0.32	15.36	13.65	1.5	7	0.24	10	142	0	47	0.024	0.039	0.318	21.62
망고스틴, 생것	71	81.5	0.6	0.2	0.2	17.5	–	1.4	6	0.1	18	100	1	(0)	0.11	0.03	0.5	3
매실, 생것	41	89.4	1.1	1.1	0.6	7.8	–	–	28	3.7	–	301	3	1	0.06	0.02	0.5	11
머루, 생것, 껍질과 씨 포함	79	78.5	1.51	0.94	0.73	18.32	7.39	2.5	60	0.53	22	286	0	7	0	0.044	0.746	3.57
멜론, 머스크, 생것	40	88.1	1.50	0.04	0.72	9.64	8.08	2.0	7	0.34	11	374	13	2	0.032	0.033	0.170	2.02
모과, 생것	78	78.3	0.7	0.4	0.6	20.0	–	–	21	0.5	–	247	2	1	0.02	0.01	0.3	81
무화과, 승정도후인, 생것	47	86.5	0.79	0.15	0.44	12.12	10.59	1.3	41	0.33	16	176	0	2	0.131	0.029	0.195	1.12
바나나, 생것	77	78.0	1.11	0.20	0.68	20.00	14.40	2.2	6	0.25	32	355	0	2	0.049	0.052	0.299	6.60
배, 생것	45	86.9	0.29	0.04	0.52	12.24	8.30	1.1	2	0.06	6	124	0	0	0.022	0.063	0.139	2.65
배, 신고, 생것	46	87.0	0.30	0.04	0.31	12.40	9.81	1.3	1	0.05	6	128	0	0	0.016	0.049	0.147	2.76
복분자, 생것	88	77.6	1.52	2.20	0.68	17.96	8.06	–	59	1.66	34	311	4	0	0.550	0.140	0.294	3.05
복숭아, 백도, 생것	49	85.8	0.59	0.04	0.47	13.10	9.45	2.6	4	0.11	7	216	0	0	0.022	0.023	0.290	2.10
복숭아, 천도, 생것	39	89.1	0.79	0.24	0.42	9.44	7.30	1.8	7	0.23	7	220	2	5	0.028	0.024	1.108	5.79
복숭아, 황도, 생것	49	86.1	0.40	0.04	0.43	13.03	9.29	4.3	5	0.09	6	188	2	9	0.018	0.022	0.233	1.67
사과, 생것	52	85.5	0.26	0.07	0.22	13.96	10.62	1.8	3	0.11	4	116	0	1	0.017	0.011	0.300	2.03

종류	에너지 (kcal)	수분 (g)	단백질 (g)	지질 (g)	회분 (g)	탄수화물 (g)	당류 (g)	총 식이섬유 (g)	무기질					비타민				
									칼슘 (mg)	철 (mg)	마그네슘 (mg)	칼륨 (mg)	나트륨 (mg)	A (μg)	B_1 (mg)	B_2 (mg)	니아신 (mg)	C (mg)
사과, 감홍, 생것	51	85.6	0.34	0.08	0.25	13.74	11.37	1.6	4	0.11	4	124	0	1	0.017	0.012	0.240	3.03
사과, 부사, 생것	53	85.2	0.20	0.07	0.21	14.28	11.13	1.7	4	0.10	3	107	0	1	0.017	0.019	0.388	1.41
사과, 홍옥, 생것	58	84.4	0.21	0.04	0.18	15.16	10.73	1.3	3	0.12	4	115	0	1	0.017	0.025	0.318	1.23
사과, 아오리, 생것	52	85.2	0.27	0.04	0.33	14.16	8.85	2.0	2	0.12	4	108	0	1	0.033	0.032	0.095	–
산딸기, 생것	55	84.5	1.35	0.22	0.38	13.55	7.80	6.9	29	0.34	22	154	0	4	0.091	0.059	0.432	9.84
살구, 생것	30	90.9	1.20	0.05	0.73	7.12	7.39	1.9	15	0.45	10	249	1	190	0.078	0.032	0.157	–
석류, 생것	77	78.3	0.29	0.20	0.50	20.71	9.94	5.8	6	0.26	16	242	1	0	0.101	0.022	0.395	7.08
수박, 적육질, 생것	31	91.1	0.79	0.05	0.23	7.83	5.06	0.2	6	0.18	11	109	0	71	0.024	0.030	0.285	–
아보카도, 생것	160	73.23	2.00	14.66	1.58	8.53	0.66	6.7	12	0.55	29	485	7	5	0.067	0.130	1.738	10.0
앵두, 생것	61	82.9	1.1	0.3	0.5	15.2	–	–	23	0.5	–	268	10	0	0.06	0.04	0.7	17
오디, 생것	56	84.3	0.8	0.4	0.5	14.0	–	–	36	0.7	–	272	1	4	0.11	0.07	0.6	28
오렌지, 생것	47	86.5	1.15	0.11	0.40	11.86	9.16	1.3	44	0.17	11	152	2	3	0.134	0.039	0.321	55.90
오미자, 생것	81	80.5	2.1	3.3	1.3	12.8	–	–	21	0.7	–	350	1	1	0.08	0.04	0.6	0
용과, 적육종, 생것	45	87.3	0.9	0.2	0.4	11.2	–	–	11	0.2	–	232	2	2	0.08	0.03	0.4	9
유자, 전체, 생것	49	86.0	0.93	0.09	0.44	12.59	4.10	3.7	36	0.16	12	187	3	1	0.072	0.047	0.153	95.03
자두, 생것	26	93.2	0.5	0.6	0.4	5.3	–	–	3	0.2	–	164	1	–	0.04	0.03	0.3	5
자몽, 생것	32	90.8	0.84	0.05	0.39	7.93	5.44	1.2	31	0.12	10	164	1	46	0.097	0.022	0.128	31.75
참외, 생것, 씨 포함	43	87.6	1.00	0.40	0.82	10.15	8.29	1.6	6	0.25	16	394	2	0	0.014	0.049	1.076	22.00
체리, 생것	57	83.6	1.36	0.15	0.58	14.35	8.01	2.3	11	0.63	13	231	1	9	0.055	0.026	0.198	11.79
크랜베리, 생것	46	87.32	0.46	0.13	0.12	11.97	4.27	3.6	8	0.23	6	80	2	3	0.012	0.020	0.101	14.0
키위, 골드, 생것	54	84.6	0.77	0.26	0.64	13.73	7.07	2.0	19	1.72	13	262	1	4	0.007	0.052	0.119	90.94
키위, 그린, 생것	66	81.6	0.93	0.63	0.76	16.08	6.73	2.6	30	0.32	17	284	2	7	0.175	0.057	–	86.51
파인애플, 생것	53	85.1	0.48	0.06	0.30	14.05	10.92	1.3	13	0.14	15	113	0	5	0.052	0.056	0.189	40.50
포도, 거봉, 생것	60	82.5	0.40	0.27	1.11	15.73	13.74	1.6	4	0.16	7	176	1	2	0.055	0.024	0.018	3.88
포도, 샤인머스캣, 생것, 껍질 포함	66	81.4	0.38	0.10	0.47	17.66	15.29	2.4	9	0.14	7	205	1	3	0.123	0.011	0.040	3.24
포도, 캠벨얼리, 생것, 껍질 포함	51	83.6	0.61	0.05	2.15	13.59	9.16	1.1	5	0.21	7	235	1	6	0.054	0.065	0.261	2.42

- 빈칸으로 표시된 것은 측정하지 않은 것을 의미함

출처 : 농촌진흥청 국립식량과학원, 국가표준식품성분 DB 10.3(2025)

인과류 및 준인과류

1. 사과

사과

1) 특징

사과apple, *Malus pumila*는 장미과에 속하는 인과류 과일로, 서아시아와 유럽이 원산지이다. 우리나라는 사과 재배에 알맞은 기후로 전 지역에서 재배가 가능하다. 2025년 기준으로 한국의 사과 주산지는 지구온난화의 영향으로 지속적으로 북상하고 있으며, 기존의 주요 재배지였던 경북(안동, 충주) 및 충북 지역의 재배 면적은 감소하고, 상대적으로 기온이 낮은 강원도(평창, 정선, 영월) 지역까지 재배 면적이 확대되고 있다. 국내에서는 부사(후지), 홍로, 감홍, 아리수, 춘향골 사과(추광), 아오리, 루비에스, 시나노골드, 화홍, 홍옥, 문루즈Moon Rouge 등의 품종이 재배되고 있다. 사과 품종별 특성은 표 6-3과 같다.

표 6-3 사과의 품종별 특성 (가식부 100 g 기준)

품종	숙기	중량(g)	저장기간	당도(%)	산도(%)
후지(부사)	10월 하순	300	극강(180일)	14.6	0.38
홍로	10월 상순	300	약(30일)	15.0	0.2~0.3
홍월	9월 중순	300	약(30일)	14.0	0.4
화홍	10월 하순	300	강(150일)	15.0	0.2
추광	9월 중순	300	약(20일)	15.2	0.2
스타킹	9월 하순	250~300	약(30일)	12.0	0.29
세계일	9월 하순	400~500	약(30일)	15.4	0.3

사과는 수확기가 되면 과피의 색·향에 관계되는 물질이 합성되면서 고유의 향과 맛을 형성한다. 사과는 미숙할 때 푸른색을 띠다가 성숙하는 과정에서 카로티노이드 또는 안토시아닌의 합성으로 과피가 붉게 변한다. 과육은 당 함량의 증가와 유기산의 감소로 단맛과 신맛의 조화를 이루게 된다. 사과의 수확시기를 판정할 수 있는 기준으로는 착색, 만개 후 일수, 당 및 산 함량, 요오드 등이 있다.

표 6-4 주요 사과 품종의 수확기

월별	7월	8월			9월			10월			11월
품종 / 순별	하	상	중	하	상	중	하	상	중	하	상
OBIR2T47(마도)	■	■									
서광		■	■								
선호			■	■							
산사			■	■							
갈라				■							
쓰가루				■							
홍로					■	■					
추광					■	■					
새나라						■					
홍월						■	■				
후지조숙계 (고을, 히로사키 등)						■	■				
세계일							■				
신홍(뉴조나골드)							■	■			
조나골드								■			
양광								■			
홍옥								■			
감홍								■	■		
골든데리셔스								■	■		
화홍									■	■	
후지										■	■

2) 성분 및 효능

사과는 품종에 따라 크기, 모양, 색상이 다양하지만, 주요 성분에는 큰 차이가 없다. 사과의 평균 가식률은 약 82%이며, 수분함량은 84~86%, 에너지는 47~58 kcal 정도로 비교적 낮은 편이다. 사과의 주성분은 탄수화물이며, 탄수화물의 대부분이 당류로 구성되어 있다. 일반적으로 당 함량은 8~12% 수준이며, 다른 과일에 비해 비교적 높은 편이다. 당의 조성은 품종에 따라 차이가 있지만, 과당이 가장 많고, 다음으로 포도당과 자당(설탕)이 많다.

또한 사과는 비타민 C가 풍부하여 항산화 효과를 제공하며, 과피에 많이 함유되어 있는 폴리페놀은 항산화·항암 작용, 면역력 향상 등에 도움을 주며, 간암세포와 대장암세포를 억제하는 기능이 있어 껍질째 먹는 것이 좋다. 사과는 칼륨K, 칼슘Ca, 나트륨Na 등의 무기질 함량도 상대적으로 높아 균형잡힌 영양을 공급한다. 사과의 유기산 성분으로는 사과산, 구연산, 주석산, 젖산, 수산 등이 포함되어 있으며, 이러한 성분이 신맛을 형성하는 주요 요소이다. 특히 사과는 유기산을 함유하고 있지만, 체내에서 대사된 뒤 알칼리성 회분을 남기기 때문에 알칼리성 식품으로 간주된다. 사과의 식이섬유에는 콜레스테롤 함량과 혈당을 낮추는 펙틴, 대변작용을 원활하게 하는 셀룰로스, 리그닌, 헤미셀룰로스 등이 포함되어 있다. 사과 중 펙틴은 장내에서 수분을 흡수해 만복감을 느끼게 하여 다이어트 과일로 좋으며, 정장작용을 돕는다. 사과 식이섬유의 작용은 표 6-5와 같다.

표 6-5 사과 식이섬유의 작용

작용	효과	예방 가능 질병
씹는 횟수 증가 → 타액 증가	만복감 → 섭취에너지 감소	비만, 당뇨병, 충치 예방
펙틴에 의한 위장 내 체류 시간 연장	당류의 흡수 지연 → 혈당 상승 지연	당뇨병 예방
장내 콜레스테롤과 담즙산 흡착	장내점막과 접촉 방지 및 흡착	동맥경화, 고혈압, 담석, 대장암 예방
장운동 촉진 → 음식물의 장 통과시간 단축	변비 예방	대장무력증, 치질, 대장암 예방
대변량 증가	변비 예방	변비 예방

사과의 향기 성분은 약 300여 종 이상이 있다. 사과의 향기성분은 에스터, 알코올 및 알데하이드로 이루어진다.

3) 선택 및 이용

사과는 외형적으로 과피의 착색이 균일하고 밝은 색을 띠는 것이 좋은 품질의 기준이 된다. 특히 꼭지의 반대편 부위가 담홍록색으로 변하며 녹색이 거의 사라진 상태가 숙성이 적절하게 이루어진 상태로 간주한다. 또한 사과를 가볍게 두드렸을 때 탱탱한 소리가 나는 것이 바람직하며, 이는 육질이 단단하고 수분함량이 충분하여 신선도가 높다는 것을 의미한다.

사과는 주로 생식으로 섭취하며, 다양한 요리에 활용된다. 대표적인 용도로는 과일 샐러드, 주스, 사이다, 식초, 파이, 타르트, 무스, 잼, 젤리 등이 있으며, 이를 통해 다양한 맛과 질감을 즐길 수 있다. 유럽에서는 쇠고기 요리에 튀긴 사과나 사과 소스를 곁들이는 경우가 많으며, 커리 및 스튜에 첨가하여 풍미를 더하기도 한다. 또한 감귤류를 사용한 젤리나 무스를 만들 때 사과즙을 추가하여 맛과 향을 돋우는 방식도 일반적이다. 이러한 조리법은 사과의 자연스러운 단맛과 신맛이 다른 재료와 조화를 이루어 풍부한 맛을 제공하기 때문이다.

2. 배

1) 특징

배pear, *Pyrus* spp.는 온대 중부지역에서 주로 재배되는 과일로, 크게 동양종Oriental pear과 서양종European pear으로 구분된다. 배의 품종은 재래종, 중국배, 서양배, 일본배 등으로 나뉘며, 국내에서는 일본배 품종을 개량하여 주요 재배 품종으로 이용하고 있다.

배

한국에서 배의 주요 생산 지역은 전라남도 나주, 경기도(안성 · 평택 · 남양주), 경상북도 상주, 충청남도(천안 · 아산) 등에 형성되어 있으며, 각 지역은 기후와 토양의 특성이 배의 생육과 품질 유지에 적합한 조건을 갖추고 있다.

국내 배 품종은 중생종인 신고배를 중심으로 장십랑과 만삼길이 전체 재배면적의 90%를 차지하고 있다. 2025년 기준으로 한국의 배 재배는 기후 변화와 품종 개량의 영향을 받아 지속적으로 변화하고 있으며, 기존의 주요 품종인 신고배, 장십랑, 만삼길 외에도 원황, 황금배, 화산, 신라배 등의 신품종이 점진적으로 증가하고 있다. 국내에서 육성한 주요 배 품종으로는 신라배와 만삼길이 있으며, 특히 신라배

신라배(위)와 만성길(아래)

와 만삼길 품종은 당도, 과형果形, 과피 색상, 저장성 등의 특성이 우수하여 지속적인 연구와 품종 개량이 이루어지고 있다. 신화배는 수출용 품종으로 주목받고 있다. 신라배와 만삼길의 주요 특성은 표 6-6과 같다.

표 6-6 국내 육성 배 품종 및 특성

품종	개기 (월, 일)	숙기 (월, 일)	과피색	과중 (g)	당도 (°Bx)	과즙량	상품성
신라배	4.21	10.22	담황갈색	788	12.4	다	상
만삼길(대비)	4.20	10.30	녹황갈색	469	10.6	중	중

일본배Oriental pear는 과육세포 내에 석세포石細胞, stone cell가 많아 씹을 때 거친 질감이 있다. 반면, 서양배European pear는 석세포 함량이 적어 과육이 부드럽고 향이 풍부하며 혀에 닿는 촉감이 더욱 우수하여 품질이 높은 것으로 평가된다.

국내에서 재배되는 배 품종과 일본, 중국, 서양배는 무기질 및 비타민 함량에서도 차이가 있다.

2) 성분 및 효능

배는 약 5~10%의 당을 함유하고 있으며, 그중 자당(설탕sucrose)이 가장 많고, 그 다음으로 과당fructose, 포도당glucose, 솔비톨sorbitol이 포함되어 있다. 솔비톨은 당알코올sugar alcohol의 일종으로 배뿐만 아니라 자두, 사과 등에도 존재하며, 감미도가 일반적인 당류보다 50~60% 정도 낮다. 그러나 솔비톨은 체내 대사 작용이 일반 당류와 달라 당뇨병 환자의 대체 감미료로 활용되고 있다.

배는 식이섬유 함량이 높아 변비 예방 및 장 건강을 돕는 정장작용이 우수하며, 특히 발암성 물질인 다환성 방향족 탄화수소류Polycyclic Aromatic Hydrocarbons, PAHs의 체외 배출을 촉진하는 효과가 있다.

배에는 다양한 항산화 성분이 포함되어 있으며, 대표적인 플라보노이드flavonoid로 퀘세틴quercetin, 루테올린luteolin 등이 있다. 또한 폴리페놀류polyphenol로는 클로로젠산chlorogenic acid, 카테킨catechin 등이 함유되어 있으며, 이들 성분은 항암 및 항산화 작용이 뛰어나 건강 증진에 기여한다.

배의 과육에는 석세포가 포함되어 있어 거친 질감을 형성하는데, 석세포는 펜토산pentosan과 리그닌lignin의 결합으로 형성되어 과육의 독특한 식감을 만들어낸다.

3) 선택 및 이용

배는 맑고 선명한 황갈색의 과피를 가지며, 과피가 두껍지 않고 배 특유의 점무늬가 뚜렷한 것이 좋은 배의 특징이다. 특히 꼭지 반대편 부위에 미세한 검은 균열이 없는 것을 선택하는 것이 바람직하며, 신선한 배는 수분함량이 많고 향이 풍부하며, 과육을 씹었을 때 이물감이 없이 부드러운 식감을 제공하는 것이 좋다.

배는 고온에서 보관할 경우 생리장해로 인해 흑변 현상이 발생할 수 있으며, 껍질을 제거하면 산화효소의 작용으로 갈변 현상이 나타날 수 있다. 이러한 갈변을 방지하기 위해 레몬즙이나 소량의 소금물에 담가 보관하는 방법이 유용하다.

배는 차게 해서 생식으로 섭취할 때 가장 맛이 좋으며, 주스, 술, 잼, 배숙, 건과 등의 용도로 이용하며, 통조림 형태로도 널리 이용된다. 또한 배에는 단백질분해효소protease가 함유되어 있어 고기를 재울 때 배를 갈아 넣으면 육질이 더욱 부드러워진다.

3. 감

1) 특징

감

감나무속*Diospyros* spp.에 속하는 식물은 전 세계적으로 약 400여 종이 존재하며, 주로 아시아, 아프리카, 중남미의 열대 지역에 분포하고 있다. 주요 재배지는 동아시아, 미국 일부 지역, 이스라엘, 뉴질랜드 등이 포함된다.

감persimmon, *Diospyros kaki*은 내한성이 약한 온대 과수로 분류되며, 국내에서는 중부 및 북부 지방에서 재배가 어려운 작목이다. 일반적으로 단감과 떫은감으로 나뉘며, 단감은 주로 중부 이남 지방에서 재배되고, 떫은감은 중부 및 북부 지방에서 주로 생산된다.

감은 재배감과 야생감으로 구별되며, 과실의 떫은맛, 종자 유무, 갈반褐斑 형성 여부에 따라 완전 단감, 불완전 단감, 불완전 떫은감, 완전 떫은감의 네 가지 군으로 분류된다.

완전 단감은 과일 자체에 단맛이 있는 것으로 주로 곶감을 만든다. 반면에 완전 떫은감은 단감보다 단맛이 적고 과육의 색이 단감에 비해 진한 주황색으로 반드시 '탈삽' 과정을 거쳐야 섭취가 가능하다.

감의 떫은맛을 제거하는 과정을 탈삽deastringency이라고 하며, 대표적인 방법으로 온탕법hot water treatment과 알코올법alcohol treatment이 활용된다. 온탕법은 감을 일정 온도의 따뜻한 물에 담가 떫은맛을 감소시키는 방법이며, 알코올법은 감을 알코올 또는 이산화탄소 환경에서 처리하여 떫은맛을 제거하는 방식으로 탈삽의 과정을 거치면 감의 과육이 더욱 부드러워지고 단맛이 강화되어 다양한 형태로 가공 및 소비가 가능하다.

2) 성분 및 효능

감은 약 10~15% 내외의 당류를 함유하고 있다. 당질은 주로 자당(설탕), 포도당, 과당으로 구성되어 있어 달콤한 맛을 낸다. 감의 노란색은 카로티노이드계 색소에 기인하며, 특히 카로틴carotene 함량이 높아 비타민 A의 좋은 급원이 된다. 또한 감에는 비타민 C도 풍부하게 함유되어 있으며, 감잎에는 과육보다 약 10~20배 높은 수준의 비타민 C가 존재한다.

미숙한 감은 특유의 떫은맛을 내는데, 이는 수용성 탄닌tannin의 일종인 시부올shibuol에 의한 것이다. 시부올은 수용성 성분으로, 혀에 용해되어 강한 수렴성의 떫은맛을 유발한다. 감이 숙성됨에 따라 호흡작용을 통해 생성된 알데하이드aldehyde 성분이 시부올과 결합하여 불용성 콜로이드 형태로 변화되면서 떫은맛이 점차 감소하게 된다.

감에 함유된 탄닌은 철Fe과 결합하여 흡수를 방해함으로써 장기간 과잉 섭취 시 빈혈을 유발할 수 있으며, 장의 수분 흡수를 촉진하는 수렴작용으로 인해 변비를 일으킬 가능성도 있다.

3) 선택 및 이용

감은 다양한 방법으로 저장 및 가공할 수 있으며, 이를 통해 연중 이용이 가능하다. 수확한 생감을 -20℃ 이하의 온도에서 1~2주간 동결 처리한 후 -10℃에서 저장하면 장기 보관이 가능하며, 비타민 C의 손실을 최소화할 수 있다.

단감은 주로 생식하며, 과육이 치밀하면서도 연한 것이 선호된다. 또한 감을 가공하여 다양한 형태로 섭취할 수 있는데, 대표적으로 건시乾柿와 침시浸柿가 있다. 건시는 떫은맛이 있는 생감을 완전히 익기 전 수확하여 껍질을 제거한 후, 꼬챙이에 꿰어 햇볕이 잘 들고 통풍이 좋은 곳에서 말린 곶감이다. 건조과정 중 과육 표면에는 만니톨mannitol 성분이 응결하여 하얀 가루 형태로 나타나는데, 이를 시설柿雪 또는 시상柿霜이라고 하며, 고급 곶감일수록 부드럽고 고운 시설이 형성된다.

곶감

또한 생감이 숙성됨에 따라 탄닌 성분이 감소하면서 색깔이 붉어지고 단맛이 증가하는데, 이를 홍시라고 한다. 홍시는 자연 숙성된 형태이며, 반면 연시는 떫은맛이 강한 땡감을 인위적으로 익히는 과정(예: 소금물 침지 등)을 거쳐 떫은맛을 제거한 것이다. 두 가지 모두 질감이 부드럽고 떫은맛이 사라지지만, 가공 과정에는 차이가 있다.

최근 감의 활용이 증가하면서 건시, 반건시, 냉동홍시, 감말랭이, 홍시, 감식초, 감장아찌, 통조림, 수정과 등의 다양한 가공품으로 이용되고 있다. 이러한 감 가공 및 저장기술은 감의 영양소 유지와 기호성을 높이는 데 중요한 역할을 한다.

4. 감귤류

1) 특징

감귤류*Citrus spp.*는 운향과 감귤아속에 속하는 과일로, 감귤속, 금귤속, 탱자나무속, 클리메니아 네 가지 속으로 분류된다. 감귤류의 원산지는 중국 중남부 및 주변 지역으로 알려져 있으며, 국내로의 도입 경로와 연대는 정확히 밝혀져 있지 않다.

국내의 제주도와 남해지방이 주요 재배지역이며, 주로 온주밀감*Citrus unshiu*이 재배된다. 온주밀감은 내한성이 강한 품종으로, 연평균 기온이 15℃ 이상, 연간 최저기온이 -5℃ 이하인 지역에서 안정적으로 재배할 수 있다.

감귤류는 육종을 통해 개량되면서 품종이 다양해졌으며, 영양적으로도 중요한 가치를 가진다. 주요 성분으로는 탄수화물, 펙틴, 유기산, 단백질, 지질, 정유essential oil 등이 포함된다. 특히 감귤류의 과육과 과피는 영양소의 함량과 특성에 다소 차이가 있다. 과육에는 비타민 A와 C가 풍부하게 함유되어 있으며, 특히 비타민 C 함량이 높아 면역력 증진 및 항산화 효과를 제공한다. 과피에는 비타민 E와 카로티노이드가 다량 함유되어 있으며, 카로티노이드는 항산화 작용을 통해 세포 보호 기능을 담당한다. 과피에 카로티노이드 함량이 높게 분포되어 있으나, 비타민 C는 과육에 더 많이 존재하므로 섭취 형태에 따라 영양소 흡수에 차이가 발생할 수 있다.

온주밀감

(1) 온주밀감

온주밀감溫州蜜柑, satsuma mandarin, *Citrus unshiu*은 흔히 귤로 알려져 있으며, 조생종과 보통종으로 분류된다. 미숙일 때는 산 함량이 높고 당도가 낮지만, 완숙되면서 산 함량은 감소하고 당도는 증가한다. 과육의 총 당 중 약 70%는 자당(설탕)이 차지하며, 포도당과 과당이 각각 약 20%를 구성한다. 귤은 껍질과 과육이 밀착되어 있으면서 쉽게 분리될 수 있는 것이 품질 면에서 우수하다.

온주밀감은 다양한 용도로 활용되며, 생식뿐만 아니라 통조림, 주스, 잼 등의 원료로 사용된다. 특히 과즙이 풍부하고 당도가 적절하여 가공식품의 재료로 적합하다. 또한 영양학적으로 비타민 C가 풍부하여 건강 유지에 도움을 줄 수 있다.

오렌지

(2) 오렌지

오렌지orange, *Citrus sinensis*는 인도가 원산지로 히말라야를 거쳐 중국으로 전래되어 중국 품종이 되었으며, 15세기에 포르투갈로 전해져 발렌시아오렌지로 퍼져 나갔다.

오렌지의 종류에는 발렌시아오렌지, 네이블오렌지, 블러드오렌지가 있다. 발렌시아오렌지는 세계에서 가장 많이 재배되는 종류로 즙이 풍부하여 주스 가공에 이용되며, 캘리포니아에서 재배되는 네이블오렌지는 껍질이 얇고 씨가 없으며 아래에 배꼽처럼 생긴 꼭지가 있다. 이탈리아와 스페인에서 재배되는 블러드오렌지는 과육이 붉고 독특한 맛과 향이 있다.

오렌지는 진한 노란색에 껍질은 얇고 부드러워야 하며, 같은 크기라도 무게가 묵직한 것이 과즙이 많아 좋다. 오렌지는 배꼽이 살짝 벌어진 것을 고르도록 한다. 오렌지에 부착된 스티커의 숫자와 라벨의 색깔로도 좋은 오렌지를 고를 수 있는데, 당도가 높은 것부터 3107 → 3012 → 4012의 순이며, 라벨의 색깔은 검은색 → 파란색 → 녹색 → 흰색 순으로 표시하고 있다.

오렌지는 껍질을 벗겨 생식하거나 주스 또는 마멀레이드marmalade를 만들어 먹는다. 오렌지는 각종 요리와 과자의 재료로도 사용되며, 고기요리에 상큼한 맛과 향을 내기 위해 오렌지 소스로도 이용한다. 껍질에서 추출한 정유는 요리와 술의 향료나 방향제로 쓰인다.

오렌지 마멀레이드

(3) 레몬

레몬lemon, *Citrus limonum*은 운향과Rutaceae에 속하는 관목열매로, 주요 생산지역은 이탈리아, 남유럽, 미국 등이다. 이 과일은 비타민 C의 주요 공급원으로 오랫동안 중요한 식품으로 인식되어 왔다.

레몬

레몬 즙은 다양한 요리에 사용되며, 특히 일식의 스시, 육류 및 생선 요리에서 비린내를 제거하는 데 유용하다. 또한 이탈리아 요리에서는 껍질을 갈아서 제스트Zest로 활용하여 상큼한 향미를 더한다.

(4) 한라봉

한라봉*Citrus reticulata*은 만다린계 교잡종 감귤로, 일본에서 교배하여 육성된 감귤류이다. 국내에는 1990년대에 처음 도입되어 제주 등지에서 재배하며, 겨울철에 수확한다. 한라봉의 특징적인 외형은 꼭지 부분이 돌출되어 있으며, 이는 산을 연상시키는 형태를 띤다. 이러한 외형적 특성 때문에 한라산의 이름을 따서 '한라봉'이라는 명칭이 붙여졌다.

한라봉

한라봉의 열매는 씨가 거의 없거나 아주 적은 편이며, 당도가 높고 산미가 적다. 또한 육질이 부드럽고 과즙이 풍부하여 섭취 시 풍미가 뛰어나다.

또한 비타민 C와 항산화 물질이 풍부하여 감기 예방 및 면역 증진, 피로 회복, 소화 촉진 등에 도움을 줄 수 있다. 한라봉은 다양한 방식으로 소비되며, 그대로 섭취하거나 주스, 디저트의 재료로 활용된다.

(5) 자몽

자몽

자몽grapefruit, *Citrus paradisi*은 서인도제도가 원산지이며, 19세기 미국 플로리다로 전래된 이후 주요 재배지역이 형성되었다. 자몽의 모양은 구형 또는 부채구형으로, 과피는 매끈매끈하고 담황색이다. 자몽의 주요 품종으로는 과육이 연한 노란색을 띠며 순한맛을 가진 백육종, 과육이 붉은색을 띠며 보다 풍부한 풍미를 제공하는 홍육종, 씨가 포함된 품종으로 일부 가공 목적으로 활용되는 유핵종, 씨가 거의 없는 품종으로 생식 및 주스 가공에 적합한 무핵종이 있다.

자몽의 과피유는 다른 감귤류와 함께 에센스 및 유화 향료로 가공되어 과일음료의 향미를 강화하는 데 활용된다. 또한 자몽 특유의 쓴맛은 나린진naringin 성분에 기인한다.

(6) 금귤

금귤

금귤kumquat, *Fortunella japonica*은 '낑깡'이라는 이름으로 더 많이 알려져 있으며, 금감金柑이라고도 불린다. 금귤은 중국이 원산지이며, 제주를 포함한 남부지방에서 주로 재배된다. 금귤의 열매는 작고 둥근 형태를 가지며, 껍질째 먹을 수 있는 특징이 있다. 금귤의 과육은 상큼한 맛을 지니며, 껍질은 비교적 달콤하여 균형잡힌 풍미를 제공한다.

금귤은 영양 성분면에서도 우수한데, 특히 비타민 C 함량이 높아 면역력 증진과 피부건강에 긍정적인 영향을 미칠 수 있다. 또한 식이섬유가 풍부하여 소화기능 개선에도 도움이 된다.

(7) 유자

유자

유자Yuza, *Citrus junos*는 운향과Rutaceae 감귤아속*Citrus* 의창귤과의 자연 교잡종으로 분류되는 감귤류이다. 유자의 원산지는 중국 양쯔강 상류, 인도, 티베트, 일본이며, 국내에서는 고흥, 완도, 거창, 장흥, 거제도 및 남해 지역에서 주로 자생한다. 유자는 일반 감귤류보다 껍질 표면이 울퉁불퉁하고 강한 신맛을 지니며, 특유의 강렬하고 매혹적인 향을 가지고 있다.

유자의 비타민 C 및 플라보노이드 성분은 세포손상을 방지하고 면역력을 강화하며, 유기산은 소화작용을 촉진하여 위장건강에 도움을 준다.

유자는 식재료로 활용되는 범위가 넓은데, 고기 및 생선 요리의 풍미를 높이는 향미료, 제과·제빵 및 음료 재료로도 활용되며, 유자차·유자청·유자잼 등의 형태로 가공하여 소비된다.

2) 성분 및 효능

감귤류는 대표적인 과일 중 하나로, 다양한 영양소를 함유하고 있다. 감귤류의 당성분은 종류에 따라 다소 차이가 있으나, 대체로 포도당과 과당이 주요 성분을 이루며, 미량의 식이섬유도 포함하고 있다. 특히 비타민 C 함량이 높아 다른 과일에 비해 항산화 효과가 뛰어난 것으로 알려져 있으며, 유자, 한라봉, 오렌지는 비타민 C가 풍부하여 면역력 강화 및 항산화 효과, 소화기능 개선에 중요한 역할을 한다. 감귤류 종류에 따른 비타민 C 함량은 그림 6-2와 같다.

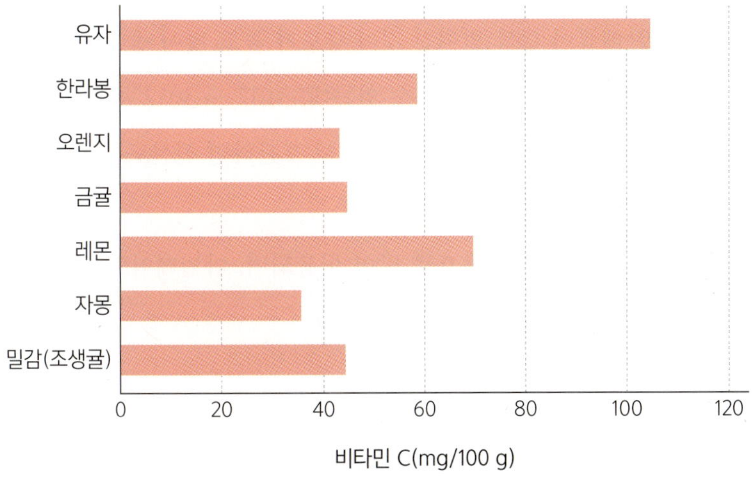

그림 6-2 감귤류의 종류에 따른 비타민 C 함량

펙틴은 감귤류 전체에 고루 분포되어 있으며, 감귤류가 성숙하면서 불용성 형태에서 가용성 형태로 변화한다. 이 과정은 감귤의 질감과 가공 특성에 영향을 주며, 특히 즙을 추출하거나 젤리·잼 등을 만들 때 중요한 역할을 한다.

감귤의 상쾌한 맛은 구연산citric acid, 사과산malic acid, 호박산succinic acid 등의 유기산에 의해 형성된다.

감귤류의 과피에는 여러가지 기능성 성분이 포함되어 있는데, 자몽을 비롯한 일부 감귤류의 쓴맛을 형성하는 나린진naringin은 플라보노이드 성분으로 항산화 효과와 항염증 작용, 심혈관 건강에 긍정적인 영향을 줄 수 있다.

비타민 P라고 불리는 헤스페리딘hesperidin은 지질분해효소를 억제함으로써 지질의 체내 흡수를 방해하여 콜레스테롤 저하, 혈압강하, 항염증 효과가 있다. 그러나 헤스페리딘은 감귤류 가공 시 침전되어 음료의 혼탁현상을 유발할 수 있는데, 혼탁현상은 제조 공정에서 제거하거나 안정화 기술을 적용하여 개선할 수 있다.

3) 선택 및 이용

감귤류를 선택할 때에는 껍질이 선명한 주황색 또는 품종에 따라 붉은색을 띠는 것을 선택하고, 같은 크기라도 묵직한 것이 과즙이 풍부하다. 또한 껍질이 너무 거칠거나 지나치게 단단한 것은 피하고, 매끈하고 탄력이 있는 것이 신선하다. 배꼽이 있는 품종의 경우 배꼽이 살짝 벌어진 것이 당도가 높고 맛이 좋다. 감귤류에 부착된 스티커의 숫자로도 당도를 확인할 수 있는데, 3107 → 3012 → 4012 순으로 당도가 높다. 감귤류는 3~4℃의 서늘한 환경에서 보관하면 신선도를 오래 유지할 수 있다.

감귤류는 생식하거나 통조림용으로 많이 이용되며, 마멀레이드, 주스, 넥타, 젤리, 잼, 과자류, 밀감주 등을 만드는 데 사용된다.

1. 복숭아

1) 특징

복숭아peach, *Prunus persica*는 도이과*Prunus*속에 속하며, 복숭아 외에도 살구apricot와 매실plum이 같은 과에 포함된다. 전 세계적으로 약 5,000개 이상의 품종이 존재하며, 기후와 재배 환경에 따라 다양한 특성을 보인다.

복숭아

복숭아는 형태학적으로 유모종과 무모종으로 분류되며, 유모종은 과피에 미세한 털이 존재하며 대부분의 복숭아가 이에 속한다. 무모종은 과피에 털이 없는 품종으로 대표적으로 천도nectarine가 해당된다. 천도는 복숭아의 과피 돌연변이에 의해 유래된 것으로 알려져 있다.

천도

복숭아는 과육이 희고 섬세한 식감을 가지며 국내에서 가장 많이 재배되는 백도白桃, white peach와, 과육이 노란색을 띠며 상대적으로 당도가 높고 식감이 부드러운 황도黃桃, yellow peach로도 나눈다. 황도는 백도보다 비타민 A 함량이 높은데 이것은 황도에 다량 함유된 베타카로틴β-carotene이 체내에서 비타민 A로 쉽게 전환되기 때문이다.

2) 성분 및 효능

복숭아의 당 성분은 포도당, 과당, 자당(설탕)으로 구성되어 있으며, 이는 감미와 식감을 결정하는 중요한 요소이다.

복숭아의 유기산 성분으로는 신맛을 형성하며 항산화 작용을 통해 세포를 보호하는 구연산citric acid과 에너지 대사에 관여하는 사과산malic acid이 있다. 향기성분으로는 유기산의 에스터ester compounds, 복숭아 특유의 과일향과 신선한 느낌을 제공하는 아세트알데하이드acetaldehyde 및 알데하이드류aldehyde compounds 등이 있다. 복숭아의 향과 풍미 조성에 기여하는 방향 성분은 주로 개미산formic acid이다. 복숭아 핵 주변 과육에는 안토시아닌anthocyanin 색소가 있는데, 적색을 띠는 복숭아에 많다.

복숭아를 통조림으로 가공할 때 pH 변화가 발생하면 과육의 색이 붉은색에서 자색으로 변할 가능성이 있다. 이는 상품적 가치에 영향을 미칠 수 있어, 제조 과정에서 pH 조절 및 색 안정화 기술이 적용되기도 한다

3) 선택 및 이용

복숭아는 봉합선을 중심으로 양쪽이 균일하며, 형태가 정돈된 것이 좋으며, 상처가 없고 색택이 고르며, 윤기가 나는 복숭아가 신선하다. 복숭아는 너무 차가운 상태에서는 단맛이 감소하므로 먹기 2~3시간 전에 냉장고에 넣어 적정 온도로 맞추는 것이 좋다. 또한 복숭아는 공기와 접촉하면 갈변 현상이 발생할 수 있으므로 레몬즙을 뿌리거나 복숭아 조각을 아스코르브산(비타민 C)을 녹인 물에 잠시 담그면 갈변을 방지 할 수 있다.

복숭아는 다양한 방식으로 이용되는데 생식용으로는 수분이 많고 부드러운 백도가 적합하며, 통조림 및 기타 가공에는 과육이 단단한 황도가 주로 사용된다. 복숭아는 당과 함께 조리하여 잼과 젤리로 가공하며, 신선한 맛을 살려 주스, 셔벗, 아이스크림 등에도 사용한다.

복숭아의 씨앗은 한방에서 도인桃仁이라고 불리며, 어혈제거 및 혈액순환 개선에 효과가 있다. 그러나 복숭아와 장어를 함께 섭취하면 소화과정에서 이상반응을 일으켜 설사를 유발할 수 있으며, 자라를 함께 먹으면 가슴 통증을 유발할 가능성이 있으므로 주의해야 한다.

2. 대추

대추

1) 특징

대추jujube, *Zizyphus jujuba*는 과육의 단맛이 강한데, 건조하면 더욱 당도가 증가하는 중국대추, 상대적으로 크기가 크고 수분함량이 많아 생과로 소비되는 인도대추, 아시아 중남부에서 재배되며 신맛과 단맛이 조화로운 특징이 있는 이르사렝대추

3종으로 분류된다. 국내에서는 중국대추*Zizyphus jujuba*를 주로 재배하며, 이는 적갈색의 표면과 타원형(길이 약 1.5~2.5 cm)의 형태를 가진 것이 특징이다.

2) 성분 및 효능

대추는 탄수화물이 주요 성분으로 에너지가 높기 때문에 에너지 소모가 많은 사람들에게 적합한 식품이다. 또한 식이섬유가 풍부하여 소화기 건강에 도움을 줄 수 있다. 특히 대추의 식이섬유는 다른 과일의 식이섬유보다 부드러워 위와 장을 자극하지 않아 소화가 잘된다.

대추는 오랜 시간 동안 건강식으로 소비되어 왔으며, "대추를 보고 먹지 않으면 늙는다"는 속담이 있을 정도로 노화방지 효과가 뛰어난 것으로 알려져 있다. 대추는 비타민 C를 85 mg% 이상 함유하고 있어 강력한 항산화 작용을 하며, 면역력 강화 및 피부건강 유지에 도움을 준다.

또한 대추는 비타민 P(헤스페리딘)가 풍부하여 노화를 억제하고 뇌출혈, 고혈압, 생활습관병 예방에 효과적이다. 대추에는 뼈건강을 지원하며 골다공증 예방에 도움을 주는 칼슘Ca과 혈관을 강화하여 혈액순환을 개선하고 심혈관질환 예방에 기여하는 루틴rutin, 면역력을 증진시키고 항염증 효과가 있는 사포닌saponin, 순환기계통에 약리 효과가 있는 것으로 알려져 있으며, 혈류개선 및 신진대사 촉진에 도움을 주는 알칼로이드 등의 무기질과 기능성 성분이 포함되어 있다.

3) 선택 및 이용

대추는 경상북도 지역에서 많이 생산되며, 특히 충북 보은 대추가 품질이 우수한 것으로 알려져 있다. 대추는 붉은빛을 띠며 윤기가 있는 것이 신선하며, 알이 굵고 표면의 주름이 고르며 지나치게 깊거나 불규칙하지 않은 것이 좋다. 또한 대추는 눌렀을 때 적당한 탄력이 있는 것이 좋으며, 너무 단단하거나 지나치게 무른 것은 피하는 것이 좋다. 대추는 비닐봉지보다는 종이봉지에 담아 통풍이 잘되는 곳에 매달아 두면 습기 조절에 효과적이어서 신선하게 보관할 수 있다.

대추는 생과, 대추차, 건조대추, 한약재, 요리(제과)재료로 활용된다. 건조대추는 대추주악, 잡과병 등 전통떡, 약식을 만드는 데 사용하며, 피로회복과 면역력 증진에 도움을 주는 차와 음료, 소화가 쉬운 미음, 발효시켜 술 및 대추초를 만드는 데 이용한다. 한방에서는 대추를 이뇨와 강장强壯, 소화기능을 원활하게 하며 체내 독소를 제거하는 완화제緩和劑의 용도로 사용한다.

전통혼례상의 대추고임

문화적 의미에서 한국의 대추는 풍요와 다산의 상징으로 여겨져 왔다. 열매가 풍성하게 열리는 특성 때문에 관혼상제冠婚喪祭와 폐백음식으로도 널리 사용된다. 또한 대추나무는 단단하여 조각 및 목공예 재료인 판목版木이나 떡을 찧는 도구, 농업용 도구 및 수레 제작에 사용되었다.

3. 자두

1) 특징

동양자두

자두plum, *Prunus salicina*는 핵과류 중에서 과육의 비율이 가장 많은 과일로, 전체의 약 95%가 과육으로 이루어져 있다. 자두의 원산지는 중국이며, 전 세계적으로 약 30여 종이 존재하나, 이 중 18종이 주요 품종으로 재배되고 있다. 국내에서는 경상북도 상주, 충청북도 영동·옥천, 충청남도 대덕 등에서 자두가 재배된다.

서양자두

자두는 품종에 따라 황색 또는 적색을 띠며, 일반적으로 황색 자두는 당도가 높고 과육이 부드러운 편이고, 적색 자두는 새콤한 맛이 강조되어 신선한 풍미를 지닌다. 이러한 특성에 따라 생식용, 가공용으로 활용된다.

자두는 품종에 따라 가공방식과 소비형태가 달라진다. 동양자두Asian plum는 수분 함량이 많고 새콤달콤한 맛을 지녀 생과일로 이용하거나 샐러드, 디저트 등으로 섭취하는데, 이렇게 건조하지 않고 신선한 과일로 섭취하는 자두는 플럼plum이라고 한다, 반면, 씨를 제거하지 않고 건조할 수 있으며 과육이 단단한 서양자두European plum는 말린 자두, 프룬prune이라고 하며, 주로 건조가공을 통해 보관성과 당도를 높이는 방식으로 소비된다. 프룬은 건조 과정 중 수분이 줄어들면서 과육의 함량이 높아져 100 g당 약 62.7%가 과육으로 구성되어 있다.

말린 자두(프룬)

2) 성분 및 효능

자두의 과육에는 포도당, 과당, 자당(설탕) 등이 함유되어 있어, 자연적인 단맛을 형성하는 데 중요한 역할을 한다. 또한 자두에는 탄닌tannin이 약 0.1~0.2% 정도 함유되어 있어 쌉싸름한 맛을 제공한다.

자두는 다른 과일과 비교할 때 비타민 C 함량이 상대적으로 적은 편이다. 주요 유기산으로 구연산citric acid, 사과산malic acid, 주석산tartaric acid이 포함되어 있다. 이러한 성분들은 자두의 맛과 신선한 풍미를 형성하는 데 기여한다. 특히 말린 자두prune에는 칼슘Ca과 칼륨K이 풍부하게 포함되어 있다. 말린 자두는 건조 과정에서 무기질이 농축되는데, 이 성분은 두뇌 및 신경계의 혈액순환을 촉진하는 데 도움을 준다. 또한 말린 자두는 식이섬유 함량이 높아 장건강을 돕고 변비예방에 효과적이다.

3) 선택 및 이용

최상품의 자두는 선명한 붉은색을 띠면서 단단하거나 붉은색과 노란색이 적절히 섞이면서 단단한 것이다. 또한 끝이 뾰족하고 껍질에 하얀 분이 자연스럽게 형성된 것이 신선하고 품질이 뛰어난 것으로 평가된다.

자두의 출하 시기는 장마철과 겹치는 경우가 많아 당도가 떨어지기 쉬우며, 저장성이 약한 편이다. 이에 따라 신맛이 강한 자두는 건조하여 먹거나 잼, 젤리, 통조림, 넥타, 과실주 등의 형태로 가공하여 소비되는 경우가 많다.

유럽에서는 말린 자두prune를 많이 식용하며, 가공 과정에서 묽은 알칼리 용액에 자두를 담근 후 깨끗이 세척한 다음 햇볕에서 1주일 이상 건조하여 완성한다. 이러한 방식으로 가공된 프룬은 수분함량이 낮아지고 당도가 농축되어 주로 쿠키나 케이크의 제조 원료로 널리 사용된다.

요리에 말린 자두를 활용할 경우, 자두 품종에 따라 단맛과 신맛의 차이가 크므로 사전 테스트가 중요하다. 특히 서양에서는 말린 자두에 거위간 무스를 채워 오리요리에 활용하는 경우도 있는데, 이는 고급 요리에서 깊은 풍미를 더하는 역할을 한다.

4. 매실

매실

1) 특징

매실Japanese apricot, *Prunus mume*은 매화나무의 열매로, 5월 말에서 6월 중순 사이에 녹색으로 익는다. 매실은 중국 강남지방이 원산지이며, 국내에서는 경상남도 창녕, 전라남도, 전라북도, 충청북도, 경기도, 황해도 지역에서 주로 생산된다. 대표적인 품종으로는 백가하, 소맥, 화향실, 풍후 등이 있다.

매실의 강한 신맛은 오랜 역사 속에서 주목받아 왔다. 중국 삼국시대 조조가 군대를 이끌고 안휘성 함산현의 매산 근처를 지날 때, 병졸들이 매실의 신맛을 떠올리며 갈증을 해소했다는 이야기가 전해진다. 이처럼 매실은 단순한 식재료를 넘어 약용으로도 널리 활용되어 왔다.

매실은 숙성 정도에 따라 '청매'와 '황매'로 구분된다. 청매는 완전히 익어도 푸른 기운이 남아 있는 품종이며, 황매는 숙성되면서 누런빛을 띠게 된다. 매실을 식품으로 가공할 때는 주로 완전히 익지 않은 청매를 사용하는데, 이것은 가공 과정에서 독특한 풍미를 발휘하기 때문이다.

2) 성분 및 효능

매실은 구연산citric acid을 비롯한 사과산malic acid, 주석산tartaric acid 등의 유기산이 위장의 기능을 개선하고 소화작용을 촉진한다. 매실의 칼슘Ca, 칼륨K, 철Fe, 마그네슘Mg 등은 뼈 건강과 혈액 순환을 도우며, 비타민 A·B군·C·E를 풍부하게 함유하고 있어 면역력 강화, 피부건강 유지, 항산화 작용을 촉진하는 데 도움을 준다. 매실은 장건강에도 긍정적인 영향을 미쳐 변비예방에 효과적이다. 뿐만 아니라 매실의 피크르산picric acid은 간기능을 활성화하여 체내 노폐물의 배출을 도우며, 장내 유해균 증식을 억제하여 장건강을 증진하는 효과를 제공한다. 이렇게 다양한 영양 성분 때문에 매실은 건강유지뿐만 아니라 질병예방 및 치료목적으로도 활용되었다.

3) 선택 및 이용

청매는 짙은 녹색을 띠며 표면이 매끄러운 것이 이상적이고, 황매는 완전히 익어 노란빛이 감도는 것이 좋다. 매실은 크기가 균일하고 손상된 부분이 없는 것을 선택해야 하며, 신선한 매실은 은은한 향이 나는 것이 특징이다. 너무 강한 향이 나거나 신맛이 과도하게 느껴지면 숙성이 진행된 것이므로 주의해야 한다. 매실을 가공용으로 사용할 경우에는 단단한 매실을 선택하는 것이 좋으며, 지나치게 무른 매실은 부패가 빠르게 진행될 수 있다.

매실은 일반적으로 생식보다는 가공하여 소비되고 있으며, 가공형태로는 매실즙, 매실장아찌, 매실장, 매실고추장, 매실잼, 매실주 및 매실엑기스 등이 있다. 이러한 가공품들은 매실의 신맛과 독특한 향을 살리면서 보관기간을 늘리고 활용성을 높이는 역할을 한다. 매실엑기스의 경우 여러 음식에 첨가할 수 있어 음료, 소스, 드레싱 등으로 널리 활용된다. 또한 매실은 일본의 우메보시梅干(절임 매실)와 유사한 방식으로 제조되어 일본과 한국에서 밥반찬이나 조미료로 이용한다.

우메보시

5. 살구

1) 특징

살구apricot, *Prunus armeniaca*의 원산지는 중국 동북부 지역으로 알려져 있으며, 이후 중앙아시아와 유럽으로 전파되었다. 살구의 최대 생산지역은 미국 캘리포니아로, 기후조건이 살구 재배에 적합하다. 국내에서는 경상북도와 충청남도에서 살구가 재배되고 있으며, 이들 지역은 온난한 기후와 적절한 강수량을 갖추고 있어 살구나무가 잘 자랄 수 있는 환경을 제공한다.

살구

2) 성분 및 효능

살구는 과육이 약 90%를 차지하고 있으며, 포도당과 과당을 비롯한 당질이 풍부하게 함유되어 있다. 살구 과육의 황색 색소는 카로티노이드류에 속하는 베타카로틴

β-carotene과 라이코펜lycopene으로, 항산화 작용을 통해 건강 유지에 중요한 역할을 한다. 살구는 비타민 A의 함량이 비교적 높다. 피부건강과 시력보호에 기여하고 있으나 비타민 C의 함량은 상대적으로 낮아 다른 영양소와 함께 섭취하는 것이 좋다.

살구의 종자는 행인杏仁, apricot kernel이라고도 불리며, 단백질과 지질, 인P 등을 풍부하게 함유하고 있다. 특히 행인에는 독성물질인 아미그달린amygdalin이 약 3% 정도 포함되어 있어 과다섭취 시 주의가 필요하다. 한방에서는 행인이 해열, 진해 및 거담 등의 효능이 있어 기침, 천식, 기관지염, 인후염, 급성 폐렴 등의 치료에 사용되어 왔다. 또한 행인에 포함된 지질성분은 피부를 촉촉하고 윤기 있게 유지하는 데 도움을 주며, 기미와 주근깨를 완화하는 효과가 있다고 알려져 있다.

3) 선택 및 이용

살구는 과육이 노란색으로 변하고 점차 물러지기 시작할 때 수확하는 것이 적절하다. 그러나 품종에 따라 익는 정도가 다를 수 있어, 완숙기를 신중하게 판단하여 수확하는 것이 중요하다. 일부 품종은 자연적으로 잘 익지 않기 때문에, 수확 시기를 조정하여 최적의 숙성 상태에서 채취해야 한다.

살구는 생으로 섭취할 수 있을 뿐만 아니라 잼, 통조림, 넥타(살구즙), 건조살구, 냉동살구 등으로 가공할 수 있다. 살구잼은 풍부한 당분과 유기산을 함유하여 디저트와 베이킹 재료로 활용되며, 살구통조림은 장기간 저장이 가능하여 간편한 소비가 가능하다. 넥타는 살구즙을 농축하여 만든 음료로, 자연적인 단맛과 향을 유지할 수 있다. 또한 건조살구는 수분을 제거하여 보관성을 높인 형태로, 견과류와 함께 섭취하거나 요리 재료로 사용될 수 있으며, 냉동살구는 신선한 상태를 유지하며 계절과 관계없이 다양한 요리에 활용될 수 있다.

6. 체리

1) 특징

체리cherry, *Prunus serrulata*는 동양종과 서양종으로 구분되며, 동양종 체리prunus pseudocerasus는 중국이 원산지로, 열매의 크기가 작고 품질이 좋지 않아 과수로서의 경제적 가치가 낮다. 반면, 서양종 체리prunus avium는 유럽이 원산지로, 열매가 비교적 크고 품질이 뛰어나 식용 및 상업적 재배에 적합하다. 서양종 체리는 다시 단체리sweet cherry와 신체리sour cherry로 분류되는데, 단체리는 당도가 높아 생식용으로, 신체리는 신맛이 강하여 주로 가공용으로 활용된다.

체리

오늘날 전 세계에서 주로 재배되는 체리는 서양종 체리로 대표적인 생산국은 미국, 튀르키예, 이탈리아 등이다.

2) 성분 및 효능

체리는 대표적인 여름 제철 과일로, 100 g당 약 60 kcal의 에너지를 가지고 있으며, 혈당지수Glycemic Index, GI가 낮아 다이어트 식단에서 건강한 간식으로 활용될 수 있다. 체리는 항산화 물질인 안토시아닌anthocyanin을 풍부하게 함유하고 있어 세포 산화를 억제하고 노화방지 및 피부건강 유지에 기여한다. 또한 체리는 생체리듬을 조절하는 멜라토닌melatonin 성분을 함유하고 있어 불면증 완화에 도움을 줄 수 있다. 특히 여름철 열대야로 숙면을 취하기 어려운 경우, 체리를 섭취하면 수면호르몬의 분비를 촉진하여 양질의 수면 환경을 조성할수 있다.

3) 선택 및 이용

신선한 체리를 선택할 때는 꼭지가 녹색이고 과실이 단단하며, 표면에 광택이 있는 것을 고르는 것이 좋다. 체리는 풍부한 과즙과 특유의 새콤달콤한 맛을 그대로 즐길 수 있도록 생으로 섭취하는 것이 가장 좋으며, 특히 6월에 수확한 체리는 당도와 영양 성분이 가장 풍부하여 최적의 맛을 제공한다.

체리는 보관방법에 따라 품질유지 기간이 달라질 수 있으며, 수분을 흡수하는 성질이 강하기 때문에 건조한 상태에서 보관하는 것이 좋다. 체리는 세척한 후 물기를 완전히 제거하여 냉동보관하면 오랫동안 신선도를 유지할 수 있으며, 필요할 때 해동하여 사용할 수 있다.

체리는 보존성이 낮아 통조림, 병조림 등 다양한 가공품으로 활용된다. 체리는 주스, 과실주, 잼, 젤리 등의 원료로도 사용되며, 디저트 및 케이크의 장식용으로도 널리 이용된다. 이러한 가공 과정을 통해 체리는 장기간 보관할 수 있으며, 다양한 요리와 음료에 적용할 수 있는 과일로 활용성이 높다.

과채류

1. 수박

1) 특징

수박

수박watermelon, *Citrullus lanatus*은 박과Cucurbitaceae에 속하는 일년생 덩굴초본으로, 열매의 크기가 크고 둥근 형태를 띤다. 수박의 원산지는 열대 아프리카로, 기원전 200년경부터 고대 이집트에서 재배되었다는 기록이 남아 있으며, 당시 이집트인들은 수박을 식량 및 수분 공급원으로 활용한 근거가 벽화와 문서에서 확인되었다.

수박의 껍질은 녹색 바탕에 검은 줄무늬가 있는 것과 없는 것으로 구분되며, 과육의 색상은 적색, 황색, 백색으로 다양하다. 수박은 타원형과 원형이 있으며, 최근에는 씨 없는 품종도 널리 재배되고 있다.

국내의 대표적인 수박산지는 무등산과 고창이다. 무등산수박은 크기가 크고 단맛이 강한 특징을 지니며, 고창수박은 고창지역 특유의 토양과 기후조건 때문에 높은 당도와 아삭한 식감이 있다.

2) 성분 및 효능

수박은 수분함량이 89~91%로 매우 높으며, 나머지 성분은 당질로 구성되어 있다. 주요 당질은 자당(설탕)이 70%, 포도당이 20%로, 체내에서 빠르게 흡수되어 피로회복에 효과적이다. 특히 씨 주변과 태양빛을 많이 받은 부위의 당도가 높아 더욱 달콤한 맛을 느낄 수 있다.

수박은 무기질 중 칼륨K을 풍부하게 함유하고 있어 체내 전해질 균형을 조절하고 혈압관리에 도움을 줄 수 있다. 또한 시트룰린citrulline이라는 아미노산을 포함하고 있어 이뇨작용을 촉진하여 신장건강에 도움을 준다. 수박에는 비타민 B_1 · B_2 · C가 포함되어 있으나 그 함량은 상대적으로 적은 편이다. 수박의 적색색소는 라이코펜lycopene이며, 이는 강력한 항산화 물질로 세포보호 및 심혈관건강 개선에 도움을 줄 수 있다.

3) 선택 및 이용

수박은 익어도 다른 과채류처럼 눈에 띄는 외관 변화가 없어 색깔이나 향기만으로 숙성도를 구별하기 어렵다. 따라서 숙성 여부를 판단할 때는 껍질의 파란 줄무늬가 뚜렷하고 선이 진하며, 횡무늬의 중간 부분이 단절된 것인지 확인한다. 또한 꼭지 부위에 골이 생기고 줄기가 싱싱한 상태일수록 잘 익은 수박일 가능성이 높다.

수박을 손바닥 전체로 두드렸을 때 탁한 소리가 아닌 청명한 소리가 나는 것이 좋으며, 크기에 비해 상대적으로 가볍게 느껴지는 것이 '상上품'으로 평가된다. 당도가 높은 수박을 고르기 위해서는 배꼽 부분이 작을수록 아삭한 식감을 유지하며, 꼭지 부분이 너무 움푹 들어간 것은 껍질이 두껍고 질긴 경우가 많아 주의가 필요하다.

수박을 신선하게 보관하려면 저온을 피하고 10℃ 이상의 온도에서 보관하는 것이 좋다. 일반적으로 상온에서 직사광선을 피하여 저장하는 것이 좋으며, 너무 낮은 온도에서는 조직이 손상될 수 있다.

수박은 생식 외에도 화채, 속껍질을 활용한 생채, 깍두기, 정과 및 절임 등으로 가공하여 다양한 요리에 이용된다. 중국에서는 수박씨를 소금과 오향을 넣고 기름에 볶아 간식으로 섭취하기도 한다.

2. 딸기

딸기

1) 특징

딸기strawberry, *Fragaria grandiflora*는 크게 초본류와 나무딸기류로 구분된다. 일반적으로 우리가 흔히 접하는 딸기는 넝쿨형 초본에 속하며, 복분자*Rubus coreanus*는 베리류에 속하는 나무딸기로 분류된다.

현재 널리 재배되는 딸기는 17세기 중반에 북아메리카의 버지니아 딸기*Fragaria virginiana*와 남아메리카 칠레 딸기*Fragaria chiloensis*를 교잡하여 계량한 품종에서 유래하였다. 이후 다양한 품종이 개발되면서 상업적 재배가 확산되었다.

초본류 딸기는 흔히 빨간색 과육을 가지며, 이에 반해 나무딸기류에는 블랙베리*Rubus fruticosus*, 블루베리*Vaccinium* spp., 라즈베리*Rubus idaeus*, 크랜베리*Vaccinium macrocarpon*, 멀베리*Morus* spp. 등이 포함된다.

2) 성분 및 효능

딸기의 주요 당질은 과당, 포도당, 자당(설탕)으로, 이들 당질은 딸기의 단맛을 형성하는 중요한 요소이다. 또한 사과산, 구연산, 주석산 등의 유기산을 포함하고 있어 특유의 신맛을 제공하며, 신진대사를 돕고 소화기능을 촉진하는 역할을 한다.

딸기는 다른 과일과 비교했을 때 상대적으로 많은 비타민 C를 함유하고 있다. 이는 항산화 작용을 강화하여 면역력 증진과 피부건강 유지에 도움을 줄 수 있다.

딸기의 적색색소는 안토시아닌antocyanin 계열에 속하는 칼리스테핀callistephin이며, 이 물질은 항산화 작용을 하여 세포보호 및 항염효과를 발휘할 수 있다. 딸기의 표면에는 흑색의 작은 씨가 존재하며, 이것은 식물의 번식기관으로 중요한 역할을 한다.

3) 선택 및 이용

딸기의 과육은 단단하면서도 윤기가 나는 빨간색을 띠는 것이 신선하며, 꼭지는 생생한 녹색을 유지하고 단단히 붙어 있는 것이 좋다. 딸기를 저장할 때는 과실 내부의 수분증발을 최소화하기 위해 꼭지를 제거하지 않은 상태에서 랩을 씌워 냉장 보관하는 것이 바람직하다.

딸기는 수분을 흡수하는 성질이 있어 물이 닿으면 쉽게 곰팡이가 발생하여 품질이 저하될 수 있다. 또한 딸기를 섭취하기 전 세척할 때는 비타민 C가 손실될 수 있으므로 꼭지를 제거하지 않고 소금물로 빠르게 헹구는 것이 효과적이다.

딸기는 잼, 젤리, 빙과류, 딸기 술, 넥타, 과자 등의 원료로 널리 활용된다. 특히 펙틴pectin이 풍부하게 함유되어 있어 젤리 형태로 응고되는 성질을 이용하여 딸기 잼으로 가공한다.

더 알아보기

나무딸기류(베리)의종류

① 블랙베리blackberry, *Rubus coreanus*

복분자는 장미과rosaceae에 속하는 관목성 열매로, 우리나라에서는 흔히 '복분자'라고 불린다. 한국, 중국, 일본에서 재배되며, 열매가 익기 전에는 붉은색을 띠지만 완전히 숙성되면 검은색으로 변한다. 복분자는 동아시아 지역에서 오랜 기간 질병 치료 및 예방 목적으로 활용되어 왔다. 특히 복분자에는 안토시아닌이 풍부하게 포함되어 있어 항암, 항염, 항산화 활성과 관련된 연구가 진행되고 있다. 그러나 안토시아닌은 빛과 열에 민감하여 저장안정성이 낮아, 천연색소로서의 산업적 활용 가능성이 높음에도 불구하고 실질적인 이용에는 어려움이 있다. 블랙베리는 잼, 주스, 아이스크림, 시럽, 와인 등으로 가공되며, 제과 및 발효 유제품에 첨가되는 등 매우 다양한 용도로 활용되고 있다.

② 라즈베리raspberry, *Rubus ideaus*

라즈베리는 장미과 관목에서 열리는 산딸기류 열매로, 일반적으로 빨간색을 띠는 것이 대부분이지만 검은색, 자주색, 노란색 등 다양한 색상을 가진 품종도 존재한다. 라즈베리에는 케톤raspberry ketone 성분이 함유되어 있으며, 이는 지질 분해 촉진 및 지질 흡수 억제 작용이 있다고 알려져 있다. 이러한 특성으로 인해 일본에서는 다이어트 제품의 원료로 널리 활용되고 있다. 현재 유럽종 라즈베리가 널리 재배되고 있으며, 주로 주스, 제과, 와인, 아이스크림 제조에 사용된다. 특히 와인 및 디저트 재료로 많이 활용된다.

③ 커런트currant, blackcurrant, redcurrant, *Ribes nigrum*

커런트는 색깔에 따라 레드커런트, 블랙커런트 등으로 구분되며, 관목에서 자라는 작고 둥근 형태의 열매를 의미한다. 일반적으로 빨간색, 검은색, 흰색 등 다양한 색상의 품종이 존재하며, 각각 독특한 풍미를 가지고 있다. 커런트는 북미와 유럽에서 주로 재배되며, 국내에는 수입을 통해 공급된다. 커런트는 제과, 음료 및 다양한 식품가공 재료로 활용되며, 특히 잼, 젤리, 주스, 와인 등의 원료로 많이 사용된다. 커런트의 맛은 포도와 딸기의 중간 정도의 신맛과 강한 특유의 향을 지닌 것이 특징이다. 블랙커런트는 특히 향이 강하며, 레드커런트는 신맛이 더 두드러지는 경향이 있다.

④ 크랜베리cranberry, *Vaccinium macarocarpon*

크랜베리에 속하는 관목에서 열리는 붉은색 열매로, 꽃의 모양이 두루미crane의 부리를 닮아 크랜베리라는 이름이 붙었다. 크랜베리는 주스, 사탕, 젤리, 통조림 등의 다양한 가공품으로 활용되며, 생과는 신맛이 강하지만 가공과정을 거치면 신맛이 완화된다. 또한 특유의 상큼한 과일 맛을 지니고 있어 소스로 만들면 육류 요리와 잘 어울리는 특징을 가진다. 크랜베리 주스와 건조 크랜베리는 요로감염 예방 및 배변활동 개선에 도움을 줄 수 있다. 특히 크랜베리에 함유된 프로안토시아니딘proanthocyanidins, PACs의 성분은 대장균이 방광 벽에 부착되는 것을 방해하여 요로감염 예방에 효과적인 것으로 알려져 있다.

⑤ 블루베리blueberry, *Vaccinium* spp.

블루베리는 진달래과ericaceae에 속하는 관목에서 자라는 검푸른 자주색 열매로, 원산지는 북미 지역이다. 과거 북미 원주민들은 블루베리를 약용으로 활용하였으며, 20세기부터 미국에서 품종 개량이 이루어져 현재 널리 소비되는 블루베리가 탄생하였다. 블루베리는 관목 줄기 끝에 다래처럼 뭉쳐서 열리는 형태를 가지며, 새콤달콤한 특유의 맛이 있다. 과실은 파란색에서 남색을 띠며, 이러한 색상은 안토시아닌과 프로안토시아니딘proanthocyanidin 색소에 의해 형성된다. 이들 색소는 강력한 항산화 작용을 통해 노화방지, 시력회복, 안구건조증 완화 등의 효능을 제공한다. 또한 블루베리에는 프테로스틸벤pterostilbene 성분이 포함되어 있으며, 이는 혈중 콜레스테롤을 효과적으로 감소시키는 역할을 한다. 이러한 특성 덕분에 블루베리는 심혈관 건강개선 및 대사기능 조절에 도움을 줄 수 있다. 블루베리는 고급 파이, 제과 · 제빵, 아이스크림, 요구르트, 사탕 등 다양한 가공품으로 활용되며, 생과 뿐만 아니라 잼, 주스, 건조 블루베리 등의 형태로도 소비된다.

⑥ 멀베리mulberry, *Morus nigra*

멀베리는 뽕나무과Moraceae에 속하는 열매로 '오디'라고 불린다. 한약재로 널리 활용되고 있으며 강장효과가 있는 것으로 알려져 있다. 오디는 빨간색에서 점차 검붉은색으로 숙성되며, 신맛이 강하고 단맛은 상대적으로 약하지만 특유의 풍미를 지니고 있어 파이 및 제과 재료로 활용한다. 동의보감에서는 오디를 '상심자桑椹子'라고 하며, 늙지 않는 약으로 설명될 만큼 효능이 뛰어난 것으로 알려져 있다. 오디는 노화억제, 망막장애 치료, 시력개선, 지질 산화 지연 및 변비예방에 효과적인 것으로 알려져 있으며, 항산화 성분인 안토시아닌이 풍부하게 함유되어 있어 세포보호 및 항염작용을 돕는다. 또한 프로안토시아니딘proanthocyanidin 성분이 포함되어 있어 혈관 건강 개선 및 면역력 강화에 기여할 수 있다. 오디는 생과로 섭취할 수 있을 뿐만 아니라 잼, 주스, 아이스크림, 시럽, 와인 등으로 가공되며, 제과 및 발효 유제품에도 첨가되고 있다.

3. 참외와 멜론

1) 특징

참외

멜론

참외Oriental melon, *Cucumis melon*는 박과Cucurbitaceae 오이속*Cucumis*에 속하며, 크게 서양계와 동아시아계로 나뉘며 여름철 대표적인 과채류로 분류하기도 한다. 원산지는 동아프리카로 알려져 있으며, 국내에는 삼국시대에 만주를 거쳐 도입된 것으로 추정되며, 현재는 경북 성주와 경남 진주가 주산지이다.

멜론melon, *Cucumis melon*은 단맛이 나는 머스크멜론muskmelon과 유럽으로 전파된 서양계 참외인 캔털루프cantaloupe 종이 포함된다. 동양계 참외는 외피가 백색 내지 황색을 띠며, 매끈하고 골이 있는 형태를 보이며, 과육은 대부분 희고 육질이 연한 특징을 가진다.

2) 성분 및 효능

참외는 수분함량이 87% 이상에 달하며, 당질을 10% 정도 함유하여 강한 향과 단맛을 가진다. 참외의 주성분인 당질은 숙성과 함께 함량이 증가하여 감미도가 더욱 높아진다. 무기질 중 칼륨K은 사과보다 2~3배 많은데, 이것은 나트륨Na 배출을 돕고 혈압을 낮추는 역할을 하며, 비타민 C와 베타카로틴도 함유되어 있어 활성산소를 제거하여 항산화 작용을 돕고 면역력을 강화한다.

또한 참외의 꼭지 부분에는 쿠쿠르비타신cucurbitacin이라는 성분이 존재하여 쓴맛을 내는데, 참외가 숙성할수록 함량은 줄어든다. 참외의 높은 수분함량은 이뇨 및 배설 작용을 돕고, 신체의 수분균형 유지에도 기여할 수 있다.

3) 선택 및 이용

참외는 주로 생식하며, 선택할 때는 육질이 단단하고 선명한 노란색을 띠며, 골이 깊이 파인 것이 품질이 좋다.

멜론은 꼭지 반대쪽을 눌렀을 때 약간 들어가는 것이 좋다. 또한 줄무늬가 고르고 촘촘한 것이 숙성이 잘된 멜론이다. 멜론을 너무 낮은 온도에서 장기간 보관하면 단맛이 감소할 수 있으므로, 냉장고에서 오래 보관하지 않는 것이 좋다.

장과류

1. 포도

거봉과 머루포도

청포도

1) 특징

포도grape, *Vitis vinifera*는 포도과Vitaceae에 속하는 덩굴성 나무의 열매로, 수천 종의 다양한 품종이 존재한다. 포도의 원산지는 카스피해 남부와 서아시아로 알려져 있으며, 아시아로 전파되어 발전한 유럽종과 아메리카 대륙에서 자생한 미국종으로 크게 구분된다.

포도는 세계 여러 지역에서 널리 재배되는 과일로, 국내에서는 캠벨얼리campbell early 품종이 대표적으로 재배되며, 국내 주요 산지로는 충남, 충북 영동, 경북 경산·영천 등이 있으며, 이 지역에서 고품질의 포도를 생산한다.

과거에는 생식용 포도 품종만을 주로 재배했지만, 최근에는 가공품에 대한 수요가 증가하면서 포도주, 건포도, 주스 등 다양한 형태로 활용되는 가공 겸용 포도 품종의 재배도 증가하고 있다.

표 6-7 포도의 품종별 특성

품종	특성
캠벨얼리 Campbell early	국내에서 가장 많이 재배되는 품종으로 새콤달콤한 맛이 특징이다. 껍질과 씨에 영양이 풍부하므로 생으로 함께 씹어 먹는 것이 좋다.
거봉巨峰	늦은 여름인 9월이 제철로 다른 포도에 비해 알이 크고 가장 맛이 좋다. 단맛이 강하고 육질이 연하며 과즙이 많으나, 껍질이 두껍고 씨가 크고 단단하여 껍질과 씨를 함께 씹어 먹기는 어렵다.
델라웨어Delaware	알과 송이가 작으며 다른 포도에 비해 단맛이 많고 신맛이 적다. 씨가 단단하지 않고 작아서 씹어 먹기에 좋으나 가격이 비싸다.
머루포도	과육의 당도가 20Brix에 달하고 육질은 점질이고 즙이 많은 종이다.
청포도	껍질과 과육이 푸른빛을 띠며 신맛보다 단맛이 풍부하다.

2) 성분 및 효능

포도의 당질은 포도당과 과당으로 구성되어 있어 체내 흡수가 빠르며, 에너지원으로 쉽게 전환되어 피로 회복에 효과적이다. 포도에는 주석산, 사과산과 같은 유기산이 포함되어 있으며, 색소는 안토시아닌계 색소로 페투니딘petunidin, 말빈malvin, 페오닌peonin 등을 함유하고 있다. 비타민 함량은 낮은 수준이고 무기질은 인P이 많다.

예로부터 포도는 치료요법으로 널리 활용되어 왔으며, 특히 마그네슘Mg이 풍부하여 장운동을 원활하게 하는 데 도움을 준다. 또한 최근 포도에 함유된 폴리페놀polyphenol 중 하나인 레스베라트롤resveratrol이 강력한 항산화 및 항암 성분으로 보고되면서 건강기능성 과일로 인식되고 있다. 포도로 만든 적포도주를 섭취하면 폴리페놀을 효과적으로 얻을 수 있으며, 포도씨에는 약 20%의 지질이 함유되어 있어 포도씨유로 활용된다. 포도씨에는 시토스테롤sitosterol과 토코페롤tocopherol 등의 성분이 포함되어 있어 건강에 긍정적인 영향을 주고 있다.

3) 선택 및 이용

포도는 껍질에 하얀 분이 고루 묻어 있으며, 알이 굵고 송이의 크기가 적당한 것이 신선하다. 포도송이는 가장 위쪽이 달고 아래로 내려갈수록 신맛이 강하므로, 구입할 때는 가장 아래쪽 포도를 먹어 본다. 또한 포도를 깨끗이 씻으려면 약간의 식초물에 담가 놓거나 소금을 풀어 씻은 다음 흐르는 물에 헹군다.

포도는 생식으로 이용하며, 당질이 많고 색소 및 방향 성분이 있어 그 과즙을 발효시켜 포도주 제조에 많이 이용한다. 씨가 없는 품종은 건조시켜 건포도를 만들고, 큰 알맹이는 시럽, 통조림을 만드는 데 이용한다. 이 밖에 과즙을 착즙하여 주스, 잼, 젤리를 만든다.

2. 무화과

1) 특징

무화과

무화과fig, *Ficus carica*는 뽕나무과Moraceae에 속하는 나무로, 꽃받침이 처음부터 열매 모양으로 돋아 그대로 열매가 되기 때문에 '무화과'라고 부르며, 서남아시아가 원산지이다. 국내에서는 전라남도 영암이 국내 총 생산량의 70% 이상을 차지하며, 일부 제주도 지방에서도 재배되고 있다.

2) 성분 및 효능

무화과는 수분함량이 비교적 적고, 포도당과 과당이 14.3%로 풍부하여 장내에서 빠르게 흡수되어 체내 에너지원으로 곧바로 전환된다. 무화과의 비타민 함량은 낮은 수준이고, 무기질인 칼슘Ca이 많이 함유되어 있다. 또한 펙틴pectin과 당단백질인 뮤신mucin을 함유하고 있어 장내에서 변통을 원활하게 하는 데 도움을 준다.

3) 선택 및 이용

무화과는 잘 익으면 연시처럼 말랑말랑하며, 반으로 자르면 단물이 흘러내릴 정도로 수분이 풍부하다. 저장기간이 짧기 때문에 여러 단계의 유통과정을 거친 것보다 산지직송 형태로 구입하는 것이 신선도를 유지하는 데 유리하다.

유럽과 미국에서는 건과형태로 많이 활용되며, 우리나라와 일본에서는 주로 생과로 섭취한다. 무화과는 저장기간이 짧아 건조하여 보관하기도 하며, 통조림, 잼, 술, 프리저브, 푸딩, 양갱 등의 원료로 사용된다.

무화과의 과육과 잎에는 피신ficin 성분이 함유되어 있어 질긴 쇠고기 등과 함께 요리하면 연육효과를 나타내고, 고기를 섭취한 후 먹으면 소화작용을 돕는다. 서양요리에서는 오리고기와 곁들여 제공하기도 하며, 후식으로도 다양하게 활용된다.

열대과일

1. 바나나

1) 특징

바나나banana, *Musa* spp.의 원산지는 열대 아시아로 알려져 있으며, 국내에서는 과거 제주도에서도 생산되었으나, 최근 필리핀, 미국 등지에서 외국산이 수입되면서 국내 재배면적이 크게 줄어들었다. 바나나는 생식용 바나나와 요리용 바나나로 구분할 수 있다.

바나나

바나나는 색상과 크기에 따라 다양한 품종이 존재하며, 노란색, 연한 갈색, 주홍색 등 여러 색상을 띠고 있다. 크기는 엄지손가락만 한 작은 품종부터 30 cm가 넘는 대형 품종까지 다양하다. 대표적인 품종으로는 레드 바나나, 플래틴 바나나, 부로 바나나, 아마스 바나나, 멍키 바나나 등이 있으며, 전 세계적으로 400여 종이 있다.

2) 성분 및 효능

바나나의 과육은 주로 당질로 구성되어 있으며, 맥아당maltose과 포도당glucose을 함유하고 있다. 바나나는 완숙이 진행됨에 따라 전분 함량은 감소하는 반면, 당 함량은 증가하여 더욱 달콤한 맛을 띠게 된다.

바나나는 당질 함량이 높아 짧은 시간에 에너지로 전환되고, 쉽게 소화 · 흡수되며, 무기질과 비타민도 비교적 풍부하여 소화기 장애가 있는 사람이나 회복기 환자에게 좋은 식품으로 알려져 있다. 미숙한 바나나는 프로토펙틴protopectin을 포함하고 있으나, 완숙이 진행됨에 따라 펙틴pectin, 펙틴산pectic acid 등으로 변화하여 과육이 더욱 부드러워진다. 바나나는 너무 익거나 상처가 나면 흑갈색으로 변하는데, 이것은 아미노산인 티로신tyrosine이 티로시네이스tyrosinase에 의해 멜라닌 색소를 생성하기 때문이다.

3) 선택 및 이용

바나나는 노란색이 선명하고 갈색 반점(슈가스팟)이 약간 있는 것이 당도가 높아 바로 섭취하기 좋다. 보관해 두고 천천히 먹을 경우에는 푸른빛이 도는 바나나를 구매하여 후숙시켜 섭취하는 것이 적절하다. 덜 익었을 때 수확한 바나나는 파란색에서 노란색으로 변하는 과정에서 떫은맛이 사라지고, 갈색반점(슈가스팟)이 증가하면서 당도가 높아지며 영양가도 풍부해진다. 또한 이소아밀알코올isoamyl alcohol, 이소아밀아세테이트isoamyl acetate 등의 방향성분이 생성되어 더욱 향기로워진다.

바나나는 과육이 부드러워 쉽게 물러지므로 13~16℃의 상온에서 최대한 바닥에 닿지 않도록 뒤집어 놓거나 전용걸이에 걸어 두는 것이 좋다. 바나나는 생식하거나 샐러드, 건조, 분말, 퓌레 등의 형태로 활용된다. 아프리카와 남아메리카 등지에서 생산되는 요리용 바나나는 기름에 튀기거나 삶거나 굽거나 찌는 방식으로 조리하여 섭취한다. 동남아시아에서는 바나나의 넓은 잎을 이용하여 음식을 싸서 찌거나 담는 용도로 활용하기도 한다.

2. 파인애플

1) 특징

파인애플pineapple, *Ananas comosus*은 다년생 상록초본으로, 열매는 원통형의 형태를 띠고 있다. 파인애플의 원산지는 아메리카 대륙의 열대지방으로 알려져 있으며, 국내에서는 1960년대부터 남제주군에서 재배되기 시작하였다.

파인애플

파인애플은 풍부한 과즙과 강한 단맛, 그리고 적당한 산도를 가지고 있어 식용으로 적합한 과일이다. 특히 신선한 파인애플은 생으로 섭취하거나 다양한 요리에 활용되며, 주스, 통조림, 디저트 등으로 가공되어 널리 소비되고 있다.

2) 성분 및 효능

파인애플의 과육은 즙이 풍부하며, 자당(설탕), 포도당glucose, 과당fructose 등의 당질을 많이 함유하고 있다. 또한 구연산citric acid, 사과산malic acid, 주석산tartaric acid 등의 유기산을 포함하여 산미가 조화를 이루며, 독특한 맛과 향을 제공한다. 비타민 C의 함량이 높고 무기질로는 칼륨K과 망간Mn이 다량 포함되어 있다.

생파인애플에는 브로멜린bromelain이라는 단백질분해효소가 들어 있어 육류의 연육제로 사용되며, 소화작용을 돕는 역할을 한다. 또한 파인애플은 변비 및 소화불량 개선에 효과적이며, 배변을 원활하게 하여 다이어트 식품으로도 유용하게 활용된다.

3) 선택 및 이용

파인애플은 왕관 모양의 머리 부분에 있는 잎이 짧고 단단하며 진한 녹색을 띠는 것이 신선하다. 파인애플 과육이 멍든 것은 품질이 떨어진 것이므로 피하는 게 좋다.

또한 파인애플은 껍질 색의 1/3이 녹색에서 노란색으로 변하고, 단 냄새가 나며, 손가락으로 눌렀을 때 말랑하지 않은 것이 맛이 뛰어나다. 파인애플의 달콤한 맛을 더욱 증가시키려면 왕관부분을 바닥으로 향하게 하고 거꾸로 세워 과즙이 골고루 퍼지도록 한다.

파인애플은 생식하는 경우가 많지만, 후숙 과정을 통해 당 성분의 함량을 증가시킬 수 있으므로 상온에서 보관하면서 익힌 후 냉장보관하는 것이 좋다. 후숙이 진행된 후에는 저장성이 급격히 떨어지므로 통조림으로 가공하거나 주스, 건과 등의 재료로 활용한다.

3. 파파야

파파야

1) 특징

파파야papaya, *Carica papaya*는 파파야과에 속하는 작물로 열대 아메리카와 아열대 지역이 원산지이다. 파파야의 열매는 긴 달걀 모양, 달걀을 거꾸로 세운 모양, 공 모양 등 다양한 형태를 가지며, 무게는 0.2~3 kg 정도로 신맛이 적고 단맛이 있으며 과육이 부드러워 선호도가 높은 과일이다.

파파야 껍질의 색깔은 익으면서 녹색을 띤 노란색에서 붉은색을 띤 노란색으로 변하고, 과육은 짙은 노란오렌지색에서 연어살색을 띤다. 파파야는 중앙의 큰 공간의 벽을 따라 둥글고 주름진 콩알만 한 검은 씨가 많이 붙어 있다.

2) 성분 및 효능

파파야에는 당질이 약 5~10% 함유되어 있으며 당성분은 과당과 자당(설탕)이다. 파파야는 강력한 항산화 성분인 비타민 C와 베타카로틴이 풍부하여 노화를 방지하며, 비타민 A의 함량 또한 높아 면역력 증강과 야맹증 및 약시 예방에 효과적이다. 또한 임산부에게 부족하기 쉬운 엽산을 다량 함유하고 있으며, 소화효소가 있어 식후 디저트로 적합하다.

3) 선택 및 이용

파파야는 볼륨감이 있고 껍질이 깨끗한 것을 고르는 것이 좋으며, 노란색을 띠면 먹을 때가 된 것이다. 파파야 열매는 많은 나라에서 아침식사로 이용되며, 샐러드,

파이, 셔벗, 주스, 잼과 젤리, 설탕에 절인 과자 등의 재료로 활용된다.

파파야의 잎과 어린 열매에 상처를 내어 추출하는 파파인papain은 단백질분해효소로서 고기와 함께 찌면 연육효과가 있으며, 익지 않은 열매는 소금에 절여 사용하고, 꽃과 속은 채소로 활용할 수 있다. 독특한 맛이 있는 파파야의 종자는 향신료로 사용된다.

4. 키위

1) 특징

키위

키위kiwi, *Actinidia chinensis planch*는 다랫나무과에 속하는 과일로 중국 남부지역이 원산지이며, 현재는 뉴질랜드에서 많은 양이 생산되고 있으며, 국내에서는 1977년 뉴질랜드에서 묘목이 전래되어 제주, 전남, 경남 지역에서 재배되고 있다. 키위라는 이름은 열매가 뉴질랜드에 서식하는 키위새와 비슷한 데서 유래하였으며, 국내에서 생산된 것은 '참다래', 수입된 것은 '양다래'라고 한다.

키위는 8~10월에 잘 익어 달걀 또는 원기둥 모양이 되며, 표면에 갈색 털이 많다. 키위 과육의 가운데 부분은 크림색, 둘레는 연한 녹색을 띠며, 깨알 같은 종자가 포함되어 있다. 키위의 종류로는 그린키위(참다래), 골드키위(금다래), 레드키위(홍다래) 등이 있다.

2) 성분 및 효능

키위는 우리가 즐겨 먹는 과일 중 영양소 밀도(1일 영양권장량에 대한 기여도)가 가장 높은 과일 중 하나이다. 키위는 당 함량이 약 6~7%로 후숙과정을 거치면 당 함량이 높아지고 유기산의 함량은 낮아진다. 키위는 하루에 두 개만으로도 비타민 C·E, 엽산, 마그네슘Mg, 칼륨K을 충분히 섭취할 수 있어 생활습관병 예방과 임산부의 엽산 공급, 성장기 어린이의 두뇌발달에 도움을 준다.

키위는 지질과 나트륨 성분이 적고, 식이섬유소와 칼륨K, 칼슘Ca이 풍부하여 변비예방, 다이어트, 콜레스테롤 저하에 효과적이다. 특히 비타민 C는 혈관의 노화를 방지하고, 스트레스 저항 호르몬인 코티손cortisone의 분비를 촉진하여 스트레스 해소에 도움을 주며, 멜라닌 색소 침착을 방지하여 기미와 검버섯의 생성을 억제하는 역할을 한다. 또한 루테인lutein과 제아잔틴zeaxanthin이 다량 함유되어 있어 눈질환을 예방할 수 있다.

3) 선택 및 이용

키위는 달걀 모양으로 손에 가볍게 쥐었을 때 느낌이 균등하고 전체적으로 약간 무른 것이 잘 익은 것이다. 키위가 대체로 딱딱한데 한 곳만 물렁하다면 상한 것이므로 피하는 것이 좋다. 키위를 선택할 때 손으로 눌러서 탄력 있게 들어가는 것이 후숙이 잘되어 향과 단맛이 좋은 상태이다. 반면, 돌같이 단단한 키위는 신맛이 강하고 향이 부족하여 맛이 좋지 않은데, 15~20℃의 상온에서 숙성시키면 산도는 감소하고 당도는 증가하여 더욱 맛있다.

키위의 껍질에는 폴리페놀과 다당류가 많이 포함되어 있으므로 물로 씻어 털을 제거하고 껍질째 섭취하는 것이 좋다. 또한 불에서 5분 정도 조리하면 이러한 성분들을 빠르게 흡수할 수 있다.

키위는 향기가 있어 주로 생식하며, 잼, 케이크, 아이스크림, 샐러드 드레싱 등의 재료로 활용된다. 키위에는 단백질 가수분해효소인 액티니딘actinidin이 포함되어 있어 육류조리 시 연육제로 이용할 수 있다. 다만, 연육효과가 강력하므로 너무 많은 양을 사용하거나 장시간 처리하면 지나치게 연화되어 오히려 맛을 해칠수 있으므로 주의해야 한다.

5. 아보카도

아보카도

1) 특징

아보카도avocado, *Persea americana*는 악어의 등처럼 울퉁불퉁한 껍질을 가지고 있어 '악어배'라고도 불린다. 아보카도의 원산지는 멕시코와 남아메리카이며, 현재는 미국의 캘리포니아와 플로리다, 중앙아메리카, 서인도제도 등지에서 널리 재배되고 있다.

아보카도의 열매는 녹갈색, 자줏빛을 띤 검은색 등 다양한 색상을 가지며, 둥글거나 타원모양으로 길이가 10~15 cm 정도이다. 아보카도의 과육은 버터처럼 부드러운 노란색을 띠며, 독특한 향을 가지고 있다.

2) 성분 및 효능

아보카도는 다른 열대 과일에 비해 지질 함량이 많아 '숲속의 버터'라고 불리며, 특히 에너지가 높은 과일이다.

아보카도는 다양한 무기질을 함유하고 있어 신진대사와 성장에 중요한 영향을 준다. 또한 단일 불포화지방산이 풍부하여 심혈관건강을 증진하고, 소화기건강 및 체중관리에도 도움을 줄 수 있다.

3) 선택 및 이용

아보카도는 자줏빛을 띤 검은색에 울퉁불퉁한 모양을 가지며, 손으로 살짝 눌렀을 때 부드럽게 눌러지고 흠집이 없는 것이 신선하다. 익지 않은 아보카도는 냉장고에 넣어서는 안 되며, 빨리 익히고 싶다면 알루미늄 포일이나 갈색 종이로 싸서 실온에 보관하는 것이 좋다. 아보카도를 절단한 후에는 절단면에 레몬즙을 바르고, 공기와 닿지 않도록 랩으로 포장하면 생생한 과육 색깔을 유지할 수 있다.

아보카도는 냉동실에 얼린 후 해동하면 흐물거리므로 냉동보관은 피하는 것이 좋다. 아보카도는 보통 완숙에 가까운 것을 수확하여 후숙시킨 후 생식하거나, 소스, 샐러드, 초밥 등의 재료로 사용하며, 크래커나 빵에 발라 먹거나 기름을 채취하기도 한다.

6. 망고

망고

1) 특징

망고mango, *Mangifera indica*는 말레이반도, 미얀마, 인도 북부가 원산지로 전 세계적으로 열대지방과 아열대지방에서 가장 많이 생산되는 열대 과수이다. 망고는 다년생 상록교목으로, 과피는 황색 또는 홍색을 띠며, 열매 중앙에는 긴 타원형의 핵이 있고 그 주위가 섬유질로 싸여 있다. 망고의 과육은 선명한 황색을 띠며 과즙이 많고 단맛이 강하다.

2) 성분 및 효능

망고는 당 함량이 약 13.5%로 주로 자당(설탕), 과당, 포도당이다. 망고는 갈산gallic acid을 함유하고 있어 장내에서 살균제 역할을 하며, 비타민 A의 급원인 베타카로틴이 풍부하여 세포기능을 활성화하고 면역력을 증진하는 데 도움을 준다. 또한 야맹증 예방 및 시력향상에도 효과적이다.

3) 선택 및 이용

망고를 선택할 때에는 표면에 주름과 검은 반점이 있는 것은 피하고, 통통하고 윤기가 나며 모양이 반듯한 것이 좋다. 망고는 냉장온도에서 쉽게 변질되므로 13~15℃의 상온에서 보관하는 것이 좋다.

망고는 생으로 섭취하거나 디저트 및 과자의 재료로 활용하며, 과육을 갈아 샐러드 드레싱, 소스, 수프 등을 만들거나 주스, 푸딩, 잼, 젤리, 아이스크림, 통조림 등의 재료로 사용된다. 망고의 종자는 약용하거나 분말로 식용하며, 산지에서는 덜 익은 망고를 야채와 볶거나 절여 먹기도 한다.

7. 리치

리치

리치litchi, *Litchi chinensis Sonn*는 상록교목인 여지나무의 열매로, 중국 남부가 원산지이다. 리치열매는 둥글고 지름이 약 3 cm이며, 겉에 돌기가 많아 우둘투둘하다. 리치의 껍질은 갈색으로 딱딱하지만 쉽게 벗겨질 수 있으며, 껍질을 벗기면 흰색의 과육이 드러난다. 과육은 달고 신맛이 나며 독특한 향을 가지고 있다.

리치에는 비타민 C와 폴리페놀 성분이 풍부하여 면역력 강화 및 피부건강에 도움을 줄 수 있다.

신선한 리치는 빨간색을 띠지만 시간이 지나면서 갈색으로 변한다. 리치는 주로 통조림으로 가공되며, 생과로도 섭취할 수 있다.

8. 두리안

두리안

두리안durian, *Durio zibethinus*은 동남아시아가 원산지이며, 열매의 지름이 약 30~40 cm 정도로 자라고, 가시로 덮인 두꺼운 껍질을 가지고 있다. 두리안의 속살은 흰색에서 붉은색까지 다양한 색상을 띠며, 생크림처럼 부드러운 질감과 독특한 향을 가지고 있다. 두리안은 '과일의 왕'이라고 불릴 만큼 풍부한 맛과 영양을 자랑하지만, 생과의 강한 냄새 때문에 기피하는 사람도 있다.

두리안은 비타민 C, 칼륨K, 항산화 성분이 풍부하여 면역력 강화, 소화기건강 증진, 혈압조절 등의 효능이 있는 것으로 알려져 있다.

9. 코코넛

코코넛

코코넛coconut, *Cocos nucifera*의 주산지는 말레이시아이며, 과피 색깔이 녹색이고 흔들었을 때 찰랑거리는 소리가 나는 것이 신선한 코코넛이다.

잘 익은 코코넛에는 지질, 단백질, 인P, 철Fe 등을 풍부하게 함유되어 있다. 코코넛 지방은 식물성 유지이지만 약 90%가 포화지방산으로 구성되어 있어 에너지가 높으므로 섭취 시 주의가 필요하다.

코코넛은 지용성 영양분의 흡수를 도와 면역력을 강화하며, 암의 발생·성장·전이를 억제하는 효능이 있다. 또한 남태평양 원주민 역학조사에서 코코넛 오일이 당뇨병과 심장병을 억제하는 것으로 나타났다. 일반 식용유지의 경우 소화과정에서 췌장 라이페이스나 담즙산이 필요하지만, 코코넛 오일은 중간사슬지방산으로 구성되어 있어 분해효소 없이도 쉽게 분해·흡수되어 신속한 에너지원으로 사용된다.

코코넛은 생으로 섭취하거나 과즙이 많아 음료로 이용되며, 열매 안쪽의 젤리상 과육은 그대로 먹거나 기름을 짜서 각종 요리의 소스와 식용유로 활용된다. 또한 비누, 화장품 제조에도 사용된다.

코코넛 열매를 감싸고 있는 섬유층은 카펫, 산업용 로프, 차량용 시트 등을 만드는 데 활용되며, 단단한 껍데기는 생활용품이나 공예품 재료로 사용된다.

10. 람부탄

람부탄

람부탄rambutan, *Nephlium lappaceum*은 말레이시아어로 '털이 있는 열매'라는 뜻을 가지며, 털모양의 돌기로 과피가 덮여 있어 이러한 이름이 붙었다. 람부탄의 열매는 10~12개씩 송이 형태로 달려 있으며, 타원형의 모양을 띤다. 람부탄의 과육은 하얀색이며, 과즙이 풍부하고 달콤하면서 신맛이 나는 특징이 있다.

람부탄은 비타민 C, 비타민 A, 철Fe, 칼슘Ca, 식이섬유가 풍부하여 면역력 강화, 소화개선, 피부건강 등에 긍정적인 영향을 미친다.

11. 용과

용과

용과dragon fruit, *Pitaya*는 선인장의 열매로, 용의 여의주 모양을 하고 있어 '용과'라는 이름이 붙었다. 용과는 중앙아메리카가 원산지이며, 아시아에서 주로 재배되고, 국내에서는 제주도에서 재배되고 있다.

용과의 품종에는 백육종, 적육종, 황색종이 있으며, 백육종은 붉은색 과피에 흰색 과육을 가지고 있어 바나나처럼 껍질을 벗겨 먹을 수 있다. 적육종은 과피와 과육이 모두 붉은색을 띠며, 황색종은 노란색 과피를 가진 품종이다.

용과는 칼륨K 함량이 많고, 무기질과 비타민이 풍부하여 항산화력이 높은 과일로 알려져 있다. 용과에 우유나 요구르트 등을 섞어 주스로 먹거나, 화채 또는 젤리를 만들 때 활용할 수 있다.

견과류

1. 밤

1) 특징

밤chestnut, *Castanea crenata*은 참나무과에 속하는 과실로, 아시아, 유럽, 북아메리카, 북아프리카 등이 원산지이다. 밤의 품종으로는 한국밤, 일본밤, 중국밤, 미국밤, 유럽밤 등이 있으며, 국내에서 재배하는 품종은 재래종 가운데 해충에 강한 우량종과 일본밤을 개량한 품종이 주를 이룬다. 한국밤은 서양밤에 비해 육질이 좋고 단맛이 강하여 우수한 종으로 꼽힌다.

밤

밤은 재배하는 데 많은 노력이 들지 않고 저장성이 좋으며, 수송이 용이하여 경사가 급한 지형이나 산간지방에서도 쉽게 재배할 수 있다. 국내에서는 중남부 지방에서 많이 생산되며, 연간 생산량은 약 10만 톤이다. 밤의 주요 산지는 충남 공주, 경남 산청군·하동군·함양군, 전남 광양군·보성군 등이 있으며, 8월 하순에서 10월 중순경 수확한다.

2) 성분 및 효능

밤은 당질이 33% 내외로 많고, 그중 약 50%가 전분이다. 당질로는 포도당과 자당(설탕) 외에도 펜토산과 덱스트린이 포함되어 있다. 무기질로는 칼륨K이 많고, 칼슘Ca, 인P, 철Fe도 적절히 함유되어 있다.

밤에는 비타민 A·B_1·C 등이 포함되어 있으며, 특히 견과류에서 부족한 비타민

C가 풍부하여 피로회복, 감기예방, 피부미용 등에 효과적이다. 생밤의 비타민 C는 알코올 산화를 도와주므로 술안주로도 적합하다. 또한 밤의 속껍질에는 소량의 탄닌이 포함되어 있어 떫은맛이 난다.

3) 선택 및 이용

밤은 알이 굵고 도톰하며 껍질에서 윤이 나는 것을 고르는 것이 좋으며, 저장할 때는 비닐봉지에 넣어 밀봉한 후 -1~0℃에서 보관하는 것이 적절하다.

밤은 생으로 섭취하거나 삶거나 구워서 섭취하며, 수분함량을 13% 정도로 건조시켜 당도가 높은 밤으로 즐길 수도 있다. 밤을 꿀과 설탕에 졸이거나 가루를 내어 죽 또는 이유식을 만들고, 통조림과 병조림, 술, 차 등으로 가공하여 먹는다.

마롱글라세

밤은 각종 과자와 빵, 떡의 재료로도 활용되며, 유럽에서는 밤을 설탕에 절여 프랑스식 과자인 마롱글라세marrons glacés에 많이 사용한다.

2. 호두

1) 특징

호두

호두walnut, *Juglans regia*는 가래나무과에 속하는 견과류로서 중국이 원산지이며, 국내에는 고려시대에 전파되었다. 현재는 미국 캘리포니아주에서 생산되는 호두가 전 세계 공급량의 약 60%를 차지한다.

재래종 호두는 껍질이 두껍고 단단하여 가식부 비율이 25%로 개량종 호두의 가식부 45%보다 적다. 한국산 호두는 껍질이 두껍지만 주름이 적어 품질이 우수한 것으로 평가된다.

2) 성분 및 효능

호두의 주요 성분은 식물성 지질로, 전체 함량의 약 72%를 차지한다. 단백질은 15.4% 정도로 이 중 글루텔린glutelin이 60%를 차지하고 있으며, 특히 필수아미노산인 트립토판tryptophan이 풍부하다. 호두는 불포화지방산의 일종인 오메가-3ω-3 지방산이 풍부하며, 알파-리놀렌산α-Linolenic Acid, ALA이 주성분을 이룬다. 이렇게 호두는 오메가-3 지방산, 단백질, 식이섬유가 풍부하여, 심혈관건강 개선, 뇌기능 향상, 체중관리, 당뇨병 예방 등에 효능이 있는 것으로 알려져 있다.

호두의 속껍질이 흑색을 띠는 것은 탄닌tannin 성분 때문이며, 탄닌은 항산화 작용을 통해 건강에 유익한 영향을 미칠 수 있다.

3) 선택 및 이용

호두는 모양이 원래 형태를 유지하고 부서진 알이 적으며, 껍질은 황갈색을 띠는 것이 이상적이며, 이물질이 섞이지 않는 것이 좋다. 알호두의 경우 속껍질이 노랗고 윤기가 있으며, 깨끗한 것이 좋은 품질의 기준이 된다.

호두 껍질을 쉽게 제거하기 위해서는 소금물에 약 7시간 정도 담근 후 껍질을 까는 방법이 효과적이다. 속껍질 역시 같은 소금물에 담갔다가 벗기면 알맹이가 부스러지지 않고 깨끗하게 떨어진다. 또 다른 방법으로는 끓인 식초 물에 잠깐 데친 후 이쑤시개를 이용해 속껍질을 걷어내면 더욱 쉽게 벗길 수 있다.

호두는 생으로 섭취하거나 호두떡, 호두과자 등 다양한 음식의 가공에 활용된다. 호두기름은 고급 요리에 사용되며, 향료, 화장품, 그림물감을 녹이는 용도로도 이용된다. 또한 필수지방산의 함량이 높아 돼지고기와 잘 어울리며, 특유의 향미 덕분에 아이스크림, 제과 등의 재료로도 널리 쓰이고 있다.

3. 잣

1) 특징

잣pine nut, *Pinus koraiensis*은 소나무과Pinaceae에 속하는 잣나무의 열매로 약 100여 종이 존재하며 북반구에 널리 분포하고 있다. 잣나무의 열매는 솔방울처럼 생긴 형태를 가지며, 방울 안에 씨앗이 들어 있다.

잣

국내에서는 경기도 가평, 양평, 포천과 강원도 춘천, 횡성, 홍천 등지에서 주로 생산되며, 지역 특성에 따라 품질과 맛의 차이가 나타날 수 있다. 잣은 해송자, 백자, 송자, 실백 등 다양한 이름으로 불리며, 오래전부터 식재료와 약재로 활용되어 왔다.

2) 성분 및 효능

잣은 지질 함량이 매우 높아 에너지가 높은 식품이다. 잣에 함유된 지질은 대부분 불포화지방산으로 주요 성분은 올레산oleic acid, 리놀레산linoleic acid, 리놀렌산linolenic acid이다. 비타민 B군 중 니아신niacin의 함량이 다른 과일류에 비해 많으며, 무기질로는 인P과 철Fe의 함량이 높아 빈혈예방 및 치료에 도움이 될 수 있다.

잣에는 흡수율이 좋은 철Fe의 함량이 많지만 칼슘Ca이 부족하여 산성식품으로 분류된다. 따라서 해조류나 우유처럼 칼슘 함량이 높은 식품과 함께 섭취하는 것이 바람직하다.

3) 선택 및 이용

잣은 특유의 잣나무 향과 송진 향을 지니며, 윤기와 광택이 있고 고소한 맛이 뛰어난 것이 좋다. 잣은 씨눈 덮개가 거의 없고 가루가 적으며, 신선한 것이 바람직하다. 잣은 0~20℃에서 약 30일 정도 보관할 수 있으나, 산패가 빠르게 진행되므로 껍질째 밀폐용기에 담아 냉동보관하는 것을 권장한다.

잣은 꼭지 부분의 고깔을 떼어 비늘잣이나 잣가루(잣소금) 형태로 가공하여 사용한다. 비늘잣은 잣을 반으로 갈라놓은 형태를 의미하며, 잣가루는 잣을 곱게 다져 만든 것이다. 잣가루를 만들 때는 반드시 도마 위에 종이나 한지를 깔고 칼로 다져야 잣의 기름기가 가루에 엉기는 것을 방지할 수 있다.

잣은 맛과 향이 뛰어나 생으로 섭취하거나 약용으로 활용할 수 있으며, 각종 요리의 고명, 떡(잡과병, 약식), 약과 등의 장식으로 널리 이용된다. 또한 잣죽과 잣막걸리의 재료로 사용되며, 풍미를 더하는 중요한 식재료로 평가된다.

4. 은행

1) 특징

은행

은행ginkgo nut, *Ginkgo biloba*은 중국 또는 한국이 원산지로 추정되며, 현재 세계 여러 국가에 널리 분포하고 있다. 국내에서 은행나무는 곰팡이와 해충에 강하며, 도심의 오염된 공기 속에서도 잘 자라기 때문에 아름다운 관상수로 활용되고 있다.

은행나무는 암수 딴그루로 존재하며, 10월경 암그루에 달린 열매가 황색으로 익는다. 은행은 은행나무의 씨부분이며, 외과피는 다육질로 특유의 강한 악취가 나는데, 이러한 껍질 덕분에 오랜 기간 저장이 가능하다.

2) 성분 및 효능

은행은 다른 견과류에 비해 전분 함량이 많으며, 글로불린이 풍부하고 아미노산 조성이 우수하다. 무기질로는 칼슘Ca과 인P이 다량 함유되어 있으며, 비타민 A·C와 니아신niacin도 적절히 포함되어 있다. 특히 니아신의 함량이 다른 과일류에 비해 높아 신진대사와 혈액순환에 도움이 될 수 있다.

은행은 청산배당체를 함유하고 있어 생으로 섭취하거나 과량 섭취할 경우 복통, 구토, 발열 등의 중독 증상을 유발할 수 있다. 한방에서는 껍질을 벗겨 말린 은행을 '백과白果'라 하며, 진해·거담 효능이 있어 기침, 천식, 유정遺精, 소변의 백탁, 잦은 소변 등의 치료에 사용되어 왔다.

또한 은행잎에는 징코라이드ginkgolide A, B, C 등의 성분이 포함되어 있어 말초혈관장애와 노인성치매 치료 및 예방에 활용되고 있다.

3) 선택 및 이용

은행은 외종피를 제거한 후, 껍질 안의 황록색을 띤 배유조직을 식용한다. 깐 은행은 알이 고르고 깨끗하며 은행 특유의 향이 나는 것이 좋다.

은행은 굽거나 가열하면 독성이 감소하며 노란색으로 변하면서 독특한 풍미가 형성된다. 은행의 속껍질을 쉽게 제거하는 방법으로 기름을 약간 두른 팬에 은행을 볶으면서 물엿을 넣으면 껍질이 저절로 벗겨지고 서로 엉기는 특징이 있다. 또 다른 방법으로는 은행이 잠길 정도로 물을 붓고 삶으면서 국자 바닥의 곡면으로 굴리듯 밀면 속껍질이 간편하게 벗겨진다.

은행은 볶아서 그대로 섭취하거나 술안주로 이용하며, 신선로, 전골, 찜 등의 다양한 요리에서 고명으로 활용한다.

피스타치오

5. 피스타치오

피스타치오pistachio, *Pistachia vera*는 서아시아가 원산지로, 약 4,000년 전부터 지중해 연안에서 재배되어 온 견과류이다. 피스타치오는 단단한 껍질로 씨앗을 감싸고 있으며, 크기는 약 1.5 cm 정도로 달걀 모양을 하고 있다.

피스타치오는 과육을 제거한 후 흰 내과피가 남은 형태로 식용된다. 피스타치오는 생으로 섭취하거나 다양한 요리 및 디저트 재료로 사용되며, 특히 과자, 아이스크림 등에 널리 활용된다.

마카다미아

6. 마카다미아

마카다미아macadamia, *Macadamia tenuifolia*의 열매는 담백하고 고소한 맛을 지니며, 높은 에너지를 가지고 있다. 특히 견과류 중에서 지질 함량이 가장 높다.

마카다미아의 껍질을 벗긴 후 상온에서 오랜 시간 방치할 경우 지질이 산패하여 특유의 산패취가 발생할 수 있다. 따라서 신선도를 유지하기 위해 밀폐용기에 담아 서늘한 곳에 보관하는 것이 좋다.

마카다미아는 볶음스낵, 고급과자, 초콜릿, 아이스크림, 케이크 등의 재료로 널리 사용된다.

7. 아몬드

아몬드

아몬드almond, *Prunus dulcis*는 장미과Rosaceae에 속하는 견과류로, 장미과의 여왕이라는 별명이 붙어 있다. 아몬드의 원산지는 아시아 지역으로 추정되며, 현재는 스페인, 미국 캘리포니아, 이탈리아 등에서 널리 재배되고 있다.

아몬드는 비타민 E 함량이 높아 강력한 항산화작용을 한다. 비타민 E는 심혈관질환 예방, 항암효과, 노화억제 등에 기여하여 건강유지에 도움을 줄 수 있다. 또한 마그네슘Mg이 풍부하여 뼈를 튼튼하게 하고, 신체 내 효소활성에 중요한 역할을 한다.

8. 피칸

피칸

피칸pecan, *Carya illinoinensis*은 북아메리카에서 주로 재배되는 견과류로 외형은 호두와 유사하지만 영양 성분에서 차이가 있다.

피칸은 파이, 과자, 샐러드, 수프, 볶음스낵 등의 재료로 널리 사용된다. 피칸은 고소한 맛과 부드러운 식감을 지니고 있어 베이킹과 요리에 풍미를 더하는 중요한 식재료로 평가된다.

9. 헤이즐넛

헤이즐넛

헤이즐넛hazelnuts, *Corylus avellana*은 개암나무*Corylus* spp.의 열매로, 국내에서는 '개암'이라고 불렸다. 헤이즐넛의 원산지는 유럽, 튀르키예,이란으로 추정되며, 현재 전 세계 헤이즐넛 공급량의 약 75%가 튀르키예에서 생산되고 있다.

헤이즐넛은 올레산oleic acid과 비타민 E 함량이 높아 항산화성이 뛰어난 견과류로 평가되며, 식이섬유 함량이 많아 소화건강에도 유익한 영향을 줄 수 있다.

헤이즐넛은 고소한 풍미와 부드러운 식감을 지니고 있어 아이스크림, 과자, 케이크 등의 재료로 널리 활용된다.

땅콩

10. 땅콩

땅콩peanut, *Arachis hypogaea*은 '낙화생落花生'이라고도 불리며, 꽃이 지면 땅속에서 열매가 여무는 독특한 생육 특성을 지닌다. 씨를 심은 후 수확까지 약 120~160일 정도가 소요되며, 성장속도가 빨라 전 세계적으로 널리 재배되고 있다. 땅콩의 원산지는 브라질로 추정된다.

땅콩은 대립종과 소립종으로 나뉘며, 대립종은 종자가 크고 단백질 함량이 높아 간식용으로 주로 사용된다. 반면, 소립종은 종자가 작으며 지질 함량이 많아 식품 가공용으로 활용된다.

땅콩의 이용방법으로는 껍질째 또는 껍질을 벗긴 후 볶거나 소금물에 삶아 섭취할 수 있으며, 다양한 식품의 원료로도 쓰인다. 특히 아이스크림, 땅콩버터, 과자 등의 가공식품에 널리 활용되며 고소한 맛과 풍미를 더하는 중요한 식재료로 평가된다.

표 6-8 견과류 영양 성분

(가식부 100 g 기준)

종류	에너지 (kcal)	수분 (g)	단백질 (g)	지질 (g)	회분 (g)	탄수화물 (g)	당류 (g)	무기질					비타민					
								칼슘 (mg)	철 (mg)	마그네슘 (mg)	칼륨 (mg)	나트륨 (mg)	A (μg)	B_1 (mg)	B_2 (mg)	니아신 (mg)	C (mg)	E (mg)
개암, 헤이즐넛, 볶은것	646	2.52	15.03	62.40	2.45	17.60	4.89	9.4	123	4.38	173	755	0	3	0.338	0.123	2.050	3.8
땅콩, 볶은것	567	2.7	28.50	46.24	2.65	19.91	5.18	10.5	67	2.01	199	799	4	0	0.085	0.207	9.888	0
마카다미아, 조미, 볶은것	751	1.3	8.3	76.7	1.5	12.2	(3.8)	6.2	47	1.3	94	300	190	(0)	0.21	0.09	2.1	(0)
밤, 생것	153	61.5	3.16	0.74	1.12	33.46	6.30	6.0	21	0.91	42	442	1	2	0.115	0.115	1.072	19.38
밤, 통조림	214	46.6	0.76	0.19	0.07	52.39	34.55	1.6	9	0.05	1	6	11	1	0	0.004	0.514	2.52
아몬드, 볶은것	594	1.7	23.45	51.29	3.07	20.49	3.91	11.3	337	4.59	322	759	2	1	0.012	1.364	3.075	0
은행, 생것	203	49.6	4.69	1.53	1.40	42.78	2.95	2.2	7	0.90	48	684	1	23	0.119	0.033	2.887	16.89
은행, 볶은것	221	45.7	5.00	2.05	1.49	45.76	3.33	4.3	6	0.99	53	622	0	24	0.222	0.030	1.484	10.08
잣, 생것	658	3.1	16.62	65.69	2.14	12.50	2.02	6.6	20	6.05	259	521	3	1	0.346	0.140	1.577	0.55
잣, 볶은것	669	0.8	18.93	66.43	2.31	11.51	2.02	7.1	24	6.16	275	577	2	1	0.323	0.191	1.614	0
캐슈너트, 조미, 볶은것	581	2.34	16.84	47.77	2.89	30.16	5.01	3.3	43	6.05	273	632	308	0	0.363	0.218	1.736	0.3
피스타치오, 조미, 볶은것	583	1.3	22.90	48.22	2.93	24.66	5.95	9.3	110	3.52	122	1,024	109	22	0.884	0.289	1.923	1.41
피칸, 말린것	691	3.52	9.17	71.97	1.49	13.86	3.97	9.6	70	2.53	121	410	0	2	0.660	0.130	1.167	1.1
피칸, 조미, 볶은것	710	1.12	9.50	74.27	1.56	13.55	4.06	9.4	72	2.80	132	424	383	7	0.450	0.107	1.167	0.7
호두, 볶은것	713	3.1	14.6	68.8	1.8	11.7	2.5	7.5	85	2.6	150	540	4	(0)	0.26	0.15	1.0	0

- 빈칸으로 표시된 것은 측정하지 않은 것을 의미함

출처 : 농촌진흥청 국립식량과학원. 국가표준식품성분 DB 10.3(2025)

육 류

Chapter 7

육류 소비는 식생활의 서구화와 기호 변화에 따라 점차 증가하고 있으며, 국민소득의 증가와 함께 지속적으로 수요가 확대되고 있다. 식용되는 육류의 종류로는 소, 돼지, 닭, 오리, 칠면조, 꿩, 양, 토끼, 노루, 말, 사슴 등이 있다.

육류는 종류, 부위, 성별, 연령에 따라 영양 조성이 다르고, 그 특성도 다르다. 신선육은 단백질, 지질, 무기질, 비타민(특히 B군) 등의 중요한 급원이다. 육류는 근육조직, 지방조직, 골격조직, 결합조직으로 구성되어 있으며 수분은 70~75%, 단백질 20% 내외, 지질은 12~13%를 함유하고 있다표 7-1.

근육조직은 기능과 구조에 따라 횡문근(골격근), 평활근(내장근), 심근으로 분류된다. 평활근은 내장 기관을 구성하며, 심근은 심장을 이루는 특수한 근육조직이다. 횡문근(골격근)은 주로 근육의 수축과 이완에 관여하며, 식용되는 부분이기도 하다. 근육조직은 미오신myosin과 액틴actin 단백질이 결합하여 근원섬유myofibril를 형성한다. 근원섬유는 모여서 근섬유muscle fiber 또는 근섬유 다발muscle bundle을 이루며, 이를 통해 근육이 형성된다. 근육은 힘줄tendon을 통해 뼈에 부착되어 신체의 움직임을 가능하게 한다.

지방조직은 피하, 복부, 내장 주변에 작은 입자나 큰 덩어리 형태로 분포하며, 조직을 부드럽게 하고 촉감과 풍미를 좋게 한다. 마블링marbling이 잘 형성된 고기는 근섬유 사이에 지방이 균일하게 분포하여 연하고 맛이 좋으며, 마블링의 발달 정도는 육질등급 판정에 가장 중요한 요소이다.

골격조직은 칼륨K과 인P을 공급하며 많은 인지질을 함유하고 있다. 사골, 도가니, 반골, 꼬리뼈, 잡뼈 등으로 구성되어 있다.

결합조직은 근육, 지방, 뼈 등의 다양한 조직과 기관을 연결하고 지지하며, 이를 감싸고 보호하는 역할을 하는 조직으로 운동량이 많고 연령이 증가할수록 결합조직의 양이 증가하여 질겨진다. 또한 암컷보다 수컷에 많다. 결합조직은 백색의 콜라겐collagen, 황색의 엘라스틴elastin, 그리고 레티쿨린reticulin으로 구성된다. 콜라겐은 물과 함께 가열하면 가용성 젤라틴으로 변하여 소화가 가능하다.

양질의 동물성 단백질의 급원인 육류에는 필수아미노산이 골고루 함유되어 있다. 혈색소나 근육색소의 구성 성분인 철Fe의 함유량도 높으며 소화 흡수면에서도 우수하다.

표 7-1 육류의 영양 성분

(가식부 100 g 기준)

종류			에너지 (kcal)	수분 (g)	단백질 (g)	지질 (g)	탄수화물 (g)	당류 (g)	총식이섬유 (g)	무기질					비타민				
										칼슘 (mg)	철 (mg)	마그네슘 (mg)	칼륨 (mg)	나트륨 (mg)	A (μg)	B_1 (mg)	B_2 (mg)	니아신 (mg)	C (mg)
쇠고기	한우	등심(1등급), 생것	309	56.3	18.60	24.45	0	0	0	5	2.22	16	253	47	9	0.060	0.136	1.973	0.65
		사태(1등급), 생것	157	71.0	23.06	6.39	0	0	0	6	2.74	20	308	64	2	0.063	0.186	1.961	0.60
		안심(1등급), 생것	205	66.6	19.17	13.14	0	0	0	5	2.78	14	337	45	5	0.070	0.215	2.122	0.38
		양지(1등급), 생것	248	62.3	20.21	17.27	0	0	0	5	2.15	19	293	58	5	0.046	0.150	2.149	0.58
		갈비(1등급), 생것	376	52.7	16.78	32.39	0	0	0	6	2.02	13	215	48	9	0.070	0.148	2.213	0.41
	수입육	갈비, 구운것(오븐)	400	43.40	22.57	33.70	0	–	0	11	2.17	20	304	65	0	0.070	0.180	3.400	0
		목심, 생것	268	59.93	16.98	21.31	0.97	0	0	10	2.01	17	267	67	0	0.090	0.170	2.170	0
		사태, 끓인것	201	58.21	33.68	6.36	0	–	0	32	3.86	30	447	64	0	0.140	0.210	5.890	0
		설도, 구운것(석쇠)	164	66.61	28.45	4.67	0	0	0	6	2.35	19	238	38	0	0.068	0.154	4.893	0
		안심, 구운것	267	56.04	26.46	17.12	0	0	0	19	1.69	22	329	54	0	0.072	0.128	7.041	0
	부산물	간, 생것	135	70.81	20.36	3.63	3.89	0	0	5	4.90	18	313	69	4,967	0.189	2.755	13.175	1.3
		소장(곱창), 생것	145	79.2	9.0	11.3	0.1	–	–	12	2.1	–	98	45	15	0.05	0.11	1.4	0
		꼬리, 생것	252	62.7	17.4	19.0	0	–	–	22	1.5	–	189	42	6	0.07	0.12	4.2	0
돼지고기	뒷다리, 생것		135	72.6	20.88	4.97	0	0	0	5	0.68	23	339	48	2	0.666	0.067	5.724	1.10
	등심, 생것		142	71.1	23.33	4.58	0	0	0	4	0.43	25	370	42	3	0.627	0.147	3.168	0.75
	삼겹살, 생것		372	52.2	13.90	33.31	0	0	0	8	0.49	14	239	56	18	0.479	0.163	1.737	0.59
	안심, 생것		123	74.4	22.21	3.15	0	0	0	3	0.78	26	373	46	3	0.868	0.298	3.954	0.26
	갈비, 생것		236	65.0	17.77	17.06	0	0	0	9	0.73	21	287	64	4	0.610	0.176	3.092	0.87
	목심, 생것		227	62.0	17.21	16.36	0	0	0	8	0.73	19	301	51	16	0.660	0.293	3.119	0
	앞다리, 생것		159	71.3	20.21	7.87	0	0	0	5	0.76	21	326	51	4	0.556	0.110	5.139	1.27
돼지고기	부산물, 간, 생것		134	71.06	21.39	3.65	2.47	–	0	9	23.30	18	273	87	6,502	0.283	3.005	15.301	25.3
	부산물, 머리고기, 삶은것		363	51.6	17.52	30.67	0	0	0	14	1.07	8	100	84	16	0.102	0.171	1.281	0
	부산물, 족발, 생것		212	64.99	23.16	12.59	0	0	0	70	0.58	6	63	132	0	0.026	0.106	1.130	0
닭고기	살코기, 생것		115	73.1	24.0	1.4	0.1	–	–	11	1.1	–	327	58	47	0.20	0.21	2.9	0
	가슴, 생것		106	76.2	22.97	0.97	0	0	0	4	0.28	32	371	45	10	0.203	0.054	10.815	0
	날개, 생것		178	70.8	18.78	10.53	0	0	0	17	0.56	19	195	74	45	0.132	0.072	5.681	0
	다리(넓적다리), 생것		190	69.6	18.59	11.83	0	0	0	9	0.54	21	251	62	41	0.156	0.120	4.529	0
오리고기	살코기, 생것		117	76.8	21.00	3.07	0	0	0	11	2.61	23	305	83	11	0.203	0.103	5.159	0.45
칠면조고기	생것		144	72.69	21.64	5.64	0.13	0.07	0	11	0.86	25	224	112	17	0.048	0.185	7.631	0
양고기	양고기, 수입산, 다리, 생것		205	65.0	18.8	15.3	0.1	–	(0)	4	2.5	21	230	37	7	0.14	0.33	4.6	1
	어린양고기, 수입산, 갈비, 생것		372	50.80	14.52	34.39	0	–	0	15	1.39	18	190	56	0	0.100	0.190	6.090	0
	어린양고기, 수입산, 다리, 생것		201	67.17	18.58	13.49	0	–	0	8	1.71	24	261	57	0	0.130	0.230	6.220	0
염소고기	염소고기, 생것		181	64.6	19.88	10.31	0	0	0	10	2.73	21	298	70	5	0.101	0.172	2.580	1.51
가공육	베이컨		266	58.5	16.58	21.60	1.20	1.14	0	6	0.54	15	222	662	3	0.216	0.137	3.848	45.89
	소시지, 비엔나 소시지		251	55.6	15.27	16.91	9.36	0.87	0.1	30	0.74	15	368	732	1	0.292	0.120	3.487	34.10
	소시지, 프랑크푸르터 소시지		241	59.3	14.41	17.70	5.90	1.28	0.1	9	0.47	15	232	795	5	0.375	0.153	3.763	45.28
	햄, 프레스햄		234	61.8	15.11	18.02	2.77	1.92	0	26	0.63	27	339	628	7	0.508	0.147	2.778	32.19

- 빈칸으로 표시된 것은 측정하지 않은 것을 의미함

출처 : 농촌진흥청 국립식량과학원, 국가표준식품성분 DB 10.3(2025)

육류를 도축하면 근육이 수축하고 신축성이 소실되면서 사후경직이 발생한다. 사후경직의 속도는 육류의 종류, 나이, 영양 수준, 도축 시의 흥분 상태와 피로도, 도축 후 근육 온도 등에 따라 달라진다.

사후경직이 진행된 상태의 육류는 식용으로 적합하지 않지만, 시간이 지나면서 경직이 풀리고 숙성과정aging을 거치면서 육질이 부드러워진다. 이 과정에서 근육 내 단백질분해효소가 작용하여 결합조직이 분해되고, 육즙이 풍부해지며, 식감이 연해지는 자가소화작용이 일어난다. 이를 통해 고기는 더욱 풍미가 좋아지고, 최적의 식감을 갖춘 음식 재료로 활용될 수 있다. 숙성기간은 고기의 종류와 온도 등에 따라 다른데, 쇠고기의 경우 보통 0℃에서 8~14일이 소요된다.

육류의 사후경직과 숙성

도축 직후 숙성되지 않은 고기는 살이 거친 암적갈색이며, 결합조직이 많아서 질기고 보수성이 적으며 풍미가 좋지 않다. 이러한 사후경직은 근육을 단단하게 굳어지게 하여, 식용으로 부적합한 상태로 만든다. 하지만 시간이 지나면 경직이 풀리면서 서서히 연해지는데, 이것을 숙성이라 한다. 숙성과정 중에는 근육 내 단백질분해효소인 카텝신cathepsin에 의해 단백질의 자가분해가 일어나 근육 단백질이 펩티드와 아미노산으로 분해되어 근육의 길이가 짧아지면서 연해진다. 또한 유리아미노산이나 이노신산이 생성되어 감칠맛과 풍미가 향상된다. 또한 칼슘Ca이나 칼륨K의 농도 변화로 보수성도 증가하여 조리 시 육즙의 손실량이 적어져 연하고 부드러운 고기가 되며 맛도 좋아진다.

육류의 사후경직과 숙성은 냉장 온도에서 이루어져야 안전하다. 실온에서 숙성시키면 미생물의 번식으로 부패하기 쉽다. 숙성은 온도가 높을수록 빨리 진행되어 4~7℃에 숙성하면 7~10일이 소요되며, 0~2℃에서는 2주 정도가 적당하다.

육류의 숙성 방식에는 습식 숙성wet aging과 건식 숙성dry aging이 있다. 전통적인 숙성이 단순히 사후경직을 풀어 육질을 부드럽게 하는 과정이라면, 현대적인 숙성 방식인 습식 숙성과 건식 숙성은 보다 풍미를 강화하고 육질을 최적의 상태로 만드는 방법이다. 쇠고기와 돼지고기 모두 습식과 건식 숙성이 가능하지만, 돼지고기는 숙성과정에서 세균 번식과 지방 산패 및 변색 등에 민감해 주로 습식 숙성이 사용된다.

습식 숙성은 고기를 진공 포장한 상태에서 냉장 보관을 하며, 포장 내부에서 자체 효소 작용이 일어나 육질이 부드러워지고 감칠맛이 증가한다. 보관이 쉽고 수분 손실이 적어 경제적인 방법으로 많이 활용되며, 비교적 짧은 기간 내에 숙성이 이루어진다.

반면, 건식 숙성은 고기를 일정 기간 공기에 노출해 표면을 건조하고 내부에서 숙성이 진행되도록 하는 방식으로, 시간이 지나면서 고유의 깊은 풍미와 고소한 맛이 형성된다. 건식 숙성은 습식 숙성보다 시간이 오래 걸리고 관리가 까다롭지만, 더욱 진한 풍미를 원하는 소비자들에게 선호된다.

이처럼 습식 숙성과 건식 숙성은 기존의 단순한 냉장 숙성과는 달리, 숙성 환경을 조절하여 고기의 맛과 질감을 최적화하는 방식이다. 적절한 숙성과정을 거친 고기는 조직이 연하고 풍미가 뛰어나며, 조리 시 육즙이 잘 보존되어 더욱 맛있게 즐길 수 있다.

육류의 저장

신선한 고기는 수분이 많고 영양분이 양질이라 미생물이 번식하기 쉽다. 육류의 품질을 유지하는 가장 좋은 방법은 고기를 빙점 부근의 낮은 온도에서 단기간 냉장 보관하는 것이며, 고기가 얼면 조직이 파괴되어 품질이 저하된다.

육류는 단기간 저장 시 5℃ 이하의 낮은 온도에서, 장기간 저장 시에는 -18℃의 냉동 온도에서 보관한다. 그러나 냉장 온도와 냉동 온도로 보관 중에도 단백질 변성이나 변색, 건조 등으로 인한 감량이 발생할 수 있으므로 장기간 보존을 피하는 것이 좋다.

특히 육류를 냉동하게 되면 근섬유 속과 세포 사이의 얼음결정이 근육조직을 파괴하여 미생물이 번식하기 쉬우므로 가급적 급속으로 냉동한다. 급속동결을 하면 미세한 얼음결정이 형성되어 근육조직에 미치는 영향을 최소화할 수 있으며, 해동할 때도 수분이 신속히 세포에 흡수되어 육즙 손실drip이 줄어든다.

육류는 동결 과정보다 해동 과정에서 효소적 변화가 더 쉽게 일어나며, 해동 속도가 느릴수록 이러한 변화가 심해질 수 있다. 해동 시에 발생하는 육즙 유출(드립 현상)은 고기의 품질을 저하한다. 특히 해동 과정에서 손실되는 육즙에는 수용성 단백질, 염류, 비타민류 및 풍미 물질이 포함되어 있어, 육즙이 과도하게 빠져나가면 고기의 무게가 줄어들고 맛과 영양가도 떨어진다. 해동 방법으로 상온에 그대로 두거나 흐르는 물 또는 전자레인지 등을 이용하며, 드립 현상을 최소화하기 위해 하루 전에 냉동육을 냉장고에서 천천히 녹이기도 한다. 냉장 해동을 하면 육즙 손실을 줄이고, 고기의 조직을 보다 신선한 상태로 유지할 수 있다.

1. 쇠고기

1) 특징

쇠고기beef, *Bos* spp.는 세계적으로 널리 소비되는 대표적인 육류로, 고기를 생산하기 위해 잘 키운 쇠고기는 단백질과 비타민 B군이 풍부하여 영양가가 높다. 또한 특유의 향과 부드러운 육질 덕분에 국내에서도 선호되는 식품이다.

식용되는 소는 고기 생산을 목적으로 사육된 품종으로, 육질이 우수하고 생산성이 높은 것이 특징이다. 도축 후 뼈를 제거한 살코기 부분을 정육fresh meat이라 하며, 정육률(도축한 고기에서 살코기가 차지하는 비율)은 약 50~55%, 내장은 약 30%를 차지한다.

$$\text{정육률}(\%) = \frac{\text{정육중량}}{\text{도체중량(실체중량)}} \times 100$$

2) 성분 및 효능

쇠고기는 수분, 단백질, 지질, 탄수화물, 무기질, 비타민 등 다양한 영양소를 함유한 고단백 식품이다. 수분함량은 60~80%로 변동이 크며, 붉은살 부위에 많고 도축 후 시간이 지나면서 점차 감소한다. 단백질은 약 18~22%를 차지하며, 필수아미노산이 풍부한 양질의 단백질 공급원으로 생물가가 높고 체내 이용률이 우수하다.

지질 함량은 약 4~35%로 부위, 품종, 사육 방식에 따라 다르며, 주요 지질 성분으로는 중성지방, 인지질, 콜레스테롤이 포함된다.

탄수화물은 대부분 글리코겐glycogen 형태로 존재하며, 도축 전 소가 저온 환경에 있었거나 굶주리면 그 함량이 감소할 수 있다. 무기질로는 인P, 황S, 칼륨K 등이 풍부하며, 쇠고기는 대표적인 산성 식품이다. 특히 철은 헴철heme iron 형태로 존재하여 체내 흡수율이 높고, 혈액 생성에 중요한 역할을 한다. 비타민은 근육보다 간에 더 많이 함유되어 있으며, 특히 비타민 A가 풍부하고, 비타민 B군(B_2, B_6, B_{12} 등)이 많아 에너지 대사에 기여한다. 쇠고기는 이러한 영양학적 특성 덕분에 양질의 단백질과 철Fe 공급원으로 활용되고 있다.

3) 부위별 명칭과 이용

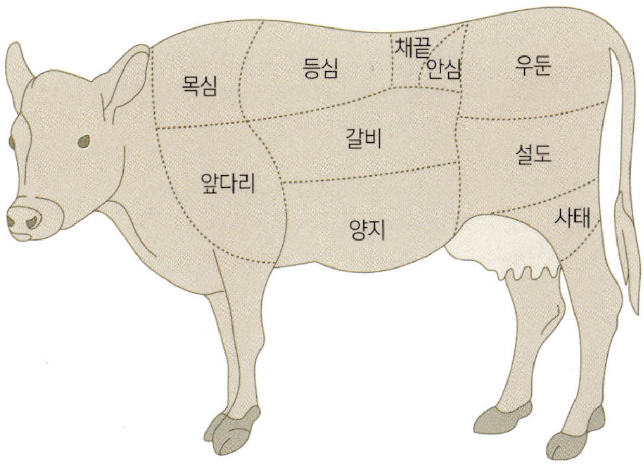

그림 7-1 쇠고기의 분할 부위와 명칭

표 7-2 쇠고기 부위별 특징 및 이용

명칭		특징	이용
갈비		• 갈비, 안창살, 토시살, 마구리, 제비추리	갈비탕 찜 구이
등심		• 윗등심살, 아랫등심살, 꽃등심살, 살치살 • 갈비 위쪽에 붙은 살이며 상급 고기이다. • 육질이 연하고 지방이 마블링 형태라 풍미가 좋다.	스테이크 등심구이 불고기 전골

명칭		특징	이용
목심		• 목심살 • 운동량이 많고 육질이 질기다. • 지방이 적다.	스테이크 불고기 장조림 구이
사태		• 앞사태, 뒷사태, 아롱사태, 뭉치사태 • 기름기가 없어 담백하고 깊은 맛이 난다. • 결합조직이 많고 콜라겐이나 엘라스틴이 많아 질기다. • 장시간 가열하면 젤라틴이 되고 부드러워진다.	탕 찜 육회 장조림
설도		• 보섭살, 설깃살, 도가니살	산적 육포 육회 편육 장조림
안심		• 안심살 • 최상급의 고기이며 가장 연한 부위이다. • 등심 안쪽에 위치하며 양이 적다. • 지방이 적어 담백하다.	스테이크 로스구이
양지		• 양지머리, 업진살, 차돌박이, 치마살 • 육질이 질기고 근막이 형성되어 있다. • 조리시간이 길고 습열조리에 이용된다.	스튜 국거리 분쇄육 장조림
우둔		• 우둔살, 홍두깨살 • 지방이 적고 살코기가 많다.	산적 육포 장조림 주물럭 불고기(전골)
채끝		• 채끝살 • 등심과 안심 사이에 있다. • 등심보다 지방이 적고 살코기가 많다. • 지방이 적당히 있어 육질이 연하다.	샤브샤브 로스구이 불고기 국거리
앞다리		• 꾸리살, 부챗살, 앞다리살, 갈비덧살, 부채덮갯살 • 특징이 사태와 비슷하다.	칭기즈칸요리 육회 스튜 커리 장조림 불고기

출처 : 축산물품질평가원(www.ekape.or.kr)

이 밖에 쇠고기의 내장에 속하는 쇠머리, 소혀(우설), 심장, 신장, 간, 소장, 대장, 떡심, 양지머리, 양, 천엽 등은 편육, 탕, 구이, 전골용으로 조리할 수 있다.

4) 선택 및 저장

쇠고기는 고품질 단백질과 철Fe의 중요한 공급원이며, 미오글로빈myoglobin이 산소와 결합하면서 선홍색을 띠고 탄력이 있는 것이 신선한 고기의 특징이다. 쇠고기의 육질은 근내지방(마블링)의 분포, 고기의 색깔, 지방색, 결 등을 종합적으로 고려해 판단할 수 있다. 따라서 소비자는 원하는 용도에 적합한 부위인지 확인하고, 육질 등급(1^{++} · 1^{+} · 1 · 2 · 3등급)을 고려해 구입하는 것이 중요하다.

쇠고기는 원래 적자색이지만 공기 중에 노출되면 산소와 반응하여 선홍색으로 변한다. 특히 근내지방이 고르게 분포된 쇠고기는 마블링이 뛰어나며, 이러한 고기는 1^{++} 등급의 최상급 쇠고기로 부드럽고 연한 식감을 제공한다. 고급 쇠고기의 품질은 연한 정도, 다즙성, 향미 등에 의해 결정되며, 근내지방이 풍부할수록 맛과 식감이 뛰어나다. 따라서 쇠고기를 선택할 때는 원산지, 등급, 부위를 꼼꼼히 확인하는 것이 중요하다그림 7-2.

좋은 등급의 근내지방　　　　품질이 떨어지는 근내지방

그림 7-2 쇠고기의 근내지방도
출처 : 축산물품질평가원(www.ekape.or.kr)

쇠고기의 색깔은 선홍색을 띠면서 윤기 나는 것이 좋다. 처음 고깃덩어리를 썰면 암적색(미오글로빈)을 띠지만, 공기 중에 30분 정도 노출되면 산소와 결합하여 선홍색(옥시미오글로빈oxymyoglobin)이 되고 시간이 오래될수록 갈색(메트미오글로빈metmyoglobin)으로 변화된다. 그리고 나이가 많거나, 운동량이 많은 부위일수록 고기

색은 짙어진다그림 7-3.

쇠고기의 지방색은 우윳빛을 나타내면서 윤기 나는 것이 좋지만 사료, 나이, 영양 상태에 따라 진한 노란색을 띠기도 한다그림 7-4.

정상 육색 DFD 육색

그림 7-3 쇠고기의 고기색
출처 : 축산물품질평가원(www.ekape.or.kr)

정상 지방 황색 지방

그림 7-4 쇠고기의 지방색
출처 : 축산물품질평가원(www.ekape.or.kr)

쇠고기는 냉장 상태에서 보관하는 동안 숙성이 진행되어 풍미가 좋아진다. 쇠고기는 수분, 단백질, 지방 등 다양한 영양 성분을 함유하고 있어 높은 온도에서는 변질되기 쉽고, 냉동시키면 세포조직이 파괴되어 육즙이 빠져나오므로 고기 맛이 떨어진다.

원신지에 따라 국내산, 수입산으로 구분하여 표시하고 있다. 국내산에는 한우·육우·젖소 등의 고기가 있고, 수입산에는 호주·미국·뉴질랜드·멕시코산 등이 있다.

(1) 국내산 쇠고기

- 한우고기 : 한우는 한국 고유의 품종으로, 오랜 시간 동안 사육되어 온 대표적인 쇠고기이다. 황갈색을 띠는 것이 특징이며, 육질이 부드럽고 근내지방(마블링)이 풍부해 풍미가 뛰어나다. 한우는 등급에 따라 고기의 질이 결정되며, 높은 등급

일수록 지방이 고르게 분포되어 있어 부드러운 식감을 제공한다. 이러한 특성 덕분에 한우는 고급 육류로 평가받으며, 구이용이나 스테이크용으로 많이 소비된다. 또한 사육 방식과 사료에 따라 맛과 향이 달라질 수 있으며, 국내산 쇠고기 중에서도 높은 가격대를 형성하는 경우가 많다.

- 육우고기 : 육우는 고기 생산을 목적으로 사육되는 소를 의미하며, 주로 육용종, 교잡종, 젖소 수소(거세 포함), 그리고 송아지를 낳은 경험이 없는 젖소 암소에서 생산된 고기를 포함한다. 일반적으로 우리나라에서 육우라고 하면 대부분 홀스타인 품종의 수소를 가리키며, 이는 원래 젖소 품종이지만 우유를 생산하지 않는 수소를 고기용으로 사육한 것이다. 육우는 한우에 비해 마블링이 적고 식감이 조금 더 단단한 편이지만, 적절한 숙성과 조리법을 활용하면 충분히 좋은 맛을 낼 수 있다. 또한 가격이 한우보다 저렴해 경제적인 선택이 될 수 있으며, 구이뿐만 아니라 국거리, 불고기, 찜 요리 등 다양한 용도로 활용된다.
- 젖소고기 : 젖소고기는 원래 우유 생산을 위해 사육되는 젖소 품종의 암소에서 얻은 고기를 뜻한다. 특히 젖소 수소는 우유 생산이 불가능하므로 어린 시절부터 고기용으로 길러지고, 암소의 경우 일정 기간 우유를 생산한 후 도축되는 경우가 많다. 일반적으로 젖소고기는 지방 함량이 적고, 육질이 단단한 편이어서 한우나 육우보다 가격이 저렴한 것이 특징이다. 하지만 숙성과 조리법에 따라 맛이 달라질 수 있으며, 푹 끓이는 요리나 가공육 원료로 활용되기도 한다. 젖소고기는 고기의 결이 선명하고 붉은색을 띠며, 지방색은 다소 노란빛을 보이는 경우가 많다. 이는 사육 환경과 사료의 차이에서 비롯된 특징이며, 지방 함량이 낮아 비교적 담백한 맛을 가진다.

(2) 수입산 쇠고기

수입산 쇠고기는 외국에서 생산되어 국내로 들여온 고기로, 주로 미국, 호주, 뉴질랜드, 멕시코 등에서 수입된다. 수입산 쇠고기는 생산국의 기후, 사육 방식, 사료 구성 등에 따라 육질과 맛이 다르게 나타나며, 주로 곡물 비육과 목초 비육 방식으로 나뉜다.

- 미국산 쇠고기 : 미국산 쇠고기는 곡물 비육grain-fed 방식이 일반적이며, 옥수수와 곡물을 먹여 마블링이 풍부하고 육질이 부드러운 것이 특징이다. 미국산 쇠고기는 미국 농무부USDA가 정한 등급 체계에 따라 총 8등급으로 분류된다. 마블링과 성숙도를 기준으로 프라임Prime, 초이스Choice, 셀렉트Select, 스탠다드Standard, 커머셜Commercial, 유틸리티Utility, 커터Cutter, 캐너Canner 등으로 나뉘며, 이 중 프라임, 초이스, 셀렉트는 소비자용으로 가장 널리 사용되는 상위 등급이다. 프라임 등급은 마블링이 가장 풍부하여 육즙이 많고 부드러워 고급 스테이크나 구이용으로 적합하다. 초이스는 적당한 마블링을 가지고 있어 다양한 요리에 활용되며, 셀렉트는 비교적 마블링이 적어 육질이 프라임이나 초이스 등급에 비해 덜 부드럽지만 담백한 맛이 특징으로, 조리 시 부드럽게 익히는 것이 중요하다.
- 호주산 쇠고기 : 호주산 쇠고기는 목초 비육grass-fed 방식으로 사육되는 경우가 많아 지방 함량이 낮고 육색이 짙으며, 비교적 담백하고 고소한 풍미를 지닌다. 또한 호주에서도 곡물 비육을 통해 미국산과 유사한 마블링을 가진 쇠고기를 생산하며, 그 대표적인 예가 고급 쇠고기로 잘 알려진 와규wagyu이다. 호주는 소 사육 환경이 청정 지역에 있어 위생적이고 안전한 육류 생산이 가능하다는 장점이 있다.
- 뉴질랜드산 쇠고기 : 뉴질랜드산 쇠고기도 주로 목초 비육 방식으로 길러지며, 자연 방목으로 사육되어 지방이 적고 씹는 맛이 강한 것이 특징이다. 뉴질랜드산 쇠고기는 고기의 탄력이 뛰어나고 담백한 맛을 가지고 있어 스테이크나 찜 요리에 활용되기도 한다.
- 멕시코산 쇠고기 : 멕시코산 쇠고기는 가격 경쟁력이 뛰어나며, 다양한 부위를 합리적인 가격으로 공급할 수 있는 것이 강점이다. 하지만 미국, 호주, 뉴질랜드산 쇠고기에 비해 상대적으로 대중적인 인지도는 낮은 편이다.

수입산 쇠고기는 일반적으로 냉장 또는 냉동 상태로 운반되며, 국내에서 등급 및 품질을 확인한 후 유통된다. 또한 국내에서 6개월 이상 사육된 수입 생우에서 생산된 고기는 국내산 육우로 분류되며, 원래 수출된 국가를 함께 표시해야 한다. 이는 소비자가 원산지를 명확히 알 수 있도록 하기 위한 기준이다.

수입산 쇠고기는 다양한 국가에서 생산된 만큼 고기의 특징이 다르고, 용도에 따라 적절한 종류를 선택하는 것이 중요하다. 구이용이라면 마블링이 풍부한 곡물 비육 쇠고기가 적합하며, 국물 요리나 장시간 조리가 필요한 요리에는 지방이 적고 육질이 단단한 목초 비육 쇠고기가 적절하다. 소비자는 원산지, 사육 방식, 등급 등을 고려하여 자신의 기호에 맞는 쇠고기를 선택하는 것이 중요하다.

2. 돼지고기

1) 특징

돼지는 초식과 육식을 하는 잡식성 동물로, 생후 5~6개월이 지나면 도축할 수 있다. 번식력이 뛰어나 보통 한 번에 6~10마리의 새끼를 낳으며, 연간 두 번 정도 출산한다. 또한 도체율도 다른 가축에 비해 월등히 높아서 중요한 식육자원이다.

돼지고기pork, *Sus* spp.는 살이 부드럽고 연하며 근섬유는 섬세하다. 지방은 미세한 입자로 이루어져 있고 순백색을 띠며, 고기 사이에 적절히 분포되어 있다.

고기색은 대체로 담홍색 혹은 회적색이며 부위에 따라 다르다.

2) 성분 및 효능

돼지고기는 지방 함량이 높아 상대적으로 단백질(17~25%)과 수분(50~74%) 함량이 낮으며, 부위별로 성분 조성이 크게 다르다. 예를 들어 복부살의 지방 함량은 넓적다리살의 2배 정도에 이른다. 돼지고기의 지방에는 올레산oleic acid이나 리놀레산linoleic acid과 같은 불포화지방산이 많이 포함되어 있어 산화에 의해 변질되기 쉽다. 돼지고기에는 비타민 B군도 많은데, 특히 비타민 B_1의 함량은 쇠고기의 10배 정도이며 안심과 등심 부위에 많다.

돼지고기는 근섬유가 섬세하여 부드럽고, 융점이 쇠고기보다 낮아 입안에서 비교적 잘 녹는다. 무기질은 돼지고기의 보수성과 밀접한 관련이 있는데, 적정량의 소금(1.5% 이하)이나 인산염을 첨가하면 보수성과 결착성이 증가하지만, 소금을 과량 첨가하면 오히려 탈수가 일어나 고기가 질겨질 수 있다.

복부 삼겹살은 지방이 많으므로 베이컨 가공용으로, 뒷다리살은 지방이 적고 단백질과 수분이 많으므로 햄 가공용으로 이용된다.

3) 부위별 명칭과 이용

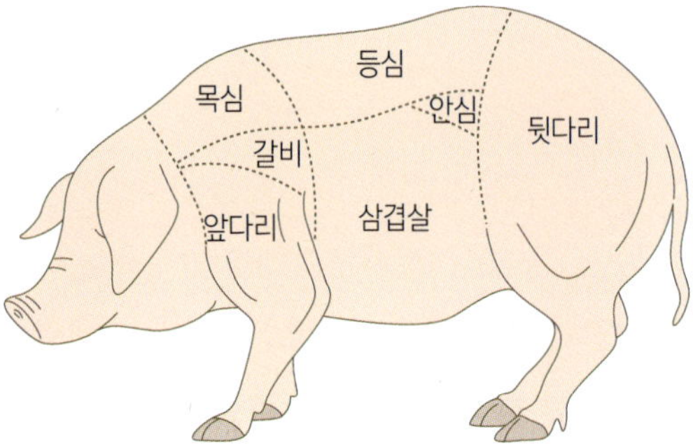

그림 7-5 돼지고기의 분할 부위와 명칭

표 7-3 돼지고기 부위별 특징 및 이용

명칭		특징	이용
삼겹살		• 갈비를 떼어낸 부분에서 복부까지의 넓고 납작한 모양의 부위 • 근육과 지방이 삼겹의 막을 형성하며 풍미가 좋다.	구이 편육 베이컨 불갈비 찜갈비
갈비 (갈비살)		• 옆구리 늑골(갈비)의 첫 번째부터 다섯 번째 늑골 부위 • 근육 내 지방이 잘 박혀 있어 풍미가 좋다.	갈비찜 불갈비 바비큐
목심 (목심살)		• 등심에서 목 쪽으로 이어지는 부위로서 여러 근육이 모여 있다. • 근육막 사이에 지방이 적당히 박혀 있어 풍미가 좋다.	구이 수육(보쌈)

명칭		특징	이용
안심 (안심살)		• 허리 부분 안쪽에 위치하며 안심 주변은 약간의 지방과 밑면의 근막 형성 • 육질이 부드럽고 연하다.	로스구이 안심가스 스테이크 탕수육
등심 (등심살)	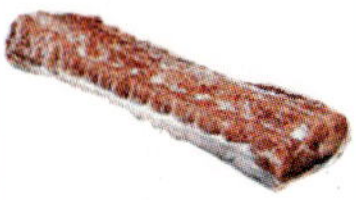	• 표피 쪽에 두꺼운 지방층이 덮여 있는 긴 단일근육 • 고기의 결이 고운 편이다.	불고기 돈가스 스테이크 폭찹
앞다리 (앞다리살, 사태살, 설깃살, 보섭살)	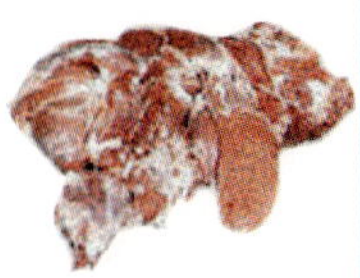	• 어깨 부위 • 안쪽에 어깨뼈를 떼어낸 넓은 피막이 나타난다.	찌개 편육 불고기 장조림 수육(보쌈)
뒷다리살 (도가니살, 사태살)		• 볼기 부위 • 살집이 두꺼우며 지방이 적다.	불고기 장조림 탕수육 산적 햄(육가공)

출처 : 축산물품질평가원(www.ekape.or.kr)

4) 선택 및 저장

돼지고기의 품질은 성별, 도체 중량, 등지방 두께를 기준으로 먼저 평가한 뒤, 외관(비육 상태, 지방 부착 상태, 삼겹살 발달 정도), 육질(지방 침착도, 육색, 지방색, 육조직감, 지방질), 결함 여부(근출혈, 근육 제거, 외상 등)를 종합적으로 판단하여 최종 등급을 판정한다. 소비자는 육질등급 (1^+·1·2등급)을 보고 선택하는 것이 중요하다.

돼지고기의 육색은 엷은 선홍색을 띠면서 윤기가 나는 것이 좋다. 대체로 돼지고기는 쇠고기보다 색깔이 엷으며, 스트레스를 많이 받은 돼지고기(PSE육 : 물돼지고기)는 육색이 창백하고 탄력성이 적어 물렁거리며 육즙이 많이 흘러나오므로 구입 시 주의한다.

좋은 돼지고기는 지방색이 희고 단단할 뿐만 아니라 육질이 연하고 향미가 좋다. 반면, 지방이 지나치게 무르거나 노란색을 띠는 고기는 품질이 떨어진다그림 7-6.

돼지고기도 쇠고기와 마찬가지로 냉장 보관된 것이 냉동 보관된 것보다 맛과 식감이 더 좋다. 돼지고기는 소비자의 선호 부위에 대한 편중이 심하므로 조리 용도에 맞추어 구입하는 것이 좋다그림 7-5 표 7-3.

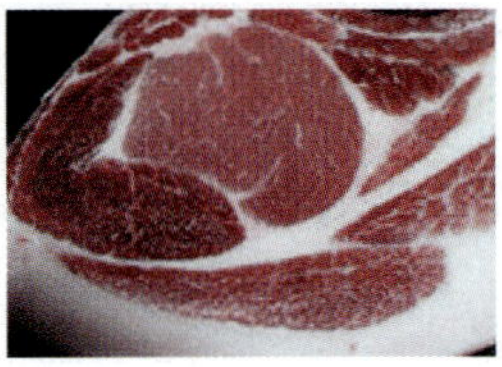

정상 지방

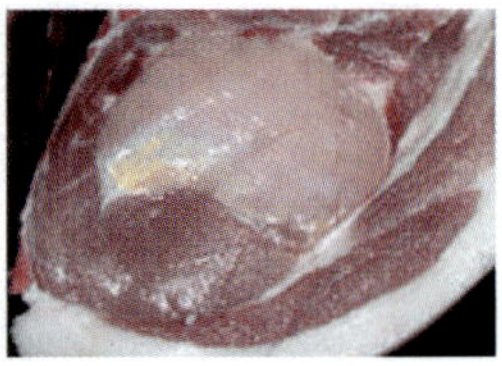

황색 지방

그림 7-6 돼지고기의 지방색

출처 : 축산물품질평가원(www.ekape.or.kr)

더 알아보기

PSEPale, Soft, Exudative육

고기의 색깔이 창백pale하고 연질soft로 많은 육즙이 삼출exudative된 고기를 뜻한다.

근육 내 해당작용이 빠르게 진행되어 젖산 축적으로 사후경직이 빠르다. 사후 1~2시간 이내 pH가 5.4~5.5까지 급격히 낮아져 근육 단백질이 변성되고 보수성이 저하되어 육색이 창백하고 다량의 육즙이 빠져나와서 탄력이 없는 고기가 된다.

4) 가공품

(1) 햄

햄ham은 돼지 뒷다리살을 기본 원료로 하여 소금, 아질산염, 조미료, 향신료 등을 첨가해 절인 후, 숙성·가열·훈연·선소 등의 공성을 거쳐 만든 육가공품이다. 방부성과 특유의 풍미가 있으며, 조리 없이 바로 먹거나 다양한 요리에 활용된다. 돼지고기의 뒷다리살뿐만 아니라 다른 부위의 고기를 이용해 비슷한 방식으로 가공한 햄도 있다. 햄은 제조 방식과 가공법에 따라 여러 종류로 나뉜다표 7-4.

표 7-4 햄의 종류와 특징

종류		특징
돼지고기 부위별 분류	본인햄 bone in ham	돼지고기 넓적다리 부위를 뼈째로 조미료와 향신료 등으로 간을 한 후에 훈연하여 가열하거나 가열하지 않은 햄으로, 서양에서 햄이라 하면 넓적다리 부위로 만든 햄을 가리킴
	본레스햄 boneless ham	돼지고기 넓적다리 부위에서 뼈를 제거한 것을 조미료와 향신료로 간을 한 뒤, 케이싱에 포장하거나 하지 않고, 훈연하거나 훈연하지 않은 상태로 수증기로 찌거나 끓는 물에 삶은 햄. 훈연하지 않으면 보일드햄boiled ham이라고도 함
	로인햄 loin ham	돼지고기 등심 부위를 사용해 조미료와 향신료로 간을 한 뒤, 케이싱에 포장하거나 하지 않고, 훈연하거나 훈연하지 않은 상태로 수증기로 찌거나 끓는 물에 삶은 햄
	숄더햄 shoulder ham	돼지고기 어깨 부위를 정형한 후, 조미료와 향신료로 간을 한 뒤, 케이싱에 포장하거나 하지 않고, 훈연하거나 훈연하지 않은 상태로 수증기로 찌거나 끓는 물에 삶은 햄
프로슈토 prosciutto		돼지의 뒷다리를 소금에 절여 9개월에서 24개월 이상 건조 · 숙성시켜 만든 이탈리아 생햄. 이탈리아에서는 생햄을 프로슈토 크루도prosciutto crudo와 익힌 햄을 프로슈토 코토prosciutto cotto로 분류함. 하몽에 비해 짠맛이 적고 부드러우며 풍부한 감칠맛을 지닌 것이 특징임. 얇게 썰어 그대로 먹거나 샐러드, 피자, 샌드위치, 치즈 플래터 등으로 활용
하몽 jamón		돼지의 뒷다리를 소금에 절여 6개월에서 48개월 이상 건조 · 숙성시켜 만든 스페인 생햄으로 장기간 숙성하여 풍미와 쫄깃한 식감을 가짐. 흰 돼지로 만들면 하몽 세라노jamón serrano, 이베리코 흑돼지로 만들면 하몽 이베리코jamón ibérico라고 분류함. 프로슈토보다 짠맛이 강하고 오래 숙성하여 식감이 단단하고 깊은 풍미가 특징임. 얇게 썰어 그대로 먹거나 타파스나 와인 안주로 즐김
잠봉 jambon		돼지 뒷다리를 소금에 절여 건조 · 숙성시켜 만든 프랑스 생햄. 조리방법에 따라 생햄인 잠봉 크뤼jambon cru와 익힌 햄인 잠봉 퀴이jambon cuit로 분류함. 부드럽고 짠맛이 강하지 않으며 감칠맛이 특징. 샌드위치, 샐러드, 치즈 플래터 등으로 활용
락스햄 lachs ham		돼지고기 등심, 어깨, 넓적다리 등을 훈연 과정만 거치고 가열하지 않은 생햄으로, 독일어에서 '연어'를 뜻하는 '락스lachs'에서 유래했으며, 연어와 비슷한 부드러운 질감과 선홍색을 띠고 있는 것이 특징으로 샌드위치나 샐러드 등에 활용
프레스햄 press ham		다진 돼지고기나 혼합육에 소금, 전분, 향신료 등을 넣고 혼합한 후, 틀에 넣어 압착 성형하고 가열 또는 훈연 과정을 거쳐 냉각시켜 만든 가공육 제품임. 주로 캔이나 레토르트 포장 형태로 유통되며, 장기 보존이 가능하여 군용 식량이나 대량 소비용 식품으로 처음 개발됨. 대표적인 제품으로 스팸이 있으며, 볶음, 구이, 찌개 등 다양한 요리에 활용

(2) 베이컨

베이컨bacon은 돼지의 복부(삼겹살) 부위에 있는 살코기와 지방층이 섞인 고기를 소금에 절인 후 건조하거나 훈연하여 가공한 식품이다. 제조 방식은 햄과 유사하지만 햄보다 지방 함량이 많다.

(3) 소시지

소시지sausage는 돼지고기의 다양한 부위(살코기, 볼살, 내장 등)를 다져 소금, 설탕, 향신료 등을 혼합한 후, 천연 장막(케이싱)이나 인공 케이싱에 넣어 훈연하거나 삶고 건조하여 만든 육가공품이다.

표 7-5 소시지의 종류와 특징

종류	특징
프랑크푸르터 소시지 frankfurter sausage	프랑크푸르터 소시지는 독일 프랑크푸르트에서 유래한 훈연 · 가열 소시지로, 다진 돼지고기와 쇠고기를 혼합해 부드러운 식감을 유지하며 훈연 후 삶아 제조함. 촉촉하고 육즙이 풍부하며, 주로 핫도그나 그릴 요리로 활용
비엔나 소시지 vienna sausage	비엔나 소시지는 오스트리아 비엔나에서 유래한 훈연 · 가열 소시지로, 다진 돼지고기와 쇠고기를 혼합해 부드러운 식감과 짭짤한 풍미를 살려 제조함. 원래는 프랑크푸르터 소시지와 유사한 길이와 형태를 가진 소시지였으나 주로 작은 크기의 소시지가 국내에 보급되면서, 짧고 동글한 형태의 소시지를 '비엔나 소시지'로 불리게 되었음. 국내에서는 간편하게 섭취할 수 있어 반찬이나 스낵용으로 활용
살라미 salami	이탈리아에서 유래한 대표적인 발효 소시지로, 돼지고기를 주재료로 하여 소금과 다양한 향신료를 첨가해 발효 및 건조하여 제조함. 강한 풍미와 쫄깃한 식감이 특징으로 얇게 썰어 와인과 함께 안주로 즐기거나 샌드위치와 피자 토핑으로 널리 사용
페퍼로니 pepperoni	페퍼로니는 미국식 이탈리아 스타일의 건조 · 훈제 소시지로, 돼지고기와 쇠고기를 혼합해 매운 향신료로 간을 한 후 훈연 · 건조하여 제조함. 매콤하고 진한 풍미가 특징이며, 주로 피자 토핑이나 샌드위치, 스낵 등에 활용
브라트부어스트 bratwurst	독일의 대표적인 소시지로, 다진 돼지고기 또는 다진 돼지고기와 쇠고기의 혼합육에 향신료로 간을 한 후 굽거나 찌는 방식으로 조리함. 구워진 브라트부어스트는 바삭한 식감과 풍부한 육즙이 어우러지며, 독일식 맥주와 함께 주로 곁들임
초리조 chorizo	스페인의 대표적인 소시지로, 돼지고기에 파프리카나 고추를 넣어 만든 소시지로 매콤하면서도 짙은 향이 특징임. 조리 방법에 따라 생초리조(요리용)와 건조초리조(바로 먹는 용도)로 나뉘며, 타파스 요리나 샌드위치 등에 활용

3. 양고기

양고기

양은 털, 가죽, 유즙, 고기 등 모든 부분을 활용할 수 있는 동물이다. 야생 양은 주로 중앙아시아와 북아메리카 서부 지역에 서식한다.

양고기lamb, mutton, *Ovis aries*는 나이에 따라 구분되며, 생후 1년 미만의 어린 양고기는 램lamb이라고 하고, 생후 1년 이상 자란 성숙한 양고기는 머튼mutton이라고 한다. 램과 머튼은 살코기의 색, 지방의 상태, 뼈의 특징을 통해 구별할 수 있다. 램의 뼈는 연골이며 육색이 담홍색으로 밝고, 육질이 부드러우며 연하다. 반면, 머튼의 뼈는 단단하고 선명한 붉은색을 띠며, 육질은 윤기가 나고 조직이 단단하며 결이 고운 것이 좋은 품질로 평가된다.

양고기는 근섬유가 가늘고 조직이 부드러워 소화가 잘되는 특징이 있다. 그러나 특유의 냄새가 있어 강한 향신료를 사용하여 조리하는 경우가 많다. 대표적으로 로즈마리, 쿠민, 마늘 등이 사용되며, 이는 양고기의 풍미를 살리고 누린내를 줄이는 역할을 한다. 또한 양고기의 지방은 다른 육류보다 융점이 높아, 식으면 기름이 굳어 식감이 떨어지기 때문에 따뜻한 상태에서 제공하는 것이 일반적이다.

4. 닭고기

1) 성분 및 효능

닭고기chicken, *Gallus domesticus*는 근육섬유가 미세하여 부드러운 식감을 가지며, 조리 시 부위에 따라 육색이 다르게 나타난다. 닭고기는 수분이 73%, 단백질 24%, 지질이 1.4%이며 비타민 A는 다른 육류에 비하여 3배나 많다.

2) 부위별 명칭과 이용

닭고기의 안심과 가슴살은 다리 부분의 근육보다 혈액량이 적어서 백색을 띠며, 근육 사이에 지방이 거의 섞여 있지 않아 쉽게 분리된다. 또한 지방 함량이 낮아 맛이 담백하고 매우 부드러운 식감을 가진다그림 7-7 표 7-6.

그림 7-7 닭고기의 분할 부위와 명칭

표 7-6 닭고기의 부위별 특징 및 이용

명칭		특징	이용
가슴살		• 근육섬유로 이루어져 있으며, 지방이 매우 적어 맛이 담백하다. • 광택이 있는 분홍색이 신선하다. • 회복기 환자와 어린이 영양 간식으로 좋다. • 에너지 섭취는 줄이면서 영양의 균형을 이룰 수 있다.	튀김 찜 볶음 샐러드 냉채요리
어깨살 (닭봉)		• 날개 위쪽의 어깨 부위 • 육질이 연하고 지방이 적어 맛이 담백하다. • 껍질이 까칠까칠하고 투명하며 윤기 있는 것이 신선하다. • 포화지방이 많아 요리 시 껍질을 제거한다. • 어린이와 청소년에게 좋다.	튀김 조림 볶음
안심살		• 가슴살 안쪽 부위 • 지방이 거의 없어 맛이 담백하다.	튀김 찜 볶음 샐러드 냉채요리
다리살		• 운동을 많이 하는 부위로 육질이 탄력 있고 단단하며, 근육의 색이 짙다. • 지방과 단백질이 조화를 이루어 쫄깃쫄깃하다.	찜 구이 조림 튀김 바비큐

명칭		특징	이용
날개살		• 살은 적지만 콜라겐이 풍부하여 피부를 윤택하게 하고 노화를 방지한다. • 뼈 주위에 펙틴질이 많으며 육수를 만들면 감칠맛이 난다. • 맛이 좋아 조림이나 튀김요리에 많이 이용한다.	조림 튀김

출처 : 축산물품질평가원(www.ekape.or.kr)

5. 오리고기

오리고기

오리는 야생 들오리를 가축화한 것으로, 기원전 이집트에서 사육되었다는 기록이 있으며, 이후 육용으로 개량되어 널리 소비되었다. 오리고기duck meat, *Anas* spp.는 일반적으로 닭고기와 성분 함량이 유사하지만, 철Fe과 비타민 B군이 더 풍부하며, 콜레스테롤 함량은 낮고 불포화지방산이 더 많다. 또한 오리는 닭보다 성장 속도가 빠르고 비육이 잘되며, 육색이 선홍색에 가까우면서 탄력이 있는 것이 이상적인 육질로 평가된다.

오리고기는 육질이 부드럽고 지방 함량이 높아 고소한 풍미를 지닌 것이 특징이다. 특히 껍질과 지방층이 발달하여 조리 시 육즙이 풍부하고 촉촉한 식감을 유지할 수 있어 중국 요리에서 주요 재료로 사용되어 왔으며, 대표적인 요리로 베이징 덕(북경오리)이 있다. 그러나 오리고기의 껍질에는 지방이 많아 에너지가 높기 때문에, 필요에 따라 껍질을 제거하고 조리하는 경우가 많다. 시중에서 오리고기를 구입할 때는 신선도를 유지하기 위해 반드시 냉장 또는 냉동 보관된 제품을 선택해야 한다.

6. 오골계

오골계

오골계black boned chicken, *Gallus gallus domesticus*는 피부, 뼈, 속살이 모두 검은색을 띠는 닭 품종으로, 일반 닭보다 몸집이 작고 육질이 쫄깃하며 감칠맛이 강하다. 원산지는 동남아시아로 알려져 있으며, 이후 중국을 거쳐 한국을 비롯한 여러 나라로 전파되었다. 오골계가 한국에 언제 유입되었는지는 명확한 기록이 없지만, 조선시대 의서인 『동의보감東醫寶鑑』과 『본초강목本草綱目』에서 약용 닭으로 언급된 것으로 보아, 최소한 조선 초기에 이미 사육되고 있었던 것으로 추정된다. 일반 닭에 비해 온순하며, 체질이 약한 편이다. 또한 산란능력이 낮아 알을 적게 낳고 크기도 작은 편이다.

오계烏鷄는 한국 전통 재래종으로, 몸집이 크고 깃털이 검으며 발가락이 4개다. 한방에서 약용 닭으로 많이 활용되었다. 백봉오골계는 한국에서 개량된 품종으로, 오계와 실크오골계silkie의 혼합종에서 유래되었다. 백봉오골계는 살, 가죽, 뼈 등이 어두운 자색을 띠지만 깃털은 검은색이 아닌 흰색 또는 붉은 갈색을 띠기도 하며, 발가락이 5개이다. 육질이 부드럽고 성장 속도가 빨라 식용으로 많이 활용된다. 현재 한국에서 사육되는 오골계는 대부분 백봉오골계 또는 그와 유사한 혼합종이며, 순수 오계는 거의 남아 있지 않은 것으로 알려져 있다.

오골계는 일반 닭보다 멜라닌melanin 함량이 높아 피부, 뼈, 속살이 검은색을 띠며, 철Fe, 칼슘Ca, 인P 등의 무기질이 풍부해 빈혈 예방과 뼈 건강에 유익하다. 한방에서는 보양 효과가 뛰어난 식품으로 여겨지며, 소화기관을 보호하고 혈액순환을 촉진하며, 원기 회복과 피로 해소에 도움을 준다고 전해진다.

오골계는 예로부터 건강에 좋은 식품으로 여겨져 한방 요리에 많이 사용되었다. 특히 맛이 담백하고 육질이 쫄깃하여 오골계 백숙이나 삼계탕 형태의 보양식으로 즐겨 먹는데, 인삼, 대추, 마늘 등을 넣고 오랫동안 끓이면 깊은 풍미를 느낄 수 있다.

7. 꿩고기

꿩고기

꿩은 산과 들에서 서식하는 조류로, 닭과 비슷하지만, 꼬리가 길고 수컷(장끼)과 암컷(까투리)의 깃털 색이 크게 다르다. 특히 수컷은 선명한 색상의 깃털을 가지고 있어 매우 아름답다.

꿩고기pheasant meat, *Phasianus colchicus Karpowi*는 지방 함량이 낮고 단백질이 풍부한 식품으로, 필수아미노산과 칼슘Ca, 인P, 철Fe 등의 무기질이 상대적으로 풍부하다. 또한 육질이 연하고 담백하며 소화 흡수가 잘 되어 노약자, 성장기 어린이, 청소년에게 좋은 식품으로 알려져 있다. 특히 꿩고기는 근섬유가 가늘고 연하여 피부를 윤택하게 하고, 피부 노화를 방지하는 효과가 있다고 전해진다.

포획 직후의 꿩고기는 특유의 강한 냄새가 있으므로, 내장과 혈액을 제거한 후 4~5일 동안 숙성시켜 조리하는 것이 좋다. 꿩고기는 선홍빛을 띠며, 지방 함량이 적은 것이 좋은 품질의 특징이다. 한국에서는 예로부터 납일臘日(동지 뒤 세 번째 미일未日)에는 꿩고기를 먹는 풍습이 있었으며, 이 시기의 꿩고기가 가장 맛이 좋다고 전해진다. 꿩고기는 제주도, 평양, 함흥을 비롯한 이북 지역에서 냉면과 만두의 주요 재료로 사용되며, 냉면이나, 찜, 구이 요리에도 활용된다.

8. 칠면조

칠면조

칠면조는 북아메리카가 원산지이며, 한국에서는 1850년대부터 야생 칠면조를 길들여 사육하기 시작했다. 육질이 부드럽고 독특한 향이 있으며 닭고기보다 맛이 뛰어나다.

칠면조 고기wild turkey, *Meleagris gallopavo*는 단백질이 풍부하며, 비타민 B군과 비타민 K를 함유하고 있어 영양가가 높다. 또한 소화가 잘되는 편이어서 미국과 캐나다에서는 전통적으로 추수감사절과 크리스마스 때 칠면조 요리를 즐겨 먹는다.

9. 대체육

대체육meat alternative은 기존의 소, 돼지, 닭과 같은 동물성 고기를 대체하기 위해 식물성 원료나 세포 배양 기술을 이용하여 만든 식품이다. 최근 건강과 환경을 고려한 지속 가능한 식품으로 주목받으며, 기술 발전에 따라 맛과 질감이 점점 실제 고기와 유사하게 개선되고 있다. 식물성 대체육plant based meat은 단백질 함량이 높고 지방 및 포화지방산 함량이 낮아, 채식주의자나 종교적 이유로 육류 섭취가 어려운 사람들이 단백질을 보충하는 식품으로 개발되었다. 주로 대두 단백질, 밀 글루텐, 완두콩 단백질과 같은 식물성 원료를 사용하여 고기와 유사한 질감과 풍미를 구현한다. 또한 육류에 비해 자원의 사용량과 온실가스 배출량을 줄일 수 있으며,

대량 생산이 쉽고 가격이 비교적 저렴하다는 장점이 있다. 식물성 단백질은 물리적·화학적 처리를 거쳐 고기의 근섬유 조직과 유사한 점탄성을 갖게 되며, 이 과정에서 주로 압출 성형기를 사용하여 고온과 고압으로 가공함으로써 단백질 구조를 변형시킨다. 이후 야자유, 카놀라유, 해바라기유 등의 식물성 기름을 첨가하여 고기의 육즙과 유사한 촉촉한 식감을 부여하고, 효모 추출물, 간장, 향신료 등을 사용해 감칠맛과 고기 특유의 풍미를 재현한다. 또한 비트즙이나 식물성 헴heme 같은 성분을 활용해 고기의 붉은 색과 조리 시 갈변하는 효과까지 표현한다. 이를 통해 조리할 때 육즙이 배어 나오는 촉감과 부드러운 식감을 제공하며, 점점 실제 고기와 유사한 맛을 내도록 발전하고 있다.

배양육cultured meat은 동물의 줄기세포를 직접 배양하여 고기 조직을 형성하는 기술을 사용한다. 살아 있는 동물로부터 줄기세포를 채취한 뒤, 이 세포를 영양분이 풍부한 배양액에 넣어 증식시킨다. 배양액에는 단백질, 지질, 비타민, 무기질 등 세포가 증식하고 성숙하는 데 필요한 영양 성분이 포함된다. 시간이 지나면 세포는 자연스럽게 증식하며 근육 섬유와 지방 조직을 형성하게 된다. 이를 통해 동물의 근육 구조와 유사한 고기 조직이 생성되며, 특정 단계에서는 기계적 자극이나 전기 자극 등의 물리적 자극을 통해 실제 동물의 근육처럼 밀도와 질감을 개선한다. 배양육은 동물의 조직을 그대로 재현하기 때문에 일반 고기와 거의 동일한 풍미와 식감을 제공한다. 따라서 기존 고기의 맛을 선호하는 소비자에게 적합하다. 그러나 식물성 대체육에 비해 생산과정이 오래 걸리고 비용이 많이 드는 등 상용화를 위한 기술적 한계가 있다. 현재 일부 상용화된 배양육 제품은 닭고기와 쇠고기 위주로 개발되고 있으며, 환경과 동물 복지 측면에서 이상적인 대안으로 평가받고 있다.

대체육은 위생적으로 생산할 수 있어 질병이나 항생제 오염 위험이 낮으며, 식중독균과 항생제 내성균의 위험을 줄여 안전성이 높다. 다만, 식물성 대체육은 유전자 변형 원료와 식품첨가물 사용에 대한 논의가 지속되고 있어, 안전한 가공 기술의 개발이 필요하다. 또한 대체육은 도축 없이 생산할 수 있고 가축 사육을 줄여 동물 복지 향상에도 기여할 수 있다. 이처럼 대체육은 탄소 배출 감소와 자원 절약 등 환경적 이점이 크며, 채식주의자뿐만 아니라 건강을 고려하는 소비자들에게도 매력적인 대안으로 자리 잡고 있다. 앞으로도 대체육에 대한 기술 발전이 계속 되면 맛과 질감이 개선되고, 다양한 식품으로 확장될 가능성이 크다. 특히 배양육은 대량 생산할 수 있으면 기존 육류 시장의 일부를 대체하며, 장기적으로 전통 축산업과 공존하는 새로운 단백질 공급원이 될 것으로 예상된다.

표 7-7 육류의 총 지방, 포화지방산, 콜레스테롤 함량 (가식부 100 g 기준)

식품명	총 지방 (g)	포화 지방산 (g)	불포화 지방산 (g)	트랜스 지방산 (g)	콜레스테롤 (mg)
소고기, 한우(1등급), 살코기, 생것	15.70	5.60	7.38	0.30	66.08
소고기, 한우(1등급), 갈비, 생것	32.39	10.31	13.19	0.61	79.43
소고기, 한우(1등급), 등심, 생것	24.45	9.35	10.80	0.48	68.62
소고기, 한우(1등급), 안심, 생것	13.14	5.42	5.49	0.28	57.81
소고기, 한우(1등급), 앞다리, 생것	10.49	4.20	5.25	0.22	62.70
소고기, 한우(1등급), 양지, 생것	17.27	5.66	8.83	0.31	67.23
소고기, 한우(1등급), 우둔, 생것	6.92	2.88	3.62	0.14	57.09
소 부산물, 신장(콩팥), 생것	3.09	0.868	1.131	0.100	411
소 부산물, 간, 생것	3.63	1.233	0.944	0.170	275
돼지고기, 삼겹살, 생것	33.31	13.27	18.11	0.16	69.73
돼지고기, 등심, 생것	4.58	1.68	2.62	0.03	54.39
돼지고기, 안심, 생것	3.15	1.17	1.82	0.02	67.85
돼지고기, 갈비, 생것	17.06	17.06	7.17	0.07	76.22
돼지고기, 목심, 생것	16.36	5.91	8.61	0.13	64.99
닭고기, 가슴, 생것	0.97	0.37	0.56	0	56.11
닭고기, 날개, 생것	10.53	3.17	6.79	0.10	94.76
닭고기, 다리(넓적다리), 생것	11.83	3.70	7.50	0.10	80.32
오리고기, 살코기, 생것	3.07	1.17	1.75	0.02	97.86
염소고기, 생것	10.31	3.53	4.25	0.22	65.22
양고기, 수입산, 다리, 생것	15.3	6.88	6.10	–	78
베이컨	21.60	8.01	12.80	0.08	54.69
소시지, 비엔나 소시지	16.16	5.63	10.45	0.08	63.27
햄, 등심햄	3.34	1.32	1.86	0.02	52.29
햄, 런천미트햄	11.53	3.68	7.26	0.08	54.57

- 빈칸으로 표시된 것은 측정하지 않은 것을 의미함

출처 : 농촌진흥청 국립식량과학원. 국가표준식품성분 DB 10.3(2025)

Chapter 8

알류

알류는 달걀, 메추리알, 오리알, 거위알, 칠면조알, 타조알 등 다양한 종류가 있으며, 이 중 달걀이 가장 널리 이용되고 있다.

알류는 양질의 단백질을 비롯하여 지질, 무기질, 비타민을 포함하고 있어 영양적으로 매우 우수한 식품이다**표 8-1**. 또한 가격이 비교적 저렴하여 단일 식품으로서 식생활에서 가장 많이 활용되는 식재료 중 하나이다. 그러나 알류는 비타민 C와 탄수화물 함량이 낮으며, 콜레스테롤 함량이 높은 식품으로 알려져 있다**표 8-2**. 최근에는 특정 성분이 많이 함유된 사료가 개발되어, 이를 집중적으로 급여함으로써 맛과 영양 조성을 조절할 수 있는 다양한 영양란이 생산되고 있다. 달걀은 전국적으로 생산되지만, 특히 경기도에서 가장 많이 생산되며, 다음으로 경상북도가 주요 생산지로 꼽힌다. 이 두 지역에서 전체 생산량의 약 50% 이상이 생산된다.

표 8-1 알류의 영양 성분

(가식부 100 g 기준)

종류	에너지 (kcal)	수분 (g)	단백질 (g)	지질 (g)	회분 (g)	탄수화물 (g)	당류 (g)	무기질					비타민					
								칼슘 (mg)	철 (mg)	마그네슘 (mg)	칼륨 (mg)	나트륨 (mg)	A (μg)	B_1 (mg)	B_2 (mg)	니아신 (mg)	D (μg)	E (mg)
거위알, 생것	193	71.0	13.2	14.1	0.9	0.8	–	–	41	2.5	–	77	45	172	0.15	0.48	0.1	–
기러기알, 생것	193	70.2	12.3	13.9	1.2	2.4	–	–	78	3.3	–	106	143	185	0.13	0.33	0.1	–
달걀, 생것	140	76.7	12.86	8.51	0.87	1.07	0.22	0	46	1.90	11	125	137	119	0.066	0.316	0.039	1.04
메추리알, 생것	146	75.4	12.80	9.02	1.10	1.66	0	0	59	2.49	11	154	137	194	0.237	0.403	0.202	1.78
오리알, 생것	171	72.4	13.11	11.32	1.09	2.03	0	0	56	2.54	12	120	136	115	0.260	0.130	0.020	8.25
오리알, 피단	166	71.0	12.98	10.05	1.76	4.21	0.06	0	56	2.28	9	127	496	103	0	0.193	0.199	7.07
오리알, 청둥오리, 생것	178	72.2	13.6	12.3	0.9	1.0	–	–	61	3.1	–	–	–	–	0.23	0.38	0.1	–

- 빈칸으로 표시된 것은 측정하지 않은 것을 의미함

출처 : 농촌진흥청 국립식량과학원. 국가표준식품성분 DB 10.3(2025)

표 8-2 알류의 지질, 포화지방산, 콜레스테롤 함량

(가식부 100 g 기준)

식품명	지질(g)	포화지방산(g)	콜레스테롤(mg)
달걀(생것)	8.51	2.80	387.81
달걀(삶은것)	8.69	2.78	267.18
난황(생것)	25.18	8.34	670.02
난황(삶은것)	32.16	9.68	782.59
메추리알(생것)	9.02	2.85	400.96

1. 달걀

1) 특징

(1) 달걀의 구조

달걀

달걀egg은 보통 50~70 g 정도의 무게를 가지며, 난각, 난각막, 난백, 난황으로 구성된다그림 8-1. 달걀의 형태는 타원형이며, 한쪽은 뾰족하고 반대쪽은 약간 넓적한 구조를 갖고 있다.

달걀의 외부에는 단단한 껍질인 난각이 있으며, 그 내부에는 두 겹의 속껍질인 난각막이 존재한다. 난각막은 케라틴과 뮤신이라는 단백질로 구성되어 있어 박테리아의 침투를 방지하고 달걀 내부의 내용물을 보호하는 역할을 한다. 달걀의 난각막 안에는 난백이 있으며, 중심부에 위치한 난황은 알끈chalaza에 의해 고정되어 있다. 난각 표면은 각질층으로 형성되어 있으며, 두께는 약 0.3 mm로 다공질 구조를 가지고 있다. 이 기공을 통해 수분 증발, 탄산가스 배출, 세균 침입 등이 발생할 수 있다. 신선한 달걀의 난각은 큐티클cuticle이라는 얇은 보호막으로 덮여 있어 촉감이 꺼끌꺼끌하며, 물로 씻거나 마찰에 의해 쉽게 벗겨진다. 또한 오래된 달걀은 껍질이 반들반들해지면서 광택이 나타난다.

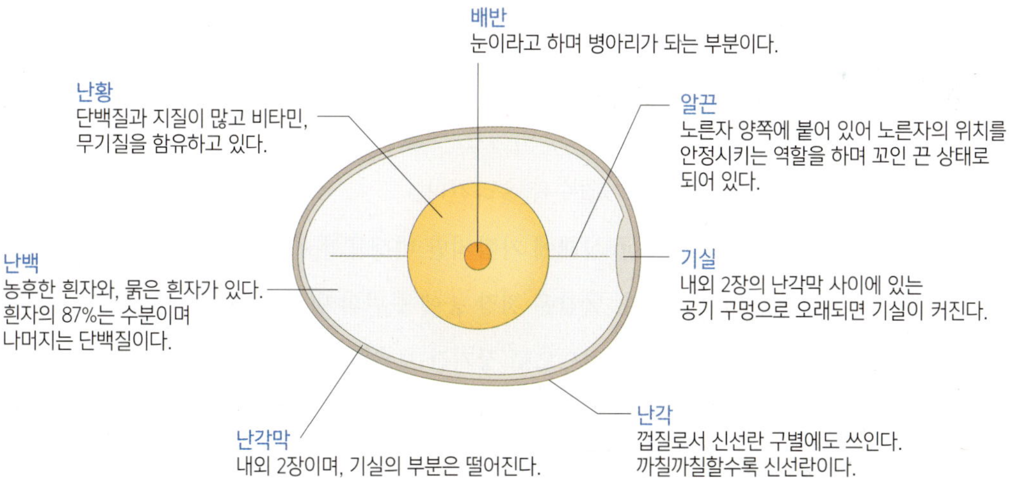

그림 8-1 달걀의 구조

난각막은 내막과 외막으로 구성되어 있으며, 난각의 내부에 단단하게 부착되어 있다. 산란 후 시간이 경과하면서 달걀의 둥근 부분 끝쪽에 기실air cell이 형성된다.

기실은 산란 직후에는 거의 형성되지 않지만, 보관과 저장 중에 커지게 되는데, 이는 난각 표면의 기공을 통해 공기가 유입되고 수분과 이산화탄소가 증발하기 때문이다. 달걀의 기실이 커질수록 비중은 점점 낮아진다. 기실의 크기는 달걀의 신선도를 평가하는 중요한 기준으로 활용되며, 일반적으로 기실이 클수록 신선도가 낮아진다고 본다.

난백은 난황을 둘러싸고 있는 반투명한 액체로, 점도가 적은 수양난백과 점도가 큰 농후난백으로 구성되어 있다. 난백은 단단한 난각과 난황 사이에서 완충역할을 하며, 외부로부터의 기계적 진동이나 습도 변화의 영향을 최소화하여 난황을 보호하는 역할을 한다. 신선한 달걀의 난백에서는 농후난백이 수양난백보다 높은 비율을 차지하지만, 저장 중에는 난백의 점도가 저하되어 묽은 난백이 많아지고, 달걀을 깨뜨렸을 때 난백이 넓게 퍼지는 현상이 나타난다.

난황은 난황막으로 감싸 있으며, 산란 후 시간이 지남에 따라 난백의 수분이 난황으로 이동하면서 난황막이 약화되고, 난황의 크기가 증가하여 달걀을 깨뜨릴 때 난황이 쉽게 터질 수 있다. 또한 삶은 달걀의 난황이 잘 부서지는 이유는 난황이 구상 알갱이 또는 미립자로 구성되어 있기 때문이다. 이러한 특성은 조리과정에서 난황의 질감과 구조에 영향을 미치며, 난황이 더욱 부드럽고 쉽게 으깨지는 원인이 된다 그림 8-1.

신선한 난백의 pH는 7.3~7.5이지만, 시간이 지나면서 점차 알칼리화된다. 난황의 pH도 저장 기간이 길어질수록 올라간다.

달걀은 산란 직후 무균 상태에 가깝지만 미생물의 침입이나 증식에 대한 자연적인 저항력을 지니고 있다. 달걀은 저장 중에 주변의 냄새를 흡수하거나 자체 변패에 의해 부패취가 발생할 수 있으므로 장기간 보관할 경우 불쾌한 냄새가 날 수 있다. 달걀을 저장할 때는 5~6℃에서 1일간 냉각한 후 0.5~1℃에서 냉장 보관하면 최대 6개월까지 유지할 수 있다. 그러나 현재 시중에서 판매되는 달걀의 유통기한은 2~4주 정도이다.

더 알아보기

난각번호

난각번호는 달걀 껍데기에 표시되는 10자리 숫자로, 소비자가 달걀의 생산 정보를 쉽게 확인할 수 있도록 하는 제도이다. 식품의약품안전처에 따르면 난각번호는 다음과 같이 구성된다.

- 산란일자(4자리) : 달걀이 생산된 날짜를 의미하며, 월과 일을 조합하여 표시됩니다. 예를 들어, 10월 12일에 산란된 달걀은 "1012"로 표기된다.
- 생산농가번호(5자리) : 해당 달걀을 생산한 농장의 고유번호로, 가축사육업 허가등록증에 기재된 번호입니다.
- 사육환경번호(1자리) : 닭이 어떤 환경에서 사육되었는지를 나타내며, 다음과 같이 구분된다.
  - 1번: 방목장에서 자유롭게 풀어놓은 닭이 낳은 달걀
  - 2번: 축사 내에서 자유롭게 다닐 수 있는 환경에서 사육된 닭이 낳은 달걀
  - 3번: 개선된 케이지에서 사육된 닭이 낳은 달걀
  - 4번: 기존 케이지에서 사육된 닭이 낳은 달걀(가장 일반적인 방식)

이 제도는 2019년부터 시행되었으며, 소비자의 알 권리를 보장하고 달걀의 유통정보를 명확하게 제공하기 위한 목적을 가지고 있다.

달걀 표시사항 확인법

0823 M3FDS 2

산란일자 / 생산자 고유번호 / 사육환경번호

산란일자(4자리) : 산란일이 8월 23일이면 0823으로 표시

생산자 고유번호(5자리) : 가축사육업 허가·등록증에 기재된 고유번호

사육환경번호(1자리) : 1(방사), 2(평사), 3(개선 케이지), 4(기존 케이지)

출처 : 식품안전나라. 달걀 표시사항 확인법. https://foodsafetykorea.go.kr/. 2025.06.01.

(2) 달걀의 신선도 판정

달걀의 신선도 측정방법은 다음과 같다표 8-3.

표 8-3 달걀의 신선도 판정

구분		품질 기준			
		A급	B급	C급	D급
외관판정	난각	청결하며 상처가 없고 달걀의 모양과 난각의 조직에 이상이 없는 것	청결하며 상처가 없고 달걀의 모양에 이상이 없으며 난각의 조직에만 약간의 이상이 있는 것	약간 오염되었으나 상처가 없으며 달걀의 모양과 난각의 조직에 이상이 있는 것	오염되어 있는 것, 달걀의 모양과 난각의 조직이 현저하게 불량한 것
투광판정	기실	깊이 4 mm 이내	깊이 8 mm 이내	깊이 12 mm 이내	깊이 12 mm 이상
	난황	중심에 위치하며 윤곽이 흐리지만 퍼져 보이지 않는 것	거의 중심에 위치하며, 윤곽이 뚜렷하고 약간 퍼져 보이는 것	중심에서 상당히 벗어나 있으며 현저하게 퍼져 보이는 것	중심에서 상당히 벗어나 있으며 완전히 퍼져 보이는 것
	난백	맑고 결착력이 강한 것	맑고 결착력이 약간 떨어지는 것	맑고 결착력이 거의 없는 것	맑고 결착력이 전혀 없는 것
할란판정	난황	위로 솟음	약간 평평함	평평함	중심에서 완전히 벗어나 있는 것
	농후난백	많은 양의 난백이 난황을 에워싸고 있음	소량의 난백이 난황 주위에 퍼져 있음	거의 보이지 않음	이취가 나거나 변색되어 있는 것
	수양난백	약간 나타남	많이 나타남	아주 많이 나타남	
	이물질	크기가 3 mm 미만	크기가 5 mm 미만	크기가 7 mm 미만	크기가 7 mm 이상
	호우단위(H.U)	72 이상	60~72	40~60	40 미만

① 투시검사법

투시검사법(검란egg candling)은 어두운 방에서 검란기를 사용하여 달걀을 깨지 않고 내부를 투시하여 검사하는 방법이다. 이 과정에서 기실의 크기, 난백의 유동 상태, 난황의 위치 등을 관찰하여 달걀의 신선도를 판정할 수 있다.

신선한 달걀은 기실의 크기가 작고, 난백의 점도가 높아 내부 구조가 뚜렷하게 유지된다. 반면, 시간이 지나면서 기실이 커지고 난백이 유동성이 증가하며 난황이 중심에서 벗어나는 등의 변화가 나타난다. 이러한 특징을 기반으로 달걀의 품질을 평가할 수 있다.

② 할란검사법

달걀을 깨뜨려 평면상에 놓고 난백계수와 난황계수를 구하여 난백과 난황의 신선도를 직접 측정하는 방법이다.

난황계수yolk index는 난황이 넓게 퍼진 정도를 나타내며, 난황의 높이를 난황의 지름으로 나눈 값이다. 신선한 달걀의 난황계수는 0.44~0.36이며, 시간이 지나면 난황계수가 낮아진다. 난황계수가 0.25 이하이면 난황막이 얇아져 쉽게 터진다.

난백계수albumen index는 난백의 높이를 난백의 지름으로 나눈 값으로, 신선한 달걀의 경우 0.14~0.17 정도를 나타낸다. 난백의 유동성이 증가하면 난백계수가 낮아지며, 이는 달걀의 신선도가 떨어졌다는 것을 의미한다.

③ 간이검사법

- 외관법 : 신선한 달걀은 난각 표면이 까칠까칠하며 광택이 없고, 오래된 달걀은 껍질이 반들반들해지면서 광택이 나타난다. 오래된 달걀은 난각 표면의 보호층인 큐티클cuticle이 점차 마모되어 반들반들해지는 경향이 있는데, 이것은 달걀의 신선도를 평가하는 지표 중 하나로 활용할 수 있다.
- 진음법 : 신선한 달걀은 흔들어보면 내부 내용물이 치밀하게 유지되어 흔들었을 때 소리가 나지 않는다. 반면, 오래된 달걀은 난황막이 얇아지고 내부의 수분이 점차 증발하면서 내용물이 감소하고 흔들었을 때 출렁거리는 진동음이 발생한다. 이러한 특성을 이용하면 달걀의 신선도를 간단히 판별할 수 있으며, 흔들었을 때 출렁임이 크다면 신선도가 떨어졌을 가능성이 높다.
- 설감법 : 신선한 달걀은 내부 내용물의 밀도가 높아 이동이 거의 없으며, 기실이 있는 쪽에 혀를 대면 따뜻한 감촉이 느껴진다. 시간이 지나면서 달걀 내부의 수분이 증발하고 기실이 커지면서 내부구조가 변화하게 되는데, 신선한 달걀일수록 이러한 변화가 적어 따뜻한 감촉이 유지된다.
- 비중법 : 신선한 달걀의 비중은 1.08~1.09이다. 그러나 저장 기간이 길어지면 수분이 증발하면서 내부 기실이 커지고 비중이 점차 낮아진다. 달걀을 3~4%의 소금물에 담갔을 때 위로 뜨는 것은 오래되었거나 부패한 달걀임을 의미한다. 반면, 신선한 달걀은 비중이 높아 소금물 속에서 가라앉는 특징이 있다그림 8-2.

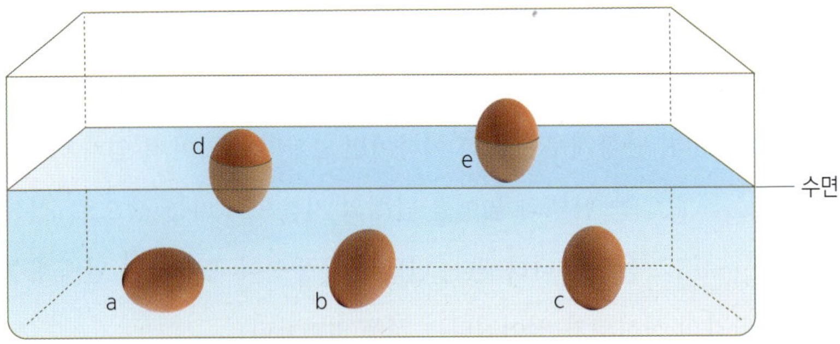

a. 산란 직후　b. 1주일 후　c. 보통란　d. 아주 오래된 알　e. 부패란

그림 8-2 비중에 의한 달걀의 신선도 판정

④ 호우단위

호우단위Haugh unit는 달걀의 무게와 농후난백 높이의 관계를 수치상으로 계산하여 달걀의 신선도를 판정하는 방법이다. 신선한 달걀의 HU는 85 이상이며, 시간이 경과함에 따라 HU 값은 낮아진다.

$$HU = 100 \log(H + 7.75 - 1.7W^{0.37})$$

H : 농후난백의 높이(mm), W : 달걀의 무게(g)

(3) 달걀의 크기

달걀의 등급은 1^{+}, 1등급, 2등급, 3등급으로 구분하며, 크기는 중량에 따라 소란(44 g 미만), 중란(44~51 g), 대란(52~59 g), 특란(60~67 g), 왕란(68 g 이상)으로 나눈다그림 8-3.

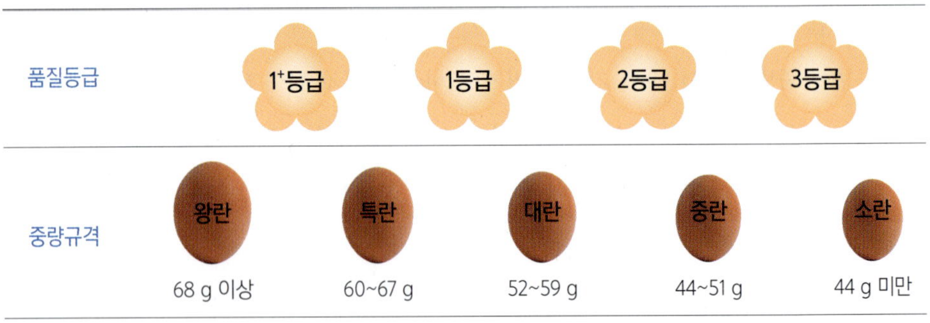

그림 8-3 달걀의 등급 및 크기

출처 : 축산물품질평가원(www.ekape.or.kr)

2) 성분

난백은 약 88%가 수분으로 이루어져 있으며, 약 11%는 단백질을 포함하고 있다. 난황은 약 52%가 수분이며, 그 외에는 지질과 단백질로 구성되어 있다. 달걀의 단백질은 단백가가 100에 해당하는 완전단백질로, 필수아미노산뿐만 아니라 메티오닌methionine, 시스틴cystine과 같은 함황아미노산의 함량이 높다.

난백 단백질은 오브알부민ovalbumin이 대부분을 차지하며, 콘알부민conalbumin, 오보뮤코이드ovomucoid, 오보글로불린ovoglobulin, 오보뮤신ovomucin, 아비딘avidin, 라이소자임lysozyme 등의 단백질을 포함하고 있다.

난황의 고형분은 단백질과 지질로 구성되어 있으며, 인단백질인 비텔린vitellin과 비텔레닌vitellinin에 지질이 결합한 형태로 존재한다. 주요 성분으로는 리포비텔린liphovitellin, 리포비텔리닌lipovitellinin, 리베틴livetin, 포스비틴phosvitin이 포함된다. 난황의 지질은 대부분 인지질로 구성되어 있으며, 레시틴lecithin과 세팔린cephalin으로 이루어져 있다. 난황의 인지질은 유화성이 뛰어나므로 유화제로 작용하며, 수중유적형(o/w)의 유탁액을 형성하는 역할을 한다.

달걀에는 다양한 무기질이 고루 함유되어 있으며, 특히 인P, 황S, 철Fe의 함량이 높다. 완숙란의 난황 표면이 암녹색을 띠는 것은 난백 중 황화합물이 가열 과정에서 황화수소H_2S를 발생시키고, 이것이 난황 내 철Fe과 반응하여 황화제1철FeS을 형성하기 때문이다.

달걀은 비타민 C를 제외한 수용성 비타민 B군(B_1, B_2, B_6, B_{12}, 니아신 등)과 지용성 비타민 A, D, E, K를 함유하고 있다표 8-1.

3) 선택 및 이용

(1) 달걀의 가공품

대부분의 달걀은 신선한 상태로 소비되지만, 대량 생산된 달걀은 1차 가공품으로 처리되어 다양한 식품 원료로 활용된다.

1차 가공품에는 액상란, 동결란, 건조란 등이 포함되며, 이러한 가공 과정을 통해 달걀은 장기 저장이 가능하고 다양한 용도로 사용될 수 있다. 1차 가공된 달걀은 다시 2차 가공품으로 활용되며, 대표적인 예로 피단(백년란), 마요네즈, 과자 등의 식품 원료로 이용된다.

① 액상란

액상란liquid egg은 제과·제빵의 원료 및 단체급식에서 널리 사용된다. 액상난백liquid egg white은 제과용으로 활용되며, 수산제품인 어묵, 소시지, 음료 제조 원료로도 이용된다. 액상난황liquid egg yolk은 대부분 마요네즈 제조에 사용되며, 그 외에도 제과, 면류 및 이유식 등의 식품 제조에 활용된다.

② 동결란

동결란frozen egg은 동결전란, 동결난황, 동결난백으로 구분된다. 동결란을 만들 때 주의사항으로 어떤 경우의 제품이라도 살균 처리된 난액을 -30~-20℃에서 신속하게 동결하여 조제해야 한다. 단, 동결난황은 그대로 동결하면 점도가 이상하게 증가하여 젤화하기 때문에 식염, 자당(설탕), 글리세린 등을 5~10% 정도 첨가한 후 동결한다. 동결한 제품은 보통 -18℃에서 저장된다.

동결전란은 제과제빵 원료로, 동결조제란(전란+난황+자당+시럽)은 제과용으로, 동결난백은 엔젤 케이크angel cake의 원료로 이용된다. 동결난황은 이유식, 면류, 마요네즈 등의 원료로 사용된다.

③ 건조란

달걀의 내용물을 건조시키면 저장성이 우수하고 수송이 편리하지만, 유해균의 오염, 지방의 산패 및 용해도 지하에 주의해야 한다. 건조란dried egg powder은 건조전란, 건조난황, 건조난백으로 구분된다.

난액을 그대로 건조하면 함유된 탄수화물, 단백질, 인지질(특히 세팔린)이 반응하여 제품의 갈변 현상이 발생하고 용해도가 저하될 수 있다. 이를 방지하기 위해 건조과정 전에 탈당 처리 또는 산성화 처리를 실시한다. 건조는 분무건조기에서 140~150℃에서 진행하며, 제품의 수분함량을 5% 이하로 유지하여 그대로 밀봉하거나 가스 충전 후 저장한다.

건조란의 주요용도는 제과 원료, 케이크 믹스cake mix, 제면 원료 등이다.

④ 피단

피단

피단皮蛋은 중국에서 만든 난 가공품으로 송화단松花蛋 또는 채단彩蛋이라고도 한다. 본래 오리알을 사용하여 제조했으나, 현재는 달걀로도 만들어지고 있다. 이 과정은 달걀을 껍질째 식염을 포함한 강한 알칼리성 반죽으로 덮어 알 내용물에 서서히 알칼리가 침투하여 난단백질을 응고시키는 방식으로 진행되며, 숙성에는 수개월이 소요된다.

피단을 만드는 방법에는 여러 가지가 있지만, 일반적으로 수산화나트륨NaOH 5%, 식염(소금) 20%의 수용액에 달걀을 담가 숙성하는 방법과 수산화석회 20%, 탄산칼륨 30%, 탄산소다 5%, 식염(소금) 5%, 물 40%의 비율로 혼합한 반죽을 난각 표면에 1 cm 두께로 도포한 후 알칼리와 염분을 서서히 내부로 침투시키는 방법이 사용된다. 이러한 숙성과정에서는 난각을 진흙으로 덮어 밀폐하여 알 내부의 알칼리와 염분이 균등하게 분포되도록 한다. 이 과정에서 단백질과 지방이 응고되면서 피단 특유의 풍미가 형성된다.

숙성이 완료된 피단의 난백은 갈색을 띠며, 난황은 암녹색이고 중심부는 황색 또는 흑색으로 변한다. 온화한 풍미를 가진 양질의 피단을 얻기 위해서는 약 15℃에서 5~6개월 동안 숙성하는 것이 적합하다.

피단 제조과정에서 발생하는 성분변화는 알칼리 작용에 의해 단백질과 지질이 분해되는 것이 특징이다. 이 과정에서 비타민 B군은 완전히 파괴되지만, 비타민 A와 D는 변하지 않는다.

단백질 분해과정에서 암모니아NH_3가 생성되며, 이는 피단 특유의 강한 풍미를 형성하는 데 기여한다. 또한 암모니아는 소화기관을 적당히 자극하여 식욕을 증진시키며, 위산을 중화하는 효과가 있다.

⑤ 훈제란

훈제란

훈제란smoked egg은 알을 삶아서 난각을 제거한 후 조미액에 담가 맛을 배게 한 다음 훈연시킨 제품으로, 저장성이 우수하고 풍미가 뛰어난 특성이 있다. 이러한 가공 방식은 달걀의 식감을 살리는 동시에 독특한 향과 맛을 부여하여 술안주용으로 널리 이용된다. 훈연 과정을 거치면서 달걀의 표면은 짙은 색을 띠며, 조미액에 담가둔 시간이 길수록 더욱 깊은 풍미를 가지게 된다.

2. 오리알

오리알

오리알duck's egg은 달걀보다 난황의 비율이 높으며, 단위중량당 열량 생산량도 더 높다. 오리알의 영양성분은 달걀과 유사하지만, 지질 함량이 달걀보다 다소 많고, 인P과 칼슘Ca의 함량은 다소 적다. 또한 아미노산 구성에서도 차이가 있으며, 달걀은 아르기닌arginine과 라이신lysine이 풍부한 반면, 오리알은 히스티딘histidine 함량이 높다는 특징이 있다. 이러한 영양 성분의 차이는 조리용도와 식품활용에 영향을 미칠 수 있으며, 오리알은 보다 진한 맛과 높은 지방 함량으로 특정 요리에 선호되는 경우가 많다.

3. 메추리알

메추리알

메추리알quail's egg의 난각은 흑갈색의 반점이 있으며, 엷은 녹백색을 띤다. 알의 평균 무게는 11~12 g 정도로 달걀보다 훨씬 작지만 성상과 성분 조성이 비슷하다. 난황의 황화합물 중에서 레시틴의 함량이 달걀보다 많다는 특징이 있으며, 이는 메추리알의 영양적 특성과 관련이 있다.

Chapter 9

우유 및 유제품

포유동물의 유즙은 예로부터 어린 동물과 인류에게 중요한 식품이었다. 유즙은 소, 양, 염소, 말 등의 다양한 동물로부터 얻을 수 있지만, 주로 소의 젖인 우유가 널리 이용된다. 그 외 동물의 유즙은 특정 지역에서 제한적으로 사용된다. 유즙은 마시는 용도뿐만 아니라, 최근 가공과 보존 기술의 발달로 다양한 유제품으로 만들어져 폭넓게 활용되고 있다그림 9-1.

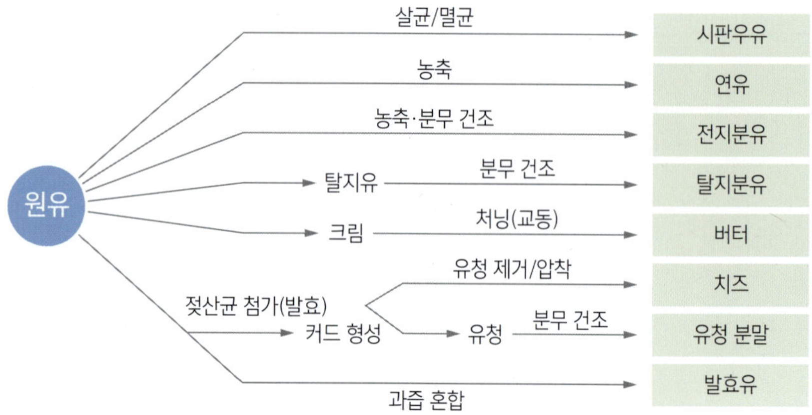

그림 9-1 유제품의 종류

유즙의 일반 성분은 가축의 종류나 품종, 개체, 연령, 사료, 젖을 짜는 기간 등에 따라 다소 차이가 있으나 어린 포유동물과 신생아에게 유일한 식량으로 발육에 필요한 영양소가 균형 있게 적절히 들어 있어 완전식품에 가까운 우수한 식품이다.

또한 각 성분의 소화 흡수율이 높고, 일반 식품에서 부족하기 쉬운 칼슘Ca이 풍부하게 함유하여 알칼리성 식품이자 우수한 칼슘Ca 공급원이다표 9-1. 우유로 만든 버터, 치즈, 아이스크림 등 다양한 유제품은 훌륭한 영양식품으로 널리 이용되고 있다.

표 9-1 우유류 및 유제품의 영양 성분 (가식부 100 g 기준)

종류	에너지 (kcal)	수분 (g)	단백질 (g)	지질 (g)	탄수화물 (g)	당류 (g)	총식이섬유 (g)	무기질					비타민				
								칼슘 (mg)	철 (mg)	마그네슘 (mg)	칼륨 (mg)	나트륨 (mg)	A (μg)	B_1 (mg)	B_2 (mg)	니아신 (mg)	C (mg)
우유	67	87.6	3.09	3.85	4.86	4.81	0	118	0.03	10	162	40	55	0.021	0.145	0.301	0.79
우유, 저지방우유	46	89.7	3.25	1.44	4.96	4.93	0	121	0.03	11	165	40	13	0.017	0.154	0.256	0.27
모유	61	88.0	1.1	3.5	7.2	(6.4)	(0)	27	0.04	3	48	15	45	0.01	0.03	0.2	5
우유, 가공우유, 딸기맛	68	83.7	2.29	1.12	12.34	8.13	0	78	0.03	8	107	30	17	0.029	0.109	0.145	0.25
우유, 가공우유, 바나나맛	90	80.6	2.63	3.02	13.13	9.18	0	89	0.04	9	125	34	52	0.025	0.087	0.083	0
우유, 가공우유, 초코맛	71	83.2	2.61	1.41	12.14	8.16	0	83	0.60	15	153	32	16	–	0.097	–	0
우유, 가공우유, 커피맛	61	85.8	2.44	1.38	9.82	6.86	0	81	0.05	9	125	29	20	–	0.112	0.045	0
우유, 강화우유, 고칼슘	63	86.8	2.98	2.77	6.53	3.85	0	205	1.19	10	144	37	171	0.163	0.134	0.051	0.46
우유, 유당분해우유	66	87.8	3.05	3.86	4.73	3.99	0	114	0.03	10	164	39	54	0.021	0.129	0.296	0.78
산양유	62	88.4	3.16	3.62	4.03	3.48	0	149	0.03	16	201	40	67	–	0.034	0.215	0.33
요구르트, 액상	65	83.2	1.29	0.02	15.23	12.49	0.6	45	0.02	4	60	17	0	0.015	0.064	0.020	0.46
요구르트, 액상, 저당	45	88.2	1.11	0.02	10.38	6.60	0.7	45	0.10	4	60	18	0	0	0.081	0.037	0.46
요구르트, 호상, 딸기맛	95	78.3	2.95	2.46	15.53	14.46	0.7	123	0.06	12	163	41	38	0.022	0.181	0	1.48
요구르트, 호상, 플레인	86	81.8	4.53	3.21	9.69	8.51	1.0	136	0.03	13	176	56	59	0.021	0.145	0.148	2.56
분유, 전지	509	2.7	25.46	27.32	39.07	38.63	0	977	0.13	89	1,298	322	419	0.168	1.064	0.913	8.41
분유, 탈지	358	4.3	33.88	0.97	53.16	46.17	0	1,414	0.15	120	1,665	432	0	0.158	1.314	1.266	10.10
연유, 점성이 낮은것	126	74.5	5.56	5.73	13.10	5.05	0	165	0.28	14	226	87	169	0.026	0.317	0.126	0
연유, 점성이 높은것	367	16.3	7.76	7.84	66.31	51.88	0	273	0	25	366	101	95	0.051	0.453	0.177	2.19
크림, 생크림	368	54.9	2.03	37.81	4.98	0	0	63	0.04	6	91	25	238	0.118	0.121	0.485	0
아이스크림, 바닐라맛	179	64.2	4.98	7.83	22.25	17.30	0	80	0.04	10	188	70	117	0.020	0.134	0	1.69
소프트 아이스크림, 바닐라맛	139	69.7	2.38	3.98	23.50	23.70	0	71	0	8	110	33	11	0	0.111	0.382	0
치즈, 고다	356	41.46	24.94	27.44	2.22	2.22	0	700	0.24	29	121	819	165	0.030	0.334	0.063	0
치즈, 카망베르	300	51.80	19.80	24.26	0.46	0.46	0	388	0.33	20	187	842	241	0.028	0.488	0.630	0
치즈, 리코타	159	72.9	7.1	11.5	6.7	–	(0)	340	0.1	20	210	160	160	0.04	0.21	0.1	–
치즈, 모차렐라	236	61.4	17.34	16.49	3.15	1.06	0	365	0.07	15	50	243	137	0.025	0.153	0.241	0
치즈, 블루	353	42.41	21.40	28.74	2.34	0.50	0	528	0.31	23	256	1,146	198	0.029	0.382	1.016	0
치즈, 체다	298	49.3	18.76	21.30	6.17	0.24	0	626	0.09	22	62	928	80	0.059	0.170	0.079	0.07
치즈, 카테지	99	79.0	13.3	4.5	1.9	0.5	(0)	55	0.1	4	50	400	35	0.02	0.15	0.1	(0)
치즈, 크림	350	52.62	6.15	34.44	5.52	3.76	0	97	0.11	9	132	314	308	0.023	0.230	0.091	0
치즈, 파르메산	420	22.65	28.42	27.84	13.91	0.07	0	853	0.49	34	180	1,804	261	0.026	0.358	0.080	0

- 빈칸으로 표시된 것은 측정하지 않은 것을 의미함

출처 : 농촌진흥청 국립식량과학원. 국가표준식품성분 DB 10.3(2025)

1. 우유

1) 특징

우유milk는 유백색의 불투명한 액체이다. 이것은 우유의 성분 중에서 특히 카세인casein 입자와 지방구가 분산되어 있기 때문이다.

우유는 성분이나 용도에 따라 그 명칭이 다르다. 즉 전유whole milk를 원심분리하면 유지방을 주성분으로 한 크림cream층과 탈지된 탈지유skim milk로 분리된다. 크림은 버터의 제조 원료로 사용되며, 버터를 만드는 과정에서 나오는 액체는 버터밀크buttermilk라고 한다.

전유나 탈지유에 산이나 응유효소를 첨가하면 생성되는 응유물을 커드curd라 하고, 커드를 제거하고 남은 액체를 유청whey이라고 한다. 유청에 들어 있는 알부민albumin과 글로불린globulin을 유청단백질whey protein이라고 한다. 이는 산이나 레닌rennin에 의해서 응고되지 않는다. 우유를 끓일 때 용기 바닥에 침전되는 것은 유청단백질이 가열에 의해서 응고된 것이다. 커드는 치즈를 만드는 원료로 이용된다.

2) 성분 및 효능

(1) 단백질

우유의 단백질은 필수아미노산을 균형 있게 함유하고 있다. 우유의 주요 단백질은 카세인으로 전체의 약 78%를 차지하며, 그 외에 락트알부민lactalbumin과 락토글로불린lactoglobulin 등의 유청 단백질과 미량의 단백질 및 질소 화합물이 포함되어 있다. 카세인은 인단백질phosphoprotein이며 우유의 산도(pH 6.6)에서 대부분 칼슘Ca과 결합한 형태인 카세인 칼슘calcium caseinate으로 존재하여 우유 내에서 안정적으로 분산될 수 있도록 돕는다. 그러나 산도pH가 낮아지면 이 결합이 불안정해지면서 카세인이 응고되어 커드를 형성한다.

(2) 지질

우유의 지질은 약 3.8% 정도이며 저지방 우유에는 약 1.4%, 크림에는 아주 많은 양이 함유되어 있다. 이 지질은 지방구 형태로 O/W형의 에멀션emulsion 상태로 분산되어 있어 미세하게 유화되며 소화와 흡수가 잘 이루어진다.

우유의 지질은 주로 중성지방triglyceride으로 구성되어 있으며, 그 외에 인지질, 지용성 비타민, 스테로이드steroid 등이 포함된다. 인지질은 레시틴lecithin과 세팔린cephalin으로 지방구의 피막을 형성한다.

우유를 가공할 때 레시틴 분자 내 콜린choline이 산화되면서 트라이메틸아민tri-methylamine을 생성하여 산화적 변패의 원인이 된다. 유지방은 뷰티르산butyric acid, 카프로산caproic acid과 같은 저급 포화지방산을 상당량 함유하고 있다. 이들 저급 지방산은 우유나 유제품, 특히 버터의 독특한 풍미뿐만 아니라 우유에서 발생할 수 있는 이취off-flavor와도 관계가 있다.

(3) 탄수화물

우유의 주요 당질은 유당lactose으로 약 4~5% 함유되어 있으며, 그 밖에 미량의 포도당glucose과 갈락토스galactose가 포함되어 있다.

유당은 장내 젖산균의 증식을 도와 유해균의 번식을 억제하고 정장 작용을 한다. 또한 유당이 분해되어 생성된 젖산은 칼슘Ca의 흡수를 촉진한다. 유당은 150~160℃에서 캐러멜화하므로 연유의 갈색은 열처리 과정에서 유당이 캐러멜화한 것이다.

(4) 비타민 및 무기질

우유에는 지용성 비타민 A·D·E·K, 수용성 비타민 B군과 비타민 C 등이 함유되어 있다. 비타민 C는 가열처리하면 거의 소멸된다. 비타민 A는 카로틴 형태로 존재해 우유의 색에 영향을 미치고, 이는 사료의 카로틴 함량에 따라 좌우된다. 비타민 D는 프로비타민인 에고스테롤ergosterol과 7-데하이드로콜레스테롤

7-dehydrocholesterol의 형태로 소량 들어 있다.

우유 중 무기질은 칼슘Ca이며, 그 밖에 인P, 칼륨K, 염소Cl, 나트륨Na, 마그네슘Mg 등이 많으나 철Fe과 구리Cu가 부족하다. 우유의 칼슘Ca은 카세인과 결합하여 카세인의 안정성에 영향을 미치며, 인산칼슘이나 구연산칼슘 등의 형태로 존재하거나 물에 녹아 있는 상태로도 존재한다.

우유에 함유된 효소로는 라이페이스lipase, 프로테이스protease, 아밀레이스amylase, 락테이스lactase, 포스파테이스phosphatase 등과 다양한 효소가 함유되어 있으며, 이들 효소는 유제품 제조에 사용되기도 하지만 우유의 변질 과정에도 관여한다.

3) 품질검사

(1) 원유의 검사

원유의 성분, 비중, 유지방, 잔류 항생물질, 미생물 수 등을 검사하며, 이때 관능검사와 주정검사가 사용된다.

관능검사는 우유의 향, 맛, 점조도, 이물질, 응고물과 이상유 등을 관능적으로 판별하는 방법이다. 주정검사는 우유의 신선도와 산패 여부를 확인하기 위한 검사로, 산도 측정과 알코올 검사를 통해 판정한다.

(2) 여과 및 청징

원유에 있는 먼지, 이물질, 우유 응고물 등 비교적 큰 불순물을 여과포나 금속 망으로 걸러내는 것을 여과filtration라 한다. 원심력을 이용해 눈에 보이지 않는 작은 불순물을 기계적으로 제거하는 과정을 청징clarification이라 한다.

(3) 균질화

원유의 유지방은 지름 1~10 μm의 지방 입자 상태로 우유에 분산되어 있다. 균질화homogenization는 우유 속 지방구에 물리적 충격을 가해 그 크기를 0.1~2.2 μm로 작게 분쇄하고 균일하게 분산시키는 공정이다.

(4) 표준화

표준화 공정은 생산하려는 제품의 종류와 규격에 맞게 원료 우유의 지방, 무지 고형분, 강화 성분 등을 조정하여 완제품의 성분 규격에 적합하도록 만드는 작업이다.

(5) 살균, 냉각, 저장

우유는 각종 미생물을 사멸시키고 효소를 불활성화하여 위생적이고 안전한 상태로 만들고, 저장성을 높이기 위하여 살균처리한다. 가열에 의한 살균방법은 표 9-2와 같다. 살균이 끝난 우유는 5℃ 이하로 냉각하여 저장 및 포장한다.

표 9-2 우유의 살균법

살균법	살균온도	살균시간	특성
초고온순간살균법 Ultra High Temperature method, UHT	130~135℃	2~3초	• 모든 미생물의 완전 사멸 • 대부분의 시판우유와 멸균우유에 이용
고온단시간살균법 High Temperature Short Time method, HTST	72~75℃	15초	• 연속살균에 의한 대량처리 가능 • 일부 시판우유에 이용
저온장시간살균법 Low Temperature Long Time method, LTLT	63~65℃	30분	• 유해 미생물의 살균 • 원유의 색, 풍미, 영양소 파괴 최소화

2. 유제품(우유 가공품)

1) 시판우유

시판우유city milk(시유市乳)는 생우유를 살균 처리한 뒤 포장하여 소비자가 바로 마실 수 있도록 판매되는 우유로, 우유 본래의 성상을 유지하고 있다. 주요 성분 기준은 지방 3.0% 이상, 세균 수 1 mL당 5만 이하, 대장균 1 mL당 10 이하, 산도 0.18% 이하, 비중 1.028~1.034로 규정되어 있다.

시판우유는 살균 방식에 따라 저온살균우유LTLT, 고온살균우유HTST, 초고온살균우유UHT, 멸균우유sterilized milk로 나뉜다. 멸균우유는 120℃ 이상의 고온에서 장시간 가열하거나 UHT 처리 후 무균 포장하여 실온에서 장기간 보관이 가능한 우유이다. 또한 지방 함량에 따라 전지우유, 저지방우유, 무지방우유가 있으며, 칼슘Ca이나 비타민을 강화한 강화우유, 유당을 제거한 유당분해우유, 맛을 첨가한 가공우유, 유기농 또는 목장에서 직접 생산한 우유 등 다양한 종류가 있다표 9-3.

표 9-3 특수 우유의 종류

종류	성분 및 특성
강화우유	인체에 필요한 영양소(비타민 A, 비타민 D, 칼슘Ca, 철Fe, 셀레늄Se, DHA 등)를 첨가한 우유
환원우유	전지분유나 탈지분유를 물에 녹인 후 유지방을 첨가하여 원유의 고형분 함량과 동일하게 복원한 우유
유당분해우유	유당불내증을 지닌 사람에게 배탈, 설사, 팽만감을 일으키는 유당을 유당분해효소인 락테이스lactase로 분해하거나 미세한 필터로 유당만을 제거하여 소화가 잘되게 만든 우유
저지방우유	유지방 함량 2.0% 이하로 줄인 우유
무지방우유	유지방 함량 0.5% 이하로 줄인 우유
멸균우유	병원성 미생물을 사멸하여 실온에서 한 달 이상 유통이 가능한 우유
ESL우유	청정공기 주입, 우유팩 살균, 무균 자동화 라인 등 위생 관리 기술을 적용한 ESLExtended Shelf Life 시스템은 원유에서 우유까지의 전 제조 과정에서 미생물 오염을 철저히 차단하여 우유의 맛과 향을 그대로 유지하면서 시판우유의 유통기한을 약 40~60일까지 연장한 우유

저지방우유

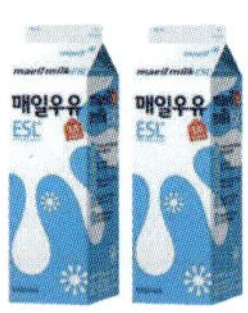

ESL우유

2) 연유

연유

연유condensed milk는 우유의 수분을 2배 이상 증발시켜서 만든 제품으로, 자당(설탕) 첨가 여부에 따라 가당연유와 무당연유로 나눈다.

연유는 유백색에서 황색까지 균일한 색을 띠고 감미가 있으며, 무미·무취한 액체를 선택하는 것이 바람직하다. 무당연유는 주로 우유, 유아용, 제과용 또는 커피크림의 대용으로 쓰인다.

가당연유는 자당(설탕)이 함유되어 방부 효과로 보존성이 높으며, 주로 제과·아이스크림의 원료로 사용한다.

3) 분유

분유dried milk는 우유나 탈지유를 농축·건조시켜 수분함량 5% 이하의 분말로 만든 것으로, 부피가 작고 가벼워 보관과 운반이 쉽다. 보존성은 높지만, 전지분유는 수분 흡습에 의한 산화 또는 영양소 변질의 가능성이 있다.

원료유의 종류에 따라 전유를 건조한 전지분유, 탈지유를 건조한 탈지분유, 자당을 첨가한 가당분유, 영유아에게 필요한 영양소를 첨가하여 만든 조제분유 및 강화분유 등이 있다.

분유는 담황색의 고운 분말로 무미·무취한 것이 좋다. 저장할 때는 풍미가 저하되지 않도록 뚜껑을 밀봉하여 공기를 완전히 차단하고 직사광선이 없는 서늘한 곳에 보관한다.

분유

4) 크림 및 버터

크림cream은 우유를 원심분리하여 유지방을 분리한 뒤 살균하고 냉각하여 만든 제품이다. 크림은 함유된 유지방의 양에 따라 여러 종류로 나뉘며, 각기 다른 용도로 사용된다표 9-4.

표 9-4 크림의 종류와 특성

종류	유지방 함량	용도 및 특성
사워크림sour cream	18% 정도	젖산 발효로 인해 특유의 신맛이 나는 크림으로, 주로 소스, 제과제빵, 디핑 소스 등에 사용
커피크림coffee cream	18~20%	커피 등
휘핑크림whipping cream	40% 정도	생크림 케이크 장식, 과일과 함께 디저트로 사용
크림분말cream powder	50% 이상	소스, 제과제빵 등
플라스틱크림plastic cream	80% 정도	아이스크림, 버터의 원료

버터butter는 우유에서 분리한 크림을 교반하여 분리된 지방 입자를 모아 이를 고체 형태로 가공한 식품으로, W/O형 에멀션이다. 지방이 80% 이상이고 수분과 미량의 단백질을 포함한다.

버터

버터의 종류는 식염 첨가에 따라 1.5~2.0%의 소금을 가한 가염버터와 소금이 첨가되지 않은 무염버터로 나뉜다. 또한 원료 크림에 유산균을 넣어 발효시킨 발효버터cultured butter와 발효시키지 않은 감성버터sweet butter가 있는데, 발효버터는 젖산발효로 인해 약간의 신맛이 나며 풍미가 강하다.

일반적으로 사용하는 버터는 대부분 가염버터이며, 무염버터는 주로 제과 및 제빵 용도로 사용된다.

아이스크림

5) 아이스크림

아이스크림ice cream은 유지방과 고형분을 적당한 비율로 배합하고 감미료, 향료, 유화제, 안정제, 색소, 과일 및 견과류 등을 원료로 섞어서 동결한 냉동식품이다. 주성분은 유지방, 무지고형분, 단백질, 당분 등으로 아이스크림은 유지방 6% 이상, 유고형분 16% 이상을 함유해야 한다. 아이스크림은 다양한 향료로 만들 수 있으며, 한 가지 향료만 첨가한 경우 플레인 아이스크림plain ice cream이라 한다. 바닐라, 초콜릿, 커피, 민트 등의 다양한 향료가 사용된다.

셔벗sherbet은 과즙과 당류에 소량의 우유 또는 유가공품(2% 이하)을 넣어 얼린 냉동 디저트로, 무지유고형분Solids-Not-Fat, SNF이 2% 이상 함유된다. 다른 아이스크림에 비해 산미와 감미가 강하며, 젤라틴이나 난백을 첨가해 부드러운 질감을 유지한다.

아이스 밀크ice milk는 성상이 일반 아이스크림과 비슷하지만, 유지방 2~5%, 유고형분 7~15%를 함유해 일반 아이스크림보다 유지방 함량이 낮다.

워터 아이스water ice는는 물에 감미료, 과즙, 향료 등을 섞은 것을 냉동관에 넣고 가운데에 가는 막대기를 꽂아서 얼린 빙과로 아이스 바ice bar, 아이스 케이크ice cake 등으로 불린다. 이러한 동결 유제품은 구입 시 이미나 이취가 없는 것을 선택해야 하며, 보관은 -15℃ 이하에서 반드시 냉동보관을 해야 한다.

6) 요구르트

요구르트

요구르트yogurt는 우유에 유산균이나 효모를 발효시켜 만든 부드러운 액상 또는 걸쭉한 상태의 젖산 발효 음료이다. 발효 과정에서 유산균이 증식하면서 유해균과 병원균의 성장을 억제하여 방부성과 보존성이 뛰어나 안전한 식품으로 평가받는다. 또한 장내 소화 흡수를 돕고, 이상발효를 일으키는 유해균의 발육을 막아주는 정장작용을 한다. 요구르트에 식이섬유, 올리고당, 알로에 등을 첨가시켜 기능성 요구르트를 개발하기도 한다.

요구르트는 유당불내증 및 장내 염증 완화, 장내균총 개선, 면역력 증가 등 다양한 효능이 있다. 요구르트에는 살아 있는 유산균이 포함되어 있으므로, 신선도를 유지하고 건강 기능을 온전히 유지하기 위해 반드시 냉장보관을 해야 한다.

7) 치즈

치즈cheese는 우유에 응유효소인 레닛rennet을 첨가해 응고시킨 뒤, 유청을 제거하고 숙성시켜 만든 유제품이다. 이 과정에서 우유 속의 카세인 단백질과 지방이 응고되어 커드가 형성된다. 이렇게 만들어진 커드는 숙성과정을 거쳐 치즈로 만들어지는데, 이러한 방식으로 만들어진 치즈를 자연치즈라 한다표 9-5.

표 9-5 자연치즈의 분류

굳기(수분함량)	숙성에 관여하는 미생물		치즈의 종류
연질 (50~75%)	곰팡이		카망베르camembert, 브리brie, 벨파아제bel paese
	숙성되지 않은 것		코티지cottage, 크림cream, 뇌샤텔neufchatel
반경질 (40~50%)	세균		브릭brick, 문스터munster, 틸지트tilsit, 하바티havarti, 림버거limburger, 포르트듀칼루트port ducalut
	곰팡이		로크포르roquefort, 고르곤졸라gorgonzola, 스틸턴stilton, 블루blue
경질 (30~40%)	세균	큰 치즈 눈	에멘탈emmenthal, 그뤼에르gruyere
		작은 치즈 눈	고우다gouda, 에담edam, 삼소samsoe, 핀보fynbo, 프로볼로네provolone, 카치오카발로caciocavallo
		치즈 눈이 없는 것	체더cheddar, 콜비colby, 체셔cheshire
초경질 (25~30%)	세균		그라나grana, 파르메산parmesan, 로마노romano, 삽사고sapsago

가공치즈는 2종 이상의 자연치즈를 분쇄한 후 가열·용해·유화한 것으로, 가열하면 치즈의 휘발성 향기성분이 날아가고 성분의 화학변화가 일어나므로 자연치즈보다 풍미가 약하다. 우리나라에서 소비되는 치즈의 대부분은 가공치즈에 속한다.

치즈는 경도에 따라 수분함량 50~75%의 연질치즈, 40~50%의 반경질치즈, 30~40%의 경질치즈, 25~30%의 초경질치즈로 분류한다.

치즈는 칼슘Ca과 인P의 함량이 높은 영양가 풍부한 유제품이다. 숙성과정에서 독특한 풍미가 생성되며, 소화가 잘되는 장점이 있다.

그림 9-2 치즈의 종류

어패류 및 갑각류

Chapter 10

수산물 개요

생선에는 100 g 중 약 17～20 g의 단백질이 들어 있으며, 지질은 육류에 비해 적다. 생선의 지질은 육류의 지질과는 달리 다가불포화지방산이 많아 동맥경화 등 성인병에 효과가 있다.

생선의 맛과 영양은 생선의 부위, 나이, 환경, 계절, 어종 등에 따라 다르다. 특히 계절에 따른 차이가 크며, 이는 수온의 변화와 산란기 등의 영향을 크게 받는다. 따라서 제철 생선을 선택해야 고유의 맛을 즐길 수 있으며, 그 특징에 맞는 조리법을 선택하는 것이 중요하다.

수산물의 영양 성분은 표 10-1, 표 10-2와 같다.

표 10-1 어류의 영양 성분

(가식부 100 g 기준, 생것)

종류	에너지 (kcal)	수분 (g)	단백질 (g)	지방 (g)	회분 (g)	탄수화물 (g)	무기질					비타민						
							칼슘 (mg)	철 (mg)	마그네슘 (mg)	칼륨 (mg)	나트륨 (mg)	A (μg)	레티놀 (μg)	베타카로틴 (μg)	B_1 (mg)	B_2 (mg)	니아신 (mg)	C (mg)
가자미	129	72.3	22.1	3.7	1.6	0.3	40	0.7	–	377	230	8	8	0	0.18	0.26	4.3	2
갈치	149	72.7	18.5	7.5	1.2	0.1	46	1.0	–	260	100	20	20	–	0.13	0.11	2.3	1
고등어	183	68.1	20.2	10.4	1.3	0	26	1.6	–	310	75	23	23	–	0.18	0.46	8.2	1
꽁치	142	70.9	22.7	4.7	1.3	0.4	42	1.7	–	150	80	21	21	–	0.02	0.28	6.4	1
넙치(광어)	125	74.5	22.36	3.28	1.14	0	61	0.45	30	465	49	–	–	–	0.090	0.120	–	–
농어	96	78.5	18.2	1.9	1.2	0.2	58	1.5	–	390	108	36	36	–	0.18	0.13	3.1	1
참치	177	67.1	23.99	8.09	0.81	0	27	1.98	30	332	62	–	–	–	0	0.100	–	0
대구	86	78.6	19.5	0.3	1.3	0.3	35	0.4	–	–	–	23	23	–	0.12	0.16	2.4	1
도루묵	113	77.7	16.0	4.6	1.2	0.5	18	0.4	–	–	–	24	24	–	0.04	0.12	1.7	0
옥돔	82	79.5	18.1	0.2	1.3	0.9	40	0.6	–	–	–	33	33	–	0.15	0.20	0.5	1
메기	114	78.4	15.1	5.3	1.1	0.1	26	0.8	–	320	46	48	48	–	0.20	0.07	2.3	1
멸치	127	73.4	17.7	5.4	3.2	0.3	496	3.6	–	–	–	38	38	–	0.04	0.26	8.8	1
명태	80	80.3	17.5	0.7	1.5	0	109	1.5	–	293	132	17	17	–	0.04	0.13	2.3	0
미꾸리	96	78.6	16.2	2.8	2.2	0.2	736	8.0	–	290	85	189	189	–	0.10	0.65	7.9	2
민어	86	79.4	18.0	0.8	1.3	0.5	22	0.3	–	–	–	9	9	–	0.05	0.29	3.7	1
박대	90	77.9	19.2	0.7	1.6	0.6	15	0.3	–	–	–	–	–	–	–	–	–	–
방어	101	75.6	21.7	0.8	1.5	0.4	16	0.7	–	380	32	14	14	–	0.15	0.16	7.8	1
밴댕이	225	65.8	16.3	16.5	1.2	0.2	175	1.9	–	–	–	36	36	–	0.07	0.24	1.9	1

종류	에너지 (kcal)	수분 (g)	단백질 (g)	지방 (g)	회분 (g)	탄수화물 (g)	무기질					비타민						
							칼슘 (mg)	철 (mg)	마그네슘 (mg)	칼륨 (mg)	나트륨 (mg)	A (μg)	레티놀 (μg)	베타카로틴 (μg)	B_1 (mg)	B_2 (mg)	니아신 (mg)	C (mg)
병어	130	75.5	16.4	6.3	1.5	0.3	22	0.4	–	360	158	63	63	–	0.32	0.09	3.2	1
복어(밀복)	80	81.0	17.3	0.7	0.9	0.1	26	1.0	–	–	–	–	–	–	0.06	0.09	6.3	1
우럭	92	76.8	18.41	2.26	1.24	0	44	0.44	30	435	47	–	–	–	0.100	0.240	–	0
붕어	94	78.9	18.1	1.8	1.1	0.1	56	2.4	–	340	30	7	7	–	0.31	0.15	2.6	1
빙어	85	79.4	18.4	0.8	1.4	0	78	0.9	–	–	–	12	12	–	0.10	0.29	2.6	1
삼치	112	76.0	20.08	2.93	2.05	0	5	0.10	30	387	39	–	–	–	0.080	0.060	–	0
서대	84	79.1	18.6	0.4	1.4	0.5	19	1.0	–	–	–	3	3	–	0.12	0.22	2.9	1
송어	121	73.8	21.0	3.4	1.7	0.1	35	1.3	–	400	110	26	26	–	0.46	0.12	9.8	1
숭어	107	74.1	21.7	1.5	2.3	0.4	42	1.0	–	–	–	9	9	–	0.10	0.14	3.7	0
쏘가리	111	77.6	17.2	4.1	1.1	0	71	2.1	–	296	86	10	10	–	0.08	0.18	3.0	1
아귀	63	84.0	14.1	0.2	1.2	0.5	10	2.5	–	–	–	26	26	–	0.03	0.13	4.2	0
양미리	123	73.7	21.5	3.4	1.4	0	69	1.7	–	–	–	12	12	–	0.08	0.10	5.3	1
연어	106	75.8	20.6	1.9	1.5	0.2	24	1.1	–	330	95	18	18	–	0.19	0.15	7.5	1
은어	114	77.0	16.7	4.5	1.6	0.2	31	1.3	–	370	70	27	27	–	0.12	0.15	3.1	2
임연수어	152	71.5	19.6	7.1	1.3	0.5	13	7.9	–	–	–	23	23	–	0.12	0.10	3.7	0
잉어	113	76.9	17.5	4.0	1.3	0.3	50	1.4	–	370	48	11	11	–	0.35	0.12	3.3	1
장어	223	67.1	14.4	17.1	1.1	0.3	157	1.6	–	250	65	1,050	1,050	–	0.66	0.48	4.5	1
전어	107	75.7	19.2	2.7	2.2	0.2	141	1.2	–	–	–	0	0	–	0.02	0.29	6.1	0
조기	118	76.3	19.02	4.04	1.30	0	19	0.43	27	329	51	–	–	–	0.050	0.210	–	–
청어	213	66.3	16.3	15.1	1.9	0.4	35	0.8	–	–	–	69	69	–	0.03	0.25	6.3	1

- 빈칸으로 표시된 것은 측정하지 않은 것을 의미함

출처 : 농촌진흥청 국립식량과학원. 국가표준식품성분 DB 10.3(2025)

표 10-2 패류, 갑각류, 연체류의 영양 성분

(가식부 100 g 기준, 생것)

종류	에너지 (kcal)	수분 (g)	단백질 (g)	지방 (g)	회분 (g)	총 탄수화물 (g)	당류 (g)	무기질					비타민						
								칼슘 (mg)	철 (mg)	마그네슘 (mg)	칼륨 (mg)	나트륨 (mg)	A (μg)	레티놀 (μg)	베타카로틴 (μg)	B_1 (mg)	B_2 (mg)	니아신 (mg)	C (mg)
가리비	80	81.6	15.18	1.73	1.69	0	0.22	65	2.95	79	221	735	–	–	–	0.130	0.100	–	–
참굴	83	80.3	9.66	2.19	2.58	5.27	0.97	428	8.72	53	322	480	–	–	–	0.220	0.124	–	–
세꼬막	74	81.3	12.29	1.11	2.43	2.87	0.88	68	3.75	55	180	419	–	–	–	0.030	0.050	–	0
맛조개	56	85.2	9.7	1.0	2.8	1.3	–	166	5.5	–	151	303	16	10	68	0.02	0.16	1.5	1
새조개	114	73.9	21.5	1.9	1.4	1.3	–	32	3.7	–	190	100	0	0	tr	0.10	0.11	2.7	2
바지락	74	80.4	12.27	0.93	3.20	3.20	0.75	70	2.68	55	121	383	–	–	–	0.040	0.300	–	2.00

종류	에너지 (kcal)	수분 (g)	단백질 (g)	지방 (g)	회분 (g)	총 탄수화물 (g)	당류 (g)	무기질					비타민						
								칼슘 (mg)	철 (mg)	마그네슘 (mg)	칼륨 (mg)	나트륨 (mg)	A (μg)	레티놀 (μg)	베타카로틴 (μg)	B_1 (mg)	B_2 (mg)	니아신 (mg)	C (mg)
백합	74	79.9	11.7	1.0	3.8	3.6	–	161	11.9	–	–	–	0	0	tr	0.03	0.22	3.4	
소라	107	72.5	20.7	0.3	2.5	4.0	–	92	8.2	–	–	–	0	0	–	0.04	0.23	1.7	1
재첩	94	77.5	12.5	1.9	2.3	5.8	–	181	21.0	–	210	390	4	0	45	0.09	0.21	2.6	2
전복	85	78.4	14.3	0.7	2.1	4.5	–	52	2.0	–	–	–	0	0	tr	0.25	0.21	3.4	2
키조개	57	86.5	10.3	1.1	1.3	0.8	–	38	8.2	–	260	260	4	0	50	0.04	0.14	1.8	2
홍합	82	79.7	13.8	1.2	2.2	3.1	–	43	6.1	–	–	–	–	–	–	–	–	–	–
바닷가재	77	82.24	15.97	0.95	1.34	0	0	27	0.84	27	302	58	16	16	0	0.070	0.032	2.208	1.2
꽃게	77	80.6	16.19	0.70	2.08	0.43	0.41	127	0.74	46	216	418	–	–	–	0.040	0.120	–	0
대게	85	79.7	17.4	1.0	1.4	0.5	–	158	0.5	–	–	475	1	0	9	0.02	0.06	0.8	0
꼴뚜기	78	81.6	13.6	1.8	2.0	1.0	–	48	1.0	–	244	152	0	0	0	0.02	0.10	2.4	0
낙지	73	80.7	16.30	0.43	2.19	0	0.20	26	1.48	67	237	479	–	–	–	0.030	0	–	–
문어	70	81.1	16.4	0.7	1.7	0.1	–	16	0.6	55	290	280	5	5	–	0.03	0.09	2.2	Tr
멍게	27	88.8	5.0	0.8	4.6	0.8	–	32	5.7	41	570	1300	Tr	Tr	–	0.01	0.13	0.5	3
미더덕	44	87.6	4.3	1.2	2.8	4.1	–	40	3.2	–	–	–	0	0	–	0.03	0.13	2.0	4
대하	82	80.0	18.1	0.6	1.2	0.1	–	74	1.4	–	340	120	0	0	0	0.02	0.06	1.9	1
보리새우	71	82.8	15.1	0.7	1.3	0.1	–	87	1.1	–	450	140	0	0	0	0.07	0.08	2.3	1
성게	173	65.6	16.1	8.7	2.0	7.6	–	70	2.4	–	–	–	120	120	–	0.27	0.42	2.4	0
오징어	94	78.3	18.84	1.44	1.26	0.16	0	11	0.18	47	351	199	–	–	–	0.050	0.020	–	0
해파리	6	96.9	1.3	0	1.7	0.1	–	2	–	–	–	–	–	–	–	–	–	–	–
해삼	24	91.8	3.7	0.4	2.8	1.3	–	119	2.1	–	70	1,300	0	0	0	0.01	0.03	1.2	0

- 빈칸으로 표시된 것은 측정하지 않은 것을 의미함

출처 : 농촌진흥청 국립식량과학원. 국가표준식품성분 DB 10.3(2025)

수산물의 분류

우리나라는 삼면이 바다로 둘러싸여 있어 수산자원이 풍부하여 예로부터 어패류를 식품 또는 식품재료로 널리 이용해 왔다.

수산물 중 어류는 아가미가 있는 척추동물을 일컬으며 갈치, 고등어 등이 이에 속한다. 어류는 서식장소에 따라 해수어와 담수어로 나뉘고 해수어는 다시 붉은살 생선과 흰살 생선으로 나뉜다표 10-3. 몸의 형태에 따라서는 라운드 피쉬round fish와 플랫 피쉬flat fish로 나뉜다표 10-4.

표 10-3 해수어의 분류

분류	종류	특징
붉은살 생선	정어리, 꽁치, 고등어, 참치, 멸치, 송어	• 5% 이상 지방을 함유하고 있다. • 살코기가 갈색, 노란색, 분홍색이다. • 바다 표면 가까이 서식하며 운동량이 많다. • 사후경직 시간이 짧고 부패가 빠르다. • 지방이 많아 생선으로 만든 스톡stock에 부적합하다.
흰살 생선	대구, 민어, 조기, 광어, 명태, 가자미, 도미	• 5% 미만의 지방을 함유하고 있다. • 살코기가 흰색이다. • 깊은 바다 속에 서식하며 운동량이 적다. • 사후경직 시간이 길며 신선도를 오래 유지할 수 있다. • 뼈를 생선으로 만든 스톡 제조에 활용한다.

표 10-4 어류의 형태에 따른 분류

분류	종류	특징
라운드 피쉬	꽁치, 고등어, 참치, 삼치, 도미	• 물살을 양옆으로 받으며 헤엄쳐 몸체가 유선형이다. • 몸통 양쪽에 눈이 붙어 있다.
플랫 피쉬	가자미, 광어, 서대	• 바다 밑바닥을 수평으로 헤엄쳐 몸체가 다이아몬드형이나 타원형이다. • 위쪽은 어두운색, 아래쪽은 흰색이다. • 몸의 위쪽에 두 눈이 붙어 있다.

갑각류는 수중생활을 하며 아가미가 있고 물로 호흡하는 절지동물을 말한다. 머리·가슴·배로 나뉘고 마디가 있으며 대표적으로 꽃게, 새우 등이 이에 속한다.

연체동물은 몸마디가 없고 연한 근육질의 발에 의해 활동을 한다. 대표적으로 문어, 오징어 등이 있다.

패류는 연체동물로서 패각이 있는 것을 일컬으며 대합, 홍합, 모시조개 등이 이에 속한다.

극피동물은 피부가 가시로 둘러싸인 동물이란 뜻으로 불가사리, 성게, 해삼 등이 속한다.

계절별 대표적인 수산물은 10-5와 같다.

표 10-5 계절별 수산물

봄(3, 4, 5월)	여름(6, 7, 8월)	가을(9, 10, 11월)	겨울(12, 1, 2월)
조기	도다리	갈치	갈치
가자미	농어	고등어	명태
광어	멸치	꽁치	대구
삼치	민어	삼치	삼치
병어	미꾸라지	도다리	광어
붕장어	붕장어	전어	임연수어
자리돔	붕어	연어	연어
청어	뱀장어	송어	복어
서대	은어	낙지	방어
상어	오징어	오징어	아귀
꽃게	우렁쉥이	꽃게	옥돔
잉어	미더덕	굴	굴
쏘가리	보리새우	문어	도루묵
보리새우	세발낙지		숭어
미더덕	전복	전복	메기
주꾸미	문어	모시조개	학꽁치
대하		대하	대하
대합		대합	대합
대게		해삼	해삼
성게			모시조개
바지락			
피조개			
재첩	재첩		
가리비			
키조개			

더 알아보기

생선 손질방법에 따른 용어

- 필레filet : 껍질과 뼈를 제거하여 살만 발라 앞쪽 살과 위쪽 살을 따로 분리한 것
- 스테이크steak : 긴 라운드 피쉬를 가로로 썬 것
- 버터플라이butterfly : 뼈가 제거되고 살만 발라 앞쪽과 뒤쪽이 한데 붙어 있는 것
- 트랑쉬tranche : 필레를 45도 각도로 어슷 썬 것
- 파베pave : 필레를 동일한 두께의 정사각형으로 자른 것
- 포피에트paupiette : 작은 사이즈의 필레로 보통 작은 필레를 4조각으로 자른 것
- 구종goujon : 튀김을 목적으로 작고 가늘고 길게 자른 것
- 구조네트goujonnette : 담배 크기로 매우 얇고 길게 썬 것

어패류의 보관법

생선은 냉장하여 일시적으로 부패를 지연시킬 수 있다. 냉장보관일 경우에는 2~3일 이내에 조리하는 것이 좋고, 냉동보관이라 할지라도 6개월 이상은 저장하지 않는 것이 좋다.

냉장고에 어류를 보관할 때는 다음과 같은 방법으로 담아 냄새가 다른 음식에 배지 않도록 잘 밀봉한다.

라운드 피쉬는 생선의 내장을 제거한 후 내장이 있던 자리에 고운 얼음조각을 채워 구멍 뚫린 그릇에 넣어 보관한다. 생선 주위에도 얼음조각을 충분히 덮는다(그림 10-1). 이때 등지느러미가 위쪽으로 오도록 세우고, 보관용 그릇은 녹은 얼음이 빠질 수 있도록 보다 깊은 그릇에 포개어 놓는다.

그림 10-1 라운드 피쉬 보관법

플랫 피쉬는 납작한 생선을 말하며, 역시 내장을 제거하고 내장이 있던 자리에 고운 얼음조각을 채운다. 라운드 피쉬와 같이 구멍 뚫린 그릇에 얼음을 채운 후 보다 깊은 그릇에 포개어 보관한다. 이때 생선은 60° 정도로 기울여 보관하여 물이 고이지 않도록 한다.

어패류의 저장 및 유통에 적합한 온도는 다음과 같다.

- 일반 생선 : -2~0℃
- 살아있는 연체동물 : 2~5℃
- 살아있는 조개류 : 4~7℃
- 캐비어 : -2~0℃

- 훈제생선 : 0℃
- 냉동생선 : -30~-18℃

신선한 어패류의 저장 및 보관법

관능적 감별법

- 멍이나 변색된 부분이 없는 것
- 지느러미에 탄력이 있는 것
- 맑은 점액질에 싸여 있는 것
- 약간만 눌러도 빨리 살이 되돌아와 팽팽한 촉감이 느껴지는 것
- 눈이 맑고 튀어나온 것
- 아가미가 밝은 다홍색 혹은 적색을 띠고, 달콤한 향이 나는 것
- 투명한 비늘이 단단히 붙어 있는 것
- 바다 향이 강하게 나는 것
- 내장액이 흘러 배 쪽의 색이 변하지 않은 것

화학적 측정법

생선에 함유된 트라이메틸아민옥사이드trimethylamine oxide는 생선의 표면에 존재하며 삼투압을 조절하는 역할을 하지만, 생선이 죽으면 트라이메틸아민trimethylamine으로 변해 비린내의 주성분이 된다. 트라이메틸아민옥사이드가 25 mg%까지는 신선하다고 판정하며, 50 mg% 이상은 부패로 판정한다. 이 밖에도 인돌indole, 휘발성 유기산, 휘발성 환원성 물질과 히스타민 양을 측정하여 신선도를 판별한다. 이들 성분은 어육의 부패가 진행됨에 따라 그 양이 증가하고, 그에 따라 휘발성의 불쾌한 냄새가 증가하므로 생선의 부패 상태를 쉽게 판정할 수 있다. 아미노태질소가 30~40 mg%일 때는 초기 부패 상태로 판정하나, 상어와 가오리는 예외로 한다.

세균학적 판정법

1 g의 근육량 중 세균 수가 10^3 이하이면 신선한 것이다. 10^5을 넘으면 초기 부패 상태, 10^7 이상이면 부패로 판정한다.

해수어

1. 명태

1) 특징

명태

동태

명태walleye pollock or alaska pollock, Theragara chalcogramma는 대구목 대구과에 속하며 우리나라 동해, 오호츠크해, 베링해, 북태평양 연안에 주로 분포한다. 산란기는 12월에서 이듬해 2월까지로 이때 맛이 가장 좋다. 우리나라는 산란기인 겨울철에 주로 어획했으나, 치어 남획과 해수면 온도 변화로 인하여 생산량이 급감했으며, 수산자원관리법에 따라 명태는 연중 금기어이다(2023년 기준). 현재는 거의 수입산을 이용하여 황태, 명란젓 등을 가공하고 있다.

명태는 말리고 얼리는 정도에 따라 산 것은 생태, 얼린 것은 동태, 약 60일간 건조한 것은 북어, 40일간 얼렸다 말렸다를 20번 이상 거듭한 것은 황태, 15일 정도 반쯤 말린 것은 코다리라고 한다. 코다리는 4마리씩 코를 꿰었다고 하여 붙은 이름으로 내장이 있던 부위가 깨끗한 것이 좋다. 황태는 얼리는 과정에서 명태살의 세포 사이에 있던 얼음이 빠지고 틈이나 공간이 생겨 살이 보슬보슬해지므로, 이를 더덕북어라고도 부른다. 생태는 그물로 잡는 것보다 낚시로 잡는 것이 더 비싸고 모양이 좋다.

명태는 연안산과 원양산이 있다. 연안산은 주로 생으로 거래되고, 원양산은 영하 40℃로 급속 냉동되어 동태로 유통된다. 동태는 냉동 시점에 따라 선상 동결품, 육상 동결품이 있는데 선상 동결품의 선도가 훨씬 뛰어나다.

명태의 알은 명란젓, 창자는 창난젓, 아가미는 아가미젓, 곤은 곤지국, 간은 간유의 원료로 이용된다.

2) 성분 및 효능

명태에는 메티오닌methionine, 라이신lysine, 트립토판tryptophane 등의 필수아미노산이 다량 함유되어 있어 단백질이 풍부하고, 지방이 적은 저에너지 식품이다. 칼슘Ca은 적은 편이나 인P이 다량 함유되어 있다. 살에는 비타민 $B_1 \cdot B_2$가 많고, 간에는 지방과 비타민 A·D가 많다. 명란젓에는 단백질과 미량원소, 비타민 A·B·E가 많으나 염분이 높은 단점이 있다.

3) 선택 및 이용

진한 갈색으로 윤기가 있고 큰 것, 꼬리 부분의 살이 두꺼운 것, 알이 배어 배가 부르고 탄력이 있는 것, 눈이 검고 선명한 것이 좋다. 선도가 떨어지기 쉽기 때문에 어획한 직후 냉동한 것이 주로 공급되므로 구입한 것은 해동 직후 깨끗이 씻은 후 비늘, 아가미, 지느러미 및 내장을 손질하고 다시 깨끗이 씻은 후 사용한다. 명태는 국으로 유명하며, 명태찜도 널리 알려져 있다. 포나 잘게 찢어 말린 것도 있다.

표 10-6 명태의 명칭

명칭	특징
생태	• 갓 잡은 싱싱한 상태의 명태 • 신선한 생태는 단백하고 부드러운 식감이 특징으로 탕이나 찜으로 주로 이용 • 주로 겨울철에 잡히는데, 이 시기에 명태는 육질이 탄탄함
동태	• 동결된 상태의 명태 • 냉동상태에서 바로 조리할 수 있수 있으며, 해동하여도고유의 맛이 유지되어 동태찌개, 동태전 등에 사용됨.
황태	• 깅원도 지역 산간지에 겨울철 명태를 얼렸다가 녹이는 과정을 수십번 반복하여 자연 건조된 명태 • 해동과 건조를 반복하는 과정에서 황금빛으로 변하여 '황태'라 부름 • 감칠맛이 뛰어나 국물요리(황태국)나 찜요리에 적합
북어	• 명태를 찬바람에 수분을 완전히 건조한 상태 • 제조방법은 황태와 유사하나 건조지역이 해안이라 세척할 때 해양수로 세척하여 말린다. • 장기보관이 가능함 • 풍미가 진하고 구수한 요리를 내어 국물요리, 잘게 찢어 북어포 반찬 등으로 사용
코다리	• 15일정도 건조시켜 수분이 있는 반건조 상태의 명태 • 쫄깃하고 부드러운 식감으로 다른 명태 가공품에 비해 수분이 많아 양념이 잘 베어들어 찜 요리에 주로 사용됨
노가리	• 어린 명태를 건조한 것, 명태 중에서도 크기가 작은 어린 개체 • 단순한 건조과정을 거쳐 보관이 용이하고 주로 간식이나 안주용으로 적합

노가리

2. 갈치

1) 특징

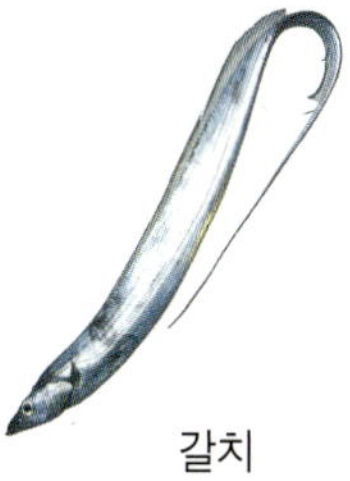

갈치

갈치hairtail, cutlassfish, *Trichiurus lepturus*는 농어목 갈치과에 속하며 일본, 동중국해 그리고 세계 온대 및 아열대 해역에 서식한다. 우리나라에서는 서해와 남해 연안에서 4~8월에 산란한다. 몸이 매우 길고 편편하며, 턱이 크고 억센 이빨이 있으며, 몸 중앙을 가로지르는 옆줄이 있다. 크기가 29 cm 이상이면 성어로 산란이 가능하며 암컷이 크고, 수컷은 작은 편이다. 맛있는 시기는 10월부터 12월까지이다.

국내에서 유통되는 갈치는 대개 은갈치와 먹갈치이다. 은갈치는 은색이 선명한 것으로 낚시로 잡으며, 먹갈치는 검은색 바탕에 흰 반점이 있는 비늘이 있다. 어획 과정에서 스트레스를 덜 받은 은갈치가 먹갈치에 비해 좀 더 비싸게 거래된다.

2) 성분 및 효능

필수아미노산이 고루 함유된 양질의 단백질 공급식품이다. 지방질은 많은 편이나 그 조성에는 올레산oleic acid이 많아 기름기가 많아도 감촉이 가볍다. 갈치는 단백질 함량이 생선의 평균량인 20%보다 적으나 필수아미노산인 라이신이 풍부하고 유황아미노산인 페닐알라닌phenylalanine, 메티오닌, 시스틴cystine과 루신leucine, 발린valine 등이 풍부하다. 지질은 많은 편으로 지느러미 쪽에 더 많이 함유되어 있다.

3) 선택 및 이용

체표의 은색 막이 거울같이 빛나며 상처가 없고 몸이 단단한 것이 좋다. 대형은 원양어선에서 잡힌 것으로 맛이 떨어지며, 연근해산 대형은 길이가 1 m 전후 정도이다. 몸통을 끊었을 때 껍질이 파손되지 않는 것이 신선한 것이다. 칼로 체표의 점액을 긁어내고 머리, 내장, 등지느러미를 제거한 후 배 안쪽의 검은 막을 씻어내는 방법으로 손질하여 용도에 따라 사용한다. 제철 갈치는 구이가 좋고, 선도가 좋은 것은 회로도 이용된다. 구이의 경우 육질이 부드럽기 때문에 소금구이나 버터구이가 제격이다.

3. 조기

참조기

1) 특징

조기small yellow croaker, *Larimichthys polyactis*는 농어목 민어과에 속하며 우리나라 서해·남해, 발해만, 동중국해 등 수심 40~160 m인 모래나 펄 바닥에 주로 서식한다. 3~6월에 우리나라 서해안 일대와 중국 연안 해역에 산란한다. 가슴지느러미에서 뒷지느러미에 이르는 몸통 높이가 큰 차이 없이 밋밋한 기다란 사각형에 가깝다. 몸은 작은 둥근 비늘로 덮여 있고, 아래턱은 위턱보다 약간 길다. 10월부터 12월까지 어획량이 많으며, 봄철 조기는 국내산으로 산란기라 살이 오르고 맛이 좋으며, 가을철 조기는 주로 원양산이다. 조기를 염장하여 자연건조한 상태를 굴비라 부르며, 영광 지역이 굴비 산지로 유명하다.

2) 성분 및 효능

조기助氣라는 이름은 기운을 북돋운다는 데서 붙은 이름이지만, 조기가 다른 생선에 비해 특별히 영양 성분 함량이 많은 것은 아니다. 단백질과 지질이 풍부하고 비타민, 칼슘Ca, 인P, 철Fe 등이 골고루 들어 있으며, 맛이 담백하고 비린내가 적어 영양식이나 회복기식으로 적당하기 때문에 붙은 이름이다. 조기에 함유된 양질의 단백질은 성장기 어린이와 허약한 사람들의 보양식으로 적합하다.

3) 선택 및 이용

조기는 살이 연하고 맛이 좋아 우리나라 사람들이 가장 즐겨 먹는 생선 중 하나이다. 내장이 적은 편으로 배를 가르지 않고 아가미로 내장을 꺼내며, 소금에 절여 굽거나 신선한 것은 매운탕으로 쓴다. 조기를 염장하여 말린 굴비는 구이를 많이 하지만, 살을 잘게 찢어 고추장에 찍어 먹기도 한다. 말린 굴비를 물에 불려 쪄 먹거나 쌀뜨물을 붓고 고추장찌개를 하기도 한다.

굴비와 보리굴비

굴비는 조기를 해풍에 말려 건조시킨 것을 말하는데, 냉동과 해동을 반복하면서 수분이 제거되어 맛성분인 이노신산 함량이 높다. 보리굴비는 3개월간 말린 굴비를 보리가 든 항아리에 묻어 4~5개월간 숙성시킨 것으로 보리가 비린내를 흡수하고 산패를 막아준다. 시중에 판매되는 냉동굴비는 소금에 절여 단시간에 건조하여 얼린 것이다.

4. 대구

1) 특징

대구

대구pacific cod, *Gadus macrocephalus*는 대구목 대구과에 속하며 우리나라 연안과 일본, 오호츠크해, 베링해 등 북태평양 전역에 걸쳐 서식한다. 몸 앞쪽이 두툼하고 뒤쪽으로 갈수록 편평하다. 눈이 크고 머리 등 쪽 가까이에 위치하며, 입도 크고 위턱이 아래턱보다 돌출되었다. 12월부터 이듬해 2월까지가 가장 맛 좋은 시기이다.

2) 성분 및 효능

대구는 저지방·저에너지 흰살 생선이다. 단백질과 인P, 비타민 $B_1 \cdot B_2$가 풍부하게 함유되어 있다. 비타민 B군이 많아 소화 촉진, 혈액순환, 피부·손톱·머리카락의 건강에 좋다. 대구는 지질이 간에 축적되므로 간에 비타민 A와 D가 풍부하다. 대구알젓에는 비타민 E가 풍부하여 노화 방지에 효과가 있다. 곤이에는 무기질과 아르기닌arginine이 많아 원기 회복에 좋다. 대구의 췌장은 인슐린 제조원료로 쓰이며, 눈은 영양가가 높고 맛이 좋아 고급요리에 이용된다.

3) 선택 및 이용

큰 것이 맛이 있어 5 kg 이상인 것이 좋다. 몸통에 탄력이 있고 단단한 것이 상품이다. 선도가 빨리 떨어지므로 살 부위의 포를 뜰 때 몸에 엷은 핑크색이 남아 있는 것이 좋다. 몸이 희고 불투명하거나 껍질이 뿌옇게 된 것은 선도가 좋지 않기 때문에 주의한다. 끓여 먹는 것이 보통이나 조림, 장조림, 구이 등 여러 가지로 이용되고, 건조시키는 경우도 있다. 알은 명태의 명란을 만드는 것과 같이 가공하여 이용된다. 건조한 것은 육질을 잘게 찢어서 먹는데 고급식품에 속한다.

5. 멸치

멸치

1) 특징

멸치anchovy, *Engraulis japonicus*는 청어목 멸칫과에 속하며 우리나라 전 연안과 일본 전 연안, 중국 연안에 널리 분포한다. 연중 성숙된 알을 가지고 있으며 산란기는 봄, 가을 두 차례이다. 수심 200 m 내에서 아침에는 5 m 내외, 저녁에는 거의 표층에서 생활한다. 몸은 다소 긴 원통형이며 주둥이가 돌출되어 있다. 빛깔이 좋고 맛이 뛰어난 죽방멸치는 대나무를 사용한 재래식 방법으로 잡기 때문에 그 양이 적고 비늘에 상처가 없어 가격이 비싸다. 삶는 과정에서 간을 하고 건조과정에 정성을 많이 들여 맛과 품질이 우수하다. 지방질이 가장 많은 산란 직전의 초봄이 제철이지만 가을철에도 봄에 못지않은 지방질을 함유하고 있어 맛이 좋다. 햇멸치는 7~8월에 잡히므로 마른멸치는 추석을 전후해서 구입하는 것이 좋다. 수입산 멸치는 색이 희며, 대체로 깐 멸치는 수입산인 경우가 많다. 멸치의 크기에 따른 명칭과 용도는 10-7과 같다.

표 10-7 멸치의 명칭과 용도

명칭	크기	용도
세멸(지리멸)	1.5 cm 이하	볶음용
소멸(가이리멸치)	2~3 cm	볶음용
중멸(고바멸치)	4~5 cm	고추장용
중멸(고주바멸치)	5~6 cm	고추장용
대멸(다시멸치)	7.7 cm 이상	국물용
대멸(주바멸치)	7.7 cm 이상	고급 국물용
대멸(죽방멸치)	7.7 cm 이상	최고급 국물용

2) 성분 및 효능

단백질과 지질의 양이 많으며 라이신과 메티오닌, 트립토판 같은 필수아미노산이 풍부하다. 비타민 A · D · E, 지질 중 EPAeicosapentaenoic acid · DHAdocosahexaenoic acid 등을 비롯한 불포화지방산, 칼슘Ca · 인P · 철Fe 등의 무기질도 풍부하다. 어패류 중에서는 칼슘Ca이 가장 많지만 소화흡수율은 별로 좋지 않다. 멸치국물의 감칠맛은 이노신산과 글루탐산에 기인한다. 핵산 함량이 높으며 핵산은 세포 분열, 단백질 합성, 성장 촉진, 에너지 생산 등을 조절하는 세포핵 성분이다.

3) 선택 및 이용

등 쪽은 암청색이고, 복부가 은백색으로 비늘이 벗겨지지 않고 비교적 단단한 것이 좋다. 마른 멸치는 붉고 검은빛이 나면 기름이 산화된 것이므로 뽀얀 빛이 나는 것을 고른다. 멸치는 짜지 않고 은근한 단맛이나 고소한 맛이 나는 것이 상품이며, 짠맛이 강한 것은 신선도가 떨어지는 멸치를 가공한 것이다. 볶음용 멸치는 흰색이나 파란색이 살짝 도는 투명한 것이 좋고, 조림용이나 국물용 멸치는 은빛이 나고 맑은 것이 좋다. 선도가 좋은 것은 회, 구이 및 국의 원료로 사용되고 있으나, 대부분의 멸치는 마른 멸치의 원료를 비롯하여 젓갈 만드는 데 많이 사용한다. 멸치젓은 5~6월에 잡은 싱싱한 멸치에 약 20%의 소금을 켜켜이 뿌려 서늘한 곳에서 숙성시킨다. 잘 익은 멸치젓은 양념하여 먹거나 김치를 담그는 데 사용하며, 김치에 첨가할 경우 맑은 액젓 형태로 넣는다. 선도가 좋은 것은 먼저 비늘, 지느러미, 머리 및 내장을 제거하고 소금물로 씻어 저온에 보관하거나, 직접 회나 무침회로 사용한다. 마른 멸치는 어획 직후 어장에서 제조공정에 따라 만들고, 젓갈은 어획한 것을 육상으로 운반하여 소금과 섞어 만든다.

6. 고등어

1) 특징

고등어

고등어mackerel, *Scomber japonicus*는 농어목 고등엇과에 속하며 우리나라 전 연근해에 분포하고, 전 세계 아열대 및 온대 해역 연안에 주로 서식한다. 우리나라 제주도 동북 해역과 대마도 해역 연안에서 5~6월에 산란하며 1년 안에 50% 성숙하고 2세가 되면 바로 산란한다. 몸은 전형적인 방추형·타원형이고, 주둥이는 뾰족한 편이다. 10~12월에 주로 어획되며 가을에는 지질이 20%로 연중 최고로 많아 맛이 좋다.

망치고등어는 여름에 잡히고 6~8월이 제철이며 몸에 수많은 반점이 있다. 회로 먹는 고등어는 참고등어인데, 유선형의 몸에 푸른 줄무늬가 있고 눈이 몸체에 비해 큰 편으로 육질이 부드럽고 맛이 좋다. 그 외 수입산으로 대서양 고등어가 유통되는데, 눈이 몸에 비해 작고 줄무늬가 매우 진하다.

2) 성분 및 효능

가을에서 겨울 사이에 기름기가 차고 맛 성분인 라이신, 글루탐산glutamic acid, 이노신산inosinic acid 등이 증가하여 이때 맛이 매우 좋다.

고등어는 단백질과 지질이 풍부한 고에너지 식품이다. 고도불포화지방산인 EPA를 어류 중 가장 많이 함유하고 있어 동맥경화, 혈전증, 고혈압, 심장질환 등의 생활습관병 예방에 효과가 있으며, 혈관 확장, 혈소판 응고 억제, 혈압 강하, 콜레스테롤 저하 작용을 한다. DHA도 많아 뇌활동 촉진과 치매 예방에 효과가 있다. 셀레늄Se이 많아 불포화지방산의 산화를 억제하고 암, 간질환 예방, 간기능 강화, 심장병 등의 생활습관병에 효과가 있다. 비타민 B군과 비타민 D가 많고, 항산화작용으로 젊음을 유지하는 비타민 E도 다량 함유되어 있다. 비타민 B_2는 껍질과 살에 다량 함유되어 있다.

3) 선택 및 이용

몸길이 약 40 cm에 무게가 1 kg 내외인 것이 가장 맛이 좋다. 몸통이 곧바르고 탄력이 있으며 껍질에 광택이 있고, 복부가 무지개색으로 빛나고 단단하며, 금색의 한 줄 띠가 배 옆에 뚜렷한 것이 좋다. 선도가 좋은 것은 회로 애용되고 있으나 주로 구이나 끓여서 먹는 데 이용된다.

손질 시 깨끗이 씻어 지느러미와 비늘을 제거한다. 복부를 절개해서 내장을 제거하고 알맞은 크기로 토막 낸 후 내장과 피를 젓가락이나 칼끝으로 긁어내고 깨끗이 씻는다. 구이는 그대로 소금을 뿌려서 구워도 되지만, 식초물에 담가 살을 단단하게 하여 구우면 더 맛이 좋다. 끓여서 먹을 때는 생강과 파 등의 향신채로 비린내를 제거한다.

7. 꽁치

1) 특징

꽁치Pacific saury, *Cololabis saira*는 동갈치목 꽁칫과에 속하며 한국의 동해, 일본에서 미국, 멕시코에 걸쳐 널리 분포한다. 몸이 가늘고 길며 머리의 앞쪽은 뾰족하다. 아래턱이 위턱에 비해 돌출되어 있다. 우리나라에서는 동해에서 갓 잡은 꽁치를 -10℃로 냉동해 두었다가 12월에 외기에 건조시켜 냉동과 해동을 반복하며 말린 것을 과메기라 부른다. 9월부터 11월까지가 제철이다.

꽁치

과메기

2) 성분 및 효능

단백질 양이 많고 질이 아주 우수하기 때문에 겨울철 건강식품으로 꼽힌다. 지질의 양은 생선 중 가장 많다. 지질 함량은 여름에는 10%, 10월 전후에는 20%이고, 산란이 끝난 12월에는 5%로 줄어들어 맛이 없다. 꽁치의 지질은 포화지방산이 28.4%, 불포화지방산이 81.6%이다. 지방산에는 팔미트산palmitic acid, 올레산, 리놀렌산linolenic acid과 EPA, DHA 등이 많이 함유되어 있다. 비타민 A가 많아 야맹증과 감기 예방에 효과적이며, 비타민 E와 셀레늄Se이 풍부하여 몸의 과산화를 막아준다. 붉은살에는 비타민 B_{12}가 풍부하여 악성빈혈 예방에 좋다. 함황아미노산의 함량이 많아 간장 해독기능을 높여 피로를 빨리 회복시킨다.

3) 선택 및 이용

몸에 광택이 있고 비늘이 많이 붙어 있는 것이 좋다. 몸길이 30 cm 이상으로 몸이 단단하고 꼬리 부분까지 전체가 살이 찐 것이 좋으며, 입 부분과 꼬리 부분이 노랗게 기름기가 오른 것이 좋다.

깨끗이 씻은 후 비늘과 지느러미, 내장을 제거하고 다시 씻어 용도별로 사용한다. 양념구이는 손질한 것에 소금을 치고 10분쯤 지난 후 양념에 30분간 담갔다가 기름에 애별로 구운 후, 양념을 하여 조리한다. 구이, 회, 조미포 및 과메기 등의 원료가

된다. 통조림으로도 가공하는데, 뼈째 먹을 수 있어 칼슘Ca, 인P 등 무기질의 급원으로 좋다.

더 알아보기

등푸른 생선의 효능

- 붉은살 생선은 미오글로빈이 많으며, 이는 철을 포함한 철단백질이다.
- EPA, DHA와 같은 ω-3 계열 고도불포화지방산이 풍부하여 성인병 치료에 효과가 있을 뿐 아니라 핵산의 중요한 공급원으로 노화 방지 식품으로 사용된다. 또한 혈액 중 HDL 콜레스테롤 함량을 높여 혈중 콜레스테롤 증가를 억제하여 동맥경화, 심근경색, 뇌혈전 등의 순환기계 성인병을 예방하며, 암발생 예방에 효과가 있다. DHA는 특히 기억력 · 학습능력 향상, 혈중 콜레스테롤 저하, 혈당 강하, 암세포 증식 억제, 시력 보호 · 유지 등에 효과적이다.

8. 삼치

1) 특징

삼치

삼치Japanese Spanish mackerel, *Scomberomorus niphonius*는 농어목 고등엇과에 속하며 우리나라 서해 · 남해, 중국, 일본에서 하와이, 호주에 이르기까지 널리 분포한다. 4~6월경 산란하며 서해 · 남해 연안에 몰려와 새벽에 산란하고, 부화 후 2년 후부터 산란에 참여한다. 성어는 78 cm 정도이다. 몸의 형태는 가늘고 길며 측편하고, 매우 작은 비늘로 덮여 있다. 이빨은 창 모양으로 구부러져 날카롭고, 부레가 없다. 옆줄은 1개로 물결 모양이고, 옆줄 아래 위 직각 방향으로 가느다란 가시가 많이 나 있다. 주로 11월부터 이듬해 2월까지 어획되며 기름기가 많은 1~2월이 특히 맛이 좋다.

2) 성분 및 효능

단백질과 지질이 높은 고에너지 식품으로, 고등어보다 수분이 많고 지질은 절반 정도로 적으며 에너지도 2/3 정도이다. 지질은 겨울철에 함량이 높아져 살이 매우 부드러워진다. EPA와 DHA가 많은데 이는 주로 고등어와 정어리, 꽁치를 먹기 때문이다. 혈전증, 치매 등의 생활습관병 예방과 암생성 억제, 학습능력 향상 등의 효과가 있다. 비타민 A·B_1·B_2, 니아신niacin이 많아 피부염, 설염에도 효과가 있으며, 칼륨K이 많아 혈압을 낮춘다.

3) 선택 및 이용

삼치는 눈이 맑고 몸 표면에 광택이 있으며 아가미가 선홍색인 것이 신선하다. 등쪽 반점은 색이 어둡고 뚜렷하며, 몸통이 살지고 눌러보면 단단하며, 복부가 처지지 않아야 한다. 토막인 것을 고를 경우에는 꼬리 쪽을 고르고 크기는 3 kg 내외가 좋다.

손질 시 먼저 칼로 몸 표면을 훑어내린 후, 머리를 자르고 배를 절개하여 내장을 제거하고 물로 배 안쪽을 깨끗이 씻는다. 삼치는 회, 구이 및 조림용으로 알맞다. 수분이 많고 육질이 연해서 끓여 먹는 요리에는 적합하지 않다.

9. 광어

1) 특징

광어bastard halibut or olive flounder, *Paralichthys olivaceus*는 가자미목 넙칫과에 속하며 넙치로도 불린다. 가자미나 도다리와 비슷하나 눈의 위치가 반대에 있다. 우리나라 전 연근해에 널리 분포하고 일본, 발해만, 동중국해에 서식한다. 우리나라 남쪽 해역에서 산란하며, 암컷은 45 cm 정도로 성숙하고 수컷은 10 cm 정도 작다. 몸은 긴 타원형이며 눈은 왼쪽에 있다. 양 턱의 이빨이 단단하며, 비늘은 작고, 눈이 있는 쪽에는 빗비늘이, 눈이 없는 쪽에는 둥근 비늘이 있다. 11월부터 이듬해 3월 사이가 제철이나 1년 내내 즐겨 먹는다. 자연산 광어는 매우 비싼 횟감이었으나, 1980년에 양식이 성공하면서 가격이 저렴해졌다.

광어

2) 성분 및 효능

고단백·저지방·저에너지 식품이다. 성장기 어린이, 회복기 환자에게 좋으며 산후조리식으로도 효과가 있다. 필수아미노산 중 라이신이 많이 함유되어 있으며 대부분이 횟감으로 사용되는데, 콜라겐 함량이 많아 육질이 단단하고 씹히는 질감이 좋다. 자연산 광어의 지질 함량은 2%이지만 지느러미 주변에는 20% 이상 함유되어 있다. 간에는 비타민 B군이 다량 함유되어 있고, 눈에는 비타민 A가 많다. 눈 주위의 갈색 부분에는 수분·무기질·수용성 물질이 많고, 지방이 적다. 아연Zn이 많아 시각장애 및 성장장애 등의 예방에 좋다.

3) 선택 및 이용

육질이 단단하고 씹는 맛이 좋을 뿐만 아니라 지방질 함량이 적어 맛이 담백하다. 최상의 횟감으로 알려져 있을 만큼 회가 일반적이며, 끓여서도 먹고 튀김이나 샤브샤브 등으로도 이용된다. 가장 맛있는 광어는 크기가 1~1.5 kg 내외이다. 몸 전체에 미끈미끈한 점액이 있고 아가미 뚜껑에서 지느러미까지 육질이 두껍고 단단한 것이 좋다. 회로 먹을 때는 등 쪽의 육질이 두꺼운 것이 맛있다.

배가 튀어나오거나 부풀어 있는 것은 부패하기 쉽기 때문에 피해야 한다. 양식산은 눈이 없는 쪽의 체색이 전체적으로 희지 않고, 검은 무늬와 흰 무늬가 섞여서 나타난다.

손질 시 먼저 비늘, 지느러미, 내장, 머리 등을 제거한다. 꼬리지느러미와 등지느러미에 붙은 육질은 탄력이 있고 특별한 맛이 있어 잘 가려 손질한다.

10. 가자미

1) 특징

가자미

가자미brawn sole, *Pseudopleuronects herzensteini*는 가자미목 가자미과에 속하는 가자미는 형태가 넓적한 어류로 한국, 중국, 일본 등에 서식한다. 우리나라에서 주로 식용하는 가자미는 참가자미로 주로 갯지렁이류, 소형 갑각류, 연체류 등을 먹고 산다. 광어(넙치과)는 두 눈이 왼쪽에 있으나, 가자미는 두 눈은 몸의 오른쪽에 달려 있고 입은 작다. 가자미의 종류는 가시가자미, 기름가자미, 까치가자미, 문치가자미,

물가자미, 참가자미 등 다양하다. 우리나라에서 예부터 도다리라고 불리는 생선은 문치가자미로, 가자미류 중 연안에서 낚시로 가장 흔히 잡히는 어종이다.

더 알아보기

문치가자미와 도다리

생선은 예전부터 부르던 이름과 표준명이 달라서 헷갈리는 경우가 많다. 봄도다리, 참도다리라고 부르는 것은 표준명이 문치가자미로 2006년 『한국어류대도감』을 비롯한 1974년 정문기 선생의 『어류박질』이 등장하기 이전부터 도다리라 불렀다. 표준명 도다리는 담배도다리, 호박가자미라고 불리며, 양쪽 눈 사이에 돌기가 뾰족하게 나 있으며 몸통에 뚜렷한 호피무늬가 있다.

2) 성분 및 효능

가자미는 단백질함량이 높고 지방이 낮은 어종으로 불포화지방산이 적지만, ω-3 지방산 함량은 높다. 필수아미노산 중 이소류신, 류신, 라이신, 메티오닌, 트레오닌, 발린이 높은 편인데, 그중 메티오닌 함량이 다른 어류보다 높다. 식품의 풍미와 감칠맛을 더하는 아미노산인 글리신을 다량함유하고 있어 맛이 좋은 생선이다.

3) 선택 및 이용

신선한 가자미는 눈이 맑고 투명하며, 살을 손가락을 살짝 눌렀을 때 탄력이 있다. 가자미는 다른 어류와 비교하여 살이 얇아 섬세하게 손질하는 것이 중요하다. 생선전용 비늘 제거기로 흐르눈 물 아래에서 사용하고, 가위를 사용하여 가자미의 머리와 지느러미를 잘라준다. 머리를 제거하면 비린내를 줄일 수 있으나 국물요리는 머리를 사용한다.

참가자미는 쫄깃한 식감이 있어 회로 이용되며 구이와 찜으로 조리한다. 겨울철에 감칠맛이 더 높아진다. 도다리는 앞서 언급한 가자미식해뿐 아니라 도다리쑥국, 조림, 튀김, 매운탕 등 다양한 조리법이 있다. 도다리는 봄철에 살이 차올라 가장 맛있다는 애기가 있는데, 문치가자미의 산란기는 12월~2월말로 봄에는 산란기 직후라 맛이 제일 좋을 때가 아니라는 의견도 있다.

11. 농어

농어

1) 특징

농어*Japanese seaperch or Japanese seabass, Lateolabrax japonicus*는 농어목 농엇과에 속하며 메로라고도 불린다. 우리나라 전 연안과 일본 연안, 중국 연안, 동중국해, 대만에 분포한다. 봄철에 산란하며 몸은 긴 타원형으로 가늘고 긴 편이다. 입이 크고 위턱이 아래턱보다 짧다. 양 턱에는 융털 모양의 이빨이 있으며 육식성이다. 6~9월이 제철이다.

2) 성분 및 효능

단백질과 지질이 많은 고에너지 식품이다. 부드럽고 소화가 잘되어 환자나 노인에게 좋다. 양질의 함황아미노산이 많이 함유되어 있으며 간장 해독과 피로 회복에 좋다. EPA, DHA가 많아 동맥경화 등 심장순환계 질환 예방에 효과적이다. 비타민 B_1·B_2, 니아신이 풍부하여 부종, 구순염, 구각염, 구내염, 피부병을 예방한다. 비타민 A와 D 함량도 높은 편이다. 농어는 강한 산성식품으로 채소와 곁들여 먹어야 산성을 중화시킬 수 있다.

3) 선택 및 이용

눈 가장자리 윤곽이 검고, 안쪽이 은색으로 빛나는 것이 좋다. 선도가 좋은 것은 체색이 금가루를 뿌린 것같이 빛나고 비늘 위에 점액이 있으며, 선도가 나쁘면 비늘이 말라 있다. 손질 시 먼저 지느러미, 비늘, 내장을 제거한다. 육질이 백색이고 단단하며 탄력이 강하여 참돔이나 광어같이 얇게 잘라 횟감으로 널리 이용된다. 백색의 육질에 가는 줄의 혈관이 군데군데 있는 것이 특징이다.

횟감은 육질만 칼로 잘 떼어내고, 구이용은 껍질에 칼집을 낸 후 굽는다. 횟감용 육질을 뜨고 남은 뼈와 머리는 국물요리로 이용한다. 농어는 클수록 맛이 좋은 고급 흰살 생선으로 특유의 감칠맛이 있다. 농어회는 활어 상태에서 재빨리 처리하여 얇게 저민 살을 냉수로 씻으면 비린내와 지방을 제거할 수 있다.

12. 도루묵

도루묵

도루묵sailfin sandifish, *Arctoscopus japonicus*은 농어과 도루묵과에 속하는 물고기로 몸은 회색이며 아래턱이 나와 입이 위를 향하고 있다. 겨울철 동해안에서 잡히는 저렴한 생선으로 '말짱 도루묵'이라는 말이 있을 정도로 친숙하다. 도루묵은 비늘이 없기 때문에 손질이 간편하여 세척 후 바로 조리하기 적합하다. 도루묵은 11~12월에 해초류가 많은 곳으로 알을 낳으러 오는데 이때 통발을 설치하면 해초로 착각하여 잡을 수 있다. 조선시대의 도루묵은 다른 어종에 비하여 품질이 낮은 물고기로 여겨졌으나, 현대에는 겨울철 별미로 인기가 높아졌다. 도루묵은 살이 연하고 겨울철에는 알이 가득 차 있어 구이, 조림, 찌개 등 다양한 요리에 활용된다.

13. 옥돔

1) 특징

옥돔

옥돔red tilefish, *Branchiostegus japonicus*은 농어목 옥돔과에 속하며 우리나라 남부(제주도), 일본, 남중국해 등 태평양 서부에 주로 서식한다. 6~10월 수심 100 m 해저에서 산란한다. 몸은 측편 형으로 머리 가장자리가 심하게 휘어져 있어 말 모양을 하고 있다. 눈에는 2쌍의 비공이 있다. 양턱에 작은 송곳니가 띠를 형성한다. 비교적 큰 사각형의 빗비늘로 덮여 있다. 12월에서 이듬해 2월 사이가 제철이다.

2) 이용

등 쪽 색이 선명하게 빨갛고 몸에 탄력이 있으며 배는 단단한 것이 좋다. 비늘이 쉽게 떨어지는 것은 피하고, 몸무게가 1 kg 이상 되는 것이 좋다. 크기가 작은 것은 기름기가 덜 올라 맛이 떨어진다. 횟감용은 비늘, 지느러미 등을 제거한 후 깨끗이 씻어 사용하는데, 육질이 부드럽고 물기가 많으므로 소금을 뿌려둔다. 소금을 뿌려둔 것은 다시 머리, 내장 및 뼈를 골라내고 회를 만든다. 건옥돔은 비늘을 제거하지 않고 지느러미와 내장만 제거하여 건조시킨 것이다.

14. 도미

1) 특징

참돔

도미seabream, *Pagrus major*는 농어목 도밋과에 속하며 한국, 일본, 동중국해, 남중국해 등 태평양 서부에 분포한다. 3월에서 6월까지 산란하며 주로 암초 지역에 서식한다. 도미는 가시지느러미를 뜻하는 말로 줄여서 돔이라고도 한다.

양 턱에 강한 송곳니가 한 줄로 나 있고, 몸은 적당한 크기의 직사각형 빗비늘로 덮여 있다. 우리나라에서는 연중 고르게 어획되나 12월에 가장 많이 잡히며 이때가 제철이다. 살에 수분이 많아 부드럽고 단맛이 있으며 지방이 적어 담백하다.

2) 성분 및 효능

황돔

흑돔

도미는 고단백·저지방 식품으로 비만이나 중년기의 고콜레스테롤증의 예방에 좋다. 양질의 아미노산이 균형을 이루어 소화흡수율이 높고 라이신, 트레오닌 등의 필수아미노산 함량이 쌀보다 훨씬 많아 곡류에 부족한 아미노산을 보충해 준다. 지질 함량은 뱃살이 등살보다 많고, 양식산이 자연산보다 많다. 양식산은 DHA와 EPA의 함량도 자연산보다 많은데, 이는 양식산 사료의 지질 성분 때문이다.

도미는 지질 함량이 낮아 산화의 염려가 적고 소화도 잘되어 환자용 식품으로 적당하다. 비타민 B_1이 풍부하여 강장식으로 알려져 있으며, 껍질에는 비타민 B_2가 많으므로 함께 섭취하는 것이 좋다. 참도미의 눈 주위에는 콘드로이틴황산chondroitin sulfate이라는 점질성 뮤코다당류가 많아 뼈형성 보조, 관절의 윤활작용, 골절 치료, 눈의 투명도 유지, 노화 억제, 피부미용 등에 효과가 있다. 타우린taurine도 다른 생선보다 많아 동맥경화나 고혈압을 예방한다.

3) 선택 및 이용

눈이 선명하고 위쪽이 청색을 띠는 것, 생선의 색이 선홍색으로 선명하게 빛나는 것, 등 쪽에 검은색 광택이 있고 육질이 단단한 것이 좋다. 자연산은 꼬리지느러미가 매끈하게 둥근 편이고 가장자리 부분이 검다. 양식산은 꼬리지느러미의 한가운데가 자연산에 비해 뾰족한 편이며, 가장자리 부분이 검고 체색도 검은 편이지만 맑게 보인다.

참돔의 비늘은 단단하고 잘 튀어 나가기 때문에 비닐 주머니 안에서 꼬리부터 머리 방향으로 칼로 긁어 제거한다. 또한 어슷하게 썬 무로 비늘을 긁어내리면 무에 박혀 튀지 않는다. 참돔은 껍질이 맛있기 때문에 요리 시 껍질째 사용한다. 구이, 찜, 찌개, 돔국, 조림, 튀김 등 여러 용도로 이용된다.

더 알아보기

도미의 종류

도미는 참감성돔과의 참돔을 말하지만, 보통 참돔을 포함하여 먹돔(장성돔), 황돔, 붉돔, 흑돔, 자리돔, 감성돔, 옥돔 및 군평선어 등이 도미에 속한다. 이 중 참도미의 맛이 가장 뛰어나다. 자리돔은 길이가 15 cm 정도의 작은 생선으로 역시 제주도의 별미 음식인 자리물회의 재료이다.

15. 민어

1) 특징

민어Mi-iuy croaker or brown croaker, *Miichthys miiuy*는 농어목 민어과에 속하며 우리나라 서해·남해·황해, 발해만, 동중국해에 분포한다. 7~9월이 산란기로 우리나라의 인천, 덕적도 앞바다가 주 산란장이다. 성어는 50~65 cm의 크기이다. 수심 40~120 m에 주로 서식한다. 몸은 청회색이고 배는 연한 흰색으로, 약간 길고 측편해 있으며 입은 큰 편이다. 위턱이 아래턱보다 길며, 아래턱 밑에 4개의 아주 작은 점액 구멍이 있다. 민어는 서해안의 대표적인 물고기이며 여름철 생선으로 6월에 가장 맛이 좋다.

민어

2) 성분 및 효능

민어는 영양 성분이 조기와 비슷하다. 소화 흡수가 빨라 어린이와 노약자에게 적합하다. 민어의 부레는 잘게 썰어 볶으면 구슬 모양이 되는데, 이를 아교구라 하여 보약의 재료로 쓴다. 허약한 체질을 개선하고 피로 회복에 좋으며, 기침과 농혈을 멈추고 토혈·코피·설사를 다스린다고 한다. 부레는 젤라틴이 주성분이고 콘드로이틴이 많아 노화를 예방하고 피부에 탄력을 준다.

3) 선택 및 이용

민어는 조기에 비해 4~5배 크며 살이 탄력 있다. 회는 담백하고 단맛이 있으며, 크기가 클수록 알도 있고 단맛도 증가한다. 민어알은 숭어알과 함께 훌륭한 어란으로 알려져 있으며, 성숙한 민어알은 황갈색 막에 싸여 있다. 민어는 회와 전의 재료로서 제일로 치는 생선이다. 민어 매운탕은 복날 보양식으로 인기가 높다. 민어를 통째로 소금 뿌려 말린 것은 암치라 하며, 물에 불려 소금 간을 빼고 곱게 부풀려 참기름에 무치거나 참기름을 발라 구워 먹는다.

16. 방어

1) 특징

방어

방어Japanese amberjack, *Seriola quinqueradiata*는 농어목 전갱잇과에 속하며 우리나라 동해·남해, 일본에 주로 서식한다. 2월부터 6월까지 산란하며 성어의 크기는 수컷 69 cm, 암컷 60 cm 이상이다. 온대성 어류로 난류를 따라 연안의 수심 6~20 m 층을 헤엄쳐 다닌다. 몸은 긴 방추형으로 약간 측편하며, 입이 크고 비스듬히 찢어져 있다. 등 쪽은 청색이고 배 쪽은 은백색이며, 주둥이부터 꼬리까지 황색 띠가 있다. 추운 겨울철인 12월부터 이듬해 2월까지가 가장 맛이 좋다.

2) 성분 및 효능

방어는 다른 생선에 비해 단백질과 지질이 풍부하며, 비타민 D와 니아신이 특히 많다. 칼슘Ca, 인P, 철Fe, 나트륨Na, 칼륨K 등의 무기질도 다량 함유되어 있다. DHA

와 EPA, 타우린 등의 기능성 물질이 특히 많아 고혈압, 동맥경화, 심근경색, 혈전증, 뇌졸중 같은 순환계 질환의 예방에 좋다.

3) 선택 및 이용

꼬리가 크고 예민하며 눈은 맑고 체표에 노란 무늬가 선명한 것이 좋다. 양식한 것은 자연산에 비해 운동량이 부족하여 길이가 짧고 몸통이 둥글며 도톰하다. 양식산의 토막 낸 육질은 흰색을 띠며, 자연산과 양식산 모두 피의 색깔이 검은 것은 선도가 좋지 않다. 크기가 클수록 맛있는 생선이다. 겨울철에는 특히 맛이 좋아서 회, 초밥, 구이로 유명하다. 끓여서 먹기도 하나 주로 맑은 국으로 먹는다. 비늘, 지느러미, 내장, 머리를 제거하고 몸통을 이용한다. 내장, 머리, 뼈 등은 끓여서 맑은국을 만들어 먹는다. 가슴지느러미 부근의 육질은 구이로 만들면 매우 맛있다.

17. 병어

1) 특징

병어silver pomfret, *Pampus argenteus*는 농어목 병엇과에 속하며 우리나라 남해·서해, 일본 중부 이남 해역, 동중국해, 인도양에 주로 서식한다. 5~8월에 연안 바닥의 암초나 모래질에 산란하며 성어의 크기는 암컷이 28 cm, 수컷은 22 cm 정도이다. 몸은 긴 계란형으로 매우 측편하다. 등 쪽이 청색을 띤 은백색이며 후두부에 물결 모양의 줄무늬가 있고, 옆줄을 따라 가슴지느러미가 낫 모양으로 길게 뒤로 뻗어 있다. 비늘은 작고 둥글며 떨어지기 쉽다. 1월에 집중적으로 어획되며, 겨울철이 가장 맛이 좋은 시기이다.

병어

2) 성분 및 효능

흰살 생선이지만 지질의 양이 많고 단백질이 적은 어류에 속한다. 비타민 A가 많이 함유되어 있어 피부와 점막을 튼튼하게 해주며, 동맥경화를 예방한다. 비타민

$B_1 \cdot B_2$가 풍부하고 소화가 잘되는 생선으로 어린이, 노약자, 회복기 환자에게 좋다.

3) 선택 및 이용

몸이 청색을 띤 은백색으로 빛나며, 비늘이 벗겨지지 않고 그대로 붙어 있는 것이 좋다. 아가미색이 선명한 붉은색이고, 복부를 눌렀을 때 단단한 것이 좋다. 다른 생선에 비해 동결해도 맛이 떨어지지 않으므로 구입 후 바로 냉동보관하여 필요할 때 사용할 수 있다. 병어는 뼈가 연하므로 약한 소금물에 넣었다가 건조한 후 이용해도 좋다. 회, 구이, 뼈 튀김 등에 쓰인다.

18. 복어

1) 특징

복어

졸복

복어puffer, *Haliotis giganta*는 복어목 참복과에 속하며 몸은 긴 달걀 모양으로 표면이 매끄러운 것과 가시 모양의 비늘을 가진 것으로 나뉜다. 육식성으로 단단한 이가 있고 턱 근육도 발달되어 새우, 게, 불가사리, 작은 물고기 등을 잡아먹는다. 독성이 있어 식용 가능한 종은 제한되어 있으며 국내에는 검복, 까칠복, 졸복, 복섬, 보리복, 밀복 등이 있다.

복어는 공격을 받으면 공기를 들이마셔 배를 볼록하게 내미는 성질이 있다. 11월부터 이듬해 2월까지 맛이 좋으며, 봄철이 되면 복어의 독성이 강해지고 맛이 떨어진다. 복어의 독은 산란기 전인 5월부터 7월 사이 최고조에 달한다.

2) 성분 및 효능

복어의 단백질 함량은 보통 생선과 비슷하다. 지방 함량은 매우 적으나 EPA와 DHA는 비교적 많이 들어 있다. 비타민은 적은 편이지만 니아신이 많아 피부병, 심장마비 등을 예방하는 효과가 있다. 복어는 이노신산이 많아 감칠맛이 나고, 글리신·알라닌과 같은 단맛을 내는 유리 상태의 아미노산과 타우린이 많으며, 다른 성분의 보조작용으로 깊은 맛을 낸다. 콜라겐이 많아 질감이 쫄깃하다.

복어에는 테트로도톡신tetrodotoxin이라는 독이 함유되어 있다. 무색·무미·무취의 강력한 독소로서 독성이 청산가리HCN의 14배나 된다. 산란기인 봄철에 독성이 강하며, 참복 한 마리의 독은 성인 33명이 사망할 수 있는 위력이 있다. 복어의 독은 열에 안정하여 300℃ 고온에서도 분해되지 않고 중성이나 유기산의 산성에 안정하나, 알칼리에 의해 독성이 빨리 소실된다. 복어의 독성은 난소에 가장 많으며 간, 내장, 피부의 순으로 많고, 근육에 가장 적다. 복섬·흰점복·메리복은 근육에도 독성이 있으나, 밀복·가시복·거북복·육각복에는 간장이나 난소에도 독성이 없다. 동일한 어종이라도 개체나 계절, 어획 지역에 따라 독성이 달라진다.

3) 선택 및 이용

복어 살은 회나 구이로 이용하고 맑은국이나 매운탕으로 먹기도 한다. 복국을 끓일 때는 미나리를 넣으면 맛의 조화와 해독작용을 기대할 수 있다. 비만, 당뇨병, 간장 질환자에게 좋은 식품으로 알려져 있다. 복어 껍질과 내장을 제거하고 제독처리하여 급속 동결시킨 후 해동과 조미, 냉풍건조 등의 과정을 거쳐 만든 복어포가 가공식품으로 시판되고 있다. 그 외 복수육과 껍질무침 등이 있다.

19. 붕장어

1) 특징

붕장어whitespotted conger or conger eel, *Conger myriaster*는 뱀장어목 붕장어과에 속하며 우리나라 전 연근해, 일본, 북해도 이남 해역과 중국해, 발해만에 서식한다. 4~5월에 산란하며, 산란 직후 죽는다. 성어는 56~95 cm 정도의 크기이며, 몸은 원통형으로 가늘고 길다. 꼬리 부분은 약간 측편하며, 각 지느러미에 가시가 없고 배지느러미도 없다. 옆줄 구멍이 항문보다 앞쪽에 38~43개 분포한다. 계절에 관계없이 연중 지속적으로 어획되나, 맛있는 시기는 여름철이다.

붕장어

2) 성분 및 효능

필수아미노산이 고루 함유된 양질의 단백질 공급원이다. 지질도 다량 함유되어 있는데, 소형 붕장어는 근육에 지질 함량이 충분한 반면 대형 붕장어는 지질이 간장과 생식선 부위로 이동해 근육의 지질 함량은 낮은 편이다. 대형 붕장어는 소형 붕장어에 비해 팔미트산·올레산 같은 포화지방산과 단일불포화지방산이 적고, 아라키돈산·EPA·DHA 같은 다가불포화지방산이 많다.

비타민 A의 함량이 생선 중 가장 많아 시력을 향상시키고 야맹증에 효과가 있다. 칼슘Ca, 인P, 철Fe도 많고 비타민 E도 풍부하여 동맥경화증이나 뇌졸중 같은 생활습관병의 예방에 좋다.

3) 선택 및 이용

크기가 40 cm 내외인 것으로 체표의 점액이 투명하고 매끈한 감이 있으며 눈이 투명한 것이 좋다. 과식하여 복부가 많이 팽창되어 있는 것은 피하고, 내장이 제거된 것을 구입할 경우 육질이 두껍고 투명한 것을 고른다.

더 알아보기

장어의 종류

- 민물장어 : 길이가 60 cm 정도까지 자라며 점액이 많아 미끄럽고 비늘이 없어 보이지만 살갗에 비늘이 묻혀 있다. 민물에서 나고 자란 후 깊은 바다에 가서 알을 낳으며, 알에서 부화 후 치어 상태로 바다를 건너와 어미의 고향인 강을 거슬러 올라 자란다.
- 붕장어 : 아나고회로 유명한 붕장어는 생김새가 뱀장어와 비슷하지만 몸길이는 조금 더 길다. 입이 크고 이가 날카로우며 옆줄에 흰 점 모양으로 작은 구멍이 나 있다. 1 m까지 자란다.
- 먹장어(꼼장어) : 포장마차 안주의 대명사로 턱이 없고 눈이 피부에 묻혀 있다. 다른 물고기에 달라붙어 살을 파먹고 뼈만 남기는 무서운 기생성 물고기이다. 껍질은 지갑이나 손가방을 만드는 데도 이용된다.
- 갯장어 : 육식성으로 바다 밑바닥의 갑각류, 두족류 등을 잡아먹고 산다. 우리나라 갯장어는 제주도에서 겨울을 보내고 봄에 서해안으로 이동한다. 회로 먹으면 단맛이 강하고, 단백질 함량이 다른 장어류에 비해 높다.

회, 초밥, 구이, 튀김, 쪄서 먹거나 끓여서 먹는 방법 등 다양하게 활용된다. 뱀장어와 마찬가지로 소금구이나 양념구이로도 이용하지만 뱀장어보다 산뜻한 맛이 있어 초밥, 튀김, 찜 등에 이용된다. 활어는 칼등으로 머리 부분을 쳐 기절시킨 후, 껍질을 벗기고 내장과 머리를 제거한 다음 육질을 분리하여 횟감으로 사용한다.

20. 정어리

1) 특징

정어리

정어리spotlined sardine, *Sardinops melanostictus*는 청어목 청어과에 속하며 한국, 일본, 오호츠크해, 동중국해 등 태평양 서부에 주로 서식한다. 눈이 기름눈꺼풀로 덮여 있고 동공 부위에 홈이 있으며, 아래턱이 위턱보다 돌출되어 있다. 등 쪽은 푸른색이지만 중앙부터 은백색을 띠고 그 경계에 6~9개의 둥근 점이 있다. 우리나라에서는 2~4월에 산란하고 12월에 집중적으로 어획되며 9~10월이 제철이다.

2) 성분 및 효능

DHA가 풍부하고, 칼슘Ca의 흡수를 돕는 비타민 D가 다량 함유되어 있다.

3) 선택 및 이용

비늘이 많이 붙어 있는 것이 신선하다. 눈이 명확하고 몸에 탄력과 광택이 있으며, 아가미는 선홍색이고 배가 단단한 것이 좋다. 살이 없는 것은 지방질이 적고 맛도 없기 때문에 살진 것을 골라야 한다. 머리가 작아 보이는 것이 살이 많고 커 보이는 것은 살이 적다. 정어리는 선도가 급격히 떨어지는 어류이므로 구입 즉시 소금물에서 비늘을 없애고 손질 후에는 소금물에 5분 정도 담갔다가 냉장고에 저장한다. 조리 시에는 신속하게 물에 씻은 후 사용한다.

21. 청어

1) 특징

청어

청어Pacific herring, *Clupea pallasii*는 북반구의 차가운 바다에 주로 서식하는 어종으로 유럽과 아시아 연안에서 많이 잡힌다. 아래턱이 돌출되고 몸빛이 등은 어두운 청색이고 배는 은백색이며 둥근비늘로 잘 벗겨지기 쉽다. 성체는 35 cm까지 자라며 냉수성 어류로 차가운 바다를 좋아하여 겨울철에 많이 잡히고 맛있다. 우리나라 포항에서 꽁치로 만드는 과메기는 원래 청어로 만들었다. 청어는 우리나라뿐 아니라 유럽 등 세계적으로 식량자원으로 이용되는 생선이다.

2) 성분 및 효능

청어는 고단백, 고지방, 고에너지 생선으로 지방이 풍부하여 고소한 맛이 난다. 특히 청어 100 g에는 ω-3 지방산 중 EPA 0.5~1.5 g, DHA 0.8~1.5 g을 함유하고 있어 뇌세포 구성, 심혈관질환 예방, 혈중 콜레스테롤 개선에 효과적이다.

3) 선택 및 이용

청어는 신선할 때는 고소하고 풍부한 맛을 즐길 수 있어 다양한 요리에 사용하며, 초절임, 젓갈, 통조림으로도 만들어 상업적 가치가 매우 높은 생선이다. 청어는 비늘이 얇지만 흐르는 물에 칼 뒷면으로 부드럽게 비늘을 긁어 제거하고 머리, 지느러미를 제거한다. 청어는 지방이 많아 내장에도 기름이 많을 수 있어 내장을 꼼꼼하게 제거해야 한다. 손질한 청어는 구이, 조림으로 조리한다.

수르트룀밍

유럽에서 청어는 통조림으로도 많이 제조하는데 청어를 소금물에 절여 발효과정을 거친 후 통조림으로 가공되는데 스웨덴의 수르트룀밍Surstromming이 유명하다. 이 통조림은 개봉할 때 냄새가 매우 강하게 퍼져 보통 야외에서 개봉한다.

22. 전어

1) 특징

전어

전어dotted gizzard shad, *Konosirus punctatus*는 청어목 청어과 어종으로 『자산어보』에 '화살 물고기'로 기록이 되어 있는데, 길쭉하고 옆으로 납작한 몸체를 가지며 성체는 약 15~20 cm 크기가 된다. 가을 전어라는 말이 있을 정도로 전어의 제철은 9~11월 사이로 이때 전어는 지방 함량이 높아 고소하다. 전어는 주로 한국, 중국, 일본 등 서해와 남해연안에 서식하는데 따뜻한 수온을 선호하여 동해보다는 서해에서 더 많이 발견된다. 전어는 민물과 바닷물이 혼합된 저염도 해역을 좋아하고, 유기물, 플라크톤 등을 주로 먹으며 서식하기 때문에 고래회충을 비롯한 기생충이 나올 확률이 매우 낮다.

2) 성분

고단백, 고지방, 고에너지의 생선으로 지방 함량이 높지만 불포화지방 비율이 약 45%로 다른 어종보다 낮고 포화지방산 함량이 높아 고소하다. 비타민 D와 칼슘함량도 높지만 전어는 구워서 뼈째로 먹는 경우가 많아 다른 생선보다 칼슘Ca 섭취를 더 늘릴 수 있다.

3) 선택 및 이용

"집 나간 며느리가 전어 굽는 냄새를 맡고 가을에 돌아온다"라는 속담이 있을 정도로 우리나라에서 전어는 예전부터 즐겨 먹던 생선이다. 특히 가을철 전어는 지방 함량이 최고 3배나 높아서 맛이 좋다. 전어는 뼈가 부드러워 뼈째 썰어서 세꼬시회로 즐기거나, 회를 고추장, 식초, 설탕 등을 넣어 양념에 버무려 무침으로도 즐기며, 소금을 뿌려 석쇠나 팬에 구워 먹기도 한다. 경상남도에서는 전어로 젓갈을 담가 먹기도 한다.

23. 참홍어

참홍어

가오리

1) 특징

홍어mottled skate, *Raja Pulchra*는 홍어목 홍어과에 속하며 우리나라 서해·남해, 동중국해에 서식한다. 11월부터 12월에 산란한다. 몸은 마름모꼴로 폭이 넓고 머리가 작으며, 주둥이가 짧고 돌출되어 있다. 가오리는 질감이 퍽퍽하고 탄력이 없는 데 반해, 홍어는 맛이 달고 살이 꼬 들꼬들하면서도 부드러워 가오리보다 훨씬 비싼 가격에 유통된다.

2) 성분 및 효능

참홍어는 수분이 많고 단백질이 풍부하며 지질이 적은 저에너지 생선이다. 가오리와 함께 어패류 중 칼슘Ca이 가장 많이 함유되어 있어 칼슘Ca의 좋은 급원이다. 베타인betaine과 타우린의 함량이 높고, 휘발성 지방산과 휘발성 카르보닐이 다량 함유되어 고유의 향을 갖는다. 삭힌 홍어로 국을 끓여 먹기도 한다. 홍어는 복통의 치료와 숙취 해소에 좋다.

3) 선택 및 이용

참홍어는 전남 흑산도산이 가장 유명하다. 껍질이 얇고 살결이 두꺼우며 시간이 흐를수록 붉은빛을 띤다. 참홍어는 일반 어류에 비해 트라이메틸아민 옥사이드와 요소가 훨씬 많아서, 자가소화에 의해 요소는 암모니아로, 트라이메틸아민 옥사이드는 트라이메틸아민으로 환원되어 특유의 톡 쏘는 코를 찌르는 맛을 가진다. 홍어는 신선한 것일수록 비린내가 없고 꼬들꼬들하며, 삭힐수록 톡 쏘는 매콤한 맛이 강해지고 살이 부드러워진다.

손질 시 물에 씻기보다는 마른 수건 등으로 닦아낸다. 물로 씻으면 표면에 끈적끈적한 점액이 더 많이 생긴다. 삭힐 경우에도 이 점액을 씻지 말고 그대로 두는 것이 좋다. 삭혀서 찜을 할 경우 봄에는 3~4일, 겨울에는 6~7일간 삭힌 후 마른 수건으로 닦아 요리한다. '삼합'은 삭힌 홍어와 묵은 김치, 삶은 돼지고기의 3가지를 차례로 얹어 보쌈처럼 먹는 음식을 일컫는다. 홍어는 주로 회나 찜으로 이용되며 연골은 뼈째 씹어 먹는다.

더 알아보기

참홍어와 홍어

가오리와 홍어과에 속한 어류들은 서식지와 환경에 따라 형태와 빛깔이 달라 서로 다른 종으로 분류되어 불렸었다. 그러나 간재미라고도 불리던 눈가오리와 살홍어, 홍어는 같은 종으로 밝혀지면서 '홍어Ocellate spot skate, *Okamejei kenoje*'로 표준명이 되었다. 표준명 홍어는 삭히지 않고 싱싱할 때 소비된다. 참홍어는 표준명 홍어(간재미)와 구분하고자 개명이 되었으며, 흑산도에서 삭혀 먹는 최고급 홍어는 참홍어이다.

24. 아귀

1) 특징

아귀blackmouth goosefish, *Lophius setigerus*는 아귀목 아귓과에 속하며 우리나라 서해·남해, 일본 북해도 이남 해역, 동중국해, 발해만에 서식한다. 2~6월경 연안에 산란한다. 성어는 암컷이 50 cm, 수컷은 35 cm 정도이다. 머리는 크고 납작하여 폭이 넓으며 몸통 부분과 꼬리는 가늘고 짧은 편이다. 몸 주위에 피질 조각들이 붙어 있으며, 양 턱에는 강하고 크기가 여러 형태인 빗모양의 이빨이 있다. 지역에 따라 여러 가지 이름으로 불리는데 아꾸, 물꿩, 망청어, 꺽정이, 아구어, 물곰, 물돔, 배기 등이 모두 아귀를 일컫는 말이다. 12월에서 이듬해 2월 사이가 제철이다.

아귀

2) 성분 및 효능

아귀는 근육에 수분이 풍부하고, 지질과 콜레스테롤이 적은 저에너지 식품이다. 아귀의 간은 30% 정도의 지방을 함유하고 있어 맛이 좋으며 카로티노이드 색소를 함유하여 황적색을 띤다. 비타민 A와 E가 풍부하여 노화 방지, 시력 보호, 뼈와

이의 발육, 야맹증에 효과적이다. 양질의 단백질은 세균감염에 대한 저항력을 키워 주며 거친 피부를 개선한다.

3) 선택 및 이용

통째로 구입할 경우 10 kg 이상으로 몸 표면의 점액이 투명하고 냄새가 없는 것이 좋다. 간이 크고 진한 황색으로 주위의 혈관이 선명한 혈색을 띠고 있는 것이 좋다. 육질은 끓일 경우 엷은 분홍색이 나고 투명감이 있는 것이 좋다. 선도가 좋은 것은 회로 이용하기도 하지만, 육질이 연하고 쫄깃하며 지방질이 적어 주로 끓여 먹는 데 어울린다. 칼등이나 칼날로 체표 점질물을 제거하고 씻어낸 후 껍질, 간장, 난소, 위, 볼살, 몸통 및 턱으로 구분하여 분리한다.

25. 다랑어

1) 특징

참다랑어

황다랑어

다랑어bluefin tuna, *Thunnus thynnus*는 농어목 고등엇과에 속하며 다랭이, 참다랑어, 참치라고도 한다. 어류 중 크기가 큰 편에 속하며 길이가 3 m, 무게가 700 kg 이상 된다. 맛은 참다랑어가 가장 좋으며 일본이나 서구에서는 고급 횟감용으로 이용한다. 종류로는 날개다랑어, 눈다랑어, 백다랑어, 황다랑어, 가다랑어, 점다랑어 등이 있다. 그중 참치 통조림용으로 이용하는 것은 날개다랑어와 가다랑어이다.

다랑어는 일반적으로 붉은색을 띠고 있는데, 이는 근육에 혈액이 많이 포함되어 있기 때문이다. 따라서 헤모글로빈과 미오글로빈의 함량이 많아 다른 생선보다 비린내가 강하다.

날개다랑어와 황다랑어의 살색은 분홍색이다. 녹새치, 황새치 등의 새치류는 흰색이며, 청새치는 붉은색이다. 맛있는 시기는 종류에 따라 다른데, 주로 다랑어는 냉동 상태로 유통되므로 연중 맛을 즐길 수 있다. 한 마리를 통째로 사는 것이 아니라 조각이나 덩어리로 구입하게 되므로 품질을 판단하기 어렵다.

2) 성분 및 효능

다랑어의 지방은 대부분이 불포화도가 높은 ω-3 계열의 EPA와 DHA로 구성되어 있어 뇌세포 생성이나 심혈관질환 발생을 막는 데 효과적이다. 당질이 거의 없고 지질의 양은 부위와 계절에 따라 다양하여 뱃살은 평균 20%, 등살은 평균 2% 정도이다. 지질 함량은 여름에는 적고 가을부터 겨울까지 증가한다. 뱃살의 지질은 생선이면서도 쇠고기의 마블링과 비슷한 형태로 미세하게 분포되어 아주 부드러운 질감을 갖는다.

비타민 A, 비타민 B군, 핵산, 칼슘Ca, 인P, 철Fe, 마그네슘Mg, 나트륨Na, 칼륨K 등이 많다. 비타민 A와 B_1은 어린이의 균형 있는 성장을 돕고 두뇌 발육에도 유익하다. 가다랑어포(가쓰오부시)에는 이노신산과 글루탐산 등의 감칠맛 성분이 다량 함유되어 있어 음식의 맛과 향을 돋운다.

3) 선택 및 이용

다랑어는 주로 통조림이나 냉동 상태로 유통된다. 냉동 다랑어를 해동할 때는 흐르는 물에 2~3분간 담가 빨리 녹여야 하며, 물의 온도는 20°C 이하로 유지하는 것이 좋다. 피를 빼는 방법으로 다랑어를 잘라 흐르는 물에 담가 씻은 후 마른 수건으로 물기를 제거하고 냉장고에 넣은 다음 전체적으로 분홍색을 띠면 마른 수건에 싸서 랩을 둘러 가루얼음 속에 묻어 보관한다.

다랑어는 조각으로 구입하므로 선도를 판정하는 데 한계가 있으나, 자른 면이 광택이 나고 탄력 있는 것이 싱싱하다. 회는 먹기 직전에 썰고 덩어리 상태로 보관하는 것이 좋다. 다랑어는 주로 회로 섭취하며, 참치 통조림의 형태로 김치찌개, 전 등의 음식을 만들어 먹기도 한다. 다랑어의 부위별 명칭과 이용방법은 그림 10-2와 같다.

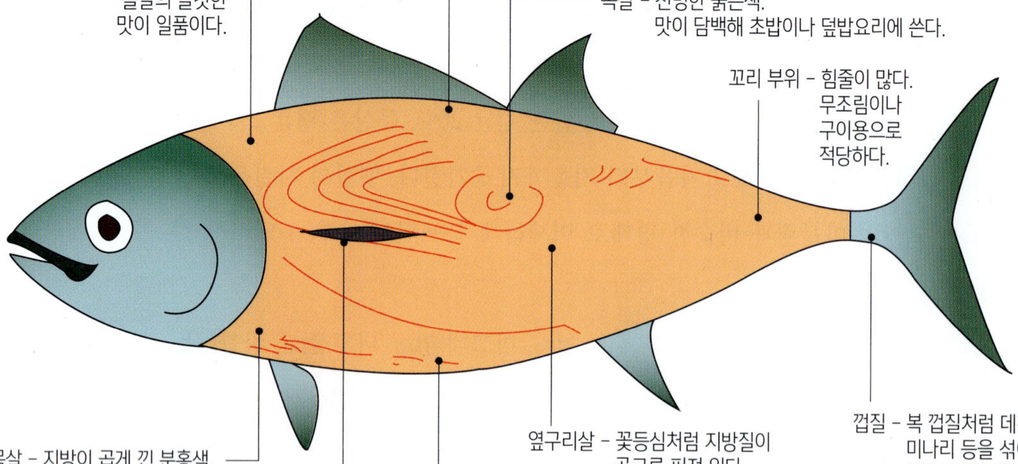

그림 10-2 다랑어의 부위별 명칭과 이용

26. 연어

1) 특징

연어

연어salmoniformes, *Onchrhynchus keta Walbaum*는 연어목 연어과에 속하며 우리나라, 일본, 러시아, 알래스카, 캐나다, 캘리포니아를 포함한 북태평양 연안에 분포해 있다. 깊은 바다에 서식하며 산란기에 강으로 회귀하고 짝짓기 직후 죽는다. 9~11월에 산란하며 성어는 60~80cm 정도 된다. 몸의 등 쪽은 어두운 청색 바탕에 작은 흑점이 드물게 나타나고 배 쪽은 은회색을 띤다. 긴 원통형 몸으로 다소 납작하고, 머리가 원뿔 모양으로 주둥이가 나와 있다. 9월부터 이듬해 1월까지가 제철이다.

2) 성분 및 효능

다른 물고기에 비해 비타민 A와 D가 특히 풍부하며 단백질과 지질도 많다. 지질 함량은 8~9%이며, 9월 말경부터 10% 이상으로 증가하고 뱃살 부분에 특히 많아 더 맛있다. 지질에는 EPA와 DHA가 많아 심장순환계 질환의 예방에 효과가 있다. 비타민 B군(비타민 $B_1 \cdot B_2$, 니아신)이 풍부하여 성장 촉진, 소화 촉진, 위장장애 완화, 혈액순환에 효과가 있다. 무기질 중에는 칼슘Ca, 인P, 철Fe, 나트륨Na, 칼륨K이 다량 함유되어 있다.

연어의 붉은 살색은 아스타잔틴astaxanthin이라는 색소에 의한 것으로, 철Fe이 많지 않아 저장 중 색이 퇴색되거나 변화하지 않는다.

3) 선택 및 이용

4 kg 전후의 수컷이 맛있다. 비늘이 은색으로 빛나며 몸이 살지고 탄력 있는 것, 아가미의 색깔이 선명하고 모양이 제대로 되어 있는 것이 좋다. 산란하기 위해 하천으로 올라가기 전에 잡힌 연어를 내장이나 아가미를 제거하고 염건조하여 제품을 만든다. 고급 생선요리에 속하며, 통조림으로 가공하거나 찜, 구이, 훈제 등으로 조리한다.

27. 우럭

1) 특징

우럭black rockfish, *Sebastes schlegelii*은 조피볼락의 방언으로 머리와 입이 커서 다른 작은 물고기를 먹이로 삼는 포식성 어류이다. 쏨뱅이목 양볼락과로 몸이 길쭉하고 비늘이 작고 부드러우며 등에 뾰족한 가시가 있다. 손암 전약전은 우럭을 '검어(검은물고기)'라 칭하였는데 색이 어둡고 돌 틈이나 해조류에서 서식한다. 우럭은 주로 한국, 일본, 중국의 연안에 서식하며 봄부터 여름까지가 산란기이다. 과거에는 어획량이 많지 않아 고급어종이었으나 현재는 양식으로 생산량이 증가하여 대중적인 횟감으로 쓰인다.

우럭

2) 성분 및 효능

우럭은 고단백·저지방 식품으로 지방산 중 불포화지방산 비율이 약 70%로 높으며, 철Fe과 칼슘Ca 등이 풍부하여 빈혈과 골다공증 예방에 도움이 될 수 있다.

3) 선택 및 이용

우럭은 비린내가 적은 어류로 불쾌한 냄새가 나는 경우 신선하지 않으므로 피하는 것이 좋으며, 우럭의 배가 단단하고 불룩하게 올라온 것이 좋다. 우럭은 살이 쫄깃하여 우리나라에서는 횟감으로 주로 쓰이며 매운탕과 조림으로도 조리가 된다. 대량 양식으로 생산량이 증가한 우럭은 반건조 가공식품으로 제조하여 판매되기도 한다. 중국 관동 지역에는 우럭의 육질이 닭고기와 같다고 하여 '지위鸡鱼'라고도 부르며 양념으로 쪄낸 칭쩡스반위清蒸石斑鱼가 유명하다.

28. 임연수

임연수

1) 특징

임연수arabesque greenling, *Pleurogrammus Azonus*는 쏨뱅이목 쥐노래미과에 속하는 어종으로 우리나라 동해, 일본, 오호츠크해 등에 분호되어 있다. 조선 서유구의 『난호어목지』에 따르면, 임연수는 함경북도에 사는 임연수라는 사람이 낚시로 잘 잡던 생선이라 그 이름이 붙여졌다는 기록이 있다. 몸길이는 약 45 cm로 꼬리가 가늘고 머리가 작으며 몸빛이 노랑에 검은색 가로 줄무늬가 특징이다.

2) 선택 및 이용

임연수는 껍질 부분이 두꺼워 구우면 껍질이 쫄깃하고 바삭하여 껍질이 맛있는 것으로 유명하여 예전에는 고등어구이보다 더 흔히 먹던 생선이었으나 어획량이 줄고, 살 주위에 가시가 많아 발라먹기가 어려워 현재는 고등어나 갈치보다는 선호도가 낮은 편이다. 그러나 얼룩무늬가 선명한 단기임연수어는 값이 싸고 대량으로 수입하기에 우리나라에서는 단체급식에 구이나 조림으로 주로 이용된다.

29. 까나리

까나리Pacific sandlance, *Ammodytes personatus*는 우리나라 서해안에서 잡히는 어류로 농어목 까나리과에 속하며 크키는 10 cm 정도이다. 우리나라 서해안 근해에서 4~6월에 많이 잡히며 성질이 급하여 그물에서 풀어놓으면 팔딱거리다가 청록색으로 변하며 죽는다. 이때 잡히는 까나리는 말리거나 식용한다. 5월 하순 이후 잡히는 까나리를 액젓으로 만든다.

까나리

반면 동해에서 잡히는 까나리는 20~30 cm 크기인데, 양미리라 부른다. 같은 종이지만 겨울철 시기에 지방함량이 높아져 가장 맛있으며, 뼈가 부드럽기 때문에 통째로 먹기 좋은 생선이다. 양미리는 소금구이로 가장 흔하게 조리하는데 소금을 뿌리거나 살짝 절인 후 석쇠나 후라이팬에 굽는다. 뼈가 부드럽기 때문에 통째로 튀김옷을 입혀 바삭하게 튀김으로도 즐긴다.

더 알아보기

동해의 양미리와 표준명 양미리

서해의 까나리와 동해의 양미리는 크기와 모양이 다르지만 유전자가 일치하여 같은 종이라는 것이 밝혀졌다. 어류도감의 양미리의 학명은 *Hypoptychus dybowskii*로 서해의 까나리와는 다른 종으로 동해 북부에 서식하고 어획량이 적고 다 자라도 10cm 정도로 상업적 가치는 떨어진다.

30. 박대

박대threelined tongue sole, *Cynoglossus abbreviayus*는 군산의 유명한 특산품으로 가자미목 참서대과에 속하며 표준명은 용서대이다. 군산박대, 황금박대, 참박대라 불리며 봄에 산란하며 20~30 cm 길이로 지방이 많고 고소하여 씹는 맛이 좋아 구이로 많이 조리한다. 군산에는 박대의 껍질을 벗겨 말린 후 판매한다.

박대

한편 예부터 서대로 불리는 어종의 표준명은 박대로 학명은 *Cynoglossus*

*semilaevis*이다. 박대와 마찬가지로 가마미목 참서대과에 속하며 흰살생선으로 외형적으로 유사하지만 서식지와 맛에서 차이가 있다. 길이가 약 30~40cm 정도로 박대보다 크고 우리나라의 남해안 일대에서 많이 잡힌다. 서대는 박대보다 살이 부드럽고 지방이 적어 찜과 구이로 즐기거나 회로도 먹는다.

더 알아보기

어류의 표준명

어류명을 학술적으로 분류하기 위하여 1970~200년도에 표준명을 재정립하였는데, 어류의 학술적 명칭을 재정립하는 과정에서 실제 지역민들이 사용했던 명칭과 역사와는 다르게 배치되는 경우가 많다. 가장 대표적인 예가 박대와 서대이다. 박대는 표준명 용서대로, 서대는 표준명 박대로 정립되었다. 학술지에도 표준명보다는 예부터 쓰이던 관용명이 쓰이는 경우도 많아 혼선이 야기되고 있다.

담수어

1. 미꾸라지

미꾸라지

1) 특징

미꾸라지loack, *Misgurnus mizolepis*는 늪이나 논 혹은 농수로 등 진흙이 깔린 곳에 주로 살며, 더러운 물이나 산소가 부족한 곳에서도 잘 견딜 수 있다. 진흙 속의 생물을 먹고 살며, 4~6월에 산란한다. 몸이 납작한 형태이며 몸통보다 머리가 더욱 납작하다. 3쌍의 수염이 있으며 수컷은 가슴지느러미와 첫째·둘째 지느러미 줄기의 끝이 암컷에 비해 뾰족하고 길다. 미꾸라지는 추어로도 불려 추어탕에 쓰인다. 미꾸라지에는 미꾸리와 미꾸라지 2가지가 포함된다. 미꾸라지의 수염이 미꾸리에 비해 2배 정도 더 길고 미꾸리의 맛이 더 좋은 것으로 알려져 있다. 늦여름부터 초가을까지가 제철이다.

2) 성분 및 효능

단백질과 지질이 풍부하고, 필수아미노산이 단백질의 절반을 차지할 정도로 많다. Ca, 비타민 A·B_2도 풍부한 식품이다. 비타민 A와 D는 알과 난소에 특히 많은데 추어탕은 미꾸라지 몸 전체를 이용하므로 영양소 손실이 적다. 예로부터 미꾸라지는 부종에 좋고, 종기에 미꾸라지를 찧어 붙이면 곪지 않는다고 알려졌다. 여성의 냉증·대하증, 만성간염 환자의 간기능 회복에도 효과가 있다고 한다.

3) 선택 및 이용

살지고 활기찬 것이 좋다. 몸이 납작한 편인 것은 수입산이 많고, 국내산은 몸이 둥근 감이 있으며 맛이 좋다. 양식한 미꾸라지는 계절에 따른 맛 차이가 없으며 굵은 것이 좋다. 수입산은 자연산보다 뼈가 더 억세고 살이 덜 쫄깃하다. 자연산의 맛이 가장 좋지만 최근 농약의 과도한 사용으로 자연산 미꾸라지는 거의 사라졌다.

미꾸라지는 특유의 흙냄새가 있으므로 맑은 물에 2~3일간 담가두었다가 냄새를 제거한 후 사용한다. 추어탕의 재료가 되며, 된장국에 육질을 다져 넣기도 한다. 서울과 경기 지역에서는 곱창이나 사골국물에 삶은 통미꾸라지를 넣어 맵게 끓인다. 경상도와 전라도 지역에서는 미꾸라지를 삶아 으깨 소쿠리에 흔들어 받쳐 뼈를 걸러내고 끓인다.

2. 붕어

1) 특징

붕어round crucian, *Carassius auratus*는 잉어목 잉엇과에 속하며 하천 중 물의 속도가 느린 곳이나 물풀이 많은 곳에 서식한다. 4~5월에 산란하는데, 이후 7월부터는 붕어의 식욕이 왕성해져서 맛이 좋다. 몸은 녹갈색이고 배는 은백색 혹은 황갈색을 띤다. 몸은 긴 타원형으로 옆으로 납작하다. 입가에 수염이 없고 옆줄이 존재한다.

붕어

2) 성분 및 효능

단백질과 불포화지방산이 많아서 고혈압과 동맥경화 등 심장순환계 질환에 좋다. 비타민 B_1과 B_2가 많은데, 비타민 B_1은 소화를 돕거나 뇌와 신경에 필요한 에너지를 공급하여 스트레스를 완화하며, 비타민 B_2는 구강염이나 설염을 예방하고 피부를 보호한다. 칼슘Ca이 풍부하여 성장기 어린이에게 좋고, 골다공증을 예방한다. 철분이 풍부하여 조혈작용을 돕는다.

3) 선택 및 이용

붕어는 비린내가 많이 나고 잔뼈가 많다. 클수록 뼈가 억세고 식용으로 부적합하기 때문에 손바닥 정도의 크기가 적당하다. 살아 있는 붕어는 맑은 물에 1시간쯤 담가 해감한 후 손질한다. 손질한 붕어는 조리하기 전에 식초를 탄 물에 담가두면 비린내가 제거되며 살이 단단해지고 뼈도 연해져 먹기 좋다. 붕어찜을 할 때는 비늘을 제거하면 비린내가 더 강해지므로 그대로 요리하고 1시간 반~2시간 정도 천천히 요리하면 비늘이 부드러워져 그대로 먹을 수 있다. 붕어회, 붕어찜, 붕어조림, 붕어구이로 조리한다.

3. 잉어

1) 특징

잉어

잉어cap, *Cyprinus carpio*는 큰 강 하류의 물의 속도가 느린 곳이나 저수지, 댐 등 깊은 물에 살고 잡식성이다. 5~6월경 산란한다. 몸이 길고 옆으로 납작하며 비늘은 크고 기왓장처럼 배열되어 있다. 몸길이는 50~60 cm이며, 30c m 정도 될 때가 가장 맛이 있다. 잉어의 몸색은 고인 물에 사는 것은 검은색, 흐르는 물에 사는 것은 노란색을 많이 띠며 금색이 맛이 가장 좋다.

겨울 잉어는 특히 맛이 있으며, 11월부터 이듬해 4월까지가 제철이다.

2) 성분 및 효능

단백질, 지질, 칼슘Ca, 철Fe, 비타민 B_1·B_2·D·E가 다량 함유되어 있다. 산모의 젖을 잘 돌게 하고, 회복기 환자·임산부·허약자에게 유용하며, 신장병·부종·복수증에 복용하면 질병이 호전된다. 인공양식 잉어는 디스토마 등의 염려가 없어 회로도 좋고 찌개, 찜, 곰탕의 재료로 널리 이용된다.

3) 선택 및 이용

식용되는 자연산 잉어는 흑회색에 몸통이 가늘고 길다. 이스라엘 잉어(향어)로 양식되고 있는 잉어는 다흑회색이고 몸통이 짧다. 회는 산 것을 하루 정도 맑고 깨끗한 물에 살려 흙을 토하게 한 후, 나쁜 냄새를 없앤다. 잉어는 담수어 특유의 냄새가 나므로 황기 등의 약재와 함께 요리하는데, 녹색의 쓸개가 터지면 살 속에 쓴맛이 배어들므로 주의해야 한다. 찌개는 내장, 비늘 및 지느러미 등을 제거한 잉어를 토막 내 물과 술로 조린 후 물, 간장, 된장, 미역이나 다시마를 넣고 끓인다.

4. 메기

1) 특징

메기

메기*Japanese catfish, Salurus asotus*는 메기목 메깃과에 속하는 민물고기로 야행성이며 하천, 호수의 진흙 바닥이나 늪에서 물고기, 갑각류를 먹고 산다. 5~7월에 산란한다. 몸통 앞부분은 원통형이나 뒤로 갈수록 옆으로 납작해지고 가늘어진다. 입가의 콧구멍 앞과 아래턱에 각각 한 쌍의 수염이 있다. 몸에 비늘이 없고 점액질이 발달되어 있다. 메기는 수질 오염을 잘 견디고 수온이 20~27℃일 때 가장 잘 성장한다. 10~11월에 많이 잡히나 최근 양식을 많이 한다.

2) 성분 및 효능

메기의 주성분은 단백질이며 Fe, Ca 등의 무기질과 비타민 A가 풍부하여 산모나 성장기 어린이의 조혈제로 이용된다. 동의보감에 의하면 메기가 이뇨작용이 탁월하므로 몸이 부었을 때 메기탕을 먹고, 메기의 침은 당뇨병에 좋다고 한다. 비타민 B_1이 풍부하여 메기 매운탕은 몸속 노폐물과 땀이 소변으로 빠지게 하고 단백질을 보충해주므로 여름철 보양식으로 좋다.

3) 선택 및 이용

농약과 비료의 영향을 많이 받으며, 자연산과 양식산 논메기가 요리에 사용된다. 흙속에 몸을 박고 살기 때문에 자연산일수록 흙냄새가 심하게 나며, 4~5일 정도 맑은 물속에 두어 흙을 우려낸 후 사용한다. 조리 시 흙냄새를 없애려고 지나치게 많은 양념을 넣기도 하지만 메기 고유의 맛이 손상될 수 있으므로 주의한다. 매운탕에 적합하지만 회로는 적합하지 않다. 살이 매우 연하고 부드러워 구이나 튀김으로 이용할 경우에는 살짝 요리해야 메기 고유의 질감을 살릴 수 있다.

생선알류

1. 캐비어

케비어

1) 특징

캐비어는 철갑상어의 알을 소금에 절여 만든 식품으로 서양에서는 푸아그라, 트러플과 함께 세계 3대 진미로 꼽힌다. 전통적으로는 러시아에서 철갑상어를 요리에 사용하였다. 캐비어는 넓게는 연어나 청어 등 생선알 등을 염장처리한 식품을 총칭하여 불렀으나, 현재는 철갑상어 알로 통용된다. 철갑상어는 개채수가 줄고 있으며 양식이 어려워 바닷 속의 블랙다이아몬드로 불릴 만큼 값비싼 식재료였다. 최근에는 철갑상어 양식이 발전하고 있으나 철갑상어의 알을 얻기 위해서는 6~20년이 걸리기 때문에 여전히 고급식재료이다. 캐비어는 철갑상어 종류에 따라 그 맛과 질감이 다르다.

표 10-8 캐비어의 종류

종류	특징
벨루가beluga	• 가장 비싸고 귀한 캐비어로, 알이 크고 부드러운 질감과 고소한 풍미가 특징 • 회색 또는 진회색을 띠며, 캐비어 중에서 최고급으로 평가
오세트라osetra	• 알 크기가 중간 정도이며, 금빛 또는 갈색 • 부드럽고 견과류 같은 고소한 향, 풍부한 감칠맛
세브루가sevruga	• 철갑상어 중 가장 작은 종에서 얻는 캐비어로, 알 크기는 작지만 맛이 진하고 풍미가 강함 • 짙은 회색
칼루가kaluga	• 벨루가와 비슷한 풍미와 질감을 지닌 캐비어 • 크기가 크고 고소한 맛

2) 성분 및 효능

캐비어는 고단백식품으로 필수아미노산이 풍부하고, EPA와 DHA와 같은 ω-3 지방산을 다량 함유하고 있다. 또한 비타민 A · B_{12}과 같은 비타민과 철Fe, 칼슘Ca, 마그네슘Mg과 같은 무기질도 함유하고 있다.

3) 선택 및 이용

캐비어는 신선도가 중요한 식재료로 0~4℃로 보관하며 개봉 후에는 가능한 빨리 섭취하는 것이 좋다. 캐비어는 섬세한 풍미를 즐기기 위하여 별도의 조리 없이 그대로 먹는 것이 좋은데, 금속식기를 사용하면 쇠맛이 캐비어 향미를 방해므로 나무, 자개, 은 재질의 숟가락을 사용하여 손등에 올린 후 그대로 입으로 가져가 먹는다. 캐비어의 짭짤한 맛과 화이트와인이나 스파클링 와인의 맛이 잘 어울려져 함께 먹는다. 간단한 음식과 함께 먹기도 하는데 크래커나 러시아식 팬케이크인 블리니에 올려 먹거나, 감자퓨레, 사워크림, 버터를 곁들이기도 한다.

2. 명란

명란

명란은 명태의 알을 뜻하며, 한국, 일본, 러시아 등에서 인기 있는 식재료이다. 명란은 필수아미노산 중에서도 곡류 제한아미노산인 리신 함량이 높으며, EPA와 DHA와 같은 ω-3 지방산이 풍부하다. 비타민 B_2·니아신·E와 나트륨 배출을 돕는 칼륨K 함량도 높은 것으로 알려져 있다.

명란은 신선한 상태로 요리하거나 명란젓이라는 형태로 소금에 절여 발효시키는데 고소하고 짭조름한 맛이 특징이다. 신선한 명란은 소금에 절이지 않아 짠맛보다는 고소한 맛이 나며 알이 부드럽고 촉촉하여 명란구이, 알찜, 알탕 등에 이용된다. 명란젓은 신선한 명란을 소금에 절이는데, 전통적인 명란젓은 소금에만 절여 발효시키는 식품이지만, 최근에는 일본식 명란젓이 유행함에 따라 고춧가루, 마늘, 생강 등 조미를 하기도 한다. 명란젓은 짭짤하고 매콤한 맛이 있어 한식에서는 젓갈의 한 종류로써 반찬으로 먹었으며, 현대에는 파스타, 주먹밥, 계란말이 등에 다양하게 이용한다.

3. 날치알

날치알

날치알은 해수어인 날치에서 채취한 작은 알로 바삭하고 짭짤한 식감이 특징이다. 날치알은 고단백 저지방식품으로 EPA와 DHA가 풍부하며, 비타민으로는 B_6, B_{12}을 함유하고 있다. 날치알은 톡톡 터지는 식감이 특징으로 날치알 본래의 색은 반투명 노란색이지만 색소를 넣어 주황색, 초록색 등으로도 판매된다. 초밥, 샐러드, 김밥, 주먹밥 등에 고명으로 쓰이는 경우가 많다.

4. 연어알

연어알

언어알은 연어에서 얻는 주황색 알로 다른 생선알과 비교하여 크기가 크다. 톡톡 터지는 식감과 고소한 맛으로 '이쿠라'라는 이름으로도 알려져 있으며, 이쿠라는 러시아어로 알갱이를 뜻하는 말로 레드캐비어라고도 불린다. 연어알도 고급

식재료로 취급되는데 연어알은 양식으로 생산하지 않으며 양식산 연어알은 부화를 목적으로 한다. 연어알은 대부분 자연산 연어의 산란기에 취득하며 손질이 어려운데, 40~50℃ 물에 넣고 난막을 수작업으로 제거해야한다.

연어알은 장기간 보관이 필요할 경우 냉동보관하여 필요할 때 마다 소량씩 해동하여 사용한다. 연어알은 일식에서 이쿠라초밥에 가장 많이 사용하며, 샐러드, 연어알덮밥, 카나페, 크림파스타 고명으로 사용한다.

5. 성게알

성게는 바다에서 서식하는 극피동물로, 구형의 껍질에 날카로운 가시가 돋아 있는 외형을 가지고 있으며 성게의 몸은 단단한 껍질로 쌓여져 있다. 일본에서는 성게알은 '우니'라고 불리며 초밥, 덮밥 등에 이용하고 있으며, 우리나라는 성게알 미역국, 성게알 비빔밥, 성게내장 알찜 등으로 조리한다. 성게는 차가운 바다부터 따뜻한 바다까지 전세계 연안에 서식하며 주로 바위나 산호초가 많은 곳에서 해조류를 섭취하며 서식한다.

성게알

패류

1. 굴

굴oyster, *Crassostrea gigas*은 빈치목 굴과에 속하며 한쪽 껍질이 약간 평평하고, 다른 쪽 껍질은 불룩하다. 신선한 굴은 가장자리 색이 선명하고 뚜렷하며, 살이 퍼지지 않고 통통하면서 우윳빛을 띤다. 우리나라에서는 남해와 서해에서 양식된다. 제철은 11월부터 이듬해 3월까지이다. 5~8월에는 독소를 가지므로 식용하지 않는다.

굴

굴은 에너지는 낮지만 단백질과 글리코젠의 함량이 높고 무기질과 비타민이 풍부한 알칼리성 식품이다. 필수아미노산 함량이 쇠고기보다 많으며, 함황아미노산이 많다. 지질은 다른 패류에 비해 많은데 혈중 콜레스테롤 양을 저하하는 불검화물이 많다. 칼슘Ca, 철Fe, 인P, 구리Cu, 마그네슘Mg, 요오드I, 아연Zn 등의 무기질이 풍부하다. 칼슘Ca이 풍부하여 성장기 아동에게 좋으며, 성인의 골다공증을 예방한다. 비타민 A · B_1 · B_2 · B_{12}, 니아신이 풍부하며 다른 비타민도 고루 들어 있어 적혈구 제조를 통한 빈혈 예방, 어린이 발육과 허약 체질 개선에 좋다.

굴은 살이 있는 것은 각 폭이 크고, 들어보아 중량감이 있는 것이 좋다. 입을 다물고 있는 것이 좋으며, 육질이 살이 올라 있으면서 투명감이 있을 뿐 아니라 외투막 색깔이 진한 것이 좋다. 껍질이 제거된 굴은 출하일이 짧다. 생굴은 보통 출하 전에 깨끗한 해수가 채워진 탱크 안에서 이물질을 배출시킨 것이다. 구입한 굴은 껍질을 수세미로 잘 씻어낸 후 납작한 쪽패각을 위쪽으로 향하게 하여 테이블용 칼을 패각의 다소 두꺼운 관절의 이음 부분에 꽂아 패각근을 자른 후 납작한 패각을 떼어낸다. 그리고 바닷물 농도의 소금물에 깨끗이 씻어 담는다. 생굴, 냉동굴, 굴젓, 건굴, 통조림, 굴 소스 등에 이용된다.

2. 대합

대합

대합harden clam, *Meletrix lusoria*은 석피목 백합과에 속하며 길이가 10 cm 이상으로 큰 조개를 말한다. 보시조개와 함께 모래에 살지만 환경이 나쁘면 좋은 곳으로 옮겨가는 특성이 있어, 그 어획량이 줄고 있다. 온난한 해역을 좋아하여 남쪽에 많이 서식한다. 패각의 색택과 광택이 좋고 굳게 입을 다물고 있는 것, 대합 2개를 서로 맞부딪쳐 높고 맑은 음이 나는 것, 크기는 중형으로 각 폭이 큰 것이 좋다. 11월에서 이듬해 3월까지가 제철이며, 초여름 산란기에는 맛이 떨어진다.

대합은 단백질이 풍부하고 지질이 적은 저에너지 식품으로 비타민 함량은 낮은 편이다. 맛을 내는 글루탐산과 타우린, 알라닌, 글리신 등의 아미노산이 많아 고급스런 맛을 낸다. 히스티딘, 라이신 등의 필수아미노산 함량이 많고 다른 조개류와 마찬가지로 타우린이 많아 간장질환을 예방한다. 칼슘Ca, 인P, 철Fe도 풍부하다.

대합은 진하고 구수한 단맛이 있으며, 부드러운 육질과 시원한 맛 때문에 구이, 국, 조림 등 다양하게 이용된다. 구입한 대합은 바닷물 농도의 소금물에 1~2시간 담가둔 후 해감되면 요리한다. 짧은 시간 가열해야 고유의 맛을 유지하고 지나치게 질긴 질감을 피할 수 있다.

3. 바지락

바지락

바지락short neck clam, *Ruditapes philippinarum*은 석피목 백합과에 속하는 가장 흔한 조개로 우리나라 전 해안에 널리 분포한다. 해변이나 하구의 모래나 진흙 속에 살며 껍질의 색이나 무늬는 서식장소와 개체에 따라 차이가 있다. 양식은 1년 내내 이용이 가능하며, 10월경 살이 가장 많이 오르고 2~4월에 맛이 가장 좋다. 늦봄부터 초여름까지의 산란기에는 독성이 증가하여 식중독 위험이 있으므로 먹지 않는 것이 좋다.

바지락은 단백질이 풍부한 저에너지 식품으로, 인P과 철Fe이 풍부하고 비타민 B군이 많이 들어 있다. 비타민 B_{12}, 철Fe과 코발트Co 등의 조혈 성분이 있어 상처 회복을 돕는다. 또한 간기능을 강화하며 황달, 담석증, 숙취에 효과가 있다.

사용하기 전에 3~4% 소금물에 담가 토사를 토하게 한 후 조리한다. 바지락을 고를 때는 껍질의 모양이 곱고 표면이 매끄러운 것, 껍질을 닫고 있으며 소금물에 넣으면 수관을 내미는 것이 좋다. 육질은 탄력이 있고 투명한 감이 있으며 갯냄새가 나는 것이 신선하다. 국, 된장국, 밥, 국수, 김치볶음, 젓갈, 무침 등에 널리 이용된다.

4. 전복

전복

전복disk abalone, *Haliotis discus*은 권패류 전복과에 속하며 다른 해산물에 비해 영양이 우수한 패류이다.

전복류는 수심 20 m까지의 암초에 살며 해조류를 먹고 산다. 껍질에 여러 개의 흡수공이 있다. 남방계 전복류는 겨울철에 산란한 다음 봄철 이후 여름까지 살이 올라 여름이 제철이며, 겨울에는 살이 빠져 맛이 좋지 않다.

전복은 반드시 살아 있는 것을 고르고, 육질부가 상처가 없고 두꺼우며 손가락으로 눌렀을 때 수축하는 것이 좋다.

전복은 단백질이 어육보다 많고 류신, 아르지닌, 글루탐산 등이 다량 함유되어 있다. 타우린이 풍부하여 간장의 해독기능을 강화할 뿐 아니라, 콜레스테롤의 저하와 심장기능을 향상시키는 효과도 있다. 저지방·고단백 식품으로 고혈압, 당뇨병 등의 생활습관병에 매우 좋은 식품이다.

껍질에 붙어 있는 오물 등을 솔로 깨끗이 제거하고 충분한 소금으로 육질을 비벼 점액을 제거한다. 숟가락 등을 이용하여 껍질에서 살을 분리한다. 입 부근의 요철이 심한 부분은 칼로 떼어낸다. 내장이 녹색인 것은 암컷으로 육질이 연하므로 죽·찜·조림·구이에 적합하고, 내장이 노란 것은 수컷으로 오돌오돌한 질감이 좋으므로 회나 초무침 등 생식하는 것이 좋다. 창자와 생식소 등은 생으로 먹거나 전복죽에 넣어 먹는다. 오분자기는 모양과 식감이 전복과 비슷하지만 맛은 전복에 미치지 못한다.

5. 꼬막

꼬막

꼬막cockle, *Tegillarca granosa*은 사새목 꼬막조개과에 속하며 참꼬막과 새꼬막으로 나눈다. 벌교가 주산지로 수심 10 m까지의 진흙 바닥에 산다. 보통 껍질째 삶아 조미하여 먹는데, 건제품으로 수출되기도 한다. 모양은 약간 달걀형으로 껍질색이나 반점이 복잡하며 껍질이 얇은 편이지만, 환경이 나쁘면 껍질이 두껍고 거무스름해진다. 우리나라 남부에서 널리 식용된다.

꼬막은 고단백질·저지방·저에너지의 알칼리성 식품으로 소화가 잘된다.

필수아미노산과 무기질도 풍부하다. 생선류와는 달리 글리코겐이 함유되어 있으며 단맛을 느낄 수 있다. 타우린이 풍부하여 간의 해독작용을 돕고, 체내 콜레스테롤을 저하시키며, 심장기능을 향상시킨다. 비타민 B_{12}와 철Fe이 많아 빈혈 예방에 좋고 어른에게는 조혈제로 쓰이며, 저혈압에도 좋다. 칼슘Ca이 풍부하여 어린이 성장 발육에도 좋은 식품이다.

꼬막은 조리 시 깨끗이 씻는 것이 우선이다. 물을 갈아가며 여러 번 문질러 씻은 후 소금물에 담가 해감한 다음 끓는 물에 살짝 데쳐 사용한다.

6. 새조개

새조개egg cockle, *Fulvia mutica*는 새조갯과에 속하며 살이 닭고기 맛이 나서, 또는 발이 삼각형으로 새의 머리형을 닮아서 붙은 이름이라는 설이 있다. 껍질은 둥글고 길이 7 cm 정도로 잘 팽창한다. 흑자색의 발은 단맛이 많고 맛이 있으며, 단백질이 24% 함유되어 있다. 발을 살짝 데쳐서 초밥재료로 많이 이용하거나 초고추장에 무쳐 먹는다. 겨울에서 이듬해 봄까지가 제철이다.

새조개

7. 맛조개

맛조개solen, *Solen strictus*는 가늘고 긴 원통 모양이며 모래펄에 30~60 cm의 타원형 구멍을 파고 그 안에서 산다. 구멍에 소금을 뿌리면 반사적으로 구멍 입구까지 올라온다. 4~5월에 산란하며, 살이 맛이 좋아 국이나 찌개에 이용된다.

맛조개는 조개 중 단백질과 지질 함량이 적은 저에너지 식품이다. 반면 칼슘Ca, 철Fe, 아연Zn이 풍부하다. 맛조개는 주황색 혹은 보라색의 다리 부분을 생선초밥에 이용한다. 그 외 초무침, 구이, 국 등에 이용한다.

맛조개

8. 모시조개

모시조개short-necked clam, *Ruditapes philippinarum*는 껍질에 모시천과 같은 무늬가 있어 붙은 이름이다. 감칠맛 성분이 많아 국물맛이 좋으며 각종 국이나 찌개에 많이 이용된다. 가을부터 봄까지가 제철로 이 시기에 맛이 최고조에 이른다. 모시조개 고유의 감칠맛 성분은 조갯살과 껍질, 발 사이에 있는 체액에서 나온다.

모시조개는 조개 중에서도 단백질이 특히 적고 지질도 적은 에너지가 매우 낮은 식품이다. 비타민 B_1과 칼슘Ca, 철Fe의 함량은 높다. 글리시닌glycinin이 많아 단맛이 많고, 감칠맛은 호박산succinic acid이 주성분이다.

바닷물 농도의 소금물에 해감한 후 요리에 이용한다. 모시조개의 감칠맛은 껍질에서 우러나오므로 껍질째 요리하며, 처음 삶은 물은 버리지 말고 반드시 사용하도록 한다. 껍질째 국·찜·탕에 이용하고, 살을 발라 튀김·조림에 이용한다.

모시조개

9. 소라

소라

소라turban shell, *Turbo cornutus*는 권패류 소랏과로 우리나라 전 연해에 분포하며 암초에 서식한다. 껍질에 뿔 모양의 돌기가 돋아 있다. 생식선이 녹색인 것이 암컷이고 흰색은 수컷이다. 겨울부터 초여름이 제철이며 구이, 초무침, 통조림으로 이용된다. 단백질 함량은 어육과 거의 같다. 육질이 조금 단단하며 껍질에 쓴맛이 있어 이를 제거하고 먹는다. 소라는 건드리면 입구를 굳게 닫는 것이 좋다. 어른 주먹만한 크기로 껍질이 얇으면서도 크기에 비해 무거운 것을 고른다. 들고 흔들었을 때 소리가 전혀 나지 않아야 한다. 회, 구이로 먹거나 뜨거운 물에 가볍게 익혀 먹으며, 오래 두지 않고 빨리 먹는 것이 좋다.

10. 재첩

재첩

재첩marsh clam, *Carbicula japonica*은 재첩과에 속하며 한강과 금강 이남, 특히 낙동강 하류에 많이 서식하는 담수 조개이다. 부산을 비롯한 낙동강 하류에서 재첩을 껍질째 삶은 국물을 재첩국이라 하며 널리 식용한다. 모래에 사는 것은 황갈색, 개펄에 사는 것은 흑색이다. 중국산은 껍질이 벗겨진 것이 많고, 나이테가 투박하다. 해남산은 민물에서 서식하므로 색이 노랗고, 하동산은 약간 노란색에 나이테가 부드럽게 생겼다. 봄철이 제철이지만 여름과 겨울에도 먹을 수 있다.

재첩국은 숙취 해소에 좋으며 빈혈·간질환·황달 환자에게도 효과가 있다고 알려져 있다. 재첩은 질 좋은 단백질이 다량 함유되어 있으며, 지질의 양은 적고 당질의 함량은 높다. 칼슘Ca과 철Fe 등 무기질의 좋은 공급원으로 뼈 형성, 빈혈 예방에 좋다. 비타민 B_{12}와 코발트Co, 철Fe이 많아 임산부나 성장기 아동에게 좋다.

재첩은 민물에 가까운 물에 살기 때문에 해감 시 약 1%의 엳은 소금물에 담가둔다. 체에 밭쳐 해감하면 모래를 다시 먹지 않는다. 물기를 빼고 3~4시간 방치하면 호박산이 증가하여 맛이 좋아진다. 완전히 해감되지 않은 경우 끓는 물에 재첩을 넣고 국자로 계속 저으면 익은 조갯살이 떠오르는데, 이를 건져낸 후 2~3시간 국물의 모래를 가라앉혀 윗물만 따라 쓰고, 재첩살은 물로 모래를 제거한 후 다시 국물에 넣는다. 재첩은 주로 국, 찜, 숙회로 이용된다.

11. 홍합

홍합mussels, *Mytilus coruscus*은 사새목 홍합과에 속하며 담치, 담채, 섭조개로도 불린다. 우리나라를 비롯하여 일본, 중국 북부에 분포한다. 우리나라에서는 전 연안에서 잡힌다. 홍합은 살색이 붉은 것이 암컷이고 맛이 좋으며, 흰 것은 수컷으로 맛이 덜하다. 늦봄에서 여름 사이가 산란기이며 이때는 맛이 없고 식중독 위험이 있으므로 피하는 것이 좋다.

홍합은 조개류 중 지질이 많은 편이다. 스테롤류와 비타민 D가 많아 간기능을 돕고 뼈와 근육을 튼튼하게 하며 피를 맑게 한다. 타우린, 글리신, 글루탐산, 아르기닌 등의 유리아미노산이 많고 호박산, 젖산 등의 유기산이 많아 독특한 맛을 낸다.

홍합

홍합은 껍질을 깨끗이 문질러 씻고 수염을 뾰족한 쪽을 잡아당겨 떼어낸 후 껍질째 삶으면 시원한 국물을 낼 수 있다. 살을 발라 이용할 때는 소금물에 흔들어 씻어 검은 수염을 잘라내고 내장도 잘라낸다. 홍합을 쪄서 꼬치에 꿰어 말린 것은 국물을 내거나 조림에 이용된다. 홍합초, 홍합산적, 홍합전, 홍합미역국, 홍합밥, 홍합탕, 홍합죽 등에 이용된다.

갑각류와 연체동물

1. 대하

대하Oriental prawn, *Penaeus chinensis*는 우리나라 서해와 남해의 연안에 주로 분포한다. 산란기는 4월에서 5월까지이다. 맛좋은 시기는 산란 직전인 3~4월경이지만 가을철인 10~11월에도 맛이 좋으며, 양식산은 10월 이후부터 12월 초까지 공급된다.

대하

대하를 고를 때는 몸이 투명하며 머리가 붙어 있고 단단한 것이 좋다. 대형일수록 맛이 좋다. 깨끗이 씻어 등 쪽을 굽혀 3~4번째 마디 사이에 대꽂이를 옆으로부터 찔러 등 쪽에 있는 내장을 꺼내어 제거한다. 선도가 좋은 것은 날로 먹지만, 일반적으로 튀김으로 많이 이용된다. 튀김을 할 때는 대하의 껍질을 벗긴 다음 몸체를 곧바르게 또는 뒤로 젖혀 두었다가 튀기면 모양이 똑바른 보기 좋은 튀김이 된다.

보리새우

2. 보리새우

보리새우kuruma prawn, *Panaeus japonicus*는 우리나라 중부 이남에 분포하며, 연안의 난류 영향을 많이 받는 곳에 서식한다. 산란기는 5월 중순부터 9월 하순이며, 맛좋은 시기는 여름부터 가을까지인 6~11월이다. 성어는 몸길이가 25 cm이며 껍질은 담갈색이다. 최근 볼 수 있는 보리새우는 모두 양식산이다.

보리새우는 몸이 단단하고 활기가 있는 것을 고르며, 몸이 투명하고 머리가 붙어 있으면서 붙은 부위가 단단한 것이 좋다. 크기는 15 cm 내외의 중형이 좋다. 살아 있거나 선도가 좋을수록 매끈하고 감미로운 맛이 있으며, 튀김으로도 많이 이용된다.

더 알아보기

새우의 종류

- 차새우(타이거새우) : 껍질이 유난히 단단하고 세로로 마디마다 진한 색의 마차바퀴 모양처럼 생긴 검은 띠가 있다. 새우 중 가장 단맛이 강하고 살이 단단하여 맛이 좋고 비싸다.
- 도화새우 : '북쪽 분홍새우'와'홍도새우'로도 불리며, 몸이 가늘고 길쭉하면서 홀쭉하다. 몸의 표면은 매끈하고 털이 없으며, 전체가 분홍색이고 머리가 큰 편이다. 10~15cm 크기로 살이 단단하며 단맛이 나고 껍질과 살이 잘 분리되어 초밥이나 생선회로 이용된다.
- 꽃새우 : 생것보다 산지에서 데쳐서 말려 건새우로 유통된다.
- 참새우 : 10~15 cm 길이로 몸빛이 청회색이며, 작은 검은 점이 많다. 가을에서 겨울철에 주로 잡히며 시장에서는 껍질을 벗겨 살만 판매하는데, 값은 싸고 맛이 떨어진다.
- 작은 새우류 : 젓갈의 원료로 이용되며 춘젓, 오젓, 육젓, 추젓, 곤쟁이젓(자하젓), 토하젓 등을 만드는 데 이용된다. 토하젓은 민물새우를 선별하여 발효, 숙성시킨 우리나라 고유의 젓갈이다.

꽃게

3. 꽃게

꽃게blue crab, *Partunus trituberculatus*는 우리나라 서해안에 주로 분포하며, 남해안에서도 볼 수 있다. 5월부터 10월까지 산란기이며 6~9월이 제철이다. 꽃게는 크기에 비해 무게가 가벼우면 대부분 살이 없으므로 주의하고, 등을 잡고 들었을 때 발을 앞뒤로 잘 움직이는 것이 좋다. 등이 딱딱하고 등 좌우 끝의 뾰족하게 나와 있는 부분이 여물고 분홍색이 나는 것이 좋다. 꽃게는 산 것을 구입하는 것이 좋으며 깨끗이 씻은 후 용도에 따라 사용한다. 삶아 먹을 때는 알맞은 농도의 소금물에 삶은 것을 양념장에 적셔 먹는다. 구이는 껍질째 숯불에 굽고, 끓여서 먹는 경우 껍질째 알맞게 잘라 된장을 풀어 끓인다. 간장 또는 양념을 해서 만든 게장 또한 별미이다. 게는 민물게와 바닷게로 나뉜다. 바닷게의 종류로는 꽃게, 꽃발게, 농게, 도적게, 칠게, 달랑게, 바닷참게, 털게 등이 있으며, 민물게는 참게 한 가지이다.

더 알아보기

게의 종류

- 털게 : 몸 전면이 촘촘한 털로 둘러싸여 있으며 배 쪽 털은 다른 부위에 비해 더 길다. 껍질이 갸름하고 약간 긴 원형이며, 짧고 딱딱한 털 같은 돌기가 나 있다. 껍질 길이는 15 cm 정도이고 동해에서 주로 잡힌다.
- 꽃게 : 머리가슴의 두꺼운 패각이 양쪽으로 뾰족하게 튀어나와 그 전 측면에는 9개의 톱니가 있다. 암녹색 바탕에 청백색 반점이 있으며 대표적인 식용 게이다. 봄에는 알이 배어 있고, 늦가을에는 살이 올라 맛이 좋다. 남해와 서해에서 주로 잡히며 찌개, 튀김 등에 이용된다.
- 농게 : 집게발 중 하나가 매우 크다. 등 형태는 앞이 넓은 사다리꼴이며 너비가 4~5 cm 정도이다. 붉은색을 띠며 주로 게장을 담그는 데 이용된다.
- 칠게 : 몸 너비가 약 6~7 cm이며 수놈의 집게발은 크고 암놈은 아주 작다. 걷는 다리에 털이 많이 나 있으며, 짙은 녹색으로 집게발은 짙은 하늘색이나 분홍색을 띠기도 한다. 남해와 서해에서 주로 나며 게장을 담그거나 낙지잡이용 미끼로 이용된다.
- 민물참게 : 바닷가에서 가까운 하천 유역에 많고, 논두렁 또는 논둑에 산다. 집게발이 짧고 그 바깥쪽에 긴 털이 덮여 있다. 넷째 발이 가장 길고 발마다 짧은 털이 줄을 지어 났다. 몸빛은 녹갈색이며 등딱지에 H자 모양의 홈이 있고 배가 흰색이다. 주로 게장이나 탕을 끓여 먹는 데 이용된다.
- 대게 : 대게는 우리나라 동해의 주요 수산자원으로, 영덕에서 많이 잡혀 영덕게로 알려져 있다. 껍질 폭은 수컷 15cm 정도로 조직이 연하고 맛이 있으며, 삶아도 살아있을 때처럼 홍적색이 유지된다.
- 탈피게soft shelled crab : 태평양 연안에서 수확되며 게가 탈피하자마자 잡아 껍질이 매우 연하므로 껍질째 먹는다. 통째로 튀기거나 구워서 요리할 수 있어 고급요리에 주로 이용된다.
- 홍게 : 홍게는 조리 전후 모두 붉은 빛을 띠는 껍질을 가지며 다리가 길고 껍질이 얇아 손쉽게 손질할 수 있다. 비교적 가격이 저렴한 편이며 찜, 구이 등으로 먹기도 하지만 탕과 같은 국물요리에 사용하면 좋다.

• 킹크랩 : 북태평양 차가운 바다에서 서식하며 매우 큰 크기로 자라는 게로 다리를 포함한 성체가 1미터에 이르기도 하며, 무게는 3~7 kg에 달한다. 큰 크기와 두툼한 살로 고급 해산물로 취급된다.

4. 바닷가재

바닷가재

바닷가재lobster, *Homarus americanus*는 가시발새우상과 가시발새우과에 속하는 갑각류의 총칭이다. 5쌍의 다리와 2쌍의 긴 촉각이 있는데, 집게발은 대게 한쪽이 크고 다른 한쪽은 작은편이다. 꼬리는 물갈퀴모양으로 지느러미처럼 펼쳐지고 몸빛은 점무늬가 있는 짙은 청록색이다. 바닷가재는 잡식성으로 동물의 시체도 먹으며 평균수명은 10년이다 50~100년까지 이상 살 수 있다. 흔히 미국랍스터라고 불리는 가시발새우과의 종은 30~60 cm로 무게가 1 kg에 이른다.

랍스터는 고단백 저지방 식품으로 Zn, Se, Fe과 같은 무기질도 풍부하다. 랍스터는 껍질이 단단하지만 살은 달콤하고 부드러운 것이 특징이다. 랍스터는 세척 후 통으로 굽거나 찜으로 조리하여 껍질을 제거하여 먹는데, 집게발은 비틀어 분리하고 꼬리는 가위로 잘라 살을 꺼내는 것이 좋다. 랍스터 비스크는 랍스터의 껍질을 버터에 볶아고 향신료를 섞은 국물요리이다. 랍스터를 반으로 갈라 살은 버터와 볶고 껍질에 다시 넣어 오븐에 넣고 굽는 테르미도르 요리도 있다.

5. 오징어

오징어

오징어common squid, *Todarodes pacificus*는 꼴뚜기목 오징엇과에 속하며, 10개의 다리가 붙은 곳에 머리가 숨겨져 있다. 우리나라 동해안을 비롯하여 북태평양, 남서대서양, 남태평양, 페루 등 전 세계 바다에 널리 서식한다. 우리나라 오징어의 25%는 연근해산, 75%는 원양해산이다.

오징어의 몸은 원추형으로 길이가 30~40 cm가량이고 적갈색에 작은 반점이 많다. 주위 환경에 따라 색이 달라지는데 죽으면 흰색으로 변한다. 오징어는 7~11월에 많이 잡히며 가장 맛있는 계절은 가을이다. 울릉도와 속초 인근에서 많이 잡히며, 울릉도 마른오징어는 노란 빛깔에 살이 두껍고 맛이 좋아 유명하다.

오징어는 투명감이 남아 있고, 다리의 빨판이 닿으면 붙으며 눈이 까만 것을 고른다. 표면 껍질의 갈색이 엷고 광택이 있는 것이 좋다. 또한 껍질에 상처가 없으며, 눈에 흰 부분이 많고 투명한 오징어가 신선하다. 오징어의 눈은 신선도를 결정하는 중요한 부분이다. 냉동보관용은 껍질을 벗기고 물기를 제거하여 얼린다.

손질할 때는 몸통과 다리 아래쪽에 손가락을 넣어 내장 부분을 꺼낸다. 껍질은 마른 수건이나 키친타월로 잡고 벗긴다. 오징어는 냉동시켜 두어도 맛이 급격히 저하되지 않기 때문에 값이 쌀 때 많이 사서 손질하여 냉동실에 보관해 이용하면 좋다.

오징어는 숙회, 볶음, 젓갈, 순대, 불고기, 조림, 무침, 구이, 회, 초밥, 튀김 등에 널리 이용된다.

갑오징어

꼴뚜기

한치

더 알아보기

오징어의 종류

- 살오징어 : 마른오징어의 원료이다.
- 갑오징어 : 등 쪽에 단단한 석회질 뼈가 있고, 살이 두껍고 부드러우며 감칠맛이 있어 주로 횟감으로 이용된다.
- 꼴뚜기 : 호레기라고도 불리며 크기가 작은 편으로 회나 젓갈로 이용된다.
- 한치 : 오징어이면서도 다리가 짧다. 살이 연하고 맛이 오징어에 비해 고소하여 회로 주로 이용된다. 마른 한치는 살이 물러 숙련된 조리기술이 필요하다.

6. 낙지

낙지whip-arm octopus, *Octopus minor*는 팔완목 낙지과에 속하며, 몸길이 60~70 cm 정도로 살이 연하고 맛이 좋다. 머리처럼 생긴 둥근 몸통에는 심장·위·간·장·아가미가 있으며, 몸과 팔 사이에 있는 머리에 뇌가 들어 있고 좌우에 한 쌍의 눈이 있다. 8개의 팔은 머리에 붙어 있고 1~2열의 빨판이 있어 바위에 붙거나 조개류를 잡는 데 이용한다. 근육섬유에 방향성이 없고 몸전체가 탄력이 있는 하나의 덩어리로

낙지

되어 있다.

낙지는 4~5월에 산란하고 팔 내부에 알을 낳으며, 가을에서 겨울까지가 맛이 좋다. 우리나라 남해에서 서해까지 널리 분포하며 전라도 해안, 일본, 중국 등지에 서식한다. 타우린이 다량 함유되어 독특한 맛이 있다.

다리가 가는 낙지는 세발낙지로 불리며, 6~8월에 주로 잡힌다. 세발낙지는 특유의 고소한 맛과 부드러운 육질로 인기가 높다.

낙지는 탄력이 있고 눈이 튀어나오고, 다리에 달린 빨판이 단단하며 몸이 미끈거리지 않는 것을 선택한다. 살아 있는 것을 고르고, 다리를 쉴 새 없이 활발하게 움직이는 것이 좋다. 손질 시 머리를 조금 젖히고 내장이 붙은 부분을 잘라낸 후, 머리에 긴 칼집을 넣어 먹물주머니를 제거한다. 다리 안쪽의 빨판은 손으로 훑어 내린 후, 굵은 소금을 뿌려 거품이 일도록 주물러 미끄럽고 더러운 물질을 제거한다.

낙지는 지질 함량이 적고 맛이 담백하여 깔끔한 맛을 내기 때문에 여러 재료와 잘 어울린다. 대표적인 음식으로는 낙지볶음, 낙지연포탕, 생낙지회 등이 있다.

7. 문어

문어

문어octopus, Octopus vulgaris는 팔완목 낙지과에 속하며, 낙지류 중 가장 큰 종류이다. 몸통 길이는 40 cm, 발끝까지는 3 m 정도이고, 8개의 발이 있다. 발 길이가 몸통의 4~5배에 이르고, 수컷의 오른쪽 셋째 다리는 생식기 역할을 한다. 산란을 마친 암문어는 아무것도 먹지 않고 새끼를 부화하며, 부화 후 죽은 어미 문어는 새끼 문어의 먹이가 된다. 수심 100~1,000 m에 서식하나 여름철에는 얕은 바다에 서식한다. 태평양, 일본, 홋카이도, 알래스카, 아프리카 연안에 주로 분포한다. 9월부터 이듬해 2월까지가 제철이다. 문어의 내장을 제거한 뒤 바닷바람과 햇볕에 껍질째 말린 것을'피문어'라 부르는데, 예로부터 피를 맑게 하여 산후조리나 혈액순환에 좋은 음식으로 알려져 있다. 문어는 양질의 단백질 급원으로 저에너지 식품이다. 비타민, 미네랄 등을 골고루 함유하고 있으며, 맛 성분인 타우린은 건강에 도움을 준다.

문어를 고를 때는 전체적으로 흰색이며 검은 반점이 있고, 빨판에 탄력성이 있는 것이 좋다. 미끈한 점액이 많은 것은 선도가 떨어지는 것으로 삶으면 껍질이 군데군데 벗겨진다. 선도가 좋은 문어는 삶았을 때 희미하지만 붉은색을 띤다. 빨판 안의 색이 진한 팥색인 것이 국내산이고, 아프리카산은 흰색이다. 손질 시 머리를 뒤집어 먹물주머니와 내장을 제거하고, 굵은소금으로 바락바락 주물러 씻어 끈적끈적한 물질도 제거한 후 깨끗이 헹구어 무와 함께 조리한다. 무는 문어의 살을 연하게 하고, 냄새도 제거해준다. 익힌 후에는 헹구지 말고 그대로 건져 요리한다. 조리 시 녹차, 술, 소금, 식초를 넣으면 색이 선명하고 잘 무르지 않는다. 문어의 조직은 단단하여 씹는 질감이 좋은 반면 소화가 어려운 단점이 있어 조리 시 주의를 기울여야 한다. 문어는 조림 등의 가열조리에 의해 질겨지나 더 오래 끓이면 조직이 붕괴되어 부드러워진다. 생선초밥이나 회로 많이 이용되고, 백숙, 숙회, 조림, 장아찌 등으로 조리한다.

8. 주꾸미

주꾸미octopus, *Octopus ocellatus*는 낙지와 비슷하게 생겼으나 다리는 짧고 머리는 2~3배 크다. 주꾸미는 봄철이 제철로, 4월 중순~5월에 밥풀 같은 알이 머리에 가득 차며 감칠맛이 최고조에 이른다. 서해안과 전북 부안이 주산지이다. 소라껍질 속으로 들어가는 주꾸미의 생태습성을 이용하여 빈 소라껍질을 줄에 매달아 바닷속에 띄워두고 잡는다. 암컷은 알이 차서 머리 부분이 달걀처럼 동그랗게 부풀어 있으며, 수컷은 머리 부분이 거무스름하고 머리의 크기가 암컷보다 작다.

주꾸미

손질 시 머리를 뒤집어 먹물주머니를 제거하고, 굵은소금으로 주물러 깨끗한 물이 나올 때까지 씻어 물기를 뺀다. 낙지와 달리 날로 먹지 않으며, 열에 쉽게 수축하므로 매우 짧은 시간 안에 데쳐내야 부드럽다. 주꾸미는 비린내가 나지 않아 연포, 볶음, 구이, 찌개 등에 낙지 대용으로 널리 이용된다.

멍게

9. 멍게

멍게sea squirt, *Halocynthia roretzi*는 측성해초목 멍겟과에 속하며 우렁쉥이라고도 불린다. 암수동체이며 몸이 껍질로 덮여 있어 바다 밑바닥에 고착하여 산다. 우리나라 전 연안에 많이 서식하지만 동해안과 남해안이 주산지이며, 특히 남해안에서 70% 이상 포획된다. 최근에는 양식으로 대량생산된다. 단단한 껍질 안쪽 노란 살을 먹으며, 껍질이 검은빛을 띠면 냉동했던 것이다. 매년 1~7월에 주로 생산되며, 늦봄이나 초여름부터 여름 사이가 제철이다.

멍게는 손으로 잡아 팽팽하게 되살아나는 것이 신선하다. 빛깔이 붉고 단단하며 깐 뒤에도 살 색깔이 오렌지색으로 특유한 갯냄새가 나는 것이 좋다.

자연산은 양식산보다 돌기가 크고 검붉은색을 띤다.

멍게는 당뇨에 효과가 있는 Vvanadium을 함유하고 있다. 뒷맛이 달콤하고 입안에 감도는 느낌은 불포화지방산인 신티올cynthiol 때문이며, 날것으로 먹어야 제맛을 느낄 수 있다. 손질법은 멍게 위쪽 입수관과 출수관을 칼로 잘라낸 후 손을 안쪽으로 깊숙이 집어넣어 살과 껍질을 분리한 후 살을 반으로 갈라 내장을 제거하면 된다. 회, 숙회, 젓갈, 무침, 구이, 조림 등에 이용된다.

미더덕

10. 미더덕

미더덕warty sea squirt, *Styela clava*은 측성해초목 미더덕과의 해초류로, 전체 길이가 5~10 cm에 황갈색을 띠며 외피는 섬유질과 같은 물질로 덮여 있어 딱딱하다. 더덕처럼 생겨 '미더덕'으로 불린다. 한국의 전 연안에 분포하며 특히 마산 앞바다에 많이 서식한다.

미더덕 양식은 6월부터 8월까지 하며, 바닷속 1.5~2 m 깊이까지 어망을 넣어 두면 자연산 미더덕이 그 어망에 붙어 자라게 된다. 양식한 것은 껍질이 연하고 자잘하여 껍질째 먹지만, 자연산은 껍질이 단단하다. 통통하고 윤기가 나며 색이 진하고 터지지 않은 것이 좋다.

미더덕에서 모래가 나오지 않을 때까지 소금물에 여러 번 씻어 물기를 뺀 후 칼집이나 이쑤시개로 구멍을 내어 안의 물을 빼고, 개흙(뻘)은 손으로 살짝 눌러 제거한다. 미더덕찜, 된장국, 미더덕회 등에 이용된다.

더 알아보기

오만둥이

오만디, 만득이, 만디기라고도 불리며 형태는 미더덕과 비슷하나 입수관과 출수관이 미더덕처럼 밖으로 나와 있지 않다. 향은 미더덕보다 조금 못하나 씹는 맛은 미더덕보다 좋다. 껍질은 미더덕보다 두꺼우나 부드럽고 쫄깃하다. 크기는 미더덕이 더 크고 껍질이 단단하다. 미더덕은 오만둥이처럼 껍질째 먹을 수 없어 일일이 벗겨야 하므로 값이 더 비싸다.

11. 해삼

해삼

해삼sea cucumber, *Stichopus japonicus*은 극피동물 해삼류에 속하며, 10~30 m 깊이의 바다에서 모래 속 미생물을 먹고 산다. 길이는 20~30cm, 굵기는 6~8 cm 정도이다. 우리나라에는 홍해삼, 청해삼, 흑해삼이 서식한다. 홍해삼은 조류가 강한 외양 쪽에, 청해삼은 내만에, 흑해삼은 유수의 영향을 많이 받는 내만의 얕은 뻘에 주로 서식한다.

홍해삼은 주로 제주도에서만 나고 청해삼과 흑해삼은 남해안과 서해안에서 난다. 해삼은 수온이 낮을 때는 식욕이 왕성하고 운동성도 높은 편이나 수온이 16℃ 이상 되면 소화관이 위축되면서 여름잠을 잔다. 25℃에서는 완전히 단식 상태에 들어간다. 따라서 해삼의 성장기는 12월에서 이듬해 4월까지이다. 산란기는 여름잠에 들기 직전이며 여름잠에서 깨어난 직후가 가장 맛이 좋고, 대체로 12월에서 이듬해 3월 사이가 제철이다.

해삼은 탄력이 있고 위쪽이 뾰족하게 올라온 것을 선택한다. 마른 해삼은 색이 검고 가시가 고르게 많이 돋은 것이 좋다. 표면이 밋밋한 것은 아무리 불려도 해삼 맛이 나지 않는다. 겉에 붙은 흰 가루는 소금으로, 흰 가루가 많은 것은 좋지 않다.

홍해삼은 외양 쪽에서 잡은 것으로 근해에서 서식하는 청해삼보다 값이 비싸다.

해삼을 손질할 때는 작은 칼로 입과 항문 부근을 세로로 잘라 내장을 제거한다. 장관은 창자젓으로 이용되므로 버리지 말고 모아둔다. 소금을 뿌려 점액질을 제거한 후 알맞은 크기로 잘라 날로 섭취하면 된다. 마른 해삼은 따뜻한 물온도를 유지하며 하룻밤 불려 머리와 꼬리를 자르고 배를 갈라 모래와 창자를 제거한 후 다시 미지근한 물을 부어 끓기 직전 불을 끄고 불리기를 2~3일간 반복한다. 이때 기름 성분이 닿으면 해삼조직이 녹아나므로 주의한다.

해삼은 전, 무침, 회, 꼬치구이, 냉국, 내장젓, 탕, 채 등에 널리 이용된다.

12. 해파리

해파리

해파리jelly fish, *Rhopilema esculenta*는 강장동물 소모류에 속하며 우산 모양을 하고 있다. 해파리는 대부분 수분이고 나머지는 한천질인 젤라틴이어서 투명한 막처럼 생겼으며, 젤리를 씹는 질감과 비슷하다 하여 젤리피쉬jelly fish로 불린다. 서해산 대형 해파리는 발을 제거한 후 우산부를 석회와 백반에 담가 압착하여 수분을 짜내고 염장 후 냉채의 재료로 이용한다. 해파리는 영양가가 거의 없지만 차게 해서 소스를 곁들여 전채요리에 자주 쓰인다.

해파리는 크기가 고르며, 탄력 있고, 해파리 특유의 향기가 나는 것을 고른다. 염장한 해파리는 물에 담가 염분을 완전히 제거한 후 이용한다. 넓적한 염장해파리는 하룻밤 물에 담가두었다가 돌돌 말아 썰어 다시 물에 20~30분간 담가 소금기를 완전히 빼고, 90℃ 정도의 뜨거운 물에 살짝 데쳐 식초를 넣은 얼음물에 1시간 정도 담가두었다가 물기를 완전히 제거한 후 사용한다. 지나치게 뜨거운 물에 데치면 오그라들고 질겨져 볼품이 없다. 해파리는 냉채, 회, 무침 등에 널리 이용된다.

해조류

Chapter 11

해조류는 바다에 분포하는 식물로 광합성을 통해 독립 영양생활을 하는 생물이다. 바다의 얕은 곳에서부터 녹조류(파래·청각·클로렐라), 갈조류(미역·다시마·톳), 홍조류(김·우뭇가사리)의 순으로 수직 분포한다. 우리나라 해조류는 미역류와 다시마류가 66% 이상을 차지하고, 주로 건조 상태로 유통되며, 김 역시 소비가 높은 편이다.

해조류는 소화율은 낮지만 비타민·무기질 함량이 많아 영양적 가치가 높다. 건조를 통한 저장기술이 발달되어 연중 소비가 용이하고, 정장작용이 있어 다이어트식으로 이용된다. 해조류에 함유된 요오드는 갑상선종을 예방하는 성분으로 식생활에 중요한 비중을 차지하는 식재료이다. 최근에는 탄소 배출이 적은 지속가능한 식품재료로 주목받으면서 식물성 단백질 추출물의 원료로 연구되고 있다. 대표적인 해조류의 영양성분은 표 11-1과 같다.

표 11-1 해조류의 영양 성분

(기본 100 g)

종류	에너지 (kcal)	수분 (g)	단백질 (g)	지방 (g)	회분 (g)	탄수화물 (g)	당류 (g)	총 식이섬유 (g)	무기질					비타민						
									칼슘 (mg)	철 (mg)	마그네슘 (mg)	칼륨 (mg)	나트륨 (mg)	A (μg)	레티놀 (μg)	베타카로틴 (μg)	B_1 (mg)	B_2 (mg)	니아신 (mg)	C (mg)
김(말린)	182	2.4	38.46	2.82	10.13	46.19	0	45.6	184	8.48	350	2,655	903	1,291	0	15,492	0.19	1.99	14	148
미역	12	91.2	1.68	0.29	3.13	3.70	0	3.6	79	0.46	54	1,112	361	–	–	–	0.06	0.07	–	7
다시마	12	91.0	1.1	0.2	3.5	4.2	–	–	103	2.4	–	1,242	75	65	0	774	0.03	0.13	1.1	14
매생이	39	84.3	3.88	3.29	0.34	8.19	0.07	6.5	91	18.30	40	263	104	–	–	–	0	0.03	–	0
모자반	18	86.2	1.8	0.2	5.1	6.7	–	0	209	2.1	–	–	–	–	–	–	–	–	–	–
우뭇가사리	46	70.3	4.2	0.2	3.8	18.5	–	0	183	3.9	–	–	–	180	0	2,160	0.04	0.43	1.1	15
청각	8	92.1	1.4	0.4	4.5	1.6	–	0	37	2.5	–	–	–	23	0	270	0.01	0.05	1.4	9
클로렐라(말린 것)	174	10.3	45.3	7.2	11.5	25.7	–	–	117	73.4	–	–	–	–	–	–	–	–	–	–
톳	16	88.1	1.9	0.4	4.6	5.0	–	0	157	3.9	–	–	–	32	0	378	0.01	0.07	1.9	4
파래	11	93.8	2.18	0.15	0.92	2.95	0.04	2.1	55	4.10	48	131	122	–	–	–	0.29	0.14	–	36.
가시파래(말린 것)	136	12.8	20.0	0.7	20.0	46.5	–	–	646	37.2	–	370	110	173	0	2,070	0.29	1.34	4.0	36

- 빈칸으로 표시된 것은 측정하지 않은 것을 의미함

출처 : 농촌진흥청 국립식량과학원. 국가표준식품성분 DB 10.3(2025)

1. 미역

1) 특징

미역sea weed, sea mustard, *Undaria pinnatifida Harvey Suringar*은 갈조식물 다시마목 미역과에 속하는 암갈색 해초로 감곽이라고도 하며, 긴 미역은 장곽으로 불린다. 미역국으로 끓여 주로 식용된다. 미역은 길이가 1~1.5 m이며 뿌리, 줄기, 잎이 확실히 구분되지 않는 엽상식물이다. 자연산 미역은 2월부터 6월까지 나오고, 양식 미역은 겨울철에도 생산된다. 건미역과 염장미역은 1년 내내 구입이 가능하다. 경남 양산군 기장면 앞바다에서 생산된 미역이 최상품으로 꼽힌다. 기장 앞바다는 동해 남부에 위치하여 수온과 조류가 미역이 자라는 데 필요한 최적의 조건을 갖추고 있다. 북쪽에서 생산된 미역은 잘 말려 건미역으로 가공되고, 남쪽에서 생산된 미역은 생미역이나 염장미역으로 적합하다.

미역

물미역

미역귀

2) 성분 및 효능

미역은 칼로리는 극히 적고 비타민과 무기질이 풍부한 알칼리성 식품으로 비만, 성인병, 고혈압 같은 성인병에 매우 유용한 식품이다. 비타민 A·B_1·B_2, 니아신, 비타민 C·D·E를 비롯하여 칼슘Ca, 요오드I, 인P, 황S, 나트륨Na, 마그네슘Mg, 칼륨K, 철Fe, 아연Zn, 식이섬유가 매우 풍부하다. 미역의 끈적이는 점질물은 알긴산alginic acid으로 뿌리보다 잎 쪽에 많이 함유되어 있다. 알긴산은 에너지를 생성하지 않지만 혈중 콜레스테롤을 낮추고 변비 완화, 비만 예방, 나트륨Na 배설 등 다양한 기능이 있다.

3) 선택 및 이용

생미역은 잡티가 없고 검푸른 빛이 고르게 보이면서 두꺼운 것이 좋다. 마른미역은 눅눅하지 않고 잘 말라 있으며, 검은 녹색과 검은 갈색으로 잎의 질이 부드럽고 물에 담갔을 때 조각조각 풀어지지 않아야 좋은 것이다. 건조된 미역은 10~15분 정도 부드러워질 때까지 불린 후 잘 주물러야 거품과 함께 미끄러운 점액질이 빠지는데, 물이 맑아질 때까지 잘 씻어내야 한다. 생미역은 엷은 소금물에 담갔다가 거품이 나도록 주물러 씻어 헹군다. 염장미역은 물에 주물러 씻고 엷은 소금물에 담가 짠맛을 우려낸 후 사용하기도 한다. 미역국은 흰살 생선이나 조개류, 쇠고기 등과 잘 어울린다. 미역냉국, 생미역쌈, 미역초무침, 미역자반, 미역장아찌 등으로도 이용된다.

2. 다시마

1) 특징

다시마

다시마sea tangle, *Laminaria japonica Areshoung*는 갈조식물 다시마목 다시맛과에 속하며 곤포, 해태로도 불린다. 황갈색 또는 흑갈색의 2~3년생 갈색조류로 몸의 길이는 2~4 m, 폭은 20~30 cm 내외의 띠 모양이며, 7~10월에 채취한다. 우리나라 전 연안에서 양식을 하며 특히 거제도, 제주도, 흑산도가 주산지이다.

2) 성분 및 효능

다시마는 미역과 성분이 유사하다. 건조 성분의 절반이 당질이고 무기질 함량이 많으며, 소화율도 79%로 매우 높은 편이다. 칼슘Ca 함량이 많고 요오드I도 풍부하다. 단백질의 주성분은 글루탐산으로 천연조미료로 많이 이용되며 감칠맛을 낸다. 풍부하게 함유된 라이신은 혈압을 낮추는 효과가 있다.

3) 선택 및 이용

다시마의 주성분은 글루탐산으로 천연조미료 역할을 하며, 표면의 하얀 분말은 만니트mannite라는 당 성분으로 맛을 내므로 물에 씻지 말고 조리해야 한다. 다시마는 빛깔이 검고 흑색에 약간의 녹갈색을 띤 것이 우량품이다. 잘 말라 빳빳하고 두꺼운 것이 질이 좋으며, 붉게 변하고 잔주름이 있는 것은 하품이다. 생다시마는

7~10월이 제철이며, 건조다시마는 1년 내내 구할 수 있다. 염장다시마는 겉의 소금을 씻어내고 물에 20~30분 정도 담가 짠맛을 충분히 우려낸 후 사용하며, 끓는 물에 데쳐 사용하기도 한다. 다시마 국물을 낼 때는 가위로 칼집을 내어 찬물에 담갔다가 5~10분간 끓인 후 바로 건져낸다. 다시마요리로는 쌈, 튀각, 볶음, 조림, 전 등이 있다.

3. 김

1) 특징

김purple laver, *Porphyra tenera*은 홍조식물 보라털과에 속하며 해의, 해태, 청태, 감태, 건태로도 불린다. 강물과 바닷물이 만나는 지역에서 생산되는 김의 품질이 가장 좋다. 김은 길이가 10~15 cm가량으로 얕은 바닷속 바위 등에서 이끼처럼 붙어 자라며 우리나라 서남해안, 전라남도 완도 등지에서 양식된다. 12월부터 이듬해 3월까지 채취하며 겨울철에 가장 맛있다.

김

김을 채취하여 -3~0℃에 보관하며 김에 섞인 불순물을 제거하고 절단기로 가늘게 잘라 발에 종이처럼 얇게 편 후 햇볕에 말려 가공한다. 양식되는 김에는 참김, 방사무늬김, 돌김, 모무늬김, 속김 등이 있다.

2) 성분 및 효능

마른 김은 단백질 함량이 많고 질도 우수하다. 김의 맛 성분은 타우린, 알라닌, 글루탐산, 아스파트산, 시트룰린 등이며, 이노신산과 구아닐산guanylic acid 등의 핵산도 풍부하다. 푸른 채소가 적은 겨울철 비타민의 공급원으로 이용될 만큼 비타민 $A \cdot B_1 \cdot B_2 \cdot B_6 \cdot B_{12}$, 니아신, 비타민 C·D, 엽산, 리보스, 콜린, 비오틴, 이노시톨 등의 다양한 비타민이 함유되어 있다. 칼슘Ca, 칼륨K, 철Fe, 요오드I의 함량도 높다. 서양에 비해 특히 우리나라 사람들이 요오드결핍증이 없는 것은 김을 자주 먹기 때문이다.

3) 선택 및 이용

좋은 김은 검은색이 강한 푸른색을 띠며 짙은 흑색의 광택이 있고, 불에 비추면 파란색으로 보인다. 향기가 진하고 촉감이 부드러우며, 불순물이 적고 잘 건조된 것이 상품이다. 오래된 김은 마른 것이라도 붉은빛이 돈다. 김은 3개월 내에 향기가 소실되고 변색되며 맛도 떨어지므로 빠른 기간 내에 소비하되 밀봉하여 냉동보관하며 먹는 것이 좋다. 마른 김은 직사각형 모양의 얇은 것과 김밥용으로 이용되는 정방형, 말리기만 한 생김과 조미를 해서 구운 조미김이 있다.

4. 톳

톳

1) 특징

톳seaweed fusiforme, *Hijikia fusiformis Harvey Okamura*은 갈조식물 모자반과에 속하며, 보통 10~60 cm 정도이지만 제주에서 나는 것은 1 m 이상 자란다. 우리나라에서는 주문진 이남에서 서해안 장산곶까지 생육하고, 남해안과 제주에도 많이 서식한다. 봄에서 여름에 걸쳐 채취되며 다른 계절에는 마른 상태로 유통된다.

2) 성분 및 효능

톳은 나트륨Na, 칼륨K, 마그네슘Mg, 철Fe, 칼슘Ca 등의 무기질이 풍부한 알칼리성 식품이며 식이섬유 함량이 높다. 철Fe이 다시마, 미역보다 많이 들어 있으며 칼슘Ca이 많고, 피로회복에 좋은 망간Mn도 다량 함유되어 있다. 비타민 $B_1 \cdot B_2 \cdot C$, 니아신 등이 많고 특히 베타카로틴이 매우 풍부하다. 톳의 섬유질은 수분을 흡수하여 배변을 촉진하고 숙변을 제거하며, 칼로리는 낮으면서 포만감을 주므로 비만에 좋은 식품이다.

3) 선택 및 이용

흐르는 물에 씻어 이물질을 제거하고 찬물에 20~30분간 담가 소금기를 뺀 후 물에 헹구어 사용한다. 말린 톳은 녹미채라 불리며, 조리 전에 15~30분 불려 사용한다. 생톳은 광택이 있고 굵기가 일정한 것이 좋다. 생톳은 물에 살짝 데쳐 파랗게 되면 물에 헹궈 무쳐 먹고, 말린 톳은 물에 불려 끓는 물에 파랗게 될 정도로 살짝 데쳐 요리한다.

5. 파래

파래sea lettuce, *Ulva pertusa*는 녹조식물 갈파랫과에 속하며, 늦가을부터 이듬해 초여름까지 많이 번식하고 주로 양식용 김발에 착생하여 성장한다. 파래는 민물이 바다와 만나는 지점에서 잘 자란다.

파래

저단백·저지방·저칼로리 식품이며, 비타민 A가 많아 시력 유지나 야맹증·감기 예방에 좋고, 항궤양물질인 비타민 U도 다량 함유되어 있다. 파래는 광택이 있으며, 선명한 녹색을 띤 어린잎을 고른다. 보통 생으로 무쳐 먹으며 전, 매작과, 한과 등에 넣어 색을 내기도 한다.

6. 우뭇가사리

우뭇가사리ceylon moss, *Gelidium amansii*는 홍조식물 우뭇가사릿과에 속하며 석화채라고도 부른다. 10~30 cm 크기로 조간대 중부와 하부에서 바위에 붙어살며, 5~6월에 생육한다. 우리나라 연안, 일본 등 전 세계적으로 널리 분포하며 열대 지역에 많이 서식한다. 한천寒天의 원료로 이용된다. 우뭇가사리는 소화되지는 않으나 장의 연동운동을 촉진하며 변비 치료와 비만에 좋다.

우뭇가사리

우뭇가사리의 체세포 사이에 함유되어 있는 한천질을 끓여서 추출한 후 식혀서 굳혀 우무를 만들어 식용한다. 기장우뭇국, 우무콩국, 우무무침 등에 이용되며, 펙틴 대용으로 양갱, 잼, 젤리 등에 사용된다.

7. 매생이

매생이

매생이seaweed fulvescens, *Capsosiphon fulvescens*는 갈매패목 녹조류 매생잇과에 속하며, 남도 지방 특산품이다. 가늘고 부드러운 결이 파래와 유사하나 굵기는 머리카락보다 가늘며 미끈거린다. 10월 중순부터 시작하여 겨울 동안 주로 생산되는데, 자연산이 채취되어 유통되므로 생산량이 불안정하다. 철Fe, 칼륨K, 단백질 등이 풍부하며, 특유의 향기와 맛이 있다. 매생이는 주로 국으로 이용되며, 끓여도 김이 잘 나지 않아 입안에 화상을 입기 쉬우므로 주의가 필요하다.

8. 모자반

모자반

모자반gulf weed, *Sargassum fulvellurn*은 갈조식물 모자반과의 해조식물로 모자반과에 속하는 대형 갈조류를 통칭하며, 몸이라고도 불린다.

모자반은 무기질과 비타민이 풍부한 알칼리성 식품이며, 소화는 잘되지 않으나 만복감을 느끼게 하므로 다이어트 식품으로 좋다. 칼슘Ca이 풍부하여 어린이 성장 발육에 좋으며 철Fe이 많아 빈혈 예방에도 좋다. 모자반은 손질하여 끓는 물에 파랗게 데쳐 물에 헹궈 한입 크기로 썰어 무쳐 먹는다.

9. 청각

청각

청각sea staghorn, *Codium fagile*은 청과과 청각속에서 속하는 녹조류로 우리나라를 비롯한 중국 일본 등 아시아에서 식용하고 있다. 1년생 해조류로 초겨울부터 생장하여 늦가을부터 생육이 더디고 한겨울이 되면 죽는다. 청각에 종류는 구슬청가, 밀청각, 말청각 등이 있으며 생청각은 줄기가 통통하고 짙은색의 윤기가 있는 것이 좋으며, 끓는 물에 데친 후 나물로 먹는다. 말린 것은 은빛이 도 는 것이 좋으며 찬물에 20~30분 정도만 불려서 문질러 씻어 사용한다.

우리나라에서는 김장김치의 양념재료로 사용하거나 나물 등의 음식으로 이용하는데, 청각추출물에는 김치의 유해균을 억제하는 아크릴산acrylic acid 함유하여 김치의 군내를 방지할 수 있다. 또한 민간요법으로 구충제로 사용되기도 하였다.

10. 가시파래

가시파래green laver, *Ulva prolifera*는 갈파래과 갈파래속에 속하며 비교적 염분이 적은 얕은 바다 또는 습지에 서식한다. 우리나라를 포함한 전 세계에 분포되어 있다. 우리나라 남도에서 가시파래를 감태지라 부르는데, 갈조류인 감태와 종종 혼용되어 불린다. 갈조류인 감태는 다시마목 미역과 식물로 쓴맛이 강하여 비식용이며 건강기능식품 추출물이나 화장품 원료로 사용됨으로 식용해조류인 가시파래와 구분된다.

가시파래

가시파래는 단백질이 약 22%로 구성아미노산 중에는 맛성분인 아미노산 등이 풍부하고 칼슘Ca, 철Fe, 황S, 칼륨K 등 무기질 함량도 높은 편이다. 가시파래는 청정 지역에서만 채취가 가능하여 고급식재료로 인식되어 있으며 김처럼 건조하여 섭취한다.

유지류

Chapter 12

유지는 그 원료에 따라 식물성 유지와 동물성 유지로 나눈다. 식물성 유지는 불포화도가 높아 실온에서 액체 상태로 존재하는 기름이 대부분이며, 콩기름, 면실유, 참기름, 올리브유, 옥수수기름, 쌀겨유, 채종유, 낙화생유, 해바라기유, 들기름, 카놀라유, 아보카도유 등이 있다. 이 중 야자유, 팜유, 카카오 버터 등은 식물성 기름이지만 포화도가 높아 실온에서 고체의 형태를 갖는다.

동물성 유지 중 액체 형태로 존재하는 기름은 어유, 고래기름 등이며, 고체 형태로 존재하는 유지는 우지, 돈지, 양지, 버터 등이다. 이 밖에 식물성이지만 고체 형태로 존재하는 마가린과 쇼트닝 같은 가공유지도 있다.

표 12-1 유지류의 영양 성분

(기본 100 g)

종류	에너지 (kcal)	수분 (g)	단백질 (g)	지방 (g)	회분 (g)	탄수화물 (g)	당류 (g)	총식이섬유 (g)	무기질					비타민						
									칼슘 (mg)	철 (mg)	마그네슘 (mg)	칼륨 (mg)	나트륨 (mg)	A (μg)	레티놀 (μg)	베타카로틴 (μg)	B_1 (mg)	B_2 (mg)	니아신 (mg)	C (mg)
대두유	921	0	0	99.96	0	0	0	0	0	0	0	0	0	0	0	0	0	0	0	0
옥수수유	919	0	0	99.74	0.09	0.17	0	0	0	0.57	0	0	25	0	0	0	0	0	0	0
올리브유	921	0	0	100.00	0	0	0	0	0	0.00	0	0	0	6	0	71	0	0	0	0
채종유	920	0	0.02	99.85	0.03	0.10	0	0	1	0.17	0	9	1	0	0	0	0	0	0	0
야자유	918	0	0	99.67	0	0.33	0	0	13	0	0	30	18	0	0	0	0	0	0	0
팜유	917	0	0	99.56	0.01	0.44	0	0	0	0	0	12	0	0	0	0	0	0	0	0
참기름	917	0	0	99.84	0.03	0.13	0	0	0	0	0	0	0	1	0	8	0	0.014	0	0
들기름	920	0	0	99.92	0	0.08	0	0	0	0	0	0	0	2	0	27	0	0.013	0	0
낙화생유	884	0	0	100.00	0	0	0	0	0	0.03	0	0	0	0	0	0	0	0	0	0
미강유	921	0	0	99.95	0	0.05	0	0	0	0.00	0	0	0	0	0	0	0	0	0	0
해바라기씨유	918	0	0	99.68	0.02	0.28	0	0	0	0	0	9	2	0	0	0	0	0	0	0
홍화유	892	0	0	100.0	0	0	–	0	0	0	0	0	0	0	0	0	0	0	0	(0)
아보카도유	917	0	0	99.52	0	0.48	0	0	0	0	0	19	13	4	0	45	0	0	0	0
포도씨유	920	0	0	99.93	0.06	0.01	0	0	0	0.09	0	0	1	0	0	0	0	0	0	0
쇠기름	869	–	0.2	99.8	0	0	–	0	Tr	0.1	0	1	1	85	85	–	0	0	0	0
돼지기름	915	0	0	99.38	0.05	0.58	0	0	0	0	0	23	17	0	0	0	0	0	0	0
버터	760	14.3	0.52	81.00	0.13	4.11	0.66	0	15	0.03	1	21	13	531	529	23	0	0.04	0	0
마가린	714	14.5	0.20	72.41	0.80	12.06	0	0	20	0	0	23	296	94	81	151	0	0.01	0	0
쇼트닝	917	0	0	99.52	0.01	0.48	0	0	0	0	0	31	15	0	0	0	0	0	0	0

– 빈칸으로 표시된 것은 측정하지 않은 것을 의미함

출처 : 농촌진흥청 국립식량과학원. 국가표준식품성분 DB 10.3(2025)

식물성 기름

식물성 유지는 식물에서 채취하는 유지를 말하며, 유지를 구성하는 지방산의 불포화도에 따라 건성유·반건성유·불건성유로 나눌 수 있다. 유지의 지방산 구성은 표 12-2에 제시하였다.

표 12-2 유지류의 지방산

(기본 100 g)

종류	총 콜레스테롤 (mg)	총 지방산 (g)	총 필수 지방산 (g)	포화지방산				불포화지방산							
				총포화 지방산 (4:0)[1] (g)	부티르산 (4:0) (mg)	팔미트산 (16:0) (mg)	스테아르산 (18:0) (mg)	총 불포화 지방산 (g)	올레산 (18:1) n-9[2]	알파 리놀레산 (18:2) n-6	리놀렌산 (18:3) n-3	아라키돈산 (20:4) n-6	오메가3 지방산 (g)	오메가6 지방산 (g)	총 트랜스 지방산 (g)
대두유	0	94.3	56.4	14.8	0.0	10171.1	3697.3	78.4	19701.7	50749.2	5646.0	0.0	5.7	50.8	1.1
옥수수유	0	95.4	52.7	13.3	0.0	10471.8	1871.7	81.8	27509.7	51635.6	1037.3	0.0	1.0	51.6	0.4
올리브유	0	95.4	7.5	15.0	0.0	11355.5	3090.4	80.4	69205.3	6808.9	661.4	0.0	0.7	6.8	0.0
채종유	0	95.5	31.1	7.6	0.0	4776.9	1845.7	86.5	49415.8	19750.2	11320.5	0.0	11.3	19.8	1.4
야자유	0	92.8	0.7	88.0	0.0	7337.6	2590.3	4.8	4092.6	653.2	0.0	0.0	0.0	0.7	0.0
팜유	0	94.5	9.8	46.2	0.0	39776.7	4100.7	47.8	37046.3	9553.8	194.9	0.0	0.2	9.6	0.5
참기름	0	94.8	41.1	14.9	0.0	8740.5	5248.4	79.5	37297.9	40680.4	383.1	19.4	0.4	40.7	0.4
들기름	0	94.5	72.2	8.8	0.0	6068.1	2467.5	85.3	12003.7	14302.1	57880.2	0.0	57.9	14.3	0.4
낙화생유	0	95.1	–	16.9	0.0	9500.0	2200.0	78.2	–	–	–	–	–	–	–
미강유	0	94.4	32.1	22.3	0.0	18635.5	1840.8	71.6	37906.8	30864.9	1235.6	0.0	1.2	30.9	0.5
해바라기유	0	95.0	57.6	10.8	0.0	6281.3	3271.0	83.4	24718.4	57239.6	342.9	0.0	0.3	57.2	0.8
홍화유	0	94.2	13.2	7.4	–	4500.0	1900.0	86.9	–	13000.0	210.0	0	0.2	13.4	–
아보카도유	0	94.5	12.1	14.4	0.0	12294.0	1350.9	79.8	58478.7	11557.9	538.6	0.0	0.5	11.6	0.3
포도씨유	0	95.6	69.8	10.0	0.0	6171.0	3568.6	84.9	13937.8	69454.5	356.6	0.0	0.4	69.5	0.7
쇠기름	100	89.7	3.5	41.1	0	23000.0	14000.0	48.6	–	3300.0	170.0	0	0.2	3.4	–
돼지기름	49.19	94.1	13.6	37.4	0.0	24412.1	10434.3	56.0	36954.4	12916.6	727.6	0.0	0.9	13.4	0.7
버터	190.00	65.8	1.6	47.5	2761.6	21669.8	7587.8	16.4	13136.9	1451.5	122.8	0.0	0.1	1.5	1.8
마가린	24.92	69.9	4.6	51.7	515.5	17312.7	4988.7	16.4	10999.1	4108.6	476.7	0.0	0.5	4.1	1.8
쇼트닝	0	94.2	8.5	55.5	0.0	41600.6	5031.6	38.2	28818.4	8202.3	308.4	0.0	0.3	8.2	0.5

[1] (탄소개수: 이중결합 개수)
[2] n-9 : 이중결합이 메틸기로부터 9번 탄소에 있음
– 빈칸으로 표시된 것은 측정하지 않은 것을 의미함
출처 : 농촌진흥청 국립식량과학원, 국가표준식품성분 DB 10.3(2025)

표 12-3 식물성 유지의 종류와 특징

구분	내용	종류	용도
건성유	공기 중에서 산화되어 점성이 커지고 단단해지며 얇은 피막을 형성하는 것	아마인유, 들기름, 잣기름, 호두기름	페인트, 니스의 원료
반건성유	공기 중에서 산화가 늦고 오랫동안 공기 중에 놓아두면 부드러운 막이 생기는 것	대두유, 면실유, 옥수수유, 참기름(현피유), 쌀겨유, 유채유	식용, 약용, 비누 제조용
불건성유	공기 중에서 막을 형성하지 않음	올리브유, 땅콩기름, 동백기름, 피마자유, 아보카도유	식용

1. 대두유

대두유

1) 특징

대두유soybean oil는 원료 대두를 정선, 건조, 파쇄한 후 가온하여 용매 추출, 증류, 탈검을 거쳐 정제하여 얻은 식물성유이다. 세계의 오일 생산량 중 대두유의 생산량이 가장 많다.

대두유는 다른 유지에 비해 지방산의 불포화도가 높고, 저온에서 액상을 유지한다. 수소 첨가에 의해 쇼트닝 제조가 가능하며, 원유 중 인지질, 지방산 등을 간단히 제거할 수 있어 정제가 용이하다. 천연 산화방지제인 토코페롤 함량이 높아 매우 안정하다.

반면, 대두유는 인지질 함유량이 높아 정제 시 탈검과정이 필요하고, 리놀렌산linolenic acid이 7~8%로 많아 산화되기 쉽다. 제거된 인지질이 천연유화제인 레시틴의 원료가 된다.

정제 대두유의 인화점은 328℃, 발화점은 363℃, 발연점은 최고 290℃이지만 순도가 낮은 경우 이 온도들이 저하된다.

2) 성분 및 효능

대두유의 지방 조성과 영양가는 다른 다가불포화 식물유와 유사하다. 필수지방산인 리놀레산linoleic aicd과 리놀렌산이 60%를 차지하여 건강상 유익한 지방이다. 대두유는 ω-3 지방산인 레놀렌산을 7~9% 함유한다. 대두유에는 토코페롤이 다량 함유되어 있으며, 카로틴이 많다.

3) 선택 및 이용

대두유는 튀김유로 많이 이용된다. 값이 저렴하고 무색무취하여 튀김과 샐러드에 적합하다. 튀김 고유의 고소한 향은 소맥분의 아미노산과 대두유의 리놀렌산의 가열반응에 의해 생성되는 것으로 알려져 있다.

대두유는 에멀션 형성이 양호하여 마요네즈와 드레싱에도 널리 이용된다. 마요네즈와 드레싱은 저온에서 결정화되지 않아야 좋은 제품이 만들어지는데, 이를 위해 0℃에서 5.5시간 처리 후 투명도를 유지하는 대두유로 사용한다.

대두유에는 리놀레산과 리놀렌산이 60% 정도 함유되어 있으므로, 식용 경화유지 제조 시 특히 많은 이성체가 생성된다. 그러나 최근 문제가 되고 있는 트랜스지방 생성을 피하기 위해 포화지방산을 포함한 유지와 대두유를 혼합하여 에스테르화 반응esterification을 진행하고 있다.

2. 옥수수유(옥배유)

1) 특징

옥수수유corn oil의 원료는 옥수수전분을 제조할 때 분리된 배아이다. 따라서 옥수수에서 배유를 분리하고 남은 배아에서 착유가 진행된다. 옥수수유는 옥수수 1 ton에서 약 30 kg이 생성되는데 이는 대두가 180 kg인 데 비해 매우 낮은 수준이나, 미국의 경우 옥수수 생산량이 대두의 3배 정도 되므로 대두유의 1/2 정도 생산이 가능하다.

옥수수유

2) 성분 및 효능

옥수수유에는 토코페롤과 페룰산ferulic acid 등의 천연 항산화물질이 다량 함유되어 있어 산화안정성이 높다. 특히 토코페롤류 중 γ-토코페롤 이성체가 다량 함유되어 있다. 항산화성이 있는 유비키논ubiquinone도 200 ppm 정도 함유하고 있다. 광산화를 일으키는 클로로필chlorophyll은 함유되어 있지 않다.

3) 선택 및 이용

옥수수유는 맛이 좋고, 약간의 너트류 풍미와 미미한 감미가 있어 고품질 유지로 취급되어 왔다. 저장성이 우수하여 샐러드드레싱에 적합하고, 튀김유·볶음유에 사용해도 열분해되기 어렵기 때문에 가정용 조리유로 인기가 많다. 가공식품용으로는 풍미와 안정성이 요구되는 제품인 스낵, 마가린, 크림용 유지 등에 이용되어 왔다. 옥수수유는 튀김유로서 대두유와 카놀라유에 비해 안정성이 월등히 높다.

옥수수유는 경화유로 이용될 경우에도 풍미가 양호하여 미국에서 마가린, 쇼트닝의 원료로도 이용되었다. 옥수수 배아에는 인지질인 레시틴이 다량 함유되어 있으나, 정제의 어려움으로 최근에는 따로 정제하지 않는다.

3. 올리브유

1) 특징

올리브유

올리브 과실에서 착유된 식용유이다. 올리브유olive oil는 스페인, 이탈리아, 그리스 등 지중해 연안 국가에서 주로 생산된다. 올리브의 과실은 달걀 형태의 핵과류로, 과피 부분이 착유되는 과육유지이다. 오일은 과실의 20% 미만으로 함유되어 있다. 품질이 좋은 올리브유를 얻기 위해서는 원료의 선택과 수확이 중요한데, 착유에 적합한 올리브는 과육과 핵의 비율이 4:1~8:1이다. 과실은 물로 세정한 후 종자핵이 부서지지 않도록 하여 과피와 과육을 죽상으로 만든 후 착유한다.

올리브유는 불건성유로 참기름, 낙화생유와 함께 풍미가 좋아 고급유로 분류된다. 버진 올리브유는 탈산·탈색·탈취하지 않아 일반적으로 녹색을 띠고, 올리브 특유의 향이 있으며 산가가 높다. 유리지방산이 많은 이유는 수확 후 처리공정에서의 과실의 손상과 과실 분쇄 시 라이페이스lipase에 의한 가수분해가 일어나기 때문이다.

올리브유는 다음과 같이 분류된다.

(1) 압착 올리브유virgin olive oil

올리브유는 오일 변질이 발생하는 온도보다 낮은 온도에서 압착에 의해 채유한다. 버진virgin이란 열을 가하거나 화학적으로 정제하지 않고, 압착과정만으로 추출된다는 의미이다. 따라서 이 방법에 의해 제조된 오일은 세정, 디캔팅, 원심분리, 여과의 방법 이외의 다른 처리를 가해서는 안 된다.

- 엑스트라 버진 올리브유extra virgin olive oil : 지방산 함량 1% 이하로, 최고의 맛과 향을 유지한다. 첫 번째 올리브를 압착해서 얻은 기름이다. 향이 좋아 튀김용보다는 샐러드드레싱이나, 빵을 찍어 먹는 등 열을 가하지 않는 요리에 이용된다. 엑스트라 버진 올리브유는 정제되지 않은 상태이므로 발연점이 낮아 튀김유로 사용하지 않는 것이 좋다.
- 파인 올리브유fine virgin olive oil : 지방산 함량 1.5% 이하로, 맛과 향이 좋고 엑스트라 버진보다 등급이 떨어진다. 엑스트라 버진 올리브를 짜고 남은 올리브를 한 번 더 짠 것이다.
- 세미파인 올리브유semi fine olive oil : 지방산 함량 3% 이하로, 맛과 향이 좋다.

(2) 정제 올리브유refined olive oil

지방산 함량이 3.3%를 초과하는 버진 올리브 오일을 정제처리한 정제유이다. 정제 올리브유는 식용으로 부적합한 압착 올리브유를 열만 가하여 추출한 후 정제한 것으로 맛·향·색깔이 거의 없다. 주로 공업용 또는 퓨어 올리브유에 첨가되어 이용된다.

(3) 퓨어 올리브유pure olive oil

가공된 후 산 함량이 1.5% 이하이다. 보통 버진 오일과 정제 오일을 20:80으로 혼합한다. 퓨어 올리브유는 비교적 발연점이 높고, 올리브 특유의 향이 거의 없어 식용유 대용으로 튀김, 부침, 볶음 등의 요리에 사용할 수 있다.

(4) 올리브박유olive pomace oil

착유박에 잔존하는 기름을 용매로 추출한 것으로, 올리브박유는 올리브유라 하지 않으며, 주로 공업용으로 이용된다.

2) 성분 및 효능

올리브유의 지방산 조성은 올레산oleic acid의 함유량이 65~80%로 많고 포화지방산과 리놀레산의 함량이 각각 20% 이하이며, 리놀렌산은 1% 이하이다. 버진 올리브유는 일반 식물유에 비해 산화안정성이 높으나 정제하면 안정성이 감소한다. 이는 올리브유에 함유된 폴리페놀류의 항산화 효과에 기인한다.

올리브유는 그리스를 비롯한 지중해지역의 장수식품으로 알려져 있는데, LDL 콜레스테롤을 저하시키고, 유방암 발병을 감소시키는 등 건강상의 이점이 소개되면서 널리 애용되고 있다.

3) 선택 및 이용

식용 올리브유는 볶음용, 샐러드용, 튀김용으로 이용된다. 그러나 버진 올리브유는 클로로필 잔존량이 많아 광산화가 쉽다. 따라서 가정용 올리브유는 빛이 닿지 않는 어두운 곳에 보관해야 한다. 엑스트라 버진 올리브유는 샐러드에 이용하면 고유의 풍미로 고급스러운 요리를 만들 수 있어 그 인기와 함께 가격이 매우 높다. 올리브유는 주위 냄새를 쉽게 흡수하므로 잘 밀봉하여 보관해야 한다.

4. 채종유(카놀라유)

1) 특징

카놀라유rape seed oil, canola oil는 유채의 개량된 품종에서 추출한 오일이다. 1970년 캐나다에서 전쟁 중 유지 결핍 문제를 해결하기 위하여 개발된 것으로 기존 유채유의 유해한 성분인 에루스산erucic acid을 줄여 식용이 가능하도록 만든 오일이다.

현재는 대두유 다음으로 많이 이용되고 있다.

카놀라유

2) 성분 및 효능

유지의 주요 성분은 트라이글리세리드triglyceride이다. 카놀라유는 포화지방산이 8% 이하로 적고, 올레산이 약 50%로 다량이며, α-리놀렌산이 10% 정도 함유되어 있어 건강상 유익하나, 산화안정성이 취약하다. 리놀레산에 대한 리놀렌산의 비율이 큰 것도 카놀라유의 특징이다. 리놀레산은 약 20% 정도인데 이를 감소시키고 올레산을 85% 정도 함유하는 하이올레익 카놀라유가 실용화되고 있다. 보통의 카놀라유는 올레산이 많은 점을 제외하면 다른 식물유와 크게 다르지 않으며, 중건성유에 속한다. 올레산은 심장질환의 원인이 되는 LDL 콜레스테롤의 산화 억제능이 있다. 채종유에도 토코페롤이 함유되어 있어 산화안정성이 높은 편이다. 채종이 미숙하면 클로로필이 유입되는 경우가 있는데, 이때 광산화가 촉진되므로 반드시 탈색 공정을 거쳐 제거할 필요가 있다.

3) 선택 및 이용

가정용 정제 카놀라유는 튀김유와 샐러드유로 널리 이용된다. 안정성이 높아 조리가공식품, 제과, 제빵 등 각종 튀김용에 이용된다. 튀김 안정성은 식물경화유와 팜유보다 낮으나, 산가 상승과 산화에 의한 점도 상승 면에서 대두유와 옥배유보다 우수하다.

카놀라유는 가격이 저렴하고, 저온에서 결정 형성이 적어 마요네즈와 드레싱의 원료가 되며, 마가린과 쇼트닝 원료로도 대량 이용된다.

더 알아보기

카놀라유의 원료 채종

카놀라유의 원료 채종은 건강상 문제가 있던 재래종을 안전성이 높은 품종으로 개량하여 이용한다. 따라서 최근 식용 채종유는 모두 카놀라유로 되어 있다. 개량종은 재래종에서 문제가 되었던 에루스산erucic acid(C22:1)에서 올레산이 주가 되는 조성으로 변화되었다. 따라서 개량종의 에루스산 함량은 1% 이하이다. 에루스산이 다량 함유된 채종유로 사육한 동물은 심장과 신장에 지방이 축적되고, 골격근 · 심근 장애, 생육부전을 일으키는 것으로 밝혀져 1956년 캐나다에서 식용 판매가 금지되었다. 또 글루코시놀레이트glucosinolate는 분해되어 독성을 나타내므로 이를 보완한 개량종이 개발되어 이용되고 있다.

5. 야자유

야자유

1) 특징

야자유coconut oil는 코코넛팜coconut palm에서 채취한 기름이다. 야자유의 조성은 라우르산lauric acid이 주요 구성 지방산으로 팜핵유와 매우 유사한데, 이는 오일 팜과 코코야자가 모두 야자과 식물에 속하기 때문이다. 야자유는 과실의 종자에 해당하는 견과의 배유를 원료로 한다. 핵 속에는 배가 있고 유지를 함유하는 배유가 들어 있는데, 이것이 야자유의 원료이다. 코코야자의 배유를 건조시킨 것이 코코넛이며, 이는 야자유의 원료인 코프라copra로 불린다. 코프라에서 압착 혹은 용제 추출에 의해 야자유가 생산된다. 야자유의 수급은 수확량에 따라 변화가 컸으나, 최근에는 그 조성이 유사한 팜핵유로 말미암아 생산량이 안정적으로 증가하였다.

2) 성분 및 효능

라우린계 유지인 야자유는 식물성 오일 중에서도 매우 특이한 유지로 지방산의 50% 미만이 라우르산(C12:0)이다. 다음으로 미리스트산(C14:0), 카프르산(C10:0)의 순으로 함유되어 있다. 올레산은 6% 정도 함유되어 있으며 포화지방산이 90% 이상이다.

야자유는 불포화지방산이 적고 포화지방산이 대부분으로 산화안정성이 매우 높다. 야자유의 지방산 조성은 유산을 제외하면 유지방과 유사하여 종종 위조 유지방의 제조에 이용되기도 한다.

3) 선택 및 이용

야자유는 코코아버터로 가공하여 융점이 32~41℃가 되도록 만든다. 이를 코코아 분말 및 당과 혼합하여 초콜릿, 과자 등에 이용한다. 또한, 라우린계 유지는 휘핑크림, 커피프림, 락토아이스, 아이스밀크 등의 원료에 적합하여 목적에 맞게 배합하여 이용한다. 특히 야자유와 팜핵유는 우유지방과 상용성이 커 생크림과 버터와 혼합하여 이용되기도 한다. 스낵식품을 제조할 때 팽화시킨 후 유지를 스프레이할 때도 이용된다. 라우린계 유지는 산화안정성이 높고 건조가 빠르며 방습 효과가 있어 적합하지만, 수분 함유 식품에서는 가수분해 문제가 있어 건조식품에 제한적으로 이용된다.

6. 팜유

1) 특징

팜유palm oil는 야자과의 오일팜oil palm의 과육에서 얻어지고, 종자에서는 팜핵유가 생산된다. 과실의 유분 함량은 45~50%로, 연중 수확되며 수확량이 비교적 안정되어 있어 대두유에 비해 가격이 저렴하다. 또한 팜핵유는 조성이 야자유와 비슷하여 야자유의 가격 변동을 안정시키는 데 도움이 되었다.

팜유

팜유는 과육에서 추출되므로 품질 확보를 위해 과실의 수확 시기와 취급이 중요하다. 덜 익은 과실에는 유분 함량이 적고, 너무 익으면 유리지방산이 증가한다. 과육은 라이페이스의 활성이 커 과실이 손상되면 유지가 가수분해된다. 따라서 수확된 과실은 즉시 가열살균처리하여 라이페이스를 불활성화시키고, 과실분리를 촉진해 단백질을 변성시켜 착유를 용이하게 한다.

착유 후에는 탈과·소화·압착공정을 거쳐 오일을 얻으며, 이때 과육과 핵을 분리한다. 착즙액을 원심분리하여 오일을 분리하고 진공건조하여 팜 원유를 얻는다. 핵은 열풍건조로 껍질을 말린 후 벗겨내 건조하는데, 이것이 팜 커널palm kernel로 불리며 팜핵유의 원료가 된다. 팜유는 반고체유로 액체와 고체가 공존하여 식용에 용이하지 않다. 따라서 윈터리제이션winterization을 거쳐 고체 부분을 제거하며, 액상유는 팜 올레인palm olein, 고체 부분은 팜 스테아린palm stearin이라 부른다. 팜올레인은 액상 식물유로, 팜스테아린은 공업용으로 이용된다.

2) 성분 및 효능

팜유의 주요 구성 지방산은 팔미트산이 40%이고, 올레산이 37% 미만이다. 그 외 리놀렌산이 약 9%, 스테아르산stearic acid이 약 4% 정도이다. 팜유에는 1% 미만의 카로티노이드, 토코페롤, 스테롤, 인지질, 트라이터펜triterpenes 등이 함유되어 있다. 이들은 팜유의 안정성과 정제에 큰 영향을 미치며 영양상으로도 중요하다.

3) 선택 및 이용

5,000년 전부터 이용된 팜유는 현재 90%가 식용이며 나머지는 비누, 지방산 등 유지화학공업의 원료가 된다. 식용으로는 쇼트닝, 마가린, 바나스파티(인도·중동의 버터 대용 식물지방) 등에 쓰인다. 팜유는 산화안정성이 높아 튀김유로 이용되며 초콜릿 등의 제과용 유지로도 이용된다.

7. 참기름

참기름

1) 특징

참깨는 코코야자와 함께 인류 역사상 가장 오래된 유량종자로 알려져 있다. 참기름sesami seed oil은 주로 조미료로 이용된다. 참깨종자는 양질의 오일과 단백질을 함유한다. 참기름은 독특한 향이 있으며 액상 식물유 중 최고의 안정성을 갖는다.

참기름은 볶기roasting를 거쳐, 증기가열 후 압착하여 제조되는데, 참기름 특유의 향미는 볶는 과정에서 생겨난다. 착유 후 정제하지 않은 참기름은 올리브의 버진 오일에 해당한다. 반면 볶지 않은 참깨를 착즙한 것은 샐러드용으로 이용되며 정제 참기름으로 불린다. 참기름은 반건성유로 분류되며, 불포화지방산을 약 80% 함유한다.

2) 성분 및 효능

참기름의 뛰어난 산화안정성은 함유된 토코페롤만으로는 설명이 불가능하다. 참기름에는 1.0~1.2%의 불검화물이 함유되어 있다. 이 불검화물은 스테롤, 토코페롤, 리구난(세사민·세사몰린 등)으로 이루어지며, 참기름의 산화안정성을 월등히 높여준다.

3) 선택 및 이용

종자를 볶아서 착유하는 식용유는 참기름과 낙화생유이며, 특히 볶은 참깨에서 얻은 기름을 이용하는 나라는 중국, 한국, 일본에 한정된다. 참기름은 가정용, 외식용, 가공용으로 이용된다. 중국요리, 튀김, 부식, 드레싱, 국물, 식물유 배합, 소면 등에 이용된다. 참기름의 첨가는 비타민 A와 베타카로틴 등을 함유한 식품의 안정성을 증가시킨다. 참기름은 대두유나 카놀라유의 수 배에 이르는 높은 가격 때문에 다른 오일로 만든 위조품이 많으므로 구입 시 주의가 필요하다.

8. 들기름

1) 특징

들깨씨에 40~45% 함유되어 있으며 보통 압착을 통해 채유한다. 들깨씨 특유의 향을 갖는다.

들기름

2) 성분 및 효능

들기름perilla seed oil에는 불포화지방산인 리놀렌산(58%), 리놀레산(14%), 올레산(12%)이 80% 이상 함유되어 있다. 특히 리놀레산과 리놀렌산이 풍부하여 영양 면에서 질 좋은 기름에 속한다.

3) 선택 및 이용

들기름은 산소에 의해 쉽게 산화되므로 식용 시 안정성에 유의해야 한다. 유럽에서는 주로 공업용으로 이용되며, 우리나라에서는 참기름 대용 또는 조리용으로 사용된다.

9. 낙화생유

낙화생유

1) 특징

땅콩은 매우 대중적인 식품이며 그 생산량도 많은 편이다. 따라서 대두유, 면실유, 채종유에 이어 세계 4위의 주요 유량종자 작물이다. 낙화생유peanut oil는 올레산이 풍부한 불건성유로 요오드가는 90~105이다.

2) 성분 및 효능

땅콩은 영양상으로 우수한 작물이지만 인도와 같이 고온다습한 조건에서는 맹독성인 아플라톡신aflatoxin이 발생되기 쉽다. 곰팡이 독소는 알칼리 정제, 탈색처리로 제거되지만 그 껍질은 사료로 이용할 수 없다. 땅콩은 다가불포화지방산 함유량이 적어 산화안정성이 있다. 최근 올레산을 80% 정도 함유하고 리놀레산이 2~3%인 하이올레익 품종이 개발되어 이용되고 있다.

3) 선택 및 이용

땅콩기름은 풍미가 좋아 조리용, 튀김용, 마가린·쇼트닝의 원료 등에 이용된다. 서양에서는 강한 풍미를 이용하기 위해 튀김용으로 자주 이용되나, 땅콩 알레르기가 있는 경우 치명적이므로 반드시 소비자에게 알려야 할 의무가 있다.

10. 미강유

1) 특징

미강유

미강유rice bran oil는 쌀겨유로 불리며, 정백쌀에서 제거된 쌀겨를 원료로 한다. 쌀겨를 가열처리한 후 용제추출하고 탈검, 탈산, 탈납, 탈색, 탈취와 동유처리winterization를 거쳐 정제한다. 쌀은 세계적으로 밀가루, 옥수수와 함께 가장 많이 생산되는 작물로 쌀겨유의 잠재량은 매우 높은 수준이다. 쌀겨유는 열분해가 빠르고, 가열건조로 라이페이스가 저장에 악영향을 끼쳐 저장상의 한계로 이용이 크게 증가하고 있지 않다. 쌀겨 원유는 식물유 중에서도 두드러지게 산가가 높은데, 유리지방산으로 10% 이상 되는 경우가 많다. 왁스도 많아 정제수율이 낮다.

2) 성분 및 효능

미강유는 팔미트산, 올레산, 리놀레산의 함량이 약 90%이며, 리놀렌산은 1~2%로 적다. 리놀렌산의 함량이 적고 불검화물(토코페롤과 오리자놀)이 많아 안정성이 높은 편이다. 미강유에 함유된 토코트리에놀tocotrienol은 항산화작용이 크며, 오리자놀oryzanol은 혈중 LDL 콜레스테롤을 저하시킨다고 보고되 었다. 페룰산ferulic acid에도 항산화 효능이 있다. 리놀레산, 시토스테롤은 혈 중 콜레스테롤을 낮추는 효능이 있다.

3) 선택 및 이용

미강유는 약간 감칠맛이 나는 풍미 때문에 쌀을 주식으로 하는 지역에서 선호된다.

주로 포테이토칩과 스낵 등의 튀김유, 마가린 가공과 마요네즈 생산에 이용되는데 생산량의 감소로 가격이 상승하여 널리 이용되지 못하는 실정이다.

11. 해바라기씨유

1) 특징

해바라기씨유

해바라기씨유sunflower seed oil는 해바라기의 종자에서 얻은 기름으로 종자의 오일 함유량은 30% 정도이다. 재래품종의 해바라기씨유의 지방산은 리놀레산이 약 57%, 올레산이 약 25% 정도이지만 이 비율은 환경에 따라 변화된다. 최근에는 올레산 함유량이 높은 품종이 개량되어 이용되고 있다. 정제된 해바라기씨유는 담황색으로 담백한 풍미가 있으며 식용으로 적합하다.

2) 성분 및 효능

해바라기씨는 풍미가 좋고 리놀레산 함유량이 많으며, α-토코페롤이 풍부하여 건강 오일로 여겨졌다. 최근 n-3 지방산의 중요성 때문에 그 인기가 감소하였으나 아직도 유럽에서는 주요한 식용유로 이용되고 있다.

3) 선택 및 이용

해바라기씨는 양호한 산화안정성 때문에 여러 용도로 이용된다. 스프레이유로 이용되어 곡류, 과일, 너트류를 보호하고 쿠키, 크래커, 파이 껍질 등 베이커리 제품의 코팅, 감, 센베이 광택제로 쓰인다. 튀김유와 볶음용으로 사용되며, 유지식품 원료로서 마가린, 마요네즈, 샐러드드레싱, 소스 등에 이용된다.

12. 홍화유

1) 특징

홍화는 국화과의 1년생 목본으로 옛날에는 붉은 색소의 원료로 이용되었다. 홍화꽃은 사프란의 위조 및 대체물로도 이용된다. 홍화는 유프라테스강 유역이 원산지로 이집트와 에티오피아에서 도입되었다. 따라서 강수량이 극히 적은 지역에서 재배된다. 1960년대까지 백색잉크의 원료로 이용되다 제2차 세계대전 이후 대두가격 폭등으로 대체용 유지로 주목받았다.

홍화유

홍화유safflower oil는 종자의 파쇄, 가열, 압착, 용매추출, 용제제거, 탈검, 건조의 과정을 통해 원유를 얻는다. 종자에는 28~44%의 지방이 함유되어 있다. 리놀레산의 함류량은 75~79%로 식물유 중 최고 수준이다. 올레산이 함유된 홍화 변종은 하이올레익 홍화류로 불리며, 미국과 일본에서 홍화유의 원료로 이용된다.

2) 성분 및 효능

홍화씨에는 리놀레산이 매우 풍부한 반면, 리놀렌산은 거의 없다. 하이올레익 홍화유는 올레산이 75%, 리놀레산이 15% 정도의 비율이다. 홍화유의 불검화물은 0.5% 정도이며, 토코페롤 함량은 적고, 산화안정성도 높은 편이 아니다. 그러나 하이올레익 홍화유는 산화안정성이 높은 편이다.

3) 선택 및 이용

하이올레익 홍화유는 건강에 좋은 고급 식용유로 인식되어 가정용, 조리용으로 이용된다. 수소첨가를 한 홍화유는 결정을 만들기 쉽기 때문에 조직이 거칠어져 마가린용으로 적합하지 않으나 면실유를 첨가하여 이를 방지할 수 있다.

아보카도유

13. 아보카도유

1) 특징

아보카도유avocado oil는 멕시코 중동부 지역이 원산지인 아보카도 나무의 열매로부터 착유한 기름으로, 인도에서는 '버터과일'로 부르는 데 버터의 향과 유사한 고소한 풍미를 가지고 있다.

2) 성분 및 효능

아보카도유는 다른 식물유와 비교할 때 올레산oleic acid이 전체 유지 중 약 58%로 구성되어 있다. 이러한 단일불포화지방산함량이 높아 인체의 나쁜 콜레스테롤 LDL을 낮추고 좋은 콜레스테롤 HDL을 증가시켜 심혈관질환 예방에 도움이 된다. 또한 토코페롤과 비타민 K가 많이 포함되어 있어 항산화작용과 항염에 도움을 준다. 아보카도오일의 발연점은 약 270℃로 높아 고온 조리시 산화 위험이 적고 유해물질 생성 가능성이 낮아서 튀김 요리에 적합하며, 식물성스테롤인 피토스테롤을 함유하고 있어 피부보습 및 개선효과도 화장품 원료로도 사용된다.

3) 선택 및 이용

아보카도유는 샐러드 드레싱, 고기나 생선의 비린내를 제거하기 위한 마리네이드에 사용되며 발연점이 높아 볶음, 구이, 튀김 등 조리에도 적합하다. 베이킹에서도 버터를 대신하여 사용하면 좀 더 부드러운 조직감을 나타낸다. 최근에는 아보카도의 풍부한 단일불포화지방산을 이용하여 오일캡슐과 같은 건강기능식품으로 제조되고 있다.

포도씨유

14. 포도씨유

포도 재배량이 많은 프랑스, 이탈리아, 칠레 등에서 주로 생산된다. 리놀렌산, 토코페롤, 베타사이토스테롤 등이 함유되어 피부미용과 노화 방지에 효과가 있으며,

동맥경화나 고혈압 등의 성인병을 예방한다.

포도씨유grape seed oil는 발연점이 250℃ 정도로 일반 식용유보다 높아 고온에서 요리해도 쉽게 타지 않는다. 또한 이미 사용한 기름을 5~6회 더 사용할 수 있어 폐유가 적게 생성되어 경제적이다. 포도씨유에는 기름 특유의 느끼한 냄새와 맛이 없어 재료 고유의 맛을 잘 살릴 수 있다. 따라서 튀김, 구이, 부침뿐 아니라 샐러드드레싱이나 소스로 사용할 수 있다.

동물성 기름

1. 쇠기름

1) 특징

쇠기름beef tallow(우지)는 건강한 소의 식육처리에서 발생한 지방을 끓여 우려내어 생산한다. 쇠기름의 주요 생산국은 미국으로, 식용 유지의 배합원료로 이용된다.

2) 성분 및 효능

주요한 지방산은 올레산, 스테아르산, 팔미트산이지만 쇠기름에는 리놀레산 이상의 다가불포화지방산이 적기 때문에 융점이 높고 단단하다. 이러한 동물성 유지의 지방산 조성은 사료의 영향을 가장 많이 받는다. 전체 중성지방 중 41%는 2번 탄소 위치에 올레산이 결합되어 있다. 이처럼 포화지방산이 다량 함유된 쇠기름은 심장혈관계 질환의 원인이 되기 쉽다.

3) 선택 및 이용

예전부터 쇠기름은 라드와 함께 제과·제빵용 쇼트닝, 마가린, 튀김유 등에 대량으로 이용되었으나 최근 건강상의 이유로 그 이용량이 급감하였다. 쇠기름은 마가린, 쇼트닝, 튀김유 등에 이용되거나 콘비프, 불고기 소스류에 첨가된 다. 커리류에도 많이 이용되고 있다.

2. 버터

1) 특징

우유에 함유된 지방을 정제한 것을 말한다. 버터butter는 우유를 휘저어 섞어 표면에 모인 지방구를 모아 더욱 교반하여 지방구를 한데 모이게 하여 만든다.

버터의 풍미는 인공적으로 합성이 불가능할 정도로 독특하며 풍부하다. 40여 종 이상의 휘발성 물질로 구성되어 있으며, 대표적으로 락톤류, 에틸에스테르류, 케톤류, 알데하이드류, 지방산류 등이 있다. 무염버터는 0.1%의 식염을, 가염버터는 2% 정도의 식염을 함유한다. 버터의 색은 계절, 입자 크기, 지방구 크기, 천연색소(카로틴) 등의 영향을 받아 흰색부터 오렌지색까지 다양하다.

2) 이용

버터는 제과·제빵에 주로 이용되어 식품에 조직감과 결을 부여한다. 파이 생지의 경우 버터를 사용하면 마가린이 대체할 수 없을 정도의 고유한 특성을 부여한다. 스프레드로도 이용된다.

버터는 보관상 산화와 미생물에 의한 가수분해의 영향을 받는다. 따라서 단시간 내 이용할 경우에는 냉장보관하지만, 장기 보관 시에는 반드시 -20℃에 보관해야 한다. 또한 주변 냄새를 흡착하는 성질이 있으므로 향이 강한 식품과는 분리하여 보관해야 한다.

3. 마가린

1) 특징

버터 대용으로 제조되기 시작한 마가린margarine은 한동안 그 소비가 버터를 앞지를 정도로 높았으나, 최근 트랜스지방의 문제로 소비가 감소하였다. 마가린은 버터의 대용품으로 1869년 프랑스의 화학자 메쥬 무리에Mege Mouries에 의해 발명되었다. 마가린의 이름은 그리스어로 '진주'를 의미하는 margarites에서 유래한다.

프랑스와 영국을 거쳐 네덜란드에서 유르겐가와 반데버그가에 의해 본격적인 생산이 시작되었으며, 이 두 가문은 오늘날의 유니레버사로 발전하였다.

마가린은 유중수적형(W/O) 유화액으로 연속상은 유지결정의 망상구조 속에 액상유를 함유한다. 초기의 마가린 원료는 우지와 돈지였지만 우지는 융점이 높아 풍미가 떨어지는 단점이 있었다. 그러나 식물유와 어유의 수소첨가 기술이 발달하면서 경화유지가 제조되었다.

2) 성분 및 효능

1980년대에 생산된 마가린은 소프트형이라도 10% 이상의 트랜스지방을 함유하였다. 현재 마가린은 식물성 경화유를 20~36% 함유하며, 그중 30~40%가 트랜스지방이다. 트랜스지방은 포화지방산처럼 혈중 LDL 콜레스테롤 농도를 상승시킨다. 1997년 미국 심장협회의 권고로 세계적으로 경화유 섭취를 경계하는 움직임이 일어났다. 이에 따라 팜유 등 고체유지를 많이 함유하는 천연원료를 사용함으로써 트랜스지방 함량을 줄일 수 있게 되었다.

3) 선택 및 이용

마가린은 버터 대용의 스프레드, 제과·제빵, 버터크림, 냉동식품 등에 다양하게 이용된다.

4. 라드

1) 특징

라드lard는 건강한 돼지의 피하지방과 신장지방을 끓여 우려내어 만드는데, 정제하지 않고 라드로서 식용으로 공급하는 지방을 일컫는다.

2) 성분 및 효능

중성지방의 2번 위치에 팔미트산이 72% 결합되어 있다. 1번과 3번 위치에는 올레산이 결합되어 있어 유지의 구성이 비교적 단순하여 분자 배열이 안정되면서 β형 결정을 만들어 결정의 성장이 쉽다. 라드를 교반하면 매끄러운 쇼트닝상의 소성체가 되지만, 템퍼링tampering 처리를 하거나 장시간 방치하면 다시 안정된 결정형으로 돌아가기 쉽다.

3) 선택 및 이용

라드는 경화유 제조에 우지보다 많이 이용된다. 미국과 유럽 등지에서는 튀김유로도 이용되어 왔다. 전통적으로 라드는 가격이 싸고, 산화방지제 첨가로 안정성이 높으며 독특한 향미가 있어 튀김유에 자주 이용되었다. 최근에는 건강상의 우려 때문에 식물유지와 혼합되어 튀김유로 쓰인다.

제과·제빵에 적합한 조직과 가소성을 갖춰 과거에는 많이 사용되었으나, 최근에는 단독으로 쓰이는 경우는 드물다. 업무용 마가린, 쇼트닝의 배합원료로도 이용된다.

5. 쇼트닝

1) 특징

20세기 초 베이킹용 유지는 돈지와 버터밖에 없었다. 쇠기름 등의 동물성 고체유지는 제빵에 부적합하며, 돈지와 버터는 상온에서 고체이면서도 쉽게 반죽될 수 있는 부드러운 특성을 가져 원래 이러한 특성을 쇼트닝성이라 하였다. 그러나 돈지의 부족과 가격 상승 등의 이유로 이용이 어려워지자 유지의 수소첨가에 의해 식물성 쇼트닝shortening이 개발되었다. 제빵용으로 마가린과 혼용하기도 하지만, 쇼트닝은 유지와 가스로 이루어지는 데 반해, 마가린은 수분을 함유하는 유화물이고 융해되면 불안정해진다. 때문에 액상과 유동상 쇼트닝은 있으나 액상 마가린은 존재하지 않는다.

2) 성분 및 효능

쇼트닝은 제과·제빵용, 튀김용, 조리용 등 그 용도에 따라 특성이 다양하다. 일본에는 식용 유지를 원료로 제조한 고체상 또는 유동상의 쇼트닝을 비롯해 가소성·유화성 등의 가공성을 부여한 것 등 다양한 쇼트닝이 있다. 수분 0.5% 이하, 가스는 100 g 중 20 mL 이하이고 식용 유지 이외에 식품첨가물로서 산화방지제 및 조제, 식용유화제, 착색료, 소포제, 향료를 함유한다.

3) 선택 및 이용

쇼트닝은 돈지에 비해 색과 풍미가 좋고 조직이 균일하며 크리밍성이 양호하여 가정용과 업무용으로 적합하다. 제과·제빵, 튀김, 조리, 스프레이 등의 용도로 널리 이용되며, 액상 쇼트닝은 주로 제빵과 조리용에 쓰인다.

음식은 조리과정에서 어떤 식재료를 어느 단계에 첨가하는지에 따라 풍미가 달라진다. 특히 조미료와 향신료는 음식의 맛과 향을 한층 풍부하게 해줄 뿐 아니라, 불쾌한 맛과 냄새를 줄여 음식의 완성도를 높여 준다. 이들은 음식의 위생적·영양학적 측면에서도 중요한 역할을 담당한다.

조미료는 음식에 짠맛, 단맛, 신맛, 매운맛, 감칠맛을 내는 식재료로 천연 조미료와 합성조미료로 나뉜다. 향신료는 음식의 풍미를 높여 식욕을 자극하고, 위생적·영양학적 가치를 향상시키는 식재료로 허브herb와 스파이스spice로 나뉜다.

음식을 조리할 때에 주재료 외에도 음식의 맛을 돋우는 부재료로 조미료와 향신료가 사용된다. 이들은 음식의 향미, 질감, 색상, 농도를 조절하며, 양념, 간하기seasoning, 맛내기flavoring, 향내기aromatic 등 다양한 용어로 불린다표 13-1.

표 13-1 조미료와 향신료의 다양한 용어

용어	특징
양념	재료 고유의 맛을 강조하거나 향미를 보강하는 재료를 통틀어 양념이라 한다. 한자로 '약념藥念'이라 표기하며 '약이 되도록 염두에 둔다'는 의미이다.
조미료	짠맛, 신맛, 단맛, 쓴맛, 감칠맛 등 5원미를 더해 주는 재료로 소금, 식초, 설탕 등이 있다.
향신료	음식에 향기로운 맛을 더하거나 맵게 하는 재료로 주로 식물의 잎, 줄기, 꽃, 열매, 씨앗, 뿌리, 껍질 등에서 얻는다.
간하기seasoning	음식의 기본 맛을 보강하거나 조화롭게 하려고 사용하는 재료로 대표적으로 소금과 후추 등이 있다. 필요에 따라 식품 본래의 맛을 강조하거나 새로운 풍미를 추가하는 역할을 한다.
맛내기flavoring	음식에 첨가하여 새로운 맛을 더하거나 기존의 자연적 향미를 변형하거나 보완하는 재료를 의미한다. 대표적으로 허브, 스파이스, 식초 등이 있으며, 음식의 풍미를 풍부하고 다양하게 만든다.
향내기aromatic	음식에 자연적인 향을 더해 풍미를 돋우는 재료로 허브, 향신료, 향신 채소 등이 있다.

1. 조미료

조미료는 음식을 더 맛있게 하려고 사용하는 짠맛, 단맛, 신맛, 매운맛, 감칠맛을 내는 식재료로 음식의 풍미뿐만 아니라 질감, 윤기, 색, 보존성 등을 향상시킨다.

표 13-2 조미료의 맛과 종류

구분	종류
짠맛	소금, 간장, 된장
단맛	설탕, 올리고당, 꿀, 조청
신맛	식초
매운맛	고춧가루, 고추장, 겨자, 고추냉이
감칠맛	멸치, 다시마, 표고버섯, 가다랑어포, 화학조미료MSG

1) 짠맛을 내는 식재료

(1) 소금

소금

소금salt은 짠맛을 내는 대표적인 조미료로 음식의 기본이 되는 맛을 낸다. 짠맛을 내는 물질은 무기 이온들이며 염화나트륨$NaCl$, 염화칼륨KCl, 염화암모늄NH_4Cl, 염화칼슘$CaCl_2$ 등이 있다. 이 중에서 소금만이 순수한 짠맛을 내고 나머지는 쓴맛과 떫은맛을 가지고 있다. 소금은 음식의 간을 맞추는 역할 외에도 배추나 생선을 절일 때 삼투압을 증가시켜 탈수 작용을 유도하고, 미생물의 생육을 억제하여 저장성을 높이는 기능을 한다. 소금은 바닷물을 염전에서 증발시켜 만든 천일염과 이온교환막으로 만든 정제소금이 있으며, 천일염은 정제 정도에 따라 굵은소금과 꽃소금으로 나뉜다.

표 13-3 소금의 종류와 특징

종류		특징
천일염	굵은소금 (호렴)	염전에서 해수를 자연 증발시켜 얻은 1차 소금은 정제 과정을 거치지 않아 불순물이 많고 색이 어두운 편이며, 염화나트륨 함량이 70~80% 정도이다. 굵은소금에 포함된 2가 이온인 칼슘Ca과 마그네슘Mg은 펙틴과 결합하여 배추나 오이의 조직을 단단하게 만드는 역할을 한다. 이러한 특성 때문에 굵은소금은 김장에 널리 사용된다.
	꽃소금 (고운소금, 재제소금)	천일염을 물에 녹여서 불순물을 걸러내고 다시 결정화시킨 소금으로 염화나트륨을 90% 정도 함유하고 있다. 일반적으로 가정에서 사용하며 색이 희고 입자가 곱다.
정제소금		해수(해양심층수 포함)를 농축 · 정제한 농축함수 또는 원료소금(100%)을 용해한 물을 증발설비 등에 넣어 제조한 소금으로 95% 이상의 염화나트륨을 함유하고 있다. 김을 굽거나 식탁에서 음식의 간을 맞출 때 사용한다.
가공소금		대나무에 천일염을 넣고 구운 죽염, 소금을 볶거나 구워서 곱게 빻은 구운소금, 정제염에 MSG를 첨가한 맛소금 등이 있다. 가공소금은 염화나트륨 함량이 35% 이상으로 규정되며, 대부분 90% 이상 함유하는 것이 일반적이다. 가공 방식에 따라 맛과 용도가 다양하게 나뉜다.

출처 : 식품의약품안전처. 식품 및 식품첨가물 공전

(2) 간장

간장soy sauce은 메주를 이용한 전통 발효식품으로, 메주를 소금물에 담가 2~3개월 발효시킨 후 메주를 건지고 남은 물을 달여서 만든다. 간장은 발효과정을 거치면서 미생물의 작용으로 짠맛, 단맛, 감칠맛 등이 어우러진 복합적인 맛과 향을 내는 식재료이다.

간장의 종류에는 재래식 간장(한식간장), 개량식 간장(양조간장), 산분해간장, 혼합간장 등이 있다. 재래식 간장과 개량식 간장 모두 제조하는 데 시일이 오래 걸리므로 시중에서는 산분해간장과 같은 화학간장을 제조하여 판매한다. 산분해간장은 콩가루, 콩깻묵, 땅콩깻묵, 간장비지 등 단백질 원료를 염산으로 가수분해한 후 중화시켜 얻은 아미노산에 소금으로 간을 맞추고 재래식 간장의 색·맛·향을 내는 식품첨가물을 첨가하여 만든 것이다. 재래식 간장보다 제조기간이 단축되는 이로운 점은 있으나 풍미가 많이 떨어진다.

간장은 숙성 정도에 따라 청장(국간장)과 진장(진간장)으로 나뉘며, 청장은 담근 지 1~2년이 된 장으로 소금기가 강하고 색이 열어 국물 요리에 적합하고, 진장은 담근 지 5년 이상 된 장으로 장기간 숙성되어 단맛과 감칠맛이 더해져 조림 및 양념 요리에 사용된다.

표 13-4 간장의 종류와 특징

구분		만드는 방법	특징
재래식 간장 (한식간장)		콩으로 메주를 만들어 띄워 소금물에 담가 발효시킨 후 그 여액을 가공한 것이다.	• 독특한 장맛을 지니게 되지만 잡균이 번식하면 좋지 않은 맛과 냄새가 날 수 있다. • 제조 기간이 오래 걸린다.
개량식 간장 (양조간장)		대두, 탈지대두 또는 곡류 등에 누룩균 등을 배양하여 소금물에 담가 발효시킨 후 그 여액을 가공한 것이다.	• 미생물을 선택적으로 번식시키므로 품질이 균일하다. • 제조 기간이 오래 걸린다. • 맛 · 색 · 향은 재래식 간장보다 떨어지지만, 단맛과 감칠맛이 강하다.
화학간장	산분해간장	단백질을 함유한 원료를 염산으로 분해하여 아미노산을 생성시킨 후 소금, 감미료, 색소, 캐러멜을 첨가하여 제조한다.	• 맛과 향이 재래식 간장과 개량식 간장에 비해 떨어진다. • 제조 기간이 단축되고 비용이 저렴하다.
	효소분해간장	단백질을 함유한 원료를 효소로 가수분해한 후 그 여액을 가공한 것을 말한다.	• 맛과 향이 재래식 간장이나 개량식 간장에 비해 떨어진다. • 제조시간이 단축되고 비용이 저렴하다. • 주로 산분해간장과 혼합하여 사용하는 경우가 많다.
혼합간장		양조간장에 산분해간장 또는 효소분해간장을 혼합하여 가공한 간장이다. 시중에 진간장으로 유통되는 간장은 혼합간장이다.	• 혼합간장은 양조간장과 산분해간장의 혼합 비율에 따라 품질과 가격 차이가 발생한다. • 양조간장의 비율이 높을수록 제조과정이 복잡하고 시간이 오래 걸리기 때문에 상대적으로 가격이 높다.

출처 : 식품의약품안전처. 식품 및 식품첨가물 공전

(3) 된장

된장soybean paste은 콩을 원료로 만든 소화되기 쉬운 단백질 공급원인 동시에 소금이나 간장과 함께 짠맛을 내는 대표적인 식재료로 알려져 있다. 일반적으로 10~13%

개량식 된장

재래식 된장

청국장

정도의 식염을 함유하고 있으며, 이로 인해 짠맛과 독특한 풍미를 지니게 된다.

된장은 제조방법에 따라 크게 재래식 된장과 개량식 된장으로 분류한다. 재래식 된장은 한식 메주에 식염수를 가하여 발효한 후 여액을 분리하거나 그대로 가공한 것으로 전통 된장을 말한다. 개량식 된장은 대두, 쌀, 보리, 밀 또는 탈지대두 등을 주원료로 하여 누룩균 등을 배양한 후 식염을 혼합하여 발효·숙성시킨 것을 말한다. 그밖에 속성된장으로 간장을 빼지 않고 보리나 밀을 띄워 만든 막장, 콩을 푹 찐 후 볏짚을 넣어 40℃에서 2~3일간 띄워 먹는 청국장, 청국장용으로 띄운 콩을 고춧가루, 마늘, 소금을 넣고 찧어 숙성시킨 담북장 등이 있다.

된장은 단백질의 분해물이 콜로이드 상태로 있어 생선의 비린 맛을 제거하고 떫은맛과 향이 강한 식재료에 사용하면 부드러운 맛을 살리는 기능이 있다.

2) 단맛을 내는 식재료

(1) 설탕

설탕

설탕sugar은 단맛을 내는 대표적인 조미료로 물에 쉽게 녹으며, 음식의 색, 맛, 향, 물성에 모두 영향을 미친다. 설탕은 색에 따라 백설탕, 황설탕, 흑설탕으로 구분한다표 13-5. 설탕은 단맛을 내기 때문에 음식의 조리에 주로 사용되며 미생물 생육 억제 등의 저장성 향상, 지질의 산화 방지, 젤리 형성, 단백질 응고 억제, 캐러멜화 반응carameli-zation, 전분의 호화 및 노화 억제 등의 기능이 있어 식품의 가공·저장에 널리 사용된다.

표 13-5 설탕의 종류와 특징

종류	특징	용도
백설탕	사탕수수나 사탕무에서 얻은 원당을 정제 · 건조하여 만든 순백색 결정체로, 99% 이상의 순수 자당sucrose으로 구성되어 있다.	사탕, 젤리, 과자, 음료수의 제조
황설탕	원당을 부분적으로 정제하여 당밀을 일부 남기거나, 백설탕에 당밀을 첨가해 황갈색을 띠도록 만든 설탕이다. 제조과정에서 가열되면 당밀 특유의 향이 살아나 짙은 색과 풍부한 풍미를 지니게 된다. 최근에는 생산비를 절감하기 위해 백설탕에 당밀을 첨가하는 방식이 주로 사용된다.	과자, 빵

종류	특징	용도
흑설탕	사탕수수의 즙액을 농축한 후 냉각하여 결정화시킨 것으로 당밀을 제거하지 않아 불순물이 많지만, 비타민과 무기질 등의 영양소와 독특한 풍미를 지니고 있다.	꽈배기, 양갱, 수정과, 약과, 약식, 호떡
분말설탕	설탕을 곱게 갈아 만든 가루 형태의 설탕으로, 습기를 흡수하여 덩어리지지 않게 하려고 3% 정도의 옥수수 전분corn starch을 섞어 만든다.	프로스팅frosting, 도넛 등 튀김 음식, 단맛이 약한 쿠키류

(2) 올리고당

올리고당oligosaccharide은 소당류라고도 하며, 단당류가 일반적으로 3~10개 정도 결합하여 있다. 대표적인 감미료인 설탕이 가진 건강상의 결함을 개선할 목적으로 효소 합성으로 만들어졌다.

올리고당

올리고당은 난소화성으로 체내에서 대사가 어려워 에너지로 쓰이지 않기 때문에 충치 예방과 장내 유익균 증식에 도움이 된다. 올리고당은 설탕에 비해 감미가 낮고 비발효성, 보습성, 난흡습성, 청량감 부여, 수분 활성 저하, 변색 방지 등의 기능이 있어 다양한 용도로 활용된다표 13-6.

표 13-6 올리고당의 종류와 특징

종류	특징
프락토올리고당	설탕을 주원료로 하여 설탕분자에 1~3개의 과당분자가 결합되도록 효소를 작용시켜 제조한 올리고당
이소말토올리고당	전분 원료에 효소를 작용시켜 포도당 분자들이 α-1,6 결합을 통해 분자 결합되도록 제조한 올리고당
갈락토올리고당	갈락토스를 함유한 올리고당류로서, 유당으로부터 효소 반응을 통해 제조되는 전이 갈락토올리고당 또는 탈지 대두박에서 대두 단백 제조 시 생성되는 부산물로부터 추출되는 라피노스raffinose와 스타키오스stachyose 등을 포함함
말토올리고당	전분 또는 전분 원료를 3~10개의 포도당분자가 직쇄 결합되도록 효소를 작용시켜 제조한 올리고당
자일로올리고당	자일란xylan 또는 자일란 원료에 효소를 작용시켜 제조한 올리고당
혼합올리고당	다양한 올리고당을 혼합하거나 여기에 식품 또는 식품첨가물을 혼합한 제품

꿀

(3) 꿀

꿀honey은 벌들이 꽃에서 모은 꿀을 채집해 저온으로 녹여 여과한 자연감미료이다. 꿀은 예로부터 약재로 효능이 인정되어 꿀이 쓰인 음식에는 약과나 약식처럼 '약藥'자를 붙였다. 과당 함량이 높아 설탕보다 단맛이 강하며 전분의 노화를 억제하고 갈변을 일으키기 때문에 고급 제빵, 떡, 한과, 음료의 제조에 사용된다. 흡습성이 커서 제과·제빵에 사용하면 촉촉한 질감을 오래 유지할 수 있다.

조청

(4) 조청

조청Korean traditional syrup은 찹쌀, 멥쌀, 수수, 조, 고구마 등의 전분질 식품을 엿기름(맥아)으로 당화시켜 만든 전통 감미료로, 독특한 향을 지니고 음식에 윤기를 더하여 조림 등에 사용한다. 꿀과 같은 용도로 쓸 수 있으나 조림이나 찜 등 짙은 색의 음식에 쓰는 것이 좋다. 조청을 사용할 때는 설탕을 넣을 때보다 사용량을 줄이고 낮은 온도에서 조리해야 한다.

물엿

(5) 물엿

물엿starch syrup은 전분을 산이나 효소로 가수분해하여 얻은 시럽으로, 점성이 강하고 부드러운 단맛을 지니며, 음식에 윤기를 더해준다. 주로 볶음이나 조림 요리에서 단맛과 윤기를 내기 위해 사용된다.

(6) 대체감미료

대체감미료sugar substitute는 설탕의 단맛을 대체하면서 에너지 섭취를 줄이기 위해 사용되는 물질로, 인공감미료와 천연감미료로 나눌 수 있다. 인공감미료는 화학적으로 합성된 감미료로, 설탕보다 훨씬 강한 단맛을 내며 에너지가 거의 없다. 이러한 특성으로 인해 체중 관리나 당뇨병 예방을 위해 설탕 대체제로 널리 사용된다. 대표적인 인공감미료로는 아스파탐aspartame, 사카린saccharin, 수크랄로스sucralose, 아세설팜칼륨acesulfame potassium 등이 있으며, 각기 다른 단맛 강도와 특성을 보인다. 예를 들어, 아스파탐과 아세설팜칼륨은 설탕보다 약 200배 더 강한 단맛을 내며, 사카린은 설탕의 약 300배 단맛을, 수크랄로스는 약 600배 단맛을 낸다. 이러한 인공감미료는 탄산음료, 무설탕 껌, 저칼로리 디저트 등 다양한 식품에 활용된다.

천연감미료는 자연에서 추출한 감미료로, 설탕보다 단맛이 강하거나 비슷하면서도 에너지가 낮다. 대표적인 천연감미료로는 스테비아stevia와 알룰로스allulose가 있다. 스테비아는 스테비아 식물의 잎에서 추출한 감미료로, 설탕보다 약 200~300배 강한 단맛을 지니며 에너지가 거의 없다. 혈당 수치에 영향을 주지 않아 당뇨병 환자나 체중 관리를 원하는 이들에게 적합하다. 다만, 일부 사람들은 스테비아의 뒷맛을 쓴맛으로 느낄 수 있다. 알룰로스는 무화과, 건포도, 키위 등에서 자연적으로 발견되는 단맛 성분으로, 설탕의 약 70% 정도의 단맛을 지니며 에너지는 거의 없다. 혈당 수치에 거의 영향을 미치지 않아 당뇨병 환자나 체중 관리를 원하는 이들에게 적합하며, 베이킹 등 다양한 요리에 활용할 수 있다.

3) 신맛을 내는 식재료

식초vinegar는 주로 4~5%의 아세트산을 함유한 대표적인 신맛 조미료로, 식욕을 돋우고 음식에 독특한 풍미를 부여한다. 식초는 기본적으로 신맛을 내는 것 외에도 생선의 비린내를 제거하고 생선살에 탄력을 주면서 쫄깃한 질감을 형성하며, 우엉과 연근 등의 갈변을 방지할 수 있다.

식초

식초는 크게 양조식초, 합성식초, 가공식초로 분류되며표 13-7 'vinegar'는 양조식초만을 의미한다. 양조식초는 원료에 따라 곡물식초, 과실식초, 주정식초로 나뉜다. 곡물식초는 쌀·보리(맥아) 등의 곡물과 그 가공품을 원료로, 과실식초는 사과·포도·감 등의 과실을 원료로, 주정식초는 알코올 발효 없이 주정(에탄올)을 초산균으로 발효해 단기간에 대량 생산한 식초이다. 이러한 방식으로 생산된 식초는 단기간에 대량 생산이 가능하지만, 천연 발효식초에 비해 풍미와 영양 성분이 부족하다. 합성식초는 합성 아세트산(빙초산)을 4~5% 정도로 희석하여 감미료 등을 사용해 조미한 것으로, 저렴하지만 향기가 떨어진다. 가공식초는 양조된 초에 조미료 및 향신료 등을 첨가하여 요리에 곧바로 사용할 수 있도록 만든 식초이다.

표 13-7 식초의 종류와 특징

종류	특징
양조식초	곡물이나 과일의 당분을 효모가 발효시켜 알코올을 만들고, 이를 초산균이 다시 발효하여 얻은 식초를 말한다.
합성식초	빙초산(아세트산 99% 이상)을 물에 희석하고 소금, 합성조미료, 색소 등을 첨가한 것으로 자극적인 산미가 특징이다.
가공식초	양조된 초에 조미료와 향신료 등을 첨가하여 요리에 곧바로 사용할 수 있도록 만든 식초이다.

4) 매운맛을 내는 식재료

매운맛은 혀의 미각으로 느낄 수 있는 순수한 맛이 아니고, 혀와 코의 점막을 자극하여 느끼는 통각과 화끈거리는 온도감각을 느끼게 하는 복합적인 감각이다. 미각신경을 자극하기 때문에 식욕을 증진할 뿐만 아니라 타액 분비와 혈액순환을 촉진하기도 한다. 그러나 매운맛이 지나치면 미각을 감퇴시키기 때문에 적당한 양을 사용해야 매운맛 성분의 향기를 함유하는 물질들과 서로 협력하여 식욕을 자극할 수 있다.

표 13-8 주요 식품의 매운맛 성분

함유 식품	매운맛 성분	함유 식품	매운맛 성분
고추	캡사이신capsaicin	생강	진저론zingerone
후추	피페린piperine	마늘	알리신allicin
산초	산쇼올sanshol	박하	멘톨menthol
겨자	알릴 이소티오시아네이트 allyl isothiocyanate	계피	신남 알데하이드 cinnamic aldehyde

고춧가루

(1) 고춧가루

고추는 매운맛을 내기 위해 많이 사용되는 재료로, 붉게 익은 고추를 잘 건조시켜 갈아서 만든 고춧가루red pepper powder를 조미료로 사용한다. 고추의 매운맛은 캡사이신capsaicin인데, 이것이 소화기를 자극하여 식욕과 소화율을 높이며 혈액순환을 촉진한다. 고추를 사용한 대표적인 한국 음식은 김치로, 캡사이신이 젖산균의 발육을 돕고 김치에 넣는 젓갈의 비린내를 제거한다. 고추의 붉은빛은 시각적 미각 효과를 주기 때문에 한식에 많이 사용된다.

(2) 고추장

고추장red pepper paste은 찹쌀이나 멥쌀, 보리 등의 곡류에 엿기름, 고춧가루, 소금 등을 넣어 발효·숙성시킨 것으로 매운맛이 특징이다. 콜로이드성 흡착력에 의한 생선 비린내 제거 효과가 있으며, 음식의 간을 맞추고 색감을 높인다. 생채, 나물, 조림, 구이 등의 양념에 쓰이며 초고추장, 비빔밥이나 국수의 양념 고추장 등 다양한 용도로 사용된다.

고추장

(3) 겨자

겨자mustard는 매우 작은 겨자씨앗을 말려서 가루로 갈아 만든 것으로, 매운맛과 특유의 향이 있어 주로 향신료로 쓰인다. 겨자를 씨앗 또는 가루 상태에서는 매운맛이 별로 나지 않지만, 겨자씨 가루를 따뜻한 물에 개어 발효시켜 사용하면 겨자의 성분 중 시니그린이 미로시네이스myrosinase라는 효소의 작용에 의해 알릴 이소티오시아네이트allyl isothiocyanate로 변하여 매운맛이 발휘된다. 겨자의 종류에는 백겨자와 흑겨자가 있는데, 백겨자는 시날빈sinalbin이 매운맛 성분이고 비휘발성이며 매운맛이 약하여 흑겨자와 혼합하여 쓰면 좋다. 흑겨자는 시니그린sinigrin이 매운맛 성분이며 휘발성이 있다.

겨자씨

겨자

(4) 고추냉이

고추냉이horseradish는 일본말로 와사비わさび라고 부르며, 이들의 매운맛 성분도 겨자처럼 미로시네이스의 가수분해에 의해 생성된다. 그러나 휘발성이 강하고 분해가 빨라 매운맛이 소실되기 쉽다. 생와사비는 뿌리째 캔 것을 갈아서 사용하는데, 코를 찌르는 듯한 매운맛과 특유의 향이 있어 생선의 비린내를 제거하고 생선초밥, 생선회, 생선묵 등에 이용된다.

고추냉이

5) 감칠맛을 내는 식재료

감칠맛은 짠맛, 단맛, 신맛, 쓴맛 등 4원미에 더해져 5원미에 속하는 구수하면서 복합적인 맛으로 '우마미umami'라고도 한다. 감칠맛의 주요 성분은 글루탐산나트륨monosodium glutamate, MSG, 이노신산나트륨disodium inosinate, 구아닐산나트륨disodium guanylate 등이며 일본에서 다시마나 가다랑어 추출액에서 발견된 후로 대량 생산되고 있다. 이노신산나트륨과 구아닐산나트륨은 구수한 맛을 내지만 글루탐산나트륨은 복합적인 맛을 내서 짠맛, 신맛, 쓴맛을 완화하고 맛의 상승작용을 일으킨다.

(1) 멸치

멸치anchovy는 핵산이 풍부한 뼈째 먹는 생선으로, 단백질과 칼슘Ca 함량이 높아 임산부와 어린이에게 좋은 식품이다. 멸치를 우려낸 국물에서 감칠맛을 느낄 수 있는데, 이는 이노신산을 다량 함유하고 있기 때문이다. 국물요리의 감칠맛을 위해 멸치육수로 많이 사용되며, 실온에 보관하면 지방이 산패되어 품질이 저하되므로 밀봉하여 냉동보관을 한다.

(2) 다시마

다시마sea tangle는 감칠맛을 내는 글루탐산을 함유하고 있으며, 칼슘Ca, 인P, 요오드I 등의 무기질이 풍부한 알칼리성 식품으로 알려져 있다. 마른 다시마 겉면의 흰 가루는 만니톨mannitol이라는 당알코올 성분으로 단맛을 지닌다. 다시마를 물에 담갔을 때 생기는 끈적한 점액질은 식이섬유의 일종인 알긴산alginate으로, 소화흡수가 되지 않아 장운동과 변비에 도움이 된다.

(3) 표고버섯

표고버섯oak mushroom의 감칠맛 성분은 구아닐산으로 한식, 중식, 일식 등 동양요리에 다양하게 사용된다. 생표고버섯은 살이 두껍고 흠이 없으며 광택이 있는 것이 좋다. 생표고버섯을 말리면 자외선에 의해 에르고스테롤ergosterol이 비타민 D로 전환되어 비타민 D 함량이 증가하고, 맛과 향도 더욱 풍부해진다.

건표고버섯은 갓이 피지 않고 흑갈색의 검은 점이 없는 것이 좋은 상품이며, 종류는 동고·화고·향신으로 분류된다. 동고는 겨울에 채취한 것으로 크기가 작고 갓이 안으로 오그라들어 있어서 표고전, 표고조림, 표고구이에 쓰인다. 화고는 겉 표면이 황갈색이며 거북이 등처럼 갈라져 있어 표고구이와 표고찜을 하기에 좋다. 최근에는 건표고버섯을 가루로 만들어 천연조미료로 이용한다.

(4) 가다랑어포

가다랑어포bonito flakes는 감칠맛이 강하고 특유의 향으로 탕이나 찌개 등 다양한 국물요리에 사용된다. 일본요리의 대부분은 가다랑어포(가쓰오부시かつおぶし)로 우려낸 국물을 이용하며, 가다랑어포의 감칠맛 주성분은 이노신산으로 다른 조미료와 함께 쓰면 상승작용이 일어나 감칠맛이 더 강해진다.

가다랑어포는 많이 넣을수록 국물 맛이 좋아지지만, 너무 오래 끓이면 색이 붉어지고 비린 맛이 생긴다. 기름기가 많아 쉽게 산패되므로 제조일과 유통기한을 확인하여 사용해야 한다.

(5) 화학조미료

MSGmonosodium glutamate(글루탐산나트륨)는 사탕수수의 원당이나 당밀을 미생물로 발효시켜 얻은 글루탐산에 나트륨을 결합하여 만든 감칠맛 조미료이다. 음식에 MSG를 첨가하면 감칠맛이 증가하여 신맛과 쓴맛을 완화하고 단맛에 감칠맛을 부여하여 전체적인 맛의 조화를 높인다. MSG는 산성 환경에서도 안정적이므로 신맛이 나는 음식에도 사용할 수 있으며, 조리과정의 마지막 단계에 첨가하면 효과적이다. MSG에 포함된 나트륨의 양은 일반 소금의 약 3분의 1 수준으로, MSG를 사용하면 전체 나트륨 섭취량을 줄일 수 있다. 그러나 신장 질환이나 고혈압 등으로 나트륨 섭취를 제한해야 할 때는 사용에 주의해야 한다.

2. 향신료

향신료는 크게 허브와 스파이스로 나뉘며, 방향성과 자극성을 가진 재료로 서양에서 주로 쓰인다. 대부분 식물의 일부나 전부를 건조하여 말린 것으로 100여 종이 있으며 생으로 사용하기도 한다. 허브는 주로 신선한 상태의 잎과 줄기를, 스파이스는 주로 건조된 상태의 꽃·열매·씨앗·뿌리·껍질 등을 사용한다표 13-9.

허브와 스파이스는 영양 성분은 거의 없으나 음식을 만들 때 소량 첨가하여 풍미를 향상시킨다. 식욕을 돋우거나 이상한 냄새와 맛을 제거하기 위해 사용되며 약용이나 미적 효과를 위해서도 쓰인다표 13-10.

표 13-9 향신료의 분류

분류	부위	향신료
허브류	잎과 줄기	세이지, 타임, 파슬리, 오레가노, 마조람, 페퍼민트, 로즈마리, 타라곤, 바질, 코리앤더(고수잎)
시드류	종자	캐러웨이, 펜넬, 쿠민, 딜, 아니스, 셀러리, 카다몬, 코리앤더(고수씨), 깨, 머스터드
스파이스류	과실	너트메그, 메이스, 바닐라, 블랙페퍼, 화이트페퍼, 그린페퍼, 레드페퍼, 올스파이스
	기타	사프란, 클로브, 생강, 터메릭, 마늘, 양파, 시나몬, 카시아

출처 : 송태희, 우인애, 손정우, 오세인, 신승미. 2020. 이해하기 쉬운 조리과학. 교문사 재구성

표 13-10 주요 향신료의 기본 작용

기본 작용	주요 향신료
부향작용	올스파이스, 클로브, 시나몬, 바질, 딜, 너트메그, 메이스, 펜넬, 파슬리, 스타 아니스, 타라곤, 마조람, 쿠민, 민트, 카다몬
신미작용	블랙페퍼, 화이트페퍼, 레드페퍼, 머스터드, 와사비, 산초, 생강
착색작용	터메릭(노란색), 사프란(황금색), 파프리카(적색)
교취작용 · 탈취작용	마늘, 클로브, 로즈마리, 양파, 월계수 잎, 타임, 세이지, 코리앤더, 캐러웨이, 생강, 오레가노

출처 : 송태희, 우인애, 손정우, 오세인, 신승미. 2020. 이해하기 쉬운 조리과학. 교문사

1) 허브

허브herb는 라틴어로 푸른 풀을 뜻하는 'herba'에서 유래된 말로 건강, 식용, 신

선함, 미용 등 다양한 용도로 인간에게 유익한 식물을 통칭한다. 허브는 주로 신선한 잎을 사용하며, 최상의 풍미와 효과를 얻기 위해 사용 직전에 바로 사용하는 것이 좋다. 허브의 향을 결정하는 방향 성분은 휘발성이 강하므로 보관 시 주의가 필요하다. 보관할 때는 물기를 제거하고 밀봉하여 공기와의 접촉을 최소화하는 것이 좋다. 장기 보관이 필요할 경우, 허브를 얇게 썰어 오일에 절여 보관하면 향과 신선도를 오래 유지할 수 있다.

(1) 바질

바질basil은 가장 보편화된 허브로 토마토와 잘 어울리는 이탈리아 요리에 많이 사용된다. 수프, 소스, 피자, 스파게티, 샐러드 등 다양한 요리에 사용하고 향이 좋아 올리브오일이나 식초와 혼합하여 바질오일, 바질식초를 만들기도 한다.

바질

(2) 월계수 잎

월계수 잎bay leaf을 날것 그대로 또는 건조하여 사용하는 향신료로, 주로 고기의 냄새를 제거하는 데 효과적이다. 이 잎은 식욕을 돋우는 풍미를 제공하며, 방부 효과도 뛰어나지만, 특유의 강한 향 때문에 소량만 사용하는 것이 좋다. 월계수 잎은 기본적인 스톡과 소스에 자주 사용되며, 마리네이드, 스튜, 육류나 생선 요리, 절임, 초절임, 기름절임 등 다양한 음식에서 풍미를 더하는 데 쓰인다.

월계수 잎

(3) 처빌

처빌chervil은 다른 허브와 혼합하면 풍미가 한층 높아져, 요리의 향미를 살리는 데 효과적이다. 다만, 휘발성 향을 가진 허브이기 때문에 열을 가하면 향미가 쉽게 소실되는 특징이 있다. 처빌은 주로 생선요리, 가금류요리, 요거트 기반 요리, 소스 등에 활용되며, 특히 차이브, 타라곤, 파슬리와 함께 섞어 'mix herb'로 쓰인다. 또한 정혈 작용, 이뇨 작용, 홍분 작용에 도움을 주며, 차로 마시면 비타민 C, 카로틴, 철Fe, 마그네슘Mg 등이 함유되어 있어 소화를 촉진한다.

처빌

차이브

(4) 차이브

차이브chives는 쪽파와 마늘류에 속하는 식물로 섬세한 풍미가 특징이다. 차이브의 에센셜 오일에는 유황 성분이 함유되어 독특한 향미를 지닌다. 이로 인해 음식의 방부제 역할뿐 아니라 식욕 촉진, 신장 강화, 혈압 저하 효과가 있다. 주로 육류나 생선 요리의 풍미를 더하는 데 사용되며 훈제 또는 구운 고기와 잘 어울린다. 조리 과정의 마무리 단계에서 넣어 풍미를 더하거나, 소스의 향을 돋우고, 수프의 고명이나 샐러드의 장식으로 사용한다.

코리앤더

(5) 코리앤더

코리앤더coriander(고수)는 미나리과의 식물로 파슬리와 모양이 비슷하며 종자가 완숙하면 레몬과 세이지를 혼합한 부드러운 향을 느낄 수 있다. 고수풀 또는 중국 파슬리로도 불리며, 잎과 줄기만을 지칭할 때는 스페인어로 실란트로cilantro라고 한다. 코리앤더는 강한 향과 시트러스citrus의 풍미를 가진다. 동남아시아의 요리에서는 샐러드·수프·육류요리·쌀국수 등에, 멕시코를 비롯한 남미 요리에서는 샐러드 소스에 사용된다. 열에 약하기 때문에 익히지 않고 신선한 상태로 사용하는 것이 좋으며, 잎이 노랗게 되면 쓰지 않는 것이 좋다. 코리앤더 정유의 주성분은 리날로올 d-linalool이며 향수, 사탕, 코코아, 초콜릿, 담배, 육제품, 빵과 과자류, 알코올 음료(진)의 착향에 사용한다.

딜

(6) 딜

딜dill은 식물 전체에서 독특한 향과 강한 풍미를 느낄 수 있으며, 줄기, 잎, 꽃, 종자 모두 요리에 사용할 수 있는 허브이다. 주로 신맛이 강한 요리에 사용되며 소화 작용이 뛰어나 대부분의 재료에 잘 어울린다. 특히 각종 해산물요리에 폭넓게 이용된다. 오이샐러드, 피클, 닭고기요리, 드레싱, 화이트소스에도 사용된다.

(7) 마조람

마조람marjoram은 강한 향기를 지닌 허브로, 옛날부터 향료 및 약료 자원으로 널리 사용되었다. 진정 효과가 있으며, 피부병과 괴혈병 치료에 효과적이라 목욕제로도 사용되었고, 잎은 향수와 화장수로 쓰였다. 육류 로스팅 시 풍미를 더해주며, 수프, 마리네이드, 스튜, 샐러드, 치즈요리 등 다양한 요리에 활용된다.

마조람

(8) 페퍼민트

페퍼민트peppermint는 민트 중 가장 많이 사용되는 허브로, 얼얼하고 강한 청량감이 특징이다. 민트 정유의 주성분은 멘톨menthol로 상쾌한 향기와 청량감이 있으며, 살균작용과 방부제 역할을 한다. 페퍼민트는 약용으로도 사용되며, 특히 감기 증상 완화에 효과적이다. 조리에는 자주 사용되지 않지만, 허브차로 많이 이용된다.

페퍼민트

(9) 스피아민트

스피아민트spearmint는 페퍼민트보다 부드러운 향을 지닌 박하류로, 요리에 가장 널리 사용되는 부향용 허브이다. 꽃이 피지만 꽃잎이 가늘어서 창과 비슷하다고 하여 '스피아spear'라고 불린다. 스피아민트는 페퍼민트보다 멘톨 함유량이 적어 부드러운 향을 지니며, 다양한 요리에 적합하다. 특히 양고기요리에서는 민트 소스나 마리네이드로 자주 사용되며, 샐러드, 드레싱, 스튜 등과도 잘 어울린다.

스피아민트

(10) 오레가노

오레가노oregano는 민트과 식물로 톡 쏘는 상쾌한 향과 쓴맛이 있다. 이 독특한 맛과 향 덕분에 치즈, 육류, 생선, 채소 등 다양한 요리에 폭넓게 사용되며, 특히 이탈리아 요리에서 피자의 필수 향신료로 널리 알려져 있다. 오레가노 정유에 함유된 티몰thymol은 방부 작용, 진통, 진정, 강장 효과가 있어 옛날부터 치료 목적으로 사용되었다. 감기, 인플루엔자, 미열, 곰팡이 감염, 소화불량 등에 효과가 있다고 알려져 있으며, 차로 마실 경우 수면을 유도하는 효과도 있다.

오레가노

(11) 파슬리

파슬리

파슬리parsley는 서양요리에서는 거의 빠지지 않는 허브로 아피올apiol이라고 하는 성분이 독특한 풍미를 낸다. 잘게 썰어 요리에 뿌리기도 하고 통으로 장식하기도 한다. 달지 않은 요리에 잘 어울리며 타임, 월계수 잎과 함께 부케가르니bouquet garni의 주재료로 사용되어 수프, 스튜, 육수 등에서 깊은 풍미를 이끌어낸다.

(12) 로즈마리

로즈마리

로즈마리rosemary는 소나무 잎과 비슷하며, 상큼하고 강한 향이 특징이다. 라벤더와 함께 유럽에서는 약과 향수에 사용되었다. 양고기, 돼지고기 등 냄새가 강한 육류요리에 주로 사용하며 생선요리, 수프, 빵, 구운 감자 등 용도가 다양하다. 혈액순환을 촉진하고 기억력 증진과 신경안정 효과가 있기 때문에 불면증과 두통에 좋다.

(13) 타임

타임

타임thyme은 짜릿하고 자극적인 풍미가 요리에 깊은 맛을 더하기 때문에 유럽에서는 없어서는 안 될 대표적인 향신료이다. 오래 끓일수록 맛이 우러나기 때문에 조리과정에서 처음부터 넣고 끓이는 것이 효과적이다. 대부분의 재료와 잘 어울리며 육류, 어패류, 달걀, 스튜, 수프, 채소, 샐러드에 이용된다. 살균력이 있어 고대 그리스에서는 방부제, 보존제, 술이나 치즈의 맛을 내는 부향제로도 사용했으며, 치통이나 우울증 등의 신경성 질환에도 효과가 있다고 알려져 있다.

(14) 혼합허브

서양의 요리사들은 전통적으로 여러 종류의 허브를 혼합하여 향신료로 사용한다.

① 허브 드 프로방스

허브 드 프로방스herb de provence는 프랑스 요리에 사용되는 혼합허브herb mixture로 말린 상태나 신선한 상태로 사용된다. 일반적으로 로즈마리, 마조람, 타임, 오레가노, 바질, 월계수 잎, 세이보리가 주로 포함되며, 경우에 따라서는 라벤더가 추가

되어 독특한 향을 더한다. 이 혼합허브는 그릴 요리, 스튜, 육류, 생선, 채소 요리 등에 풍미를 더하며, 요리에 따뜻하고 향긋한 지중해의 풍미를 선사한다.

② 페르시야아드

페르시야아드persillade는 프랑스 요리에서 다진 파슬리와 다진 마늘을 혼합하여 만든 향신료이다. 주로 조리 과정의 마지막 단계에 첨가하여 요리에 신선한 풍미를 더한다. 페르시야아드는 육류, 생선, 채소 요리에 널리 사용되며, 요리의 맛과 향을 한층 풍부하게 만들어 준다.

③ 저몰라다

저몰라다germolada는 레몬 껍질, 파슬리, 마늘을 곱게 다져서 사용하는 이탈리아 혼합허브로 오소 보코osso buco와 같은 이탈리아 스튜에 사용한다.

2) 스파이스

(1) 올스파이스

올스파이스

올스파이스allspice는 후추와 비슷한 모양이지만 크기가 약간 더 크고, 밝은 갈색을 띤다. 그 향은 후추, 시나몬, 너트메그, 클로브가 섞인 듯한 복합적인 특징을 지니며, 이러한 다양한 향이 어우러져 '올스파이스'라는 이름이 붙었다. 후추와 같은 매운맛은 없지만, 달콤하면서도 쌉쌀하고 시원한 풍미가 특징이다. 올스파이스는 자메이카 요리의 핵심 재료 중 하나이며, 중동의 레반트 지역 요리에서도 필수적인 재료로서 다양한 스튜와 고기 요리, 토마토 소스의 맛을 내는 데 사용한다. 또한 유럽에서는 피클이나 마리네이드용 향신료로 널리 사용되며, 소시지, 테린terrine, 스튜, 미트볼과 같은 육류 요리에도 풍미를 더하는 데 활용한다.

(2) 스타 아니스

스타 아니스

스타 아니스star anise는 중국이 원산지인 붓순나무과의 작은 상록수로, 열매가 8개의 꼬투리로 이루어진 별 모양을 하고 있어 '팔각八角'이라고도 한다. 서양에서는

'별 모양을 닮은 아니스'라는 의미로 스타 아니스라고 부른다. 비록 아니스와는 전혀 다른 식물이지만, 두 향신료 모두 아네톨anethole이라는 성분을 함유하고 있어 비슷한 향을 낸다. 이러한 이유로, 스타 아니스는 가격이 더 높은 아니스의 대용으로 사용되기도 한다. 스타 아니스는 남동부 아시아 요리에서 주로 사용되며, 중국 요리의 혼합 향신료인 오향의 주재료이다. 스타 아니스의 강한 향은 육류의 누린내를 제거하는 데 효과적이어서 돼지고기, 닭고기, 오리고기 등에 쓰이고, 베트남 국수 요리인 포pho에도 사용된다.

캐러웨이 시드

(3) 캐러웨이 시드

캐러웨이 시드caraway seed는 미나리과에 속하는 향신료로, 독일, 오스트리아, 헝가리 요리에 많이 사용된다. 향기가 있는 기름을 함유하여 빵이나 과자에 사용하면 향긋하다. 수프와 채소요리(당근·콩·양파·시금치·호박·감자)에서 부향제로 쓰이며, 시럽이나 화이트소스에도 사용한다.

카옌 페퍼

(4) 카옌 페퍼

카옌 페퍼cayenne pepper는 열대고추로부터 만든 향신료로, 맵고 얼얼하며 파우더 상태로 보관 판매된다. 식욕 촉진, 신진대사, 신경성 식욕부진에 효과적이며 대부분의 육류, 가금류, 해산물 등의 요리에 사용된다.

(5) 셀러리 시드

셀러리 시드celery seed는 셀러리의 씨앗을 건조해 만든 향신료로, 소량만 사용해도 강한 향을 낼 수 있어서 조리 시 주의가 필요하다. 셀러리 시드는 셀러리와 유사한 향을 지니며, 서양식 육수를 우릴 때 셀러리 대신 사용되기도 한다. 또한 다양한 육류요리, 해산물요리, 파스타, 샐러드, 피클, 수프, 스튜, 치즈요리에 널리 활용된다.

(6) 칠리 파우더

칠리 파우더chili powder는 중남미에서 많이 사용하는 혼합향신료로, 칠리는 멕시코 말로 '맵다'는 뜻이다. 매운 고추인 칠리가루에 마늘, 오레가노, 쿠민, 코리앤더, 클로브 등을 섞어서 만든다. 소스, 피클, 오믈렛, 새우 칵테일 등의 요리에 사용하며 쇠고기, 돼지고기, 소시지, 닭, 생선에도 잘 어울린다.

칠리 파우더

(7) 시나몬

시나몬cinnamon(계피)은 후추, 클로브와 함께 세계 3대 향신료의 하나로 계수나무 안쪽 껍질을 건조시킨 것이다. 달콤한 향기와 청량감이 있어 대부분의 단맛이 나는 케이크, 빵, 쿠키, 크로켓, 파이류에 사용되며 한식에서는 수정과, 떡류, 약과 등에 쓰인다.

시나몬

(8) 클로브

클로브clove(정향나무)의 개화되지 않은 꽃봉오리를 건조시켜 만든 향신료이다. 클로브는 특유의 강한 향으로 육류의 누린내 제거에 효과적이다. 이 때문에 육수나 스튜 요리에 자주 사용되며, 훈제 제품이나 각종 고기 요리에도 다양하게 활용된다. 중국 요리인 오향장육에 빠지지 않는 향신료이다.

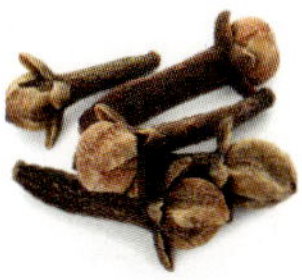
클로브

(9) 사프란

사프란saffron은 붓꽃과에 속하는 연보랏빛의 사프란 크로커스saffron crocus 꽃 중심부 3개의 붉은 주황색 암술 끝에 있는 주두를 건조한 것으로 1 g의 사프란을 만들기 위해서는 160개의 꽃이 필요한 만큼 세계에서 가장 비싼 향신료이다. 식품에 노란색을 내기 위해 사용하는 향신료로 색소 성분은 크로코사이드crocoside와 크로신crocine이며, 자극적인 향, 사향향, 꽃향기, 흙냄새, 쓴맛, 약품취 등 복합적인 향미가 있다. 스페인 전통 음식인 빠에야paella, 지중해식 생선 스튜 부야베스bouillabaisse, 이탈리아 리소또risotto 등의 요리에 사용되며, 유럽에서는 아이스크림에 첨가하기도

사프란

한다. 사프란은 사용하기 전에 미지근한 물이나 육수에 20분 정도 불려야 색과 향이 충분히 우러난다.

쿠민

(10) 쿠민

쿠민cumin은 미나리과에 속하는 식물의 씨앗을 건조해 만든 향신료로, 특유의 강한 향과 톡 쏘는 쓴맛이 특징이다. 이러한 강한 풍미 때문에 익숙하지 않은 사람에게는 거부감을 줄 수 있다. 쿠민은 단독으로 사용하지 않고 2~3가지 향신료를 블렌딩하여 함께 사용한다.

쿠민은 주로 인도의 커리 요리와 탄두리 치킨, 튀르키예의 케밥kebab, 아프리카의 쿠스쿠스couscous 등 다양한 요리에 중요한 향신료로 사용된다. 특히 이슬람권 요리에서 널리 활용되며, 육류의 누린내나 식재료의 잡내를 효과적으로 제거하고 풍미를 더하는 데 탁월한 효과가 있다. 또한 중국의 양꼬치 요리에 사용되는 쯔란도 쿠민으로, 양고기 특유의 누린내와 잡내를 잡아주고 깊은 풍미를 더하는 필수적인 재료이다.

커리 파우더

(11) 커리 파우더

커리 파우더curry powder는 강황과 10~20여 종의 다양한 향신료를 혼합하여 만든 것으로, 주로 다양한 커리 소스에 사용된다. 커리는 '국물'을 의미하는 인도어에서 유래된 단어로, 인도에서 커리는 특정한 혼합 향신료가 아니라 여러 가지 향신료를 넣어 국물이 있는 요리를 뜻한다. 우리가 먹는 커리 파우더는 인도가 영국의 식민지였던 시절에 영국인들이 자신들의 입맛에 맞게 개발해 전 세계로 보급한 것이다.

펜넬 시드

(12) 펜넬 시드

펜넬 시드fennel seed(회향)은 미나리과에 속하는 식물의 건조한 과실을 향신료로 사용한다. 아니스와 비슷한 상쾌하고 화한 향과 달콤한 맛이 특징이다. 펜넬은 유럽에서 '생선의 허브'라고 불릴 정도로 생선요리에 널리 이용된다.

펜넬의 잎은 청어나 연어요리를 장식하는 데 사용되고, 펜넬시드는 달콤한 향을 지녀 가루로 만들어 과자, 빵, 피자, 피클 등에 쓰인다. 어린잎은 올리브오일과 식초에 담가 조미료로 사용하기도 한다.

(13) 후추

상큼한 향기와 짜릿한 매운맛이 특징인 후추pepper는 향미를 쉽게 잃어버려 사용 전에 콘을 갈아서 사용하는 것이 가장 좋다. 후추는 색상에 따라 블랙, 화이트, 그린 등으로 나뉜다.

블랙페퍼

화이트페퍼

후춧가루

표 13-11 후추의 종류와 특징

종류	특징	용도
블랙페퍼	열매가 익기 전에 채취하여 껍질이 갈색으로 변할 때까지 말린 것으로, 가장 풍미가 강하고 많이 사용된다.	샐러드, 육류, 가금류, 소스, 수프, 국
화이트페퍼	붉게 익은 열매의 껍질을 벗겨 말린 것으로, 부드럽고 연한 풍미가 특징이다.	연한 소스, 수프, 국, 흰살생선요리
그린페퍼	설익은 열매를 소금물에 절여 보관한 것으로 매운맛은 덜 하지만 신선하고 부드러운 맛이 특징이다.	소스류

(14) 터메릭

터메릭turmeric(강황)은 생강과에 속하는 열대식물의 뿌리를 말려 가루로 만든 향신료이다. 약간 쓰고 매운맛이 나며 진한 노란색과 주황색을 띤다. 독특한 흙냄새가 나기도 한다. 주로 식품 착색제로도 널리 활용되어 커리, 단무지, 프렌치 머스터드 등에 첨가된다.

터메릭

기호식품

Chapter 14

기호식품은 영양 면보다는 정신적인 면에서 그 역할이 많은 식품으로, 그 독특한 맛과 향 때문에 선택하며 외관이나 습관 등에도 영향을 받게 된다.

1. 차

차tea, *Camellia sinensis*는 차나무의 어린 잎이나 어린 싹을 가공하여 만든 것으로, 차나무는 동백나무과에 속하는 상록수로 잎 가장자리가 뾰족한 톱니 모양을 하고 있다. 차의 품종은 개량에 의해 많은 종류가 있지만, 보통 중국종과 아삼종으로 나눈다. 중국종(소엽종)은 잎이 작고 서늘한 온대 지역에 적합하여 한국, 중국, 일본 등지에서 재배된다. 이 품종은 폴리페놀 함량이 적고 산화효소의 활성이 낮아 녹차 제조에 주로 사용된다. 아삼종(대엽종)은 잎이 크고 고온다습한 아열대 및 열대 지역에 적합하여 인도와 스리랑카 등지에서 재배된다. 폴리페놀 함량이 많고 산화효소의 활성이 높아 주로 홍차 제조에 사용된다. 차는 발효 정도에 따라 발효차, 후발효차, 반발효차, 비발효차로 나눈다. 차의 발효는 찻잎에 함유되어 있는 폴리페놀 성분이 폴리페놀옥시데이스polyphenol oxidase라는 산화효소에 의해 산화되어 성분이 변화되는 과정을 의미한다. 이 과정에서 폴리페놀이 산화되어 황색을 띠는 테아플라빈theaflavin과 적색을 나타내는 테아루비긴thearubigin이 형성되며, 이는 차의 색과 풍미에 중요한 영향을 미친다표 14-1.

녹차에 함유된 탄닌tannin은 카테킨류catechins로서 항산화 활성을 지닌 폴리페놀 화합물이다. 그 외에는 각종 비타민류(A·B·C·E·K·P 등), 특히 비타민 C가 많으며, 카페인caffeine·클로로필chlorophyll·안토시안anthocyan·플라보노이드flavonoid·펙틴pectin·글루탐산glutamic acid을 포함한 아미노산류, 무기질, 효소류, 유기산 등을 함유하고 있다.

표 14-1 발효 정도에 따른 차의 종류

분류	종류	특성
비(불)발효차	녹차	• 덖음차 : 찻잎을 가마솥에 볶아 익힌 차로, 구수하고 고소한 맛이 특징임 • 증제차 : 찻잎을 수증기로 쪄서 만든 차로, 비타민 C 함량이 높고 찻잎의 색이 진한 녹색으로 담백하고 깔끔한 맛이 특징임
후발효차	흑차 보이차	• 찻잎을 찌거나 덖은 후에 미생물과 수분의 작용을 통해 발효시킨 차 • 발효 과정은 수개월에서 수년간 진행되며 시간이 지날수록 맛과 향이 숙성됨
반발효차	우롱차 포종차 꽃차	• 우롱차 : 발효 정도가 50~70%로, 풍부한 향과 부드러운 맛이 특징임 • 포종차 : 발효 정도가 20~50%로, 우롱차보다 발효가 덜 되어 신선한 향과 가벼운 맛이 특징임 • 꽃차 : 재스민차, 계화차, 장미꽃차 등
발효차	홍차	• 찻잎을 비비거나 구겨주어 세포벽을 파괴한 후 공기 중에서 산화(85% 이상 발효 후 열처리 건조)시켜 만든 차로, 독특한 향과 깊은 맛이 특징임

1) 차의 종류와 특성

(1) 녹차

녹차

녹차green tea는 비(불)발효차로, 찻잎을 발효시키지 않고 열처리로 산화효소(폴리페놀옥시데이스)를 불활성화해 신선한 녹색과 특유의 맛을 유지하는 차다. 찻잎은 증기로 쪄서 처리하거나 가마솥에서 볶아 열처리하는 방식으로 산화를 억제한다. 찻잎을 따는 시기가 빠를수록 차의 맛이 부드럽고 향이 좋다.

녹차는 다시 증기로 찐 증제차와 가마솥에서 볶아서 익힌 덖음차로 나눈다. 증제차는 찻잎을 증기로 쪄서 비타민 C의 함량이 높고 찻잎의 색이 진한 녹색을 띠는데, 담백하고 깔끔한 맛이 난다. 일본차는 대부분 증제차가 많다. 덖음차는 찻잎을 솥에서 살짝 볶아 구수한 맛이 강한 것이 특징이며, 우리나라와 중국차는 주로 덖음차가 많다. 증제차는 찻잎을 증기로 빠르게 쪄서 산화효소를 단시간에 완전히 비활성화하기 때문에, 미생물 활동이나 산패가 적게 일어난다. 그러나 덖음차는 가마솥에서 볶는 방식으로 산화를 억제하지만, 열이 골고루 전달되지 않으면 찻잎 내부에 산화효소가 부분적으로 남을 수 있어 상대적으로 변질이 더 빠를 수 있다.

녹차의 품질은 찻잎을 따는 시기와 밀접하게 관련되며, 차나무에서 가장 처음

나온 어린잎으로 만든 차를 우전차雨前茶라고 한다. 우전차는 곡우穀雨(4월 20일) 이전에 수확한 어린 찻잎으로 만들어 생산량이 적고 품질이 뛰어나 특상품으로 꼽힌다. 그 외에도 잎의 크기와 수확 시기에 따라 세작細雀(곡우에서 5월 초까지 수확한 가늘고 고운 어린 찻잎으로 만든 차), 중작中雀(5월 초순에서 중순 사이에 수확한 잎이 조금 자란 찻잎으로 만든 차), 대작大雀(5월 중순에서 6월 초까지 수확한 굵고 성숙한 찻잎으로 만든 차)으로 나눈다그림 14-1.

그림 14-1 찻잎 따는 시기에 따른 분류

(2) 말차

말차抹茶, powdered green tea는 찻잎을 그늘에서 재배한 후 찌고 건조한 잎을 곱게 분쇄해 만든 차로, 고운 초록빛이 특징이다. 찻잎의 모든 영양 성분을 그대로 섭취할 수 있어 건강 음료로도 널리 애용된다.

(3) 보이차

보이차puer tea는 후발효차의 일종으로, 찻잎을 전처리(시들리기, 덖기, 비비기)한 후, 미생물과 수분의 작용에 의해 발효·숙성시켜 만드는 차이다. 전처리된 찻잎에 수분을 가한 뒤 공기 중 미생물에 의해 발효되며, 이 과정에서 곰팡이 향이 나는 특유의 풍미가 형성되고, 검붉은 빛깔을 띠게 된다. 특히 보이차는 숙성기간이 길어질수록 맛이 부드럽고 깊어지는 숙성차로, 중국 운남성에서 주로 생산된다.

(4) 우롱차

우롱차oolong tea는 반발효차로, 찻잎은 일광에서 시들리기를 거친 후에 비비기와 열처리 과정 등의 전처리 과정을 통해 산화를 억제하고, 마지막으로 건조하여 완성된다. 이러한 과정에서 찻잎의 산화(발효)가 부분적으로 진행되어 녹차와 홍차의 중간 성질을 가진 풍부한 맛과 향을 낸다. 우롱차는 지방 대사와 소화를 촉진하여 기름진 음식을 먹은 후 입안을 개운하게 해주어 식후 차로 애용된다. 우롱차는 중국의 푸젠성, 광둥성, 대만 등지에서 주로 생산되며, 지역과 제조 방식에 따라 다양한 풍미를 가진다.

우롱차

(5) 홍차

홍차black tea는 대표적인 발효차로, 찻잎을 따서 수분을 반 정도 날리는 시들리기 과정을 거친 후, 비비기 과정에서 세포벽이 파괴되면서 내부의 폴리페놀과 산화효소가 반응해 산화(발효)가 시작된다. 이 과정에서 찻잎은 점차 갈색으로 변하고, 특유의 풍미와 색이 형성된다. 발효가 완료된 후에는 열처리(건조)를 통해 산화가 멈추고 홍차가 완성된다. 홍차는 다르질링, 아삼, 실론과 같은 지역별 품종과 얼그레이처럼 베르가못 향을 첨가한 가향차flavoured tea 등 다양한 종류로 나뉜다.

홍차

얼그레이

(6) 꽃차

꽃차flower tea는 찻잎과 꽃잎을 혼합하여 꽃향기가 차에 배도록 만든 차이다. 독특한 특유의 꽃향기 때문에 기분전환용으로 많이 이용된다. 계화차, 재스민차, 장미꽃차 등이 있다.

재스민차

(7) 허브차

허브차herb tea는 찻잎 대신 다양한 허브를 우려내어 만든 차다. 허브차는 허브에 함유된 천연 향과 약리 성분으로 인해 건강 음료로 널리 애용되며, 종류에 따라 진정, 소화 촉진, 항산화 등의 다양한 효과를 제공한다. 타임thyme, 레몬밤lemon balm, 라벤더lavender, 로즈마리rosemary, 페퍼민트peppermint 등이 있다.

장미꽃차

로즈힙 티

라벤더 티

로즈버드 티

페퍼민트 티

2) 차의 보관과 즐기는 방법

차는 변질이 잘되는 음료이기 때문에 보관에 주의해야 한다. 차는 습기나 열기에 노출되면 발효가 진행되어 잎이 뜨고, 연기나 가스에 의해 향이 증발하거나 광선에 의해 변색한다.

차의 생명은 맛, 향, 색으로 이를 유지하려면 적절한 보관이 필수적이다. 차의 엽록소는 광선과 습기에 약하므로 건조하고 어두운 곳에 저장해야 한다. 향은 휘발성이 강하고 연기나 바람에 약하므로 밀봉하여 보관해야 한다. 차의 맛은 탄닌의 일종인 카테킨, 아미노산의 일종인 글루탐산과 테아닌, 당류, 유기산 등 다양한 성분이 조화를 이루어 형성된다. 이러한 성분들은 열기와 냉기에 민감하므로, 일정한 온도와 건조한 환경에서 보관하는 것이 차의 품질을 유지하는 데 중요하다.

녹차는 공복에는 다식茶食을 겸하는 것이 좋다. 다과를 즐길 때는 과자나 과일을 먼저 먹으면 차의 깊은 맛을 제대로 느낄 수 없으므로 차를 음미한 후에 먹는 것이 좋다.

찻물은 충분히 끓인 후 찻주전자에 부어 주전자의 냉기를 없애고, 주전자의 물을 찻잔에 나누어 부어 잔을 데운다. 끓인 물은 70~80℃ 정도로 식힌 후 찻물로 사용한다.

차를 우릴 때는 우측에서 좌측으로 찻잔에 조금씩 번갈아 3번에 나누어 부어 차의 농도를 일정하게 맞춘다. 찻잔은 왼손에 받쳐 들고 오른손으로 감싸며 2~3회 나누어 마신다. 차를 권하는 사람에게 가볍게 목례를 한 뒤에 색·향·맛을 음미하게 되는데, 차는 몸으로 마시는 것이 아니라 마음으로 마신다.

2. 커피

커피coffee는 열대 지방에서 자라는 상록관목의 열매 씨앗으로, 초록색을 띠다가 완전히 익으면 붉은색으로 변한다. 커피나무는 일반적으로 따뜻하고 습한 기후에서 잘 자라며, 특히 열대성 기후에 고산지대나 화산재가 퇴적된 비옥한 토양이 커피 재배에 적합하다.

커피는 에티오피아 고산지대에서 자생하던 야생 커피에서 유래되었으며, 예멘의 모카를 중심으로 이슬람 문화권에 전파되었다. 이후 이슬람 상인과 순례자들에 의해 아라비아반도를 넘어 오스만 제국을 거쳐 북아프리카와 유럽으로 확산되었으며, 17세기 베네치아 상인들을 통해 전 세계로 보급되었다. 커피의 어원은 에티오피아의 카파kaffa 지역에서 비롯되었으며, '카파'는 아랍어로 '힘'을 의미한다. 이후 이 명칭이 터키로 전해지면서 카베kahve로 불렸고, 다시 유럽으로 확산되며 프랑스에서는 카페café, 이탈리아에서는 카페caffé로 정착되었다. 커피coffee라는 명칭은 1650년경에 영국의 블런트Blunt 경에 의해 처음 사용되었으며, 이후 오늘날까지 이어지고 있다. 커피는 나라마다 명칭에 약간의 차이가 있는데, 예를 들면 미국과 영국은 커피coffee, 프랑스는 카페café, 이탈리아는 카페caffé, 독일은 카페kaffee, 러시아는 코페kophe, 네덜란드는 코피koffie라고 부른다.

세계 최대 커피 생산국은 브라질(전 세계 생산량의 약 30% 생산)로서 대부분의 브라질 커피는 인스턴트 커피나 값싼 블렌드blend용으로 사용된다. 그 외에 주요 생산국으로는 콜롬비아, 멕시코, 베트남, 과테말라, 에티오피아, 케냐, 탄자니아, 자메이카, 자바, 인도네시아, 인도, 하와이, 짐바브웨, 코스타리카 등이 있다.

우리나라에서는 1895년경에 을미사변 당시 러시아 공사가 고종 황제에게 진상하여 시음한 것이 커피의 시초이며, 6·25 전쟁 이후 미군 부대에서 나온 커피를 통해 급속히 보급되어 대중화되었다.

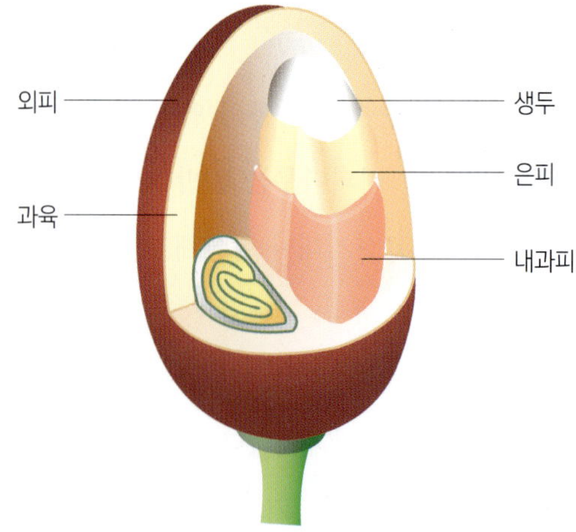

그림 14-2 커피 열매의 구조

출처 : 황지희 외. 2009. 커피 & 티. 파워북

1) 커피 원두의 종류와 특성

커피나무는 묘목을 심은 지 5년이 지나면 첫 수확이 가능하며 그 후 10~20년 동안 수확할 수 있다. 한 그루에서 연 평균 약 2,000개의 열매가 수확된다. 커피나무 열매coffee cherry의 씨를 커피콩coffee bean(원두)이라고 한다. 볶기 전의 자연 그대로의 씨는 그린빈green bean(생두)이라고 한다. 커피 열매는 처음에 녹색을 띠다가 익어가며 붉은색으로 변하고, 이때가 수확에 가장 알맞은 시기이다.

커피의 품질에는 수확한 커피 열매의 건조과정이 큰 영향을 미친다. 건조방법에는 건식법과 습식법이 있다. 건식법은 커피 열매를 햇볕에 자연 건조시키는 방식으로, 비용이 적게 들지만 품질에 차이가 날 수 있다. 반면, 습식법은 세척과 선별 등 여러 단계를 거치기 때문에 일반적으로 더 균일하고 높은 품질의 커피를 생산하는 데 유리하다.

커피 원두에는 품종에 따라 아라비카arabica, 로부스타robusta, 리베리카liberica로 나뉜다. 리베리카종은 아라비카종과 로부스타종 사이의 특성을 가진 품종으로, 전 세계 커피 생산량의 약 1% 수준에 불과하다. 원두 크기는 크지만 향미가 떨어지고 쓴맛이 강해 대중적 선호도가 낮아 거의 재배되지 않고 특정 지역에서 소규모로만 재배된다. 아라비카종은 원두커피의 주를 이루며, 로부스타종은 인스턴트 커피에 주로 이용된다.

아라비카종은 에티오피아가 원산지로 해발 1,000~2,000 m의 고원지대에서 주로 재배된다. 이 품종은 기후와 토양, 질병에 민감하고, 고지대에서 자라기 때문에 냉해에 약하다. 원두 모양은 납작하고 길며 색깔은 붉고 향이 진하다. 고급 원두커피용으로 사용된다. 아메리카 지역에서 가장 선호하는 커피로 부드럽고 섬세한 맛이 있고, 카페인 함량이 1~1.5% 정도로 적다. 전 세계 원두 생산량의 75% 정도를 차지하며 크게 마일드mild와 브라질brazil로 구분한다. 마일드는 주로 중남미의 고산지대에서 재배된 고품질 아라비카 커피로, 산미가 강하고 풍부한 향이 특징이다. 원두는 청록색 또는 연녹색을 띠고 크고 납작한 타원형이다. 주로 스트레이트 커피로 사용되며, 자메이카 블루마운틴, 에디오피아 예가체프, 콜롬비아 수프리모 커피가 대표적이다. 브라질은 브라질과 같은 저지대에서 생상된 커피로 산미가 적고 고소하며 바디감이 강한 것이 특징이다. 원두는 노란색 또는 연녹색을 띠고 작고 둥근 형태를 한다. 주로 블렌딩용으로 사용되며, 브라질 산토스와 세하도 커피가 대표적이다.

아라비카

콜롬비아 수프리모

하와이안 코나

리베리카

로부스타종은 콩고가 원산지이며 평지와 해발 0~700 m에서 자란다. 아라비카종에 비하여 병충해에 강하며 성장속도도 빠르다. 로부스타종은 카페인 함량이 1.6~3.0%로, 0.8~1.5% 수준인 아라비카종보다 약 2배 높다. 특히 쓴맛이 강하고 향과 맛이 부족한 편이며, 원두 모양은 둥글고 크기가 작다. 질병과 병충해 등에 저항력이 강하여 재배가 용이한 경제적 장점이 있어 상업적으로 대규모 재배된다. 주로 인스턴트 커피나 블렌드 커피의 배합용으로 사용되며, 전 세계 커피 생산량의 약 25%를 차지한다.

더 알아보기

- 스트레이트 커피straight coffee : 단일 산지single origin에서 생산된 원두만을 사용하여 추출한 커피이다. 특정 지역이나 농장에서 재배된 원두 고유의 개성과 풍미를 그대로 즐길 수 있다.
- 블렌드 커피blend coffee : 여러 산지의 원두를 혼합하여 맛과 향을 조화롭게 조절한 커피이다. 블렌딩을 통해 각 원두의 장점을 극대화하고, 균형 잡힌 풍미를 만들어 일정한 맛을 유지할 수 있다.

2) 성분

커피 원두는 지방질·단백질·식이섬유가 주성분이며, 당분은 포도당과 자당, 무기질은 약 50% 정도가 칼륨K이다.

커피의 맛은 단맛, 신맛, 쓴맛, 떫은맛이 있는데 향과 조화되어 독특한 맛을 낸다. 특히 쓴맛은 카페인, 떫은맛은 탄닌에 의한 것이며, 카페인은 흥분과 이뇨작용이 있다.

커피의 풍미를 좌우하는 성분인 카페인은 아라비카종이 0.8~1.5%, 로부스타종은 1.6~3.0% 정도 함유되어 있다. 에스프레소는 추출시간이 짧지만, 고압으로 빠르게 추출되기 때문에 카페인 농도가 높다. 다만, 한 잔의 양(약 30 mL)이 적어 전체 카페인 함량은 드립 커피(약 240 mL)보다 낮을 수 있다. 카페인은 물에 쉽게 녹기 때문에 추출 초반에 대부분 용출되며, 추출시간이 짧더라도 충분한 카페인이 포함된다.

지방은 12~16% 정도로 커피의 향기와 가장 밀접한 성분으로 팔미트산, 리놀레산을 많이 함유하며 올레인산, 스테아르산 등을 함유하고 있다.

커피의 방향 성분은 카페인이 변한 것으로 커피 향이 지닌 카페올과 유기산인 초산, 에스테르류, 아세톤류, 알데하이드류, 케톤류, 페놀류, 퍼퓨랄furfural 유도체 등이다. 이러한 성분은 공기 중에 노출되면 쉽게 없어지고 산패가 된다.

3) 가공 및 이용

카푸치노

건조과정이 끝난 생두는 장기간 보관이 가능하지만 맛과 향이 없다. 생두를 가열하여 볶는 배전roasting 단계를 거쳐야 하며, 배전은 커피 생두를 220~230℃의 온도로 가열하여 내부 조직에 물리적·화학적 변화를 일으켜 커피 특유의 맛과 향을 생성시키는 것이다. 커피 원두의 배전 정도에 따라 커피의 향뿐만 아니라 신맛과 쓴맛의 정도도 결정된다. 즉 배전이 약할수록 신맛이 강하고, 강할수록 쓴맛이 강해진다. 따라서 배전은 짧은 시간에 효율적으로 해야 하며, 배전의 기술이 원두의 가공에서 가장 중요하다.

커피의 맛과 향은 시간이 지남에 따라 점차 소멸되며, 배전과정에서 생성된 향미 성분은 휘발하거나 산소와 결합해 서서히 감소한다. 배전된 원두는 2주 정도 지나면 맛과 향에 관련된 물질들의 50~60%가 소멸된다. 특히 커피를 분쇄하면 향미성분의 휘발속도가 매우 빨라지므로, 배전된 원두나 분쇄 커피는 밀폐용기에 넣어 서늘하고 어두운 곳에 보관해야 신선함이 유지된다. 커피는 볶은 후 2주 정도, 분쇄하면 4시간 이내가 가장 맛있다.

표 14-2 커피의 종류 및 특징

종류	특징
에스프레소 espresso	• 에스프레소는 이탈리아어로 '빠르다'는 뜻으로, 뜨거운 물을 순간적으로 통과시켜 커피를 추출하는 방식에서 유래한 이름이다. • 일반적으로 90~96℃ 사이의 고온에서 9 bar(약 9기압)의 압력으로 25~30초간 추출하며, 이는 짧은 시간 내에 커피의 풍미와 크레마(추출 시 생성되는 미세한 거품층)를 형성하는 데 중요한 역할을 한다. • 에스프레소는 단독으로 마시기도 하지만, 아메리카노, 카페라떼, 카푸치노 등의 다양한 커피 음료의 기본 베이스가 된다.
아메리카노 americano	• 에스프레소에 뜨거운 물을 추가하여 희석한 커피로, 진한 에스프레소의 풍미를 부드럽게 즐길 수 있다. 일반적으로 에스프레소 1샷(30 mL)에 뜨거운 물 120~180 mL를 더해 만든다. • 아메리카노라는 이름은 제2차 세계대전 당시 유럽에 주둔하던 미군들이 진한 에스프레소를 연하게 마시기 위해 물을 타서 마신 것에서 유래되었으며, 미국식 커피와 비슷한 스타일이라 하여 붙여진 이름이다.
카푸치노 cappuccino	• 진한 에스프레소에 스팀 우유와 풍성한 우유 거품을 올려 마시는 커피로 우유 대신 크림을 사용하거나 시나몬 가루를 뿌려 먹기도 한다. • 카푸치노라는 이름은 진한 갈색의 커피 위에 우유 거품을 올려놓은 모습이 카푸친 작은형제회 수도사들의 모습과 닮았기 때문에 붙여졌다.
카페라떼 cafe latte	• 에스프레소에 뜨거운 우유를 곁들인 커피 음료로, 이름은 커피와 우유를 의미하는 이탈리아어 'caffè e latte'에서 유래했다. • 카푸치노와 비슷하지만, 카푸치노가 에스프레소, 스팀 우유, 우유 거품의 비율이 1:1:1인 반면, 카페라떼는 에스프레소와 스팀 우유의 비율이 약 1:2로, 거품이 적다.
카페모카 cafe mocha	• 에스프레소와 스팀 우유에 초콜릿 시럽을 넣어 만든 커피 음료로, 기호에 따라 휘핑크림을 추가하기도 한다. • 카페모카라는 이름은 예멘의 모카mocha 항구에서 수입한 커피콩의 초콜릿 같은 풍미에서 유래했다.
카페오레 cafe au lait	• 카페오레는 뜨거운 우유를 넣어 즐기는 프랑스식 커피로, 이름은 프랑스어에서 유래했으며, '커피'를 뜻하는 café에 '우유를 섞은'이라는 의미의 au lait가 결합하여 '우유를 섞은 커피'라는 뜻을 가진다. • 카페라떼와 비슷하지만, 에스프레소 대신 드립 방식으로 진하게 추출한 커피를 사용하며, 우유의 양이 상대적으로 적다. 일반적으로 커피와 우유의 비율은 1:1 또는 2:1 정도이며, 기호에 따라 설탕이나 크림을 넣어 마시기도 한다.

종류	특징
아포가토 affogato	• 바닐라 아이스크림에 뜨거운 에스프레소를 부어 즐기는 디저트로, 이름은 이탈리아어로 '빠지다' 또는 '익사하다'는 뜻으로, 아이스크림이 에스프레소에 녹아드는 모습에서 유래했다. • 기호에 따라 캐러멜 소스, 초콜릿 시럽, 견과류 등을 추가하여 다양한 맛으로 즐길 수 있다.
카페 마키아토 cafe macchiato	• 에스프레소에 소량의 우유 거품을 더한 커피 음료이다. 이름은 이탈리아어로 '얼룩진' 또는 '표시한'이라는 뜻으로, 우유 거품이 더해져 생긴 얼룩 같은 모습에 유래되었다. • 보통 에스프레소에 한 스푼 정도의 우유를 첨가하지만, 때로는 에스프레소와 우유를 1:1 비율로 섞어 마시기도 한다.
라떼 마키아토 latte macchiato	• 우유를 기본으로 하여 그 위에 에스프레소를 천천히 부어 층을 형성하는 커피 음료로 에스프레소에 소량의 우유 거품을 추가하는 카페 마키아토와는 다르다.
캐러멜 마키아토 caramel macchiato	• 에스프레소에 바닐라 시럽과 스팀 우유를 넣고, 캐러멜 소스를 얹어 마무리하는 커피 음료로 취향에 따라 휘핑크림을 추가할 수 있다.
비엔나 커피 viennese coffee	• 진한 블랙커피나 에스프레소 위에 휘핑크림을 얹어 부드럽게 즐기는 오스트리아 전통 커피이다. 오스트리아에서 마차를 몰던 마부들이 한 손으로도 쉽게 마실 수 있도록 휘핑크림을 올려 제공한 것에서 유래했다. • 영어권에서는 비엔나 커피라고 부르지만, 독일어권에서는 아인슈페너 einspänner라는 명칭이 더 일반적이다.
카페 프레도 cafe freddo	• 카페 프레도는 긴 유리잔에 담은 에스프레소에 얼음을 넣고, 필요에 따라 설탕 시럽을 첨가해 차갑게 즐기는 커피 음료이다. • 아이스 커피iced coffee의 한 종류로, 커피를 얼음과 함께 흔들거나 섞는 과정에서 자연스럽게 거품이 형성되는데, 이탈리아에서는 이러한 방식으로 만든 아이스 커피를 '카페 프레도'라고 부른다.
고메 커피 gourmet coffee	• 일반적인 커피보다 뛰어난 품질과 풍미를 자랑하는 프리미엄 커피로, 미식가를 뜻하는 프랑스어에서 유래되었다. 최고급 아라비카 원두를 사용하며, 대표적으로 자메이카 블루마운틴, 하와이 코나, 예멘의 모카 등이 있으며 풍부한 향과 섬세한 맛이 특징이다.

출처 : 김준. 2005. 커피. 김영사

3. 코코아

코코아

카카오나무는 열대 지역에서 자라는 벽오동과의 상록수로, 그 열매에서 카카오 콩cacao bean을 채취한다. 한 개의 꼬투리(열매)에는 20~40개의 카카오 콩이 들어있으며, 꼬투리를 따서 하루나 이틀 방치한 후 쪼개어 종자를 꺼낸다. 종자는 발효 과정에서 쓴맛과 떫은맛을 유발하는 성분이 분해되고, 독특한 초콜릿 향이 생성된다.

발효가 완료된 종자는 건조 및 로스팅(볶기)을 거친 뒤 분쇄하여 반유동성 상태의 카카오 매스cocoa mass를 만든다. 카카오매스에서 지방 성분인 카카오버터를 추출하고 남은 고형물을 가루로 만들면 코코아 분말cocoa powder이 된다.

주로 밀크 코코아로 마시는데, 이는 설탕과 분유를 배합한 것으로 뜨거운 물만 부으면 마실 수 있다. 코코아cocoa는 카페인 함량은 극소량이며 테오브로민theobromine을 상당량 함유하고 있어 자극적이지 않으면서도 기분을 안정시키는 효과가 있다.

4. 과즙음료

과즙음료

- 천연과즙 : 과일에서 직접 추출한 과즙으로, 희석하지 않은 순수한 상태를 의미한다. 천연과즙을 농축한 후 다시 물을 더해 원래 상태로 환원한 것도 이에 포함된다.
- 과즙음료 : 천연과즙의 신맛을 조정한 당액을 희석하여 만든 음료로, 천연과즙이 50% 이상인 것을 말한다.
- 과육 함유 청량음료 : 과즙음료와 비슷하지만 천연과즙 함량이 10~50% 함유된 경우를 말한다.
- 과육음료 : 과육을 파쇄하여 100% 그대로 사용한 음료로, 과일 고유의 맛과 식이섬유가 풍부하다.

5. 와인

최근 와인wine에 대한 관심이 높아지면서 와인문화가 일반인에게 확산되어 대중문화의 일부가 되었다. 와인의 기원은 원시인들이 먹다 남은 포도를 동굴 속 움푹 팬 곳에 보관했다가 나중에 다시 먹었더니 기분이 좋아지는 음료로 변해 있었다는 일화에서 찾을 수 있다. 와인은 색에 따라 크게 붉은색의 적포도주red wine, 분홍빛의 로제 와인rose wine, 흰색의 백포도주white wine로 나뉜다. 표 14-3에 각 나라 와인의 명칭을 정리하였다.

표 14-3 국가별 와인의 명칭

	영어	불어	독일어	이탈리아어	스페인어
적포도주	red wine	vin rouge	rotwein	vino rosso	vino tinto
백포도주	white wine	vin blanc	weisswein	vino bianco	vino blanco
로제 와인	rose wine	vin rose	rosewein	vino rosato	vino rosado

출처 : 김성혁, 김진국. 2002. 와인학 개론. 백산출판사

와인의 제조방법에 따라서는 다음과 같이 분류할 수 있다표 14-4.

표 14-4 제조방법에 따른 와인의 분류

제조방법	대표 와인
스틸 와인 still wine	• 가장 일반적인 와인으로, 발효 과정에서 자연스럽게 생성된 이산화탄소가 제거되어 탄산이 없는 와인 • 테이블 와인table wine, 디저트 와인dessert wine
스파클링 와인 sparkling wine	• 자연적으로 또는 인위적으로 탄산가스를 함유한 와인으로, 발효 과정에서 생성된 이산화탄소가 와인에 녹아들어 탄산이 생기는 것이 특징임 • 샴페인shampagne, 뱅 무스vin mousseux, 프로세코prosecco, 스푸만테spumante, 카바cava, 샤움바인schaumwein
강화 와인 fortified wine	• 발효 과정에서 브랜디 등의 주정을 추가해 알코올 도수를 높인 와인 • 셰리sherry, 포트port, 마데이라madeira
플레이버드 와인 flavored wine	• 와인에 과일, 허브, 향신료 등의 천연 또는 인공 향료를 첨가하여 독특한 풍미를 더한 와인 • 베르무트vermouth

1) 와인 라벨의 이해

와인을 구입할 때 가장 먼저 접하게 되는 라벨을 보고 와인의 선택에 필요한 기초 정보를 얻을 수 있다. 즉 와인의 재료가 되었던 포도의 품종, 재배지, 와이너리winery, 제조과정에 대한 대부분의 정보가 라벨에 담겨 있다. 따라서 라벨을 잘 이해하는 것은 좋은 와인 선택의 첫 번째 요건이다.

(1) 빈티지

와인 병에는 일반적으로 포도가 수확된 연도가 표기되며, 이를 빈티지vintage라고

한다. 이처럼 와인의 생산 연도가 기입된 와인을 빈티지 와인이라 하며, 넌비티지non-vintage 와인과 구분한다. 넌빈티지 와인은 제조연도가 두 해 또는 그 이상인 와인들을 섞어 제조한 것으로 일정한 맛과 스타일을 보장한다. 그러나 빈티지 와인이 넌빈티지 와인보다 더 우수하다는 의미는 아니며, 특정 지역에서 특정 해에 생산된 와인이 뛰어난 경우도 있지만 그렇지 않은 경우도 많다. 빈티지는 와인의 신선도와 품질을 가늠하는 중요한 정보를 제공한다는데 의미가 있다.

와인 라벨

(2) 생산지

생산지는 주로 전면 라벨에 표기하며 경우에 따라 후면 라벨에 표시되기도 한다. 이 생산지는 소비자에게 와인에 대한 보다 많은 정보를 준다. 각 생산지의 토양, 기후의 특징, 그 지역에서 주로 생산하는 포도의 품종까지 가늠할 수 있어 와인의 스타일을 유추할 수 있는 가장 중요한 정보이다. 예를 들어 호주의 쿠나와라Coonawarra 지역은 카베르네 소비뇽cabernet sauvignon으로 유명하므로 쿠나와라라는 지명을 보면 질 좋은 카베르네 소비뇽 와인을 구입했다고 예상할 수 있다.

(3) 포도 품종

와인 라벨에는 포도 품종이 전면 또는 후면 라벨에 표기되며, 이는 와인에 대해 보다 직접적인 정보를 제공한다. 예를 들어, 시라즈shiraz 포도로 만든 와인은 진한 색상과 풍부한 바디를 가지며, 후추와 같은 스파이시한 풍미가 특징이다. 따라서 이러한 포도주는 스테이크나 스튜처럼 맛이 강한 음식과 함께 마시는 것이 바람직하다. 이와 같이 포도 품종은 와인의 맛과 특징을 가장 함축적으로 담고 있는 정보이다.

(4) 와이너리

와인 라벨에는 와이너리의 이름이 포함되어 있으며, 이는 와인을 생산한 양조장을 의미한다. 매우 유명한 와이너리 이름이 있을 경우, 이를 통해 와인의 품질을 확신할 수 있다. 예를 들어, 프랑스 와인의 라벨에서 샤토chateau라는 단어는 와이너리를 지칭하며, 이는 해당 와이너리의 명성을 나타낸다.

(5) 생산 국가

와인 라벨에는 프랑스, 이탈리아, 칠레, 호주, 미국 등의 생산 국가가 표기되며, 이는 소비자에게 와인 원산지를 확인시키기 위한 정보이다. 예를 들어, 프랑스는 보르도와 부르고뉴 같은 유명한 와인 생산 지역으로 알려져 있으며, 이탈리아는 토스카나와 피에몬테 지역의 와인으로 유명하다. 칠레는 마이포 밸리에서 생산되는 카베르네 소비뇽으로, 호주는 바로사 밸리의 시라즈로, 미국은 나파 밸리의 샤르도네와 카베르네 소비뇽으로 잘 알려져 있다. 따라서 와인 라벨에 표시된 생산 국가를 통해 해당 와인의 특성과 품질을 가늠할 수 있다.

(6) 알코올 함유량

와인 라벨에는 일반적으로 알코올 함유량이 표시되며, 이는 주로 후면 라벨에 기재된다. 백포도주는 10~14%, 적포도주는 12~16% 정도이다. 그러나 와인의 알코올 도수는 포도 품종, 재배 지역의 기후, 양조 방식 등에 따라 다양하게 나타날 수 있다. 예를 들어, 독일의 리슬링 와인은 알코올 도수가 7~8%로 낮은 편이며, 포트나 셰리와 같은 주정 강화 와인은 20%를 넘기도 한다.

2) 와인을 맛보는 중요한 기준

(1) 외관과 색

백포도주는 연한 노란색에서 황금색까지 다양하며, 색이 짙을수록 바디감이 무거운 경향이 있다. 이는 오크통에서 숙성되어 색과 바디감이 강화되었을 가능성이 높다.

적포도주는 밝은 루비색에서 짙은 보라색까지 색상이 다양하다. 일반적으로 색이 진하고 불투명할수록 바디감이 무겁고, 탄닌과 알코올 함량이 높아지는 경향이 있다. 그러나 와인의 색상과 바디감 사이의 상관관계는 절대적이지 않으며, 포도 품종, 양조 방법, 숙성 기간 등 다양한 요인에 의해 영향을 받는다.

(2) 향기

와인에서 느껴지는 다양한 향은 아로마aroma와 부케bouquet로 나눌 수 있다. 아로마는 포도 자체의 향을, 부케는 숙성과정을 통해 형성된 복합적인 향을 의미한다. 갓 담근 와인에서는 포도 자체의 향기인 아로마가 주로 나타나며, 숙성됨에 따라 발효와 숙성과정에서 형성된 부케가 더해져 복합적인 향을 갖게 된다. 이러한 향의 폭과 깊이는 와인의 품질에 큰 영향을 미친다. 일반적으로 호주나 미국 등 신세계 와인은 과일 향이 두드러지며, 유럽산 와인은 흙이나 미네랄 향이 깊은 편이다.

(3) 맛

와인의 맛은 입에서 느껴지는 다양한 풍미를 의미하며, 이는 과일, 향신료, 채소, 꽃 등으로 비유된다. 와인을 시음할 때 기본적으로 살펴볼 맛은 다음과 같으며, 이러한 요소들을 종합적으로 평가하여 와인의 전체적인 맛과 품질을 판단할 수 있다.

- 단맛sweetness : 와인에 남아 있는 당분으로 인해 느껴지는 단맛의 정도를 평가한다. 단맛이 강한 와인은 디저트 와인이다. 단맛이 전혀 없는 와인은 음식과 매칭해서 함께 마시기에 적합하다. 단맛이 강한 것은 스윗sweet, 단맛이 적은 것은 드라이dry라고 한다.
- 산도acidity : 와인의 신선함과 상쾌함을 결정하는 요소로, 혀의 양옆과 아래쪽에서 느껴지는 신맛을 말한다. 신맛이 강할수록 침샘을 자극하므로 가벼운 전채요리나 과일과 잘 어울린다.
- 탄닌tannin : 주로 적포도주에서 느껴지는 떫은맛으로, 입안이 마르는 듯한 감각을 준다. 포도 껍질, 씨앗, 줄기에서 추출되는 탄닌은 와인의 떫은맛과 쓴맛을 형성하며, 와인의 구조와 질감을 형성하는 데 중요한 역할을 한다. 오크통에서

숙성된 적포도주의 경우, 오크통에서 추가적인 탄닌이 와인에 스며들어 탄닌 함량이 증가할 수 있다. 일반적으로 와인이 숙성되면서 탄닌은 부드러워지며, 이는 와인의 바디와 질감에도 영향을 미친다. 따라서 탄닌은 와인의 중요한 맛 지표 중 하나로 간주된다.

- 알코올alcohol : 와인의 무게감과 따뜻함을 결정하며, 목을 넘길 때 느껴지는 따뜻한 감각으로 판단한다. 와인의 알코올 함량은 와인의 바디감과 맛에 영향을 주며, 와인의 밸런스에 중요한 역할을 한다.

(4) 바디

와인의 바디body는 입안에서 느껴지는 무게감과 질감을 의미하며, 보통 라이트light, 미디엄medium, 풀full로 표현한다. 와인의 바디는 육안으로도 판별할 수 있는데, 잔에 든 와인을 흔들어 보아 무겁게 움직이는 것을 풀 바디full body로, 가볍게 찰랑거리는 것을 라이트 바디light body로 판단한다. 와인 품질과 이용에 매우 중요한 지표 중 하나이다. 대체로 오크통에 숙성시키는 유럽산 와인이 풀바디로 알려져 있으나, 미국 캘리포니아산 와인은 바디를 주기 위해 유럽에서 수입한 오크통에서 숙성시켜 바디를 부여한다. 따라서 이제는 단순히 향이나 바디만으로 원산지를 판별하기는 어렵고, 와인의 바디감은 알코올 함량, 탄닌, 당도, 오크 숙성 여부 등 다양한 요인에 의해 결정된다. 일반적으로 알코올 함량이 높을수록 바디감이 무거워지는 경향이 있다. 예를 들어, 카베르네 소비뇽이나 시라즈 같은 품종은 풀바디로 분류되며, 피노 누아나 소비뇽 블랑은 라이트바디로 분류된다.

(5) 여운

여운finish은 와인을 삼킨 후 입안에 남는 맛과 향의 지속 시간을 의미한다. 일반적으로 여운이 길고 복합적일수록 와인의 품질이 높다고 평가된다. 여운의 길이는 짧은 여운short finish은 0~30초 정도, 중간 여운medium finish은 30~60초 정도, 긴 여운long finish은 60초 이상으로 구분한다. 여운의 길이는 와인의 바디감과 관련이 있을 수 있지만, 반드시 비례하는 것은 아니다. 일반적으로 바디감이 큰 와인은 여운이 길게 느껴질 수 있으나, 이는 와인의 스타일, 포도 품종, 양조 방법 등 다양한 요인에 따라 달라진다. 따라서 여운의 길이만으로 와인의 품질을 단정하기는 어렵다.

3) 포도 품종별 와인 종류

와인을 주문할 때 와인 이름만으로 어떤 와인인지 알아내는 것은 와인 초보자에게 쉬운 일이 아니다. 포도 품종의 이름만으로 그 와인이 적포도주인지 백포도주인지 판단하기는 더욱 어렵다. 이때 몇 가지 주요 와인 품종을 알아두면 와인을 주문하고 특징을 이해하는 데 큰 도움이 된다.

(1) 백포도주 품종

① 샤르도네

샤르도네

샤르도네chardonnay는 세계에서 가장 인기 있는 드라이 백포도주 품종이다. 추운 기후와 칼슘Ca이 풍부한 토양에서 잘 자라지만, 백포도주 중에서도 고급 품종으로 여겨져 따뜻한 기후에서도 생산한다. 추운 지역에서 잘 자란 샤르도네는 사과와 감귤 향이 나며, 입속에서 청량감을 느낄 수 있다. 더운 지역에서 자란 샤르도네는 파인애플과 망고와 같은 열대과일의 향이 짙다. 또한, 샤르도네는 오크통 숙성을 거칠 경우 바닐라의 달콤한 향과 버터를 바른 토스트 같은 고소한 풍미를 띠게 된다. 이러한 특성 덕분에 샤르도네이는 다양한 스타일로 양조될 수 있으며, 전 세계적으로 널리 사랑받는 품종이다.

② 소비뇽 블랑

소비뇽 블랑

소비뇽 블랑sauvignon blanc은 세계적으로 널리 재배되는 대표적인 백포도주 품종 중 하나로, 유럽과 호주와 미국 모두에서 주목받고 있다. 유럽의 소비뇽 블랑은 풋사과와 덜 익은 포도나 허브 같은 향과 함께 흙냄새를 갖는다. 프랑스의 르와밸리Loire valley와 보르도Bordeaux에서 많이 생산되며, 이탈리아에서도 중요한 품종이다. 호주와 미국에서 생산된 소비뇽 블랑은 키위, 메론과 같은 열대과일 향을 갖는다. 소비뇽 블랑은 신맛이 강하여 입안을 상쾌하게 해주는 특성이 있어 식전 와인으로도 인기가 높다.

리슬링

③ 리슬링

리슬링riesling은 한국에서 흔히 단맛이 강한 와인으로 알려져 있지만, 실제로는 본드라이bone-dry, 세미드라이simi-dry, 세미스윗semi-sweet, 인텐서티 스윗intensity sweet 등 4종류가 있다. 리슬링은 음식과 가장 잘 어울리는 와인으로 손꼽힌다. 독일이 주요 산지이며, 프랑스 알자스Alsace 지역에서도 리즐링으로 유명하다.

독일산 리슬링은 신선한 과일향이 풍부하고 적절한 산도를 지닌 균형 잡힌 스타일이 특징이고, 알자스 지방 리슬링은 과일향이 있으면서도 드라이하고, 감미가 없는 백포도주를 생산한다.

피노 그리지오

④ 피노 그리지오

피노 그리지오는 불어로 피노 그리pinot gris, 이탈리아어로는 피노 그리지오pinot grigio로 같은 품종이지만, 생산 지역과 스타일에 따라 차이가 있다. 프랑스 알자스에서 생산되는 피노 그리는 미디엄에서 풀바디의 와인으로, 풍부한 질감과 향신료, 인동초, 견과류, 열대과일 향이 특징이다.

이탈리아에서 생산되는 피노 그리지오는 가볍고 상쾌한 스타일의 와인으로, 라이트에서 미디엄바디이며 신선한 과일 향이 강조된다. 이 와인은 유럽뿐만 아니라 미국, 캐나다, 오스트리아에서도 인기가 많다. 다양한 스타일로 즐길 수 있어 음식과의 페어링에도 유용하다.

(2) 적포도주 품종

카베르네 소비뇽

① 카베르네 소비뇽

카베르네 소비뇽cabernet sauvignon은 전 세계적으로 가장 인기 있는 포도 품종이다. 프랑스의 보르도와 미국의 나파밸리Napa valley처럼 온화하고 따뜻한 기후에서 잘 자란다. 그러나 다양한 기후와 토양에 쉽게 적응하는 특징이 있어 전 세계로 널리 퍼져 재배된다. 카베르네 소비뇽은 껍질이 두껍고 탄닌 함량이 높아 보통 메를로merlot나 카베르네 프랑cabernet franc 등과 블렌딩하여 와인을 생산하는 경우가 많으며, 특히 보르도 블렌딩bordeaux blend에서 핵심 역할을 한다. 오래 숙성시킬수록 좋은 포도주를 만들 수 있는 품종으로, 10~20년 정도 숙성시키는 것이 일반적이다. 숙성이 덜 된 와인young wine은 붉은 베리류, 블랙커런트, 후추 등의 신선한 과일 향이 강하며, 탄닌이 강하고 구조감이 탄탄한 것이 특징이다. 반면, 오랜 숙성을 거친 와인은 바닐라, 삼나무, 가죽, 담배 같은 복합적인 향이 더해지고, 탄닌이 부드러워지면서 균형 잡힌 맛을 갖는다. 일반적으로 풀바디 와인으로, 긴 여운long finish을 남기는 것이 특징이다.

② 메를로

메를로

메를로merlot는 세계적으로 매우 인기 있는 포도 품종 중 하나로, 일반적으로 과일 향이 풍부하고 맛이 부드러우며, 탄닌이 적고 산도가 낮은 편이다. 이러한 특성 덕분에 마시기 편한 와인으로 여겨지며, 초보 와인 애호가부터 숙성된 와인을 즐기는 사람들까지 폭넓게 사랑받는다. 그러나 메를로는 재배 지역과 양조 방식에 따라 다양한 스타일로 만들어질 수 있다. 보통은 부드러운 질감과 우아한 과일 풍미를 갖지만, 프랑스 보르도 우안Bordeaux right bank의 대표적인 산지인 포므롤Pomerol과 생테밀리옹St. Emilion에서는 강한 탄닌과 깊은 구조감을 지닌 숙성형 와인으로 만들어지기도 한다. 이러한 특성 덕분에 메를로는 단순히 한 가지 특징으로 정의하기 어려운 품종이며, 다양한 스타일의 와인을 생산하는 데 활용된다. 보르도 지역에서는 카베르네 소비뇽cabernet sauvignon, 카베르네 프랑cabernet franc 등과 블렌딩하여 깊고 복합적인 와인을 만들며, 특히 포므롤의 고급 메를로 와인은 숙성 잠재력이 뛰어난 것으로 평가받는다. 일반적으로 카베르네 소비뇽보다 숙성이 빠르고, 보다 부드럽고 향긋한 맛을 가지며, 풀바디 와인부터 라이트한 스타일까지 폭넓은 스펙트럼을 갖는다. 이처럼 메를로는 재배 환경과 양조 방식에 따라 다양한 스타일로 표현될 수 있는 유연한 품종으로, 세계적으로 널리 사랑받고 있다.

③ 피노 누아

피노 누아

피노 누아pinot noir는 껍질이 매우 얇고, 주로 추운 기후와 배수가 잘되는 석회암 또는 점토질 토양에서 잘 자라는 포도 품종이다. 이 품종은 프랑스 부르고뉴Burgundy와 샹파뉴Champagne 지역에서 주요 품종으로 재배되며, 미국 오리건Oregon과 뉴질랜드에서도 우수한 품질의 피노 누아가 생산된다. 피노 누아는 샴페인의 주요 블렌딩 품종 중 하나로, 샤르도네chardonnay, 피노 뫼니에pinot meunier와 함께 스파클링 와인의 핵심 원료로 사용된다. 이 품종의 포도는 붉은빛이 강하지만, 와인으로 양조되면 엷고 맑은 루비빛을 띠는 것이 특징이다. 껍질이 얇아 탄닌 함량이 낮아 부드러운 질감을 가지며, 숙성이 덜 된 와인은 신선한 붉은 과일 향(체리, 라즈베리, 석류)이 두드러지고, 숙성이 진행되면서 삼나무, 버섯, 가죽과 같은 복합적인 향이 형성된다. 피노 누아는 한 가지 품종으로도 복합적이고 다양한 향을 지니며, 숙성에 따라 풍미가 변화하는 매력적인 와인으로 평가받는다.

시라즈

④ 시라즈

시라syrah와 시라즈shiraz는 동일한 포도 품종으로, 지역과 스타일에 따라 명칭이 다르게 사용된다. 이 품종은 껍질이 두껍고 탄닌 함량이 높아, 풀바디 와인을 만드는 데 적합하다. 더운 지역에서 생산된 시라즈는 과일 향과 잼 향이 나기도 하며, 유럽산 시라즈는 후추 향과 블루베리 향을 갖는다. 주요 재배 지역으로는 프랑스의 론밸리Rhône valley, 미국의 캘리포니아와 워싱턴, 호주, 남아프리카 등이 있다.

4) 와인의 보관

와인의 보관 목적은 와인의 물리적·화학적 변화를 최소화하여 품질을 유지하는 것이다. 온도 변화가 심하면 와인의 화학적 변화가 촉진되어 품질에 영향을 줄 수 있으므로, 보관 장소는 진동과 소음, 온도 변화, 빛의 영향을 최소화할 수 있는 곳이 적절하다.

와인을 올바르게 보관하기 위한 이상적인 조건은 다음과 같다.

- 습도는 70~80%로 유지해야 하며, 너무 건조하면 코르크가 마를 위험이 있다.
- 온도는 항상 13~15℃로 일정하게 유지하는 것이 이상적이다. 일반적으로 온도가 10℃ 상승하면 와인의 숙성 속도가 급격히 빨라질 수 있다. 서양에서는 이러한 조건을 유지하기 위해 지하 저장고를 와인 셀러cellar로 활용하는 경우가 많다.
- 진동과 소음이 없는 환경이 적합하며, 이는 와인의 성분 변화와 품질 저하를 방지하기 위함이다.

- 빛의 영향을 받지 않는 어두운 곳에 보관하는 것이 중요하다. 적외선과 자외선은 와인의 색과 풍미를 변질시킬 수 있기 때문이다.
- 강한 냄새가 없는 곳에서 보관해야 한다. 와인은 외부 냄새를 흡수할 수 있어, 부적절한 환경에서 보관하면 상품성이 떨어질 수 있다.
- 코르크 마개가 사용된 와인은 병을 눕혀서 보관하는 것이 좋다. 이렇게 하면 코르크가 건조해지는 것을 방지하여 와인의 변질을 막을 수 있다.

이러한 조건을 유지하면 와인의 품질을 오랫동안 유지할 수 있으며, 적절한 숙성을 통해 더욱 깊은 풍미를 즐길 수 있다.

5) 와인을 즐기는 기본 예절

- 와인은 일반적으로 호스트가 먼저 선택하지만, 손님이 개인의 취향에 따라 주문할 수도 있다. 다만, 추천할 때는 강요하지 않도록 주의하는 것이 좋다.
- 와인 테이스팅wine tasting은 보통 호스트가 먼저 하지만, 경우에 따라 손님에게 양보할 수도 있다.
- 와인을 따를 때는 보통 여성부터 따르고, 남성 순으로 따른 후 마지막으로 호스트에게 따른다. 하지만 격식이 덜한 자리에서는 반드시 이를 따를 필요는 없다.
- 와인 잔을 잡을 때는 가능하면 다리 부분을 잡는 것이 이상적이다. 다만, 편안한 자리에서는 바디 부분을 잡아도 무방하다.
- 와인을 따를 때는 잔을 테이블에 놓은 상태에서, 잔의 바닥에 살짝 손을 얹고 받는 것이 예의다.
- 와인은 일반적으로 잔의 1/3 정도만 따른다. 너무 가득 따르면 향을 충분히 즐기기 어렵기 때문이다. 또한 필요할 때 적당히 첨잔하는 것도 예의에 어긋나지 않는다.
- 건배할 때는 잔을 부딪치지 않고 눈높이로 들어 올린 후, 건배를 제안한 사람과 눈을 맞추는 것이 좋다.

• 와인 종류가 바뀌면 글라스도 교체하는 것이 원칙이다.

이러한 기본 예절을 지키면 와인을 더욱 품격 있게 즐길 수 있다.

참고문헌

경남농업기술센터. 복숭아의 품종, 2010

경상북도 농업정보 데이터베이스. 사과의 사과 품종, 2010

경상북도 농업정보 작목기술정보. 감의 가공, 2009

경상북도 농업정보 작목기술정보. 배의 국내 육성 품종, 2008

고상욱. 감귤의 분류와 육종의 이해. 감귤시험장 감귤품종연구실, 2010

고재윤. 와인커뮤니케이션. 세경, 2001

곽성호, 김금란, 김미정. 실무식품구매론. 형설출판사, 2001

곽충실, 임수진, 김성애, 박상철, 이미숙. 한국산 메밀, 수수, 기장, 율무의 항산화 효과 및 돌연변이 억제효과. 한국식품영양학회지 33(6): 921-929, 2004

권순자, 김미리, 손정민, 김종희, 이연경, 최경숙, 정현아. 식생활관리. 파워북, 2009

김경옥, 신용호. 커피와 차. 교문사, 2005

김경진. 식품조리 및 이론. 보성문화사, 1994

김기숙, 김향숙, 오명숙, 황인경. 조리과학. 수학사, 2005

김미리, 송효남. 현대인의 음식보감. 교문사, 2010

김봉현 역. 식용유지 그 이용과 유지식품. 내하출판사, 2001

김성혁, 김진국. 와인학개론. 백산출판사, 2002

김소미 외. 누구나 알아두면 좋을 우리 생선 이야기. 도서출판 효일, 2002

김준. 커피. 김영사, 2005

김창현, 박경호. 식품조리재료학. 지구문화사, 2000

노봉수, 이승주, 백형희, 윤현근, 이재환, 정승현, 이희섭. 생각이 필요한 식품재료학. 수학사, 2011

농림축산식품부. 과일류의 가공현황, 2010

농촌진흥청 축산기술연구소. 소 및 돼지고기 부분육 분할 정형 지침서, 1997

문범수. 식품재료학. 수학사, 1992

박권우, 류경오. 기능성 건강식 모듬 쌈채. 도서출판 허브월드, 1998

배영희, 박혜원, 정혜정, 최은정, 채인숙. 조리응용을 위한 식품과 조리과학. 교문사, 2005

석용운. 韓國茶藝. 도서출판 草衣, 2005

손정우, 송태희, 신승미, 오세인, 우인애. 조리과학. 교문사, 2011

손종연. 식용유지학. 도서출판 진로, 2008

송주은, 정수근, 홍숙경. 식품재료학. 형설출판사, 2020

식품재료사전 편찬위원회. 식품재료사전. 한국사전연구사, 1997

오상룡, 강우원. 식품재료학. 보문각, 2017

유성규. 계절별로 알아보는 수산물의 맛과 영양. 도서출판 구덕, 2002

유영상, 노정미. 조리과학. 수학사, 2006

유태종. 식품동의보감. 아카데미북, 2001

원융희. 와인 이야기. 학문사, 1999

이숙영, 김미리, 김미라, 이영은, 정해정, 송효남. 식품화학. 교문사, 2009

이영미. 닭고기. 김영사, 2004

이영미. 향신료. 김영사, 2004

이영미. 허브. 김영사, 2004

이주호. 이제는 와인이 좋다. 바다출판사, 2001

이주희, 김미리, 민혜선, 이영은, 송은승, 권순자, 김미징, 송효남. 과학으로 풀어쓴 식품과 조리원리. 교문사, 2010

이춘자. 김귀영, 박혜원, 허채옥, 조후종. 장-醬. 대원사, 2013

이혜수, 조영. 조리원리. 교문사, 2004

장상문, 김광호, 송효남, 김미옥. 식품재료학. 광문각, 2005

장유경, 박혜련, 변기원, 이보경, 권종숙. 기초영양학. 교문사, 2007

장준근. 건강한 장수비결 몸에 좋은 산약초. 넥서스, 1992

장학길. 식품재료학. 신광출판사, 2001

장현기, 남궁석. 최신판 식품학개론-식품재료학을 중심으로. 유림문화사, 2001

전라북도 임실군 전북대학교 산학협력단. 치즈종합백과사전, 2007

정아현, 황정현, 박성희. 대체육 생산 기술. 축산식품과학과 산업 10(1): 54-60, 2010

정영도, 김광익, 최병권, 허용옥, 라연생, 이병주, 장기호, 마경덕, 이권우, 김우영, 김창현, 박경호. 식품조리재료학. 지구문화사, 2000

정은자, 조경련, 김동희. 조리과학. 도서출판 진로, 2008

정청송. 세계 생선 조리학. 기전연구사, 1988

조경련, 조신호, 김영순, 주난영, 정현숙, 송미란. Flow chart와 함께하는 실험 조리과학. 교문사, 2009

조신호, 조경련, 강명수, 송미란, 주난영. 식품학. 교문사, 2009

조재선. 신고 식품재료학. 문운당, 1984

조재선. 식품재료학. 광일문화사, 2000

조재선, 황성연. 식품재료학. 문운당, 2008

최혜미 외. 21세기 영양학. 교문사, 2001

한국사전연구사. 식품재료사전, 1997

한국식품조리과학회. 식품조리용어사전. 교문사, 2006

한국식품조리과학회. 조리과학용어사전. 교문사, 2007

한명규. 식품재료학. 신정, 2004

홍신문화사 편집부. 산야초. 홍신문화사, 1994

홍진숙, 박혜원, 박란숙, 명춘옥, 신미혜, 최은정, 정혜정. 식품재료학. 교문사, 2006

홍진숙, 박혜원, 박란숙, 명춘옥, 신미혜, 최은정, 정혜정, 최은희. 식품재료학. 교문사, 2019

홍태희, 김기연, 최옥수, 김대현, 정외숙, 김순희, 조효현. 식품재료학. 지구문화사, 2000

홍태희, 김기연, 최옥수, 김대현, 정외숙, 김순희, 조효현. 현대 식품재료학. 지구문화사, 2003

홍태희, 김기연, 김창렬, 서종권, 오창환, 정용진. 식품재료학. 지구문화사, 2011

황인경 외. 기초가 튼튼한 식품학. 수학사, 2010

황재희, 박정은. 식품재료학. 도서출판 효일, 2006

황지희, 오경화, 류무희, 김지영, 장혜진. 커피 & 티. 파워북, 2009

Christine ingram. The world encyclopedia of cooking ingredients. Anness Publishing Ltd., 2009

Francois Fortin. The visual food encyclopedia. Wiley Publishing, 1996

Jill Norman. Herb and spice the cook's reference. DK Publishing, 2002

Marian V. Eberhardt, Chang Yong Lee, Rui Hai Liu. Antioxdiant of fresh apples. Nature, 903-904, 2000

SBS 맛있는 경제. 사과, 배, 단감 명절 상에 오르는 이유, 2011. 1. 27

대한급식신문. 어린이 두뇌 발달 '호두', 2011. 11. 10

세종신문. 은행 손쉽게 까는 방법, 2005. 11. 7

아시아경제. 다이어트에 체리가 효과 만점 칼로리↓·영양↑, 2012. 7. 8

쿠켄. 상온에서 맛있게 익히자 후숙 열대과일. 2012. 6월호

한국농어민신문. 50년 후 사라지는 사과 재배적지…복숭아는 강원도까지 올라온다 https://www.agrinet.co.kr/news/articleView.html?idxno=334349. 2025.02.14.

건강정보큐리. 2022. 크랜베리 효능 8가지와 먹는법 및 부작용. https://healthytheday.co.kr/ 2022.06.22.

농촌진흥청 국립농업과학원 http://www.naas.go.kr

농촌진흥청 국립식량과학원. 국가표준식품성분 DB 10.3 https://koreanfood.rda.go.kr/kfi/fct/fctFoodSrch/list?menuId=PS03563

농촌진흥청 농업기술종합정보 http://www.rda.go.kr/board

농촌진흥청 탑라이스 http://toprice.rda.go.kr/rice_story

두산두피디아 http://www.doopedia.co.kr/

식품안전나라. 2025. 달걀표시사항확인법. https://foodsafetykorea.go.kr/portal/fooddanger/eggHazardList.do?menu_grp=MENU_NEW02&menu_no=3497. 2025.06.01.

식품의약품안전처 http://www.mfds.go.kr

식품의약품안전처. 식품 및 식품첨가물 공전 https://various.foodsafetykorea.go.kr/fsd/#/

식품의약품안전처. 식품원재료데이타베이스 http://fse.foodnara.go.kr/origin

위키백과 http://www.wikipedia.org

축산물품질평가원 www.ekape.or.kr

해양수산연구 정보포털 http://portal.nfrdi.re.kr

ABODY. 2025. 블루베리의 효능과 영양성분, 먹는 법 및 부작용. https://www.abody.kr/ 2025.01.22.

찾아보기

ㄹ

ㅁ

ㅂ

ㅇ

저자 소개

손정우
숙명여자대학교 이학박사
현재 배화여자대학교 조리학과 교수

조경련
동국대학교 식품공학 박사
현재 한양여자대학교 식품영양과 명예교수

김미리
서울대학교 이학박사
현재 충남대학교 식품영양학과 명예교수

김옥선
숙명여자대학교 이학박사
현재 장안대학교 식품영양학과 교수

송미란
전북대학교 식품공학 박사
전 전주기전대학 식품영양과 교수

최향숙
덕성여자대학교 이학박사
현재 경인여자대학교 식품영양학과 교수

심기현
숙명여자대학교 이학박사
현재 숙명여자대학교 전통식생활문화전공 교수

최해연
숙명여자대학교 이학박사
현재 국립공주대학교 외식상품학과 교수

최진희
숙명여자대학교 이학박사
현재 대진대학교 식품영양학과 교수

이해하기 쉬운
식품재료학

2025년 9월 5일 초판 인쇄
2025년 9월 10일 초판 발행

지은이 | 손정우 조경련 김미리 김옥선 송미란
최향숙 심기현 최해연 최진희

발행인 | 유제구
발행처 | 파워북
주 소 | 경기도 고양시 일산동구 호수로 358-25
동문타워 2차 529호
전 화 | (02) 730-1412
팩 스 | (031) 908-1410
등 록 | 1997. 1. 31. 제2014-000067호

정 가 26,000원
ISBN 978-89-8160-532-2 (93590)

잘못된 책은 바꿔드립니다.